工業電子實習

陳本源、陳新一　編著

全華圖書股份有限公司

我們的宗旨：

提供技術新知
帶動工業升級
爲科技中文化再創新猷

編輯大意

1. 本書係參照教育部頒佈之最新課程標準編輯而成。
2. 本書著重創造力與解決問題能力的訓練，至於實習中可能發生的問題與困難，則將原因予以分析，並提示讀者應如何解決。爲了適應電子工業發展趨勢，且兼顧部訂課程標準，本書編撰費盡極大心思。
3. 本書除可供電子科實習教學之用外，同時也適於電機科工業電子實習教材。
4. 本書係利用公餘課畢閒暇執筆而成，不妥或錯誤之處恐所難免，至祈先進專家惠賜指正，俾再版時加以訂正是幸。

編者　陳本源　陳新一　謹識於台中

編輯部序

「系統編輯」是我們的編輯方針，我們所提供給您的，絕不只是一本書，而是關於這門學問所有知識，它們由淺入深，循序漸進。

現在我們就將這本「工業電子實習」呈現給您。本書係參照最新部訂課程標準及配合電子工業發展趨勢所編撰而成，內容著重於創造力與解決問題能力的訓練，對於實習中可能發生的問題均分析其原因並提示讀者解決之方法。

本書將特種半導體之理論分析做最詳盡的敘述，並以實驗及實際線路來印證，除適於電子科實習外，亦供電機科工業電子實習之用。

同時，為了使您能有系統且循序漸進研習工業電子方面叢書，我們以流程圖方式，列出各有關圖書的閱讀順序，以減少您研習此門學問的摸索時間，並能對這門學問有完整的知識。若您在這方面有任何問題，歡迎來函連繫，我們將竭誠為您服務。

相關叢書介紹

書號：0247602
書名：電子電路實作技術(修訂三版)
編著：蔡朝洋
16K/352 頁/390 元

書號：0276201
書名：感測器原理與應用實習(第二版)
編著：鐘國家.侯安桑.廖忠興
16K/384 頁/450 元

書號：0585102
書名：泛用伺服馬達應用技術(第三版)
編著：顏嘉男
20K/272 頁/320 元

書號：06186036
書名：電子電路實作與應用(第四版)(附 PCB 板)
編著：張榮洲.張宥凱
16K/296 頁/450 元

書號：06159017
書名：電路設計模擬－應用 PSpice 中文版(第二版)(附中文版試用版及範例光碟)
編著：盧勤庸
16K/336 頁/350 元

書號：0295902
書名：感測器應用與線路分析(第三版)
編著：盧明智
20K/864 頁/620 元

書號：0231502
書名：電機機械實習(第三版)
編著：陳國堂.鄧榮斌
16K/464 頁/460 元

◎上列書價若有變動，請以最新定價為準。

流程圖

書號：02974047/02975027
書名：電子實習(上)(第五版)/(下)(第三版)(附試用版光碟)
編著：吳鴻源

書號：0542008/0542107
書名：電子學實驗(上)(第九版)/(下)(第八版)
編著：陳瓊興

書號：06163027/06164027
書名：電子學實習(上)/(下)(第三版)(附 Pspice 試用版及 IC 元件特性資料光碟)
編著：曾仲熙

書號：0206602
書名：工業電子學(第三版)
編著：歐文雄.歐家駿

書號：0073303
書名：工業電子實習(第四版)
編著：陳本源.陳新一

書號：0596601
書名：電力電子學綜論(第二版)
編著：EPARC

書號：06419
書名：電機機械
編著：鮑格成

書號：0250402
書名：電機機械(修訂二版)
編著：邱天基.陳國堂

書號：0347202
書名：電機機械實習(第三版)
編著：黃文淵.李添源

目　　錄

實習一
單接合電晶體（UJT）

實習二
矽控整流器（SCR）

實習三
TRIAC與DIAC

實習四
程序單結合電晶體(PUT)

實習五
矽控開關(SCS)

實習六
其它閘流體GTO、SUS、SBS、SSS、Shockley Diode

實習七
光電元件

實習八
稽納、透納二極體及其它特殊裝置

實習九
溫度控制

實習十
液面控制

實習 1

單接合電晶體(UJT)

1.1 實習目的

(1) 瞭解 UJT 的結構與特性。

(2) 瞭解 UJT 振盪電路的工作原理。

1.2 相關知識

1. UJT 簡介

UJT為 unijunction transistor 之簡稱，意即單接面電晶體，又稱為雙基二極體(double base diode)發明於 1948年。廣泛應用於工業電子電路之控制，作為振盪器(oscillator)、脈波(pulse)產生器、鋸齒波(sawtooth)產生器、相位(phase)控制、計時(time)電路。

UJT 是構造簡單之三端元件，其符號及構造如圖 1.1 (a)、(b)所示。

它的結構是由一條摻有低濃度雜質的N型基棒(base bar)，並在基棒上端約⅓全長的位置，熔入一金屬鋁棒，使金屬與基棒的熔接處，形成一個PN接面，單接合乃因而得名。通常基棒的下端稱為第一基極(B_1)、基棒上端稱第二基極(B_2)，金屬棒稱射極(E)。有些 UJT 以P型物質為基棒、以N型物質為射極，稱為N型射極UJT，N型射極UJT較少見，一般常用的UJT都是P型射極 UJT 。

B_2 到B_1 間之電阻值稱為基極電阻 R_{BB} ，在射極電流為零時，R_{BB}值通常在 4 kΩ ～ 10 kΩ之間(常溫之下)，而射極至 B_1 與射極至 B_2 之電阻分別定義為R_{B1} 與 R_{B2}則

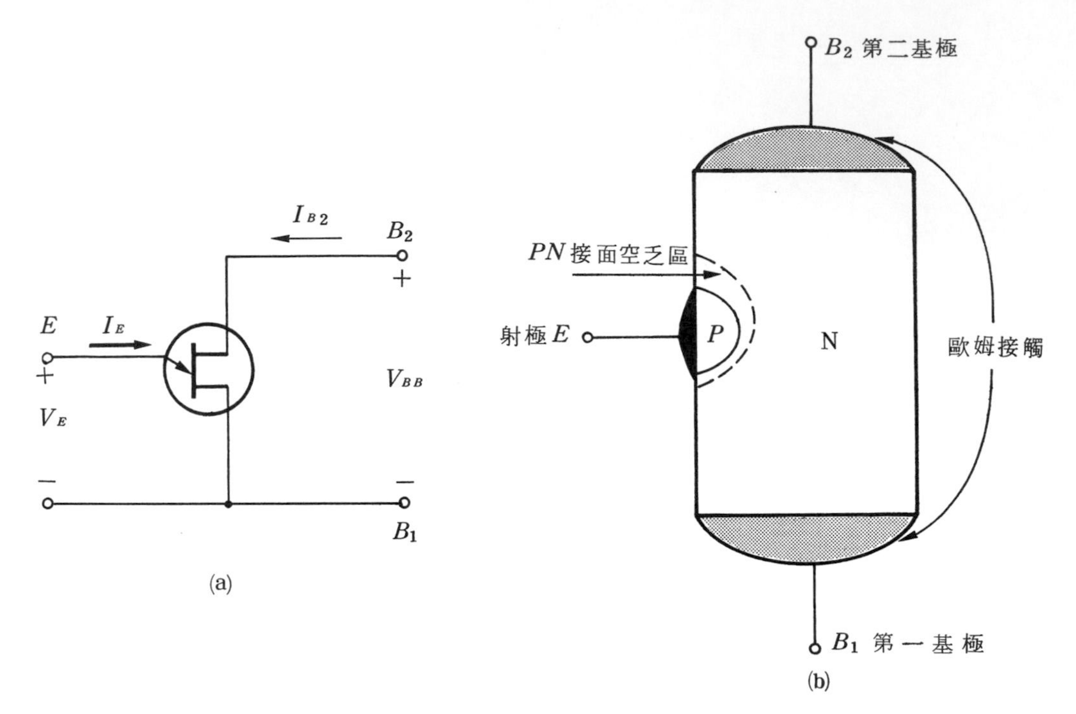

圖 1.1　UJT的符號及構造

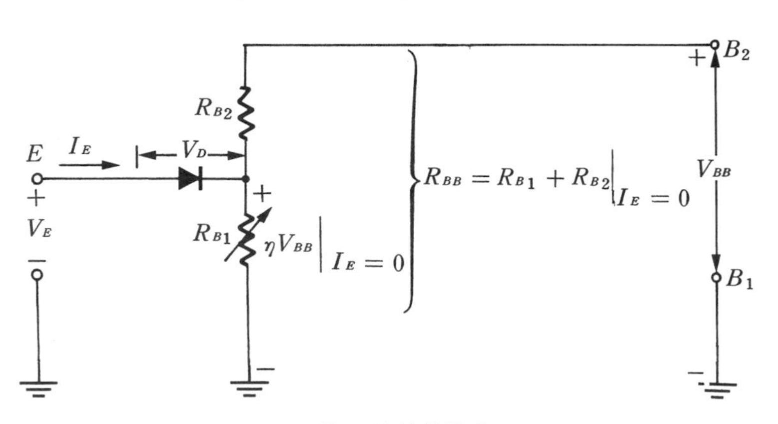

圖 1.2　UJT的等效電路

$$R_{BB} = R_{B1} + R_{B2} \tag{1.1}$$

UJT之等效電路如圖 1.2 所示。它包含一個PN接面二極體，及兩個射極至基極之電阻R_{B1}與R_{B2}。其中R_{B1}以可變電阻表示，是因R_{B1}電阻會隨射極電流之增大而降低。例如Motorola 公司的2N2646其射極電流I_E由零增加到 50mA 時，其對應之R_{B1}值由 5kΩ降到 50Ω。

UJT還有一項非常重要的常數，就是R_{B1}與R_{B2}的比值稱爲本質解離比（ intrinsic stand-off ratio ）通常以希臘字母η（ eta ）表示，即

$$本質解離比\ \eta = \frac{R_{B1}}{R_{BB}} = \frac{R_{B1}}{R_{B1} + R_{B2}} \tag{1.2}$$

由（1.2）式知 η 之值永遠小於 1，一般 UJT 的 η 值約在 0.45～0.85 之間。現在我們可求得圖 1.2 電路中的 V_{RB1} 之電壓值，設在射極電流 I_E 等於零的情況。

$$V_{RB1} = V_{BB} \times \frac{R_{B1}}{R_{BB}} \Bigg|\, I_E = 0$$

$$= V_{BB} \times \frac{R_{B1}}{R_{B1} + R_{B2}} \Bigg|\, I_E = 0 \qquad (1.3)$$

當 UJT 射極電壓 V_E 大於 $\eta V_{BB} + V_D$ 時，二極體變順向偏壓而導通，I_E 電流流過 R_{B1} 使 R_{B1} 電阻值下降，因此我們稱恰使二極體導通時之射極電壓爲峯點電壓（peak-point voltage）或點火電位（firing potential），以 V_P 表示之。即

$$V_P = V_{RB1} + V_D = V_{RB1} + 0.7\,\text{V}$$

$$= \eta V_{BB} + 0.7\,\text{V} \qquad (1.4)$$

對應於 V_P 之射極電流 I_E 稱爲峯點電流（peak-point current）以 I_P 表示之。

圖 1.3 爲 UJT 在 $V_{BB} = 10\,\text{V}$ 時之射極靜態特性曲線，當射極電壓低於峯點電壓 V_P 時二極體處於逆向狀態，只有極小之逆向漏電流 I_{E0}（約幾 μA）流通，因此 UJT 處於截止區（cut-off region）。

若射極電壓 V_E 逐漸上升到大於 UJT 之峯點電壓 V_P 時，二極體接面順向偏壓；而使順向電流流經射極與第一基極（B_1）之電路。電洞由接面注入矽塊，電子則由 R_{B1} 向上移動，由於大量載子流經 R_{B1}，便有效的降低 R_{B1} 之電阻，改變了 R_{B1} 與 R_{B2} 之分壓比例，而使射極與第一基極（B_1）間之電壓降低。

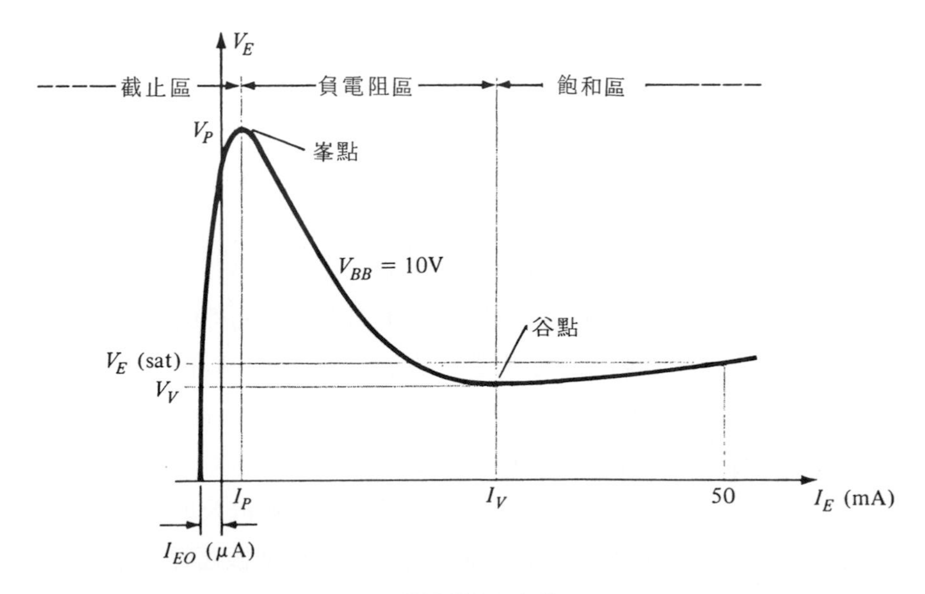

圖 1.3　UJT 靜態射極特性曲線

電壓的降低與電流的增加關係成爲負電阻特性，這種負電阻特性使 UJT 適用於弛緩振盪器（relaxation oscillator），多諧振盪器與計時電路之應用。

因 I_E 電流一直的增加而使 V_E 電壓不斷的下降，當下降到一飽和電壓時卽不再下降，該點之電壓卽爲谷點電壓（valley-point voltage）以 V_V 表示之，其所對應之射極電流 I_E 稱爲谷點電流以 I_V 表示之。通過谷點後，射極電流若再增加，則射極電壓亦隨之緩慢增加，亦卽 R_{B1} 電阻值不再下降，此時之 R_{B1} 電阻稱爲飽和電阻（saturation resistance）以 R_{sat} 表示之。一般UJT之 R_{sat} 典型值在5～25Ω之間，而UJT在這段區域工作稱爲飽和區（saturation region）。UJT的主要參數：

(1) 基極間電阻 R_{BB}：

射極開路時，基極 B_1 與基極 B_2 間電阻，一般爲4～10k，其數値隨溫度上升而增大。

(2) η：

由UJT內部結構所決定的常數，一般爲0.45～0.85。

(3) 峯點電壓 V_P：

UJT剛開始出現負電阻特性時，射極 E 與第一基極 B_1 間的電壓，$V_P = \eta \cdot V_{BB} + V_D$，$V_D$ 爲等效射極二極體順向壓降，25°C時約爲0.67V。

(4) 峯點電流 I_P：

對應於峯點電壓 V_P 處的電流，數值很小，一般小於2～4微安。

(5) 谷點電壓 V_V：

UJT由負電阻區開始進入飽和區時，射極 E 與第一基極 B_1 間的電壓，一般爲1～2.5V。

(6) 谷點電流 I_V：

對應於谷點電壓 V_V 處的電流，通常爲幾毫安。

(7) 射極飽和壓降 V_{ES}：

在最大射極額定電流 I_{EMAX} 時，射極與基極 B_1 間的壓降，一般小於4～5V。

(8) 射極逆向電流（I_{EO}）：

B_1 開路時，B_2 和 E 之間的逆向漏電電流。

當我們使用一個元件（device）的時候，一定先熟悉該元件的外觀及特性，這是非常重要的。UJT 和一般電晶體一樣，均是三端元件，而且外型也是有金屬殼和塑膠殼兩種包裝，圖1.4是一般UJT的外觀。此外，像GE公司所生產的UJT構造，有些不是如前面所提的棒型結構（bar structure），而是塊型結構（cube structure），如圖1.5所示。而其中塊型結構的 UJT 具有較低的峯點電流及較高的谷點電流。另外它的啓開（turn on）時間較小，且 B_1 端可有較大的電壓振幅輸出，很適合提供觸發脈衝的來源。

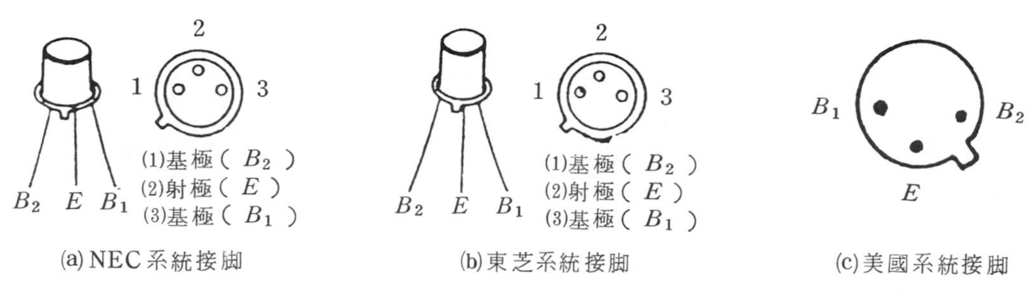

(a) NEC系統接脚　　(b)東芝系統接脚　　(c)美國系統接脚

圖1.4　UJT的外觀圖

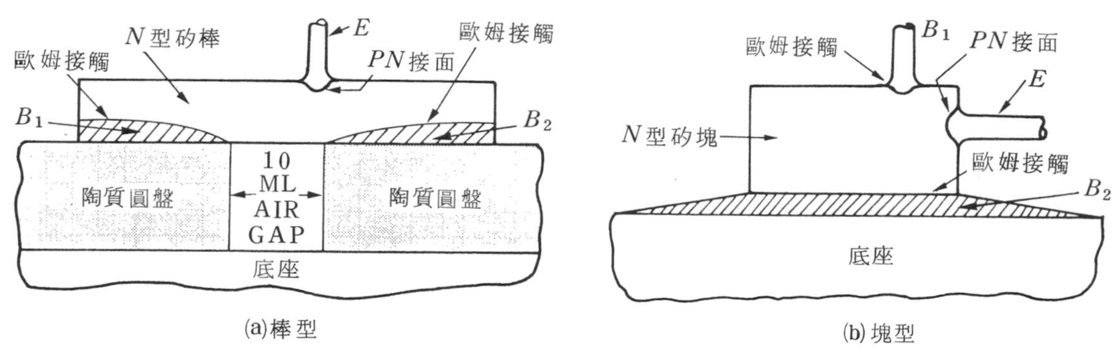

(a)棒型　　(b)塊型

圖1.5　UJT的構造

表1.1是有關UJT棒型與塊型結構的特性及規格比較。

表1.2為2N2646、2N2647之特性規格。

2. UJT弛緩振盪工作原理

UJT因具有負電阻區，因此，我們若能控制使UJT工作在這區域，和少數幾個無源元件，組成一經濟實用之振盪元件，通常將它組成一個弛緩振盪器(relaxation os-

表1-1　塊型與棒型之UJT特性比較

類別 ＼ 中文名稱 ＼ 符號		η	R_{BB}	I_P	I_V	V_{RB1}
塊型結構	棒型結構	本質解離比	基極間電阻	峯點電流（max）	谷點電流（min）	B_1 脈衝電壓輸出（max）
2N2646	—	0.56～0.75	4.7～9.1	5	4	3
2N2647	—	0.68～0.82	4.7～9.1	2	8	6
—	2N489A	0.51～0.62	4.7～6.8	12	8	3
—	2N2417A	0.51～0.62	4.7～6.8	12	8	3
—	2N2417B	0.51～0.62	4.7～6.8	6	8	3
—	2N490A	0.51～0.62	6.2～9.1	12	8	3
—	2N2418B	0.51～0.62	6.2～9.1	12	8	3
單	位	—	kΩ	μA	mA	V

表 1.2(a) 絕對最大額定值(25°C)

額定值	符號	數值	單位
功率消耗	P_D	300	mW
射極電流	I_e	50	mA
射極峯值脈波電流	i_e	2	Amp
逆向射極電壓	V_{B2E}	30	V
$B_1 \sim B_2$ 間耐壓	V_{B2B1}	35	V
接合面工作溫度	T_J	$-65 \sim +125$	℃
儲存溫度	T_{stg}	$-65 \sim +152$	℃

表 1.2(b) 電氣特性(25°C)

符號		最小	典型	最大	單位	測試情況
η	2N2646	0.56	—	0.75	—	$V_{B2B1} = 10V$
	2N2647	0.68	—	0.82	—	
R_{BB}		4.7	7.0	9.1	kΩ	$V_{B2B1} = 3\text{ V}$，$I_E = 0$
V_{EB1}(sat))		—	3.5	—	V	$V_{B2B1} = 10\text{V}$，$I_E = 50\text{mA}$
I_{B2}		—	15	—	mA	$V_{B2B1} = 10\text{V}$，$I_E = 50\text{mA}$
I_{EO}	2N2646	—	0.005	12	μA	$V_{B2E} = 30\text{ V}$，$I_{B1} = 0$
	2N2647	—	0.005	0.2		
I_P	2N2646	—	1.0	5.0	μA	$V_{B2B1} = 25\text{V}$
	2N2647	—	1.0	5.0		
I_V	2N2646	4.0	6.0		mA	$V_{B2B1} = 20\text{V}$，$R_{B2} = 100\text{V}$
	2N2647	8.0	10.0	18		
V_{OB1}	2N2646	3.0	5.0		V	base one peak pulse voltage
	2N2647	6.0	7.0			

cillator)產生脈衝如圖1.6所示，以供激發矽控整流器(SCR)等元件之用。何謂弛緩振盪器呢？就是振盪器工作時，必須交於元件之靜態特性曲線之負電阻區域內，其工作原理如下所述。

(一) SW在閉合之前，電容器C上沒有儲存任何電荷，即$V_E = 0$，UJT不動作。

(二) SW在閉合後，V_{BB}經由R_1向C充電V_E電壓即由0 V逐漸上升；此時EB_1接面仍爲逆向偏壓，$I_E = 0$視同開路，UJT仍未工作。

(三) 當V_E電壓上升到V_P時(圖1.7，t_2點)UJT之EB_1成爲順向接面，此時若流經

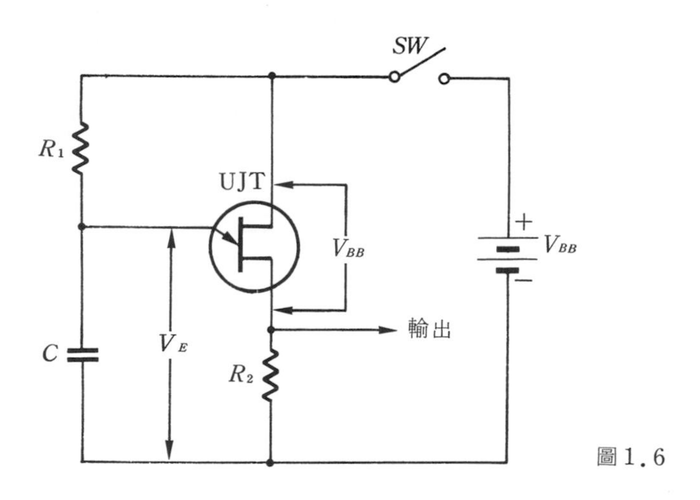

圖1.6

R_1 之電流 I_{R1} 大於UJT之峯點電流 I_P 則 EB_1 間成導通狀態，R_{B1}電阻因 I_E 電流之增加而下降，使電容器經 R_{B1} 迅速放電，因而在 R_2 上造成一放電脈衝電壓輸出，其值為

$$V_0 = I_E \times R_2 \tag{1.5}$$

㈣ 當電容器C放電到谷點電壓時（圖1.7，t_3點）若流經R_1之電流I_{R1}小於谷點電流 I_V，則EB_1間即由低電阻狀態進入截止狀態。EB_1間變成高電阻，電流I_{R1}再度對C充電，V_E又逐漸上升到V_P使UJT導通，如此週而復始的工作，直到SW斷開（turn off）為止。

由㈢、㈣項之說明知UJT振盪電路欲使其正常工作，必須滿足兩個條件，即

$$\frac{V_{BB}-V_P}{R_1} > I_P \tag{1.6a}$$

$$R_{1\max} = \frac{V_{BB}-V_P}{I_P} \tag{1.6b}$$

與

$$\frac{V_{BB}-V_V}{R_1} < I_V \tag{1.7a}$$

$$R_{1\min} = \frac{V_{BB}-V_V}{I_V} \tag{1.7b}$$

（1.6）式表示由截止區進入導通狀態之條件，（1.7）式表示由導通狀態回到截止狀態之條件，R_1 必須選擇介於 $R_{1\max}$ 與 $R_{1\min}$ 之間。

C電容器的容值範圍是否也影響UJT工作呢？答案並沒有一個適當的式子可以表示，但為確保電路的正常工作，必須瞭解C電容值的大小，除影響UJT的工作週期外，UJT的 turn-on 和 turn-off 的延遲時間（delay time）亦與它有關，另外，從 B_1 的脈波振幅與C值的大小成少量的正比，如圖1.8所示，是動態工作曲線與 C_E 數值關

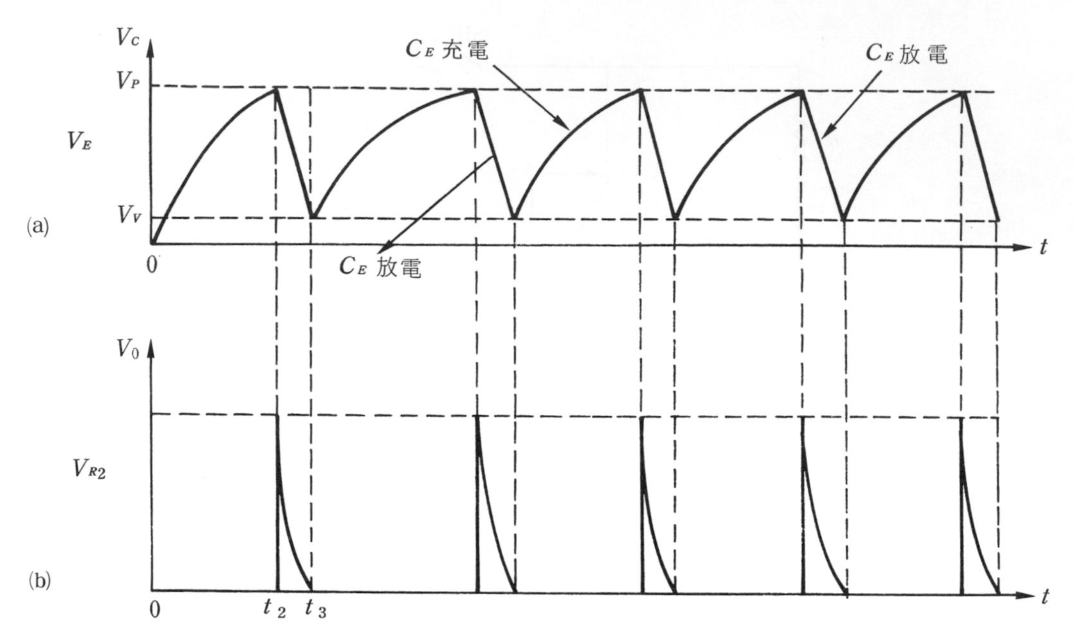

圖 1.7 UJT 弛緩振盪器、射極與 B_1 極之波形

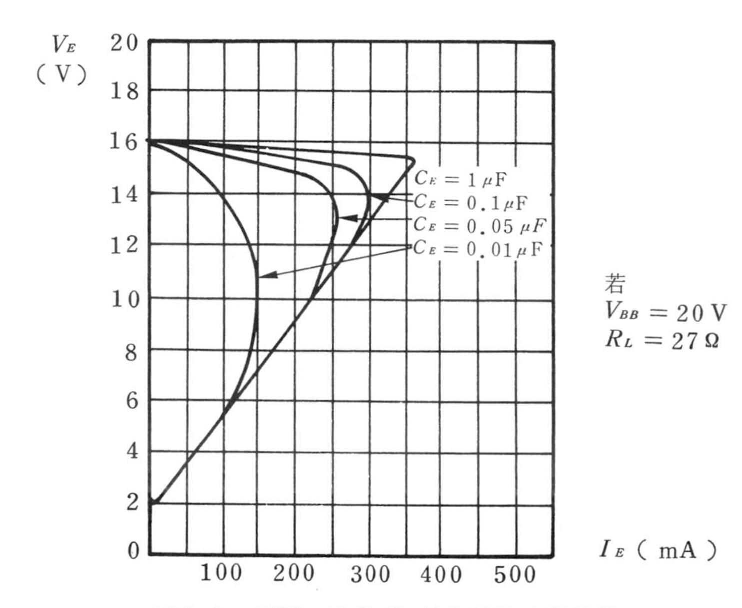

圖 1.8 UJT 工作時 C_E 值與動態路徑關係

係（注意 I_E 電流與 C_E 值關係）。故欲激發較大的負載，常必須工作於低頻。

根據（1.5）式，B_1 輸出振幅的大小與 R_2 電阻值有直接關係，（R_2 與 UJT 工作週期有關，因 R_2 與 t_2 有關）。一般取UJT當激發其它負載時，R_2 之值在 100Ω以下。

㈤ 射極電壓 V_E 波形如圖 1.7 (a)所示。V_E 電壓類似鋸齒波，上升部份為 V_{BB} 經 R_1 向 C 充電由 V_V 到 V_P，下降部分為 C 經 R_{B1} 與 R_2 放電，由 V_P 到 V_V，因充電時間常數 R_1C 較大，故上升時間較長稱之為 t_{off}（截止時間），放電時間常數（$R_{B1}+R_2$）·C 較小故下降時間較短，稱之為 t_{on}（導通時間）。

(六) 第一基極電壓V_{R2}即輸出電壓V_0，其波形如圖 1.7 (b)所示，R_2電壓爲R_2電阻乘以其流過之電流I_{R2}。$I_{R2}=I_E+I_{B2}$。

在UJT導通時，$\because I_E \gg I_{B2}$，$\therefore I_{R2}\approx I_E$，如圖1.9所示。

在截止期間 $I_{B2}=\dfrac{V_{BB}}{R_{BB}+R_2}\approx\dfrac{V_{BB}}{R_{BB}}$（$\because R_{BB}\gg R_2$）

而在導通期間，亦隨I_E之增大而增大，見圖1.9，I_E、I_{B2}之電流波形。因此I_{R2}爲一尖銳之脈衝電流波形。UJT之B_1輸出電壓V_0即爲$I_{R2}\times R_2$，其波形與I_{R2}相同是尖銳的脈衝電壓，適用於SCR等閘流體之激發信號源。

(七) 振盪頻率：UJT在截止期間（圖1.10）爲$t_{off}=t_2-t_1$，t_2爲電源經R_1向C充電，由0 V充電到V_P電壓所需之時間，根據電容器充電公式

$$V_C=V_{BB}\left(1-e^{-\frac{t}{RC}}\right)$$

得
$$V_P=V_{BB}\left(1-e^{-\frac{t_2}{R_1C}}\right)$$

$$=V_{BB}-V_{BB}\,e^{-\frac{t_2}{R_1C}}$$

$$V_{BB}-V_P=V_{BB}\,e^{-\frac{t_2}{R_1C}}$$

$$\frac{V_{BB}-V_P}{V_{BB}}=e^{-\frac{t_2}{R_1C}}$$　兩邊取對數

$$\ln\frac{V_{BB}-V_P}{V_{BB}}=-\frac{t_2}{R_1C}$$

$$\therefore\quad t_2=-R_1C\ln\frac{V_{BB}-V_P}{V_{BB}}=R_1C\ln\frac{V_{BB}}{V_{BB}-V_P}\qquad(1.8)$$

而t_1爲電源V_{BB}經R_1向C充電從0到V_V所需之時間

$$V_V=V_{BB}\left(1-e^{-\frac{t_1}{R_1C}}\right)$$　可解得

$$t_1=R_1C\ln\frac{V_{BB}}{V_{BB}-V_V}\qquad(1.9)$$

因此
$$t_{off}=t_2-t_1=R_1C\ln\frac{V_{BB}}{V_{BB}-V_P}-R_1C\ln\frac{V_{BB}}{V_{BB}-V_V}$$

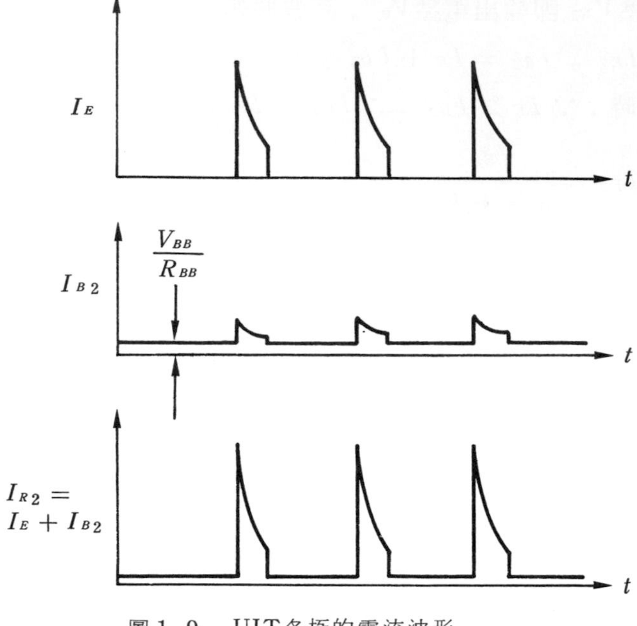

圖1.9 UJT各極的電流波形

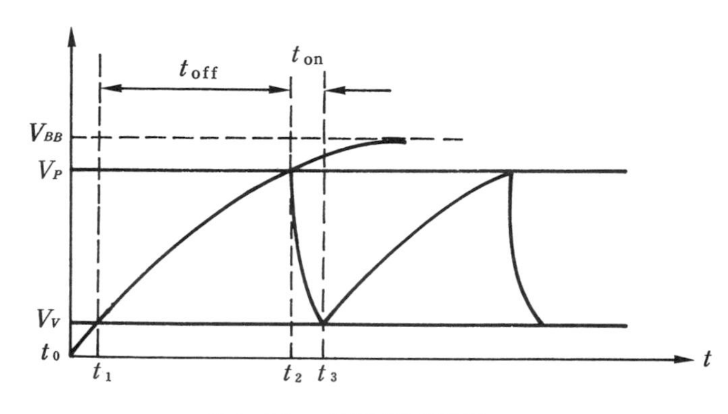

圖1.10 UJT振盪頻率

$$\therefore \quad t_{off}=R_1C\ln\frac{V_{BB}-V_V}{V_{BB}-V_P} \tag{1.10}$$

若$V_P \gg V_V$

則
$$t_{\text{off}}=R_1C\ln\frac{V_{BB}}{V_{BB}-V_P} \tag{1.11}$$

UJT在導通時間 t_{ON} 爲C經（ R_2+R_{B1} ）放電由V_P放電到V_V所需之時間，由UJT導通時R_{B1}電阻甚小且R_2亦爲一小電阻其放電時間常數（ $R_{B1}+R_2$ ）甚小且 R_2亦爲一小電阻其放電時間常數（$R_{B1}+R_2$）甚小於充電時間常數R_1C即 $t_{on} \ll t_{off}$，因此在近似頻率求法可認爲週期T近似於 t_{off} 。

$$T \doteq t_{on} + t_{off} \doteq t_{off}$$

$$= R_1 C \ln \frac{V_{BB}}{V_{BB} - V_P}$$

$$= R_1 C \ln \frac{V_{BB}}{V_{BB} - \eta V_{BB}} \quad (V_P = \eta V_{BB} + V_D \text{ 忽略} V_D)$$

$$\therefore \quad T = R_1 C \ln \frac{1}{1-\eta} \tag{1.12}$$

故其振盪頻率，近似求法

$$f = \frac{1}{T} = \frac{1}{R_1 C \ln \dfrac{1}{1-\eta}} \tag{1.13}$$

$$= \frac{1}{2.3\ R_1 C \log \dfrac{1}{1-\eta}} \tag{1.14}$$

例　圖 1.11 電路 UJT $\eta = 0.6$，$I_P = 10\,\mu\text{A}$，$I_V = 10\,\text{mA}$，$V_V = 1.5\,\text{V}$，求

①$V_P = ?$

②能弛緩振盪 R 之最大值？

③能弛緩振盪 R 之最小值＝？

④ R 最大時之振盪頻率＝？

⑤ R 最小時之振盪頻率＝？

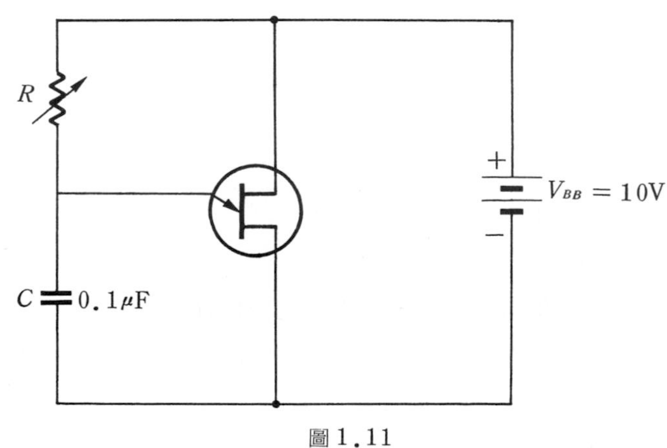

圖 1.11

解　①$V_P = \eta V_{BB} = 0.6 \times 10\,\text{V} = 6\,\text{V}$

②根據 $\dfrac{V_{BB} - V_P}{R} > I_P$

$$\therefore \quad R < \frac{V_{BB} - V_P}{I_P} = \frac{10\,V - 6\,V}{10\,\mu A}$$

$$= 400\,k\Omega \quad ,$$

$$R < 400\,k\Omega$$

故 $R_{max} = 400\,k\Omega$

③根據 $\frac{V_{BB} - V_V}{R} < I_V$

$$\therefore R > \frac{V_{BB} - V_V}{I_V} = \frac{10 - 1.5\,V}{10mA} = 850\,\Omega$$

$$\therefore R > 850\,\Omega$$

故 $R_{min} = 850\,\Omega$

④ R 最大時之頻率

$$f = \frac{1}{R_{max} C \ln \frac{1}{1-\eta}}$$

$$= \frac{1}{400\,k\Omega \times 0.1\,\mu f \ln \frac{1}{1-0.6}}$$

$$= \frac{1}{400 \times 10^3 \times 0.1 \times 10^{-6} \ln\ 2.5} \qquad (\ln 2.5 = 0.916)$$

$$= \frac{25}{\ln\ 2.5} = \frac{25}{0.916} = 27\,Hz$$

⑤ R 最小時之頻率

$$f = \frac{1}{R_{min.}\,C \ln \frac{1}{1-\eta}} = \frac{1}{850 \times 0.1 \times 10^{-6} \times 0.916}$$

$$= 12.8\,kHz$$

故此電路能工作的頻率由 27 Hz 到 12.8 kHz

(八) UJT的溫度補償：因UJT的射極 - 基極接面（ PN 接面）順向壓降 V_P 具有負溫度係數，且 I_P 、I_V 、η 、R_{BB} 等均與溫度變化有關。為使UJT電路工作穩定起見，最簡單的方法就是在第二基極上串接一電阻 R_3 ，如圖 1.12 所示。由於 R_3 與 R_{BB} 串聯對 V_{BB} 形成分壓作用，則 B_2 、B_1 間之電壓較不接 R_3 時低，但對於 V_{B2B1} 具有調節作用，且 R_3 為固定電阻不受溫度影響，因此可補償 V_{B2B1} 因溫度引起之變化。

串加 R_3 之後，B_2 、B_1 兩端之電壓 V_{B2B1} 為

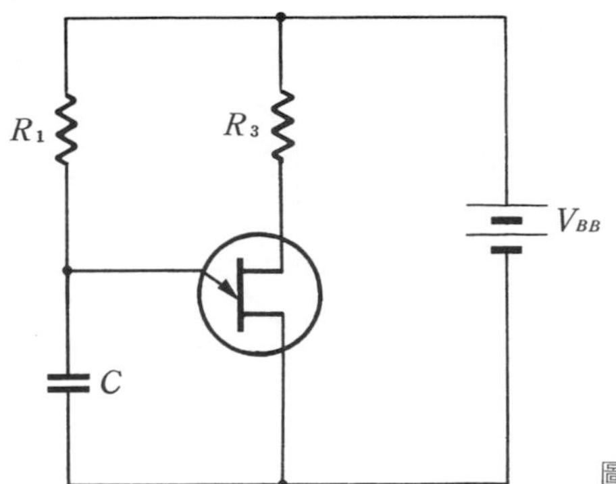

圖 1.12　UJT溫度補償電路

$$V_{B2B1}=V_{BB}\times\frac{R_{BB}}{R_{BB}+R_3}=\frac{V_{BB}}{1+\dfrac{R_3}{R_{BB}}} \tag{1.15}$$

而R_{BB}具有正溫度係數，溫度上升則R_{BB}增大，故由上式中可看出溫度上升R_{BB}增大V_{BB}增加，而$V_P=\eta\ V_{B2B1}+V_D$，V_{BB}增加V_P跟著增加，此V_P之增量與V_D所引起之減少量相抵，選擇適當的R_3可以使V_P對溫度有相當穩定的效果。

一般$R_3=\dfrac{0.31\,R_{BB}}{\eta\,V_{BB}}$為宜。

根據Motorola 公司之經驗公式為

$$R_3=0.015V_{BB}\,\eta\,R_{BB} \tag{1.16}$$

則UJT能在最佳之穩定度下工作

(九) UJT弛緩振盪 turn on時間之改進。圖 1.13為改進 turn-on時間之一例，當$V_C=V_P$時，電容器放電回路因二極體逆向，而經由R_2到地，因此可依需要改變R_2值，而得到不同之脈波寬度輸出。圖 1.14為定電流源充電電路使UJT之射極獲得一直線性良好之鋸齒波電路。圖 1.15為V_V消除電路，UJT之射極電容放電電壓只能到V_V點，於圖中加Q_3電晶體於UJT之E，B_1間，當C_E可迅速放電，而且放電到幾乎零電位，也減小了鋸齒波之返馳時間。當B_1脈衝消失後，Q_3再度截止，C_E重新充電。圖 1.16為UJT之B_1端輸出脈衝放大電路，經Q_3反向後，輸出變成高振幅之負脈衝信號源。

(十) UJT做為閘流體之觸發信號源時，如圖 1.17所示，R_1電阻之選擇為

$$V_{GT(max)}>\frac{V_{B2}R_1}{R_{BB}+R_1} \tag{1.17}$$

$$(I_V-I_P)R_1>V_{GT(min)} \tag{1.18}$$

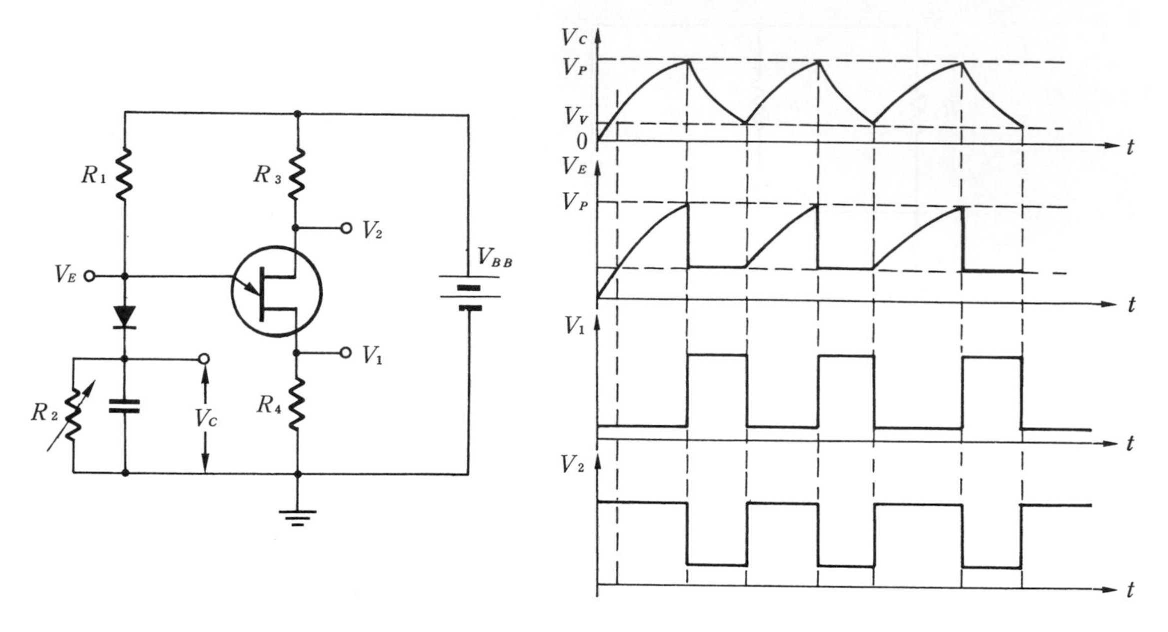

圖1.13　改進 turn-on時間之UJT振盪器

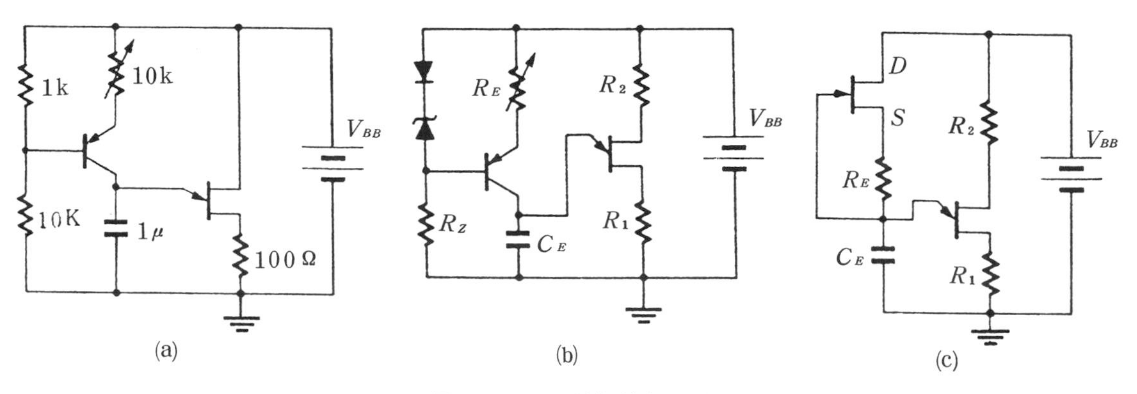

圖1.14　各種恒流源電路

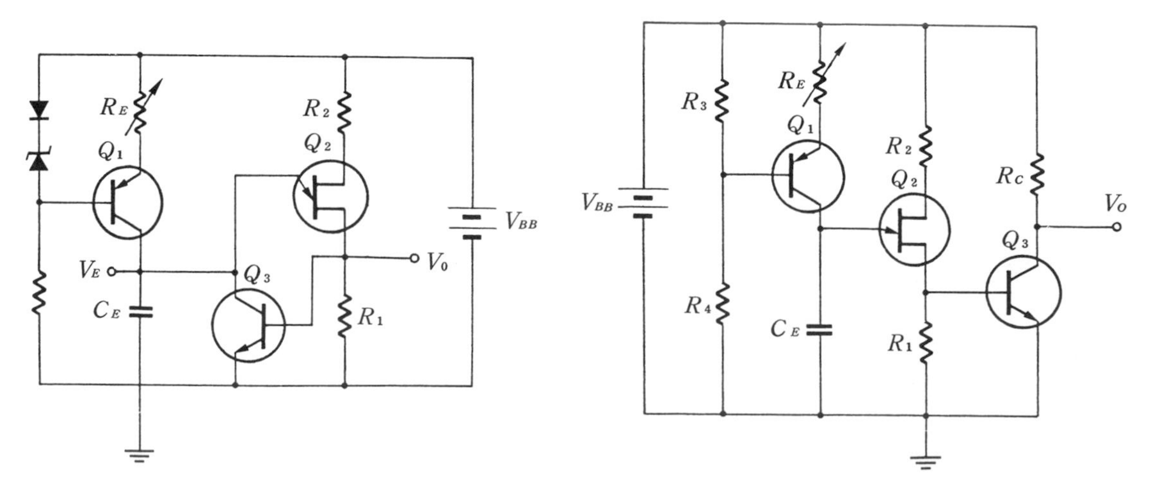

圖1.15　V_V 消除電路

圖1.6　高振幅負脈衝信號源

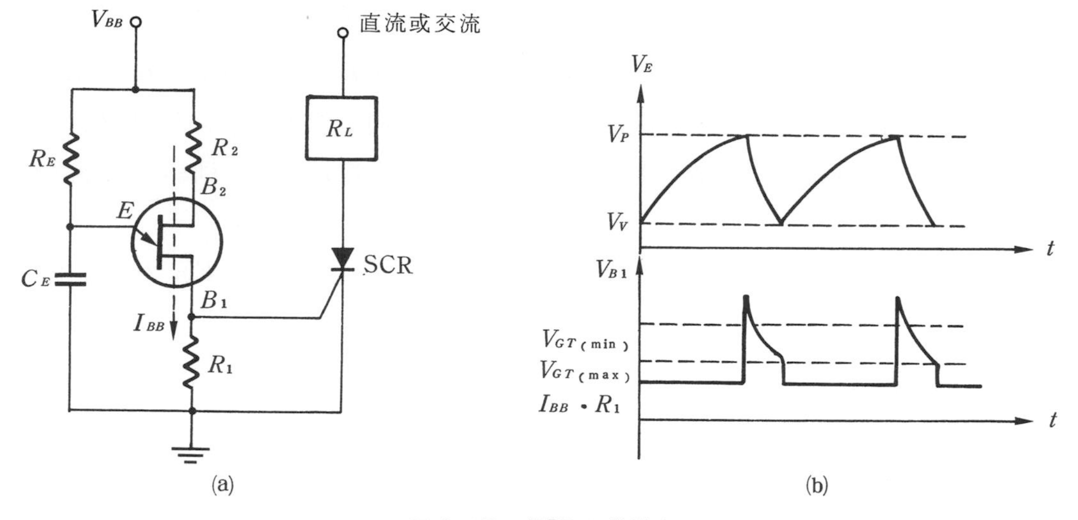

圖 1.17　UJT 激發電路

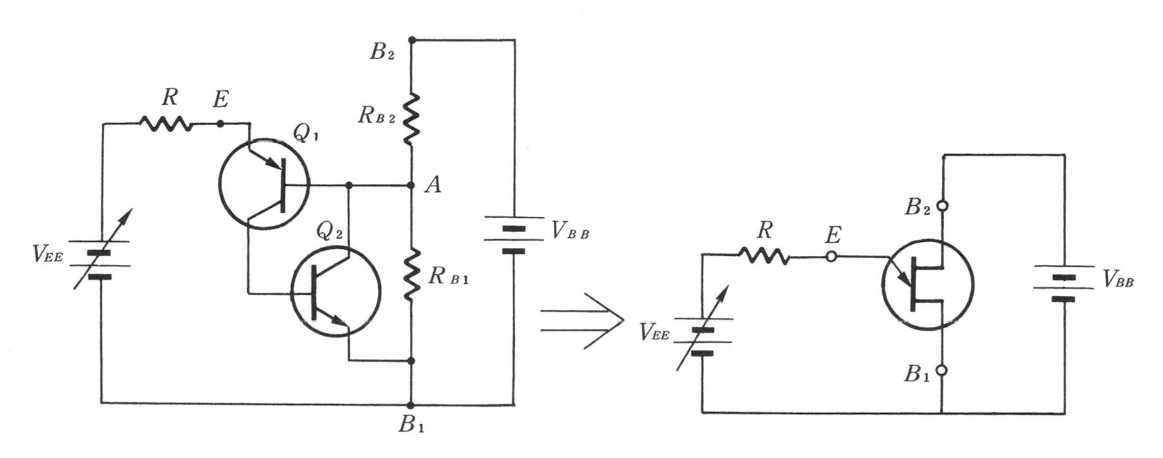

圖 1.18　電晶體電路代替 UJT

式中 $V_{GT(max)}$ 爲 SCR 或 TRIAC 之最大不激發電壓，$V_{GT(min)}$ 爲 SCR 或 TRIAC 之最小激發電壓。

3.　用電晶體代替UJT的方法

UJT價格較電晶體昂貴，而且在很多地方不易購得，如果實驗時沒有UJT，可用電晶體代替。如圖 1.18 所示。

這兩枚取代UJT的 PNP-NPN 電晶體的工作過程是這樣的：當 Q_1 射極較基極爲負時，兩電晶體均不導電，但當射極較基極（亦即第二基極點）爲正時，Q_1 開始導電，而有電流供至 Q_2 之基極，因而 Q_2 也導電，Q_1 之基極電性此時更負，這就令 Q_1 導電得更厲害。這種循環一開始，兩電晶體很快就在嚴重導電狀態，射極與第一基極間之電阻跌至一個很低的數值，於是模仿了UJT的特性。

4.　判別UJT三極的方法

將三用表旋至高電阻檔，如 $R \times 1\,k\Omega$，若測量 B_2、B_1 之間，則爲 $4\,k\Omega \sim 10$

kΩ電阻值。

而B_2與E，或B_1與E均為二極體性質，黑色電筆在E，紅色電筆在B_2或B_1均為順向，呈現低電阻值，反之，紅色電筆在E極，則為逆向，近乎開路。B_2和B_1之判別：三用表旋在$R\times 1\,k\Omega$，黑電筆接E極；紅色電筆先後接B_2和B_1則接B_1時之阻值略大。

注意：判別B_2和B_1時，三用表不可旋至低電阻檔流入I_E較大會使R_{B1}下降，有時會測得相反結果。

1.3 實習器材

47Ω×1
100Ω×2
470Ω×1
1kΩ×2
2.2kΩ×2
3kΩ×1
3.3kΩ×1
5kΩ×1
10kΩ×1
220kΩ×1
0.01μF×1
0.1μF/50V×1
1μF/25V×1
VR5k×1
VR100k×1
VR250k×1
UJT×1
FCS9014×1
FCS9015×1
1N4001×1
齊納5V×1

1.4 實習項目

工作一：三用電表判別UJT

工作程序：

(1) 判別出UJT之三脚各爲何極？繪圖註明之。

(2) 射極不接，以VOM Ω 檔測出UJT之R_{BB}電阻值＝ ______ kΩ。VOM之測棒位置調換，測出來之R_{BB} = ______ kΩ。

(3) VOM轉至$R\times1$ k 或高電阻檔，測出E與B_1之順向電阻爲 ______ Ω，E與B_2之順向電阻爲 ______ Ω，R_{B1}與R_2兩電阻之和是否等於R_{BB}？爲何？

工作二：UJT　V_E-I_E特性曲線之測量

工作程序：

(1) 按圖1.19接線，繪出$V_{BB}=0$V，$V_{BB}=5$V，$V_{BB}=10$V，三條V_E-I_E特性曲線於表1.3中，並標註電壓、電流刻度。

(2) 若將B_2、B_1調換，則V_E-I_E特性曲線有何差異？

(3) $V_{BB}=10$V時，$V_P=$ ______ V，若用（1.5）式，求得$\eta=$ ______。

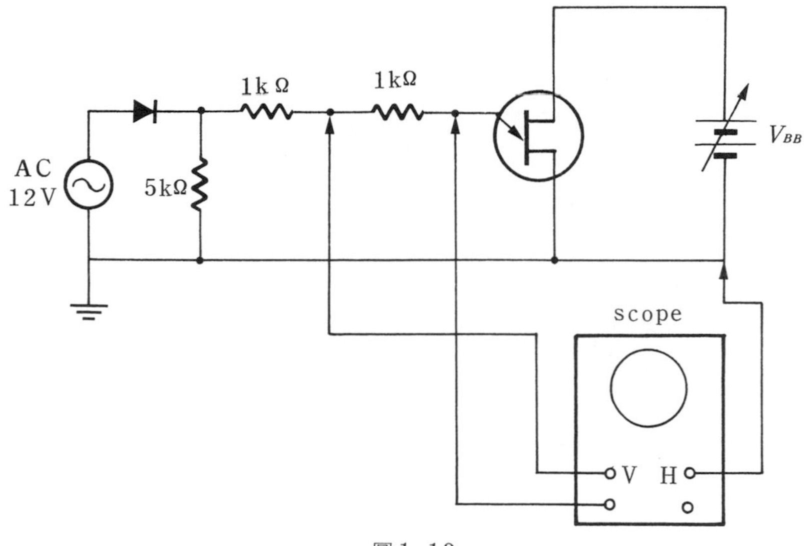

圖1.19

表1.3　V_E - I_E特性曲線

(4) $V_{BB}=10\text{V}$時，$V_V=$ ______ V，$I_V=$ ______ mA。

(5) $V_{BB}=5\text{V}$時，$V_P=$ ______ V，再根據（ 1.5 ）式求得 $\eta=$ ______，與第三項之結果是否相近？ ______。

(6) $V_{BB}=5\text{V}$時，$V_P=$ ______ V，$I_V=$ ______ mA。

(7) 由第 3 ～第 6 項可知V_{BB} 愈大時，V_P 變為較 ______，V_V 變為較 ______，I_E 變為較 ______。

工作三：UJT 弛緩振盪器

工作程序：

(1) 如圖 1.20 接線，V_{BB} 由AC 12V經整流濾波後供應之。

(2) $V_R=50\,\text{k}\Omega$，將E，B_1，B_2 對地之電壓波形繪出於表1.4中。（示波器垂直輸入置於DC，並測出其波形電壓變化）。

(3) 此時振盪頻率$f=$ ______ Hz，$V_P=$ ______ V，$\eta=$ ______，$V_V=$ ______ V，與公式（ 1.13 ）求得之頻率是否相同？ ______。

(4) $V_R=100\,\text{k}$時，振盪頻率$f=$ ______ Hz。

(5) V_R 電阻改為 1MΩ，將V_R 逐漸調大直到振盪消失，此時$R_{E\min}=$ ______ Ω，

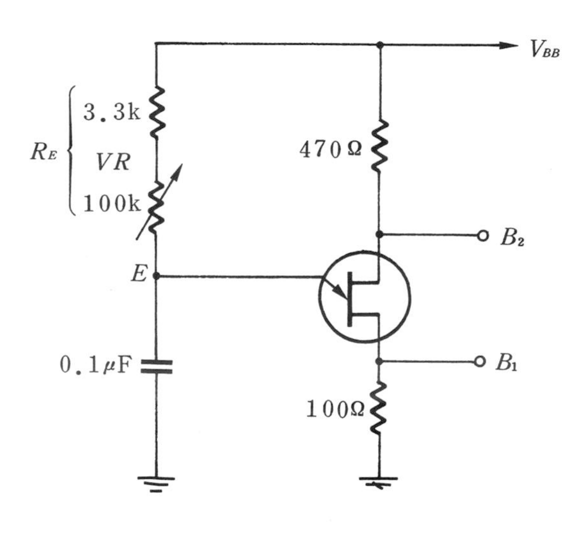

圖1.20

表 1.4　各點電壓波形

V_E

V_{B1}

V_{B2}

根據（1.7）式，求得 $I_V=$________，其振盪頻率 $f=$________Hz。

(8) C 改用 0.05 μf，$V_R=50$ k 時振盪頻率=________Hz，$V_R=100$ k時振盪頻率=________Hz。

工作四：直線性UJT 弛緩振盪

工作程序

(1) 如圖 1.21 接線，測出 V_E 電壓波形，並繪於表 1.5 中，其直線性如何？

(2) 由 V_E 波形，知其 $V_P=$________V，$V_V=$________V。由（1.5）式得 $\eta=$________。

(3) 電容器 C 由 V_V 充電到 V_P 所需的時間為 $\Delta V_C=\dfrac{I_C\times\Delta t}{C}$，即 $V_P-V_V=\dfrac{I_C\times t_{off}}{C}$，則 $T\approx t_{off}=\dfrac{(V_P-V_V)\cdot C}{I_C}$，由此公式計算 $f=1$ kHz 時，$I_C=$________，$R_E=$________。

(4) 調 R_E 使振盪頻率為 1 kHz，則此時 $R_E=$________，$I_C=$________。與第(3)項計算結果是否相符合？________。（$I_C=I_E=\dfrac{R_E\text{ 兩端壓降}}{R_E}$）

表 1.5 V_E 電壓波形

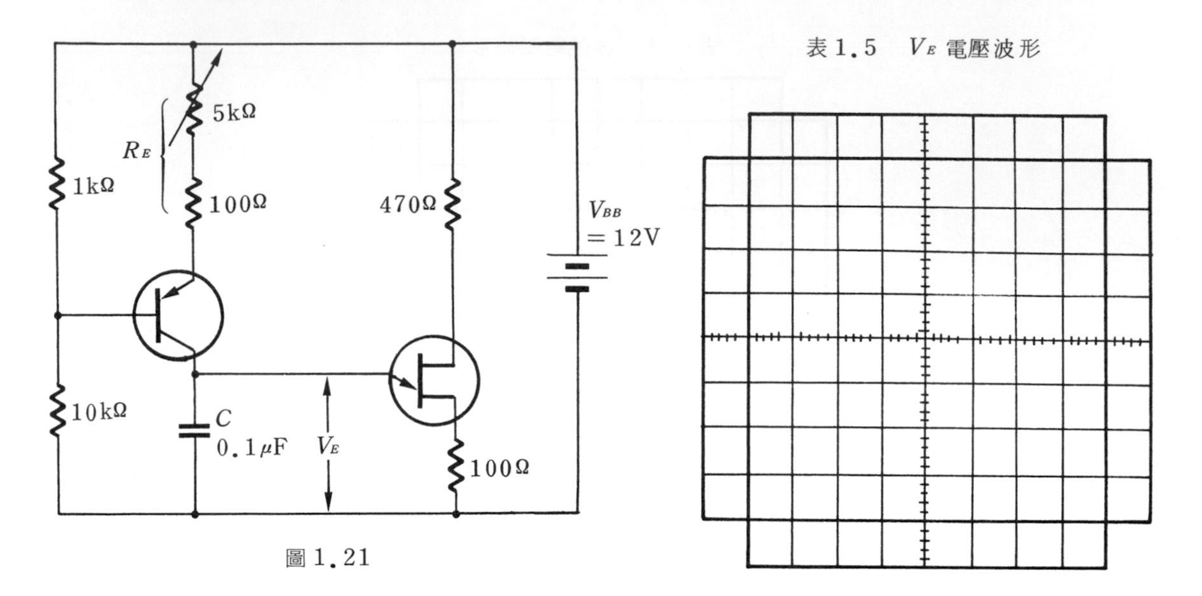

圖 1.21

工作五：用Si電晶體代替UJT

工作程序：

(1) 按圖 1.22 接妥電路，V_{BB} 由 AC 6V 經整流濾波供給之。

(2) 用示波器測量 E 與第一輸出，第二輸出的波形，並繪於表 1.6 中。

(3) 振盪頻率為 ________ kHz 。

(4) 改變 R_1 、C_1 的數值可使振盪頻率改變。R_1 可用 V_R 500k 代之，改變 V_R 用示波器觀察頻率變化情形。

工作六：UJT 弛緩振盪之應用

工作程序：

(1) 按圖 1.23 接妥電路，該電路為變頻斜率產生器。

(2) 利用 Q_1 產生定電流充電，利用 Q_3 振盪電路 R_L 上產生脈波使 Q_2 導通，當 Q_2 導

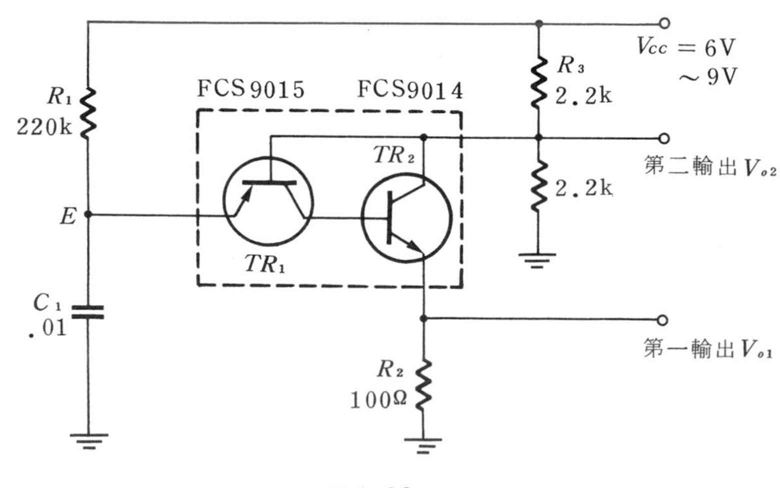

圖 1.22

表1.6　各點電壓波形

V_E

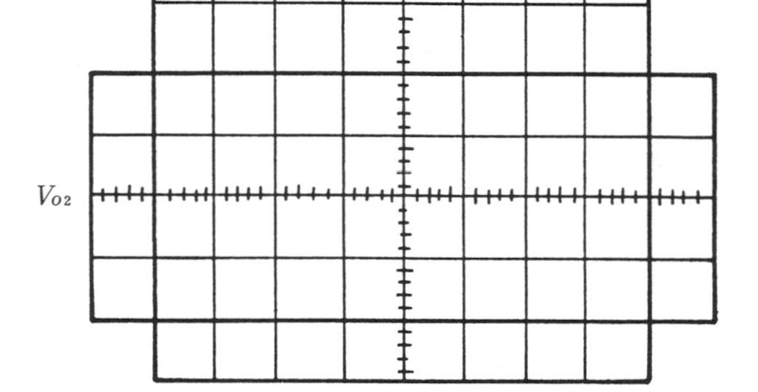

V_{O2}

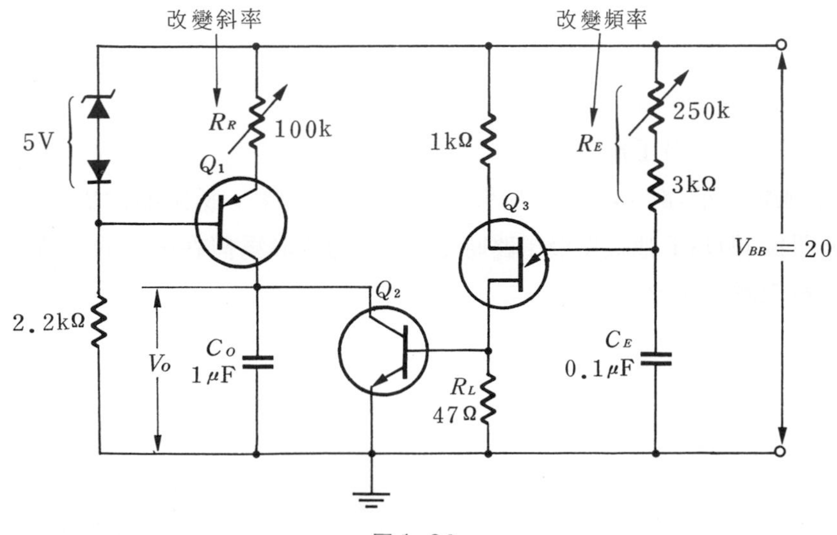

圖1.23

表 1.7　$R_E = 50\text{k}\Omega$ 之 V_o 波形

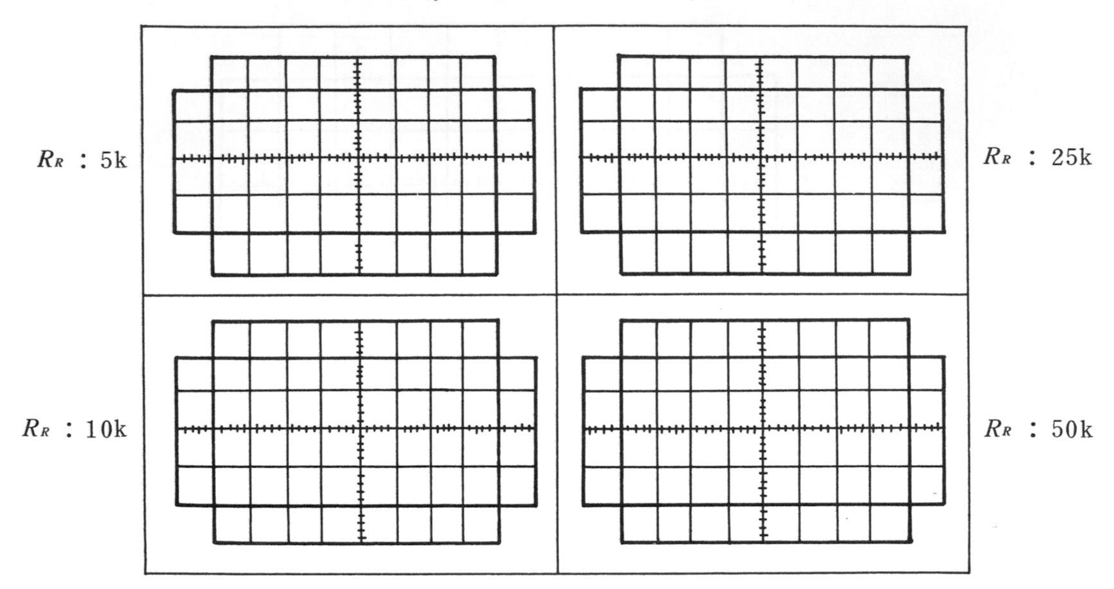

通時 C_O 放電。所以 C_O 之斜坡信號（ramp signal）之頻率與UJT所產生之頻率一樣，即斜波信號之頻率由 R_E 決定，坡度由 R_R 決定。

(3) 以示波器觀察 V_0 波形，改變 R_E 時，波形如何變化 ________，改變 R_R 時波形如何變化 ________。

(4) 繪出 $R_E = 50\,\text{k}\Omega$，R_R 分別爲 5k，10k，25k，50k 時 V_0 之波形於表 1.7 中。

1.5 問　題

1. 如何用VOM判斷UJT的 B_1、B_2、E 各極。
2. 說明UJT名稱的由來？
3. 在UJT中 V_P、I_P 與 V_V、I_V 代表何義？
4. 試述UJT振盪應符合那兩條件？
5. 試述UJT弛緩振盪工作原理。
6. UJT作弛緩振盪器時，萬一 B_1 與 B_2 兩端對調連接，結果如何？
7. 以示波器觀測UJT弛緩振盪電路時，B_2 端的波形爲何在很高的直流準位下呢？
8. 何謂本質解離比 η？

實習 2

矽控整流器(SCR)

2.1 實習目的

(1) 認識SCR的結構與觸發特性。
(2) 瞭解SCR相位控制的原理。
(3) 認識SCR開關特性與保護措施。
(4) 瞭解選擇SCR應注意事項。
(5) 認識SCR的工業應用。

2.2 相關知識

1. SCR的認識

矽控整流器（ silicon controlled rectifier ）通稱 SCR ，是閘流體族系中最重要且最具代表性的元件，是 1957 年美國GE 公司研究制定的名詞。國際電機標準協會（ International Electrotechnical Commission 簡稱 IEC ）將 PNPN 四層以上構造的半導體元件，統稱為閘流體（ thyristor ），如SSS、SCR、SCS、TRIAC、PUT、GTO 等，均具有開關之功能統稱為閘流體，因其無機械上的動作，故無火花，速度快壽命長，比傳統的開關優越廣泛使用於工業控制設備， SCR 最高耐壓 2500 伏，最大電流可達800安培，可以控制極大功率。

SCR 為三端元件，其構造與符號如圖 2.1 所示，A表陽極，G為閘極，K為陰極，依耐壓電流之不同 SCR 有幾種外型，如圖 2.2 。

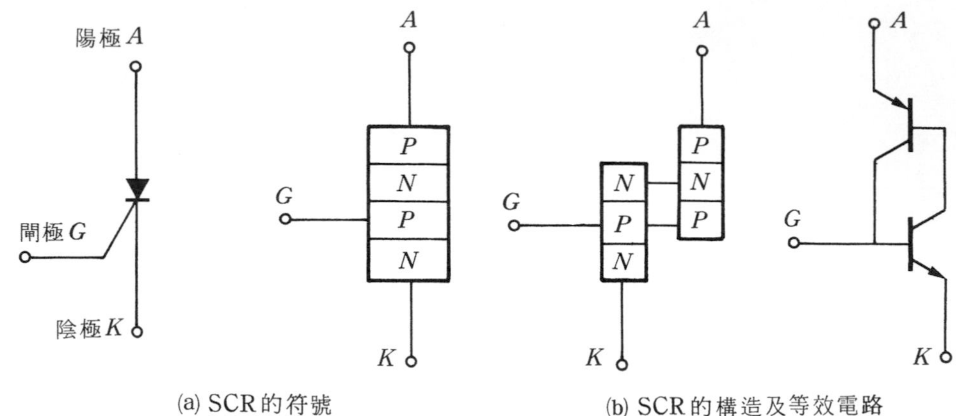

(a) SCR的符號　　(b) SCR的構造及等效電路

圖2.1

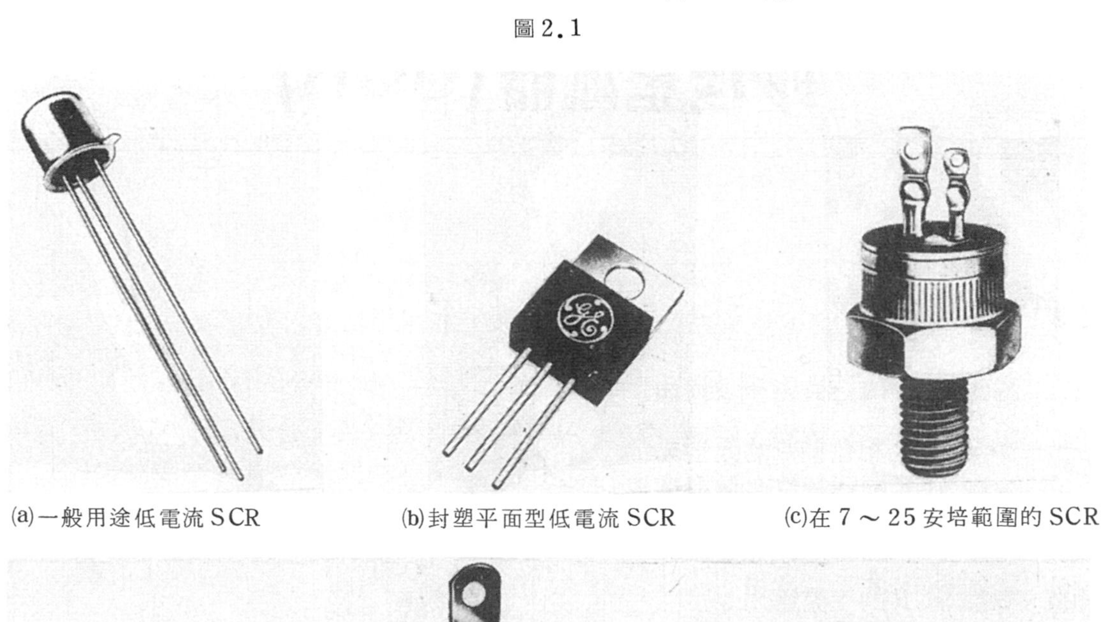

(a)一般用途低電流SCR　(b)封塑平面型低電流SCR　(c)在7～25安培範圍的SCR

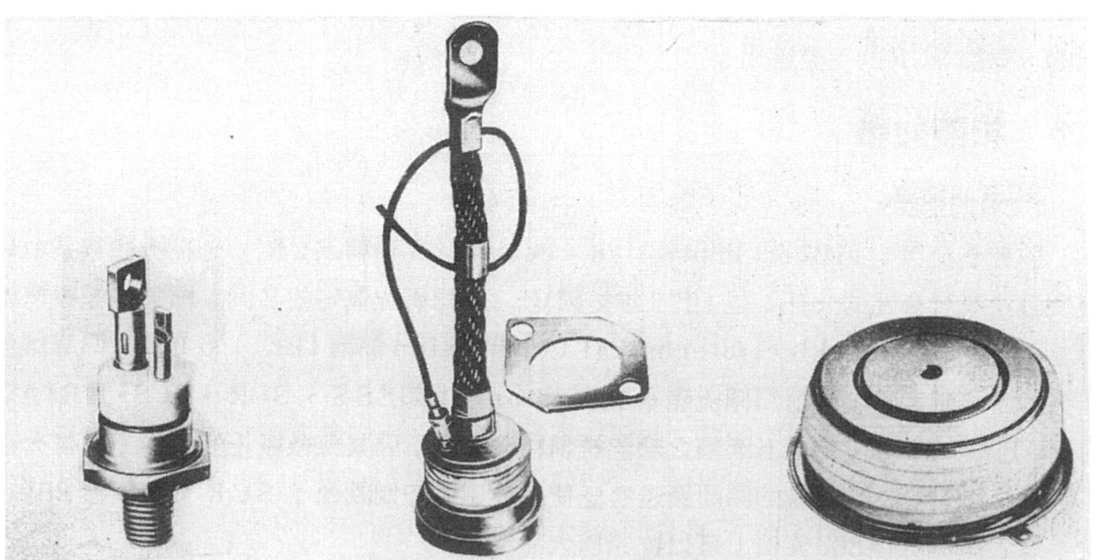

(d) 25～500伏特中電流SCR　(e)電流高達500安培、電壓高達1700伏特的SCR　(f) " press-pak " SCR，電流範圍800～1400安培，電壓範圍100～2600伏特

圖2.2　常見SCR之外觀

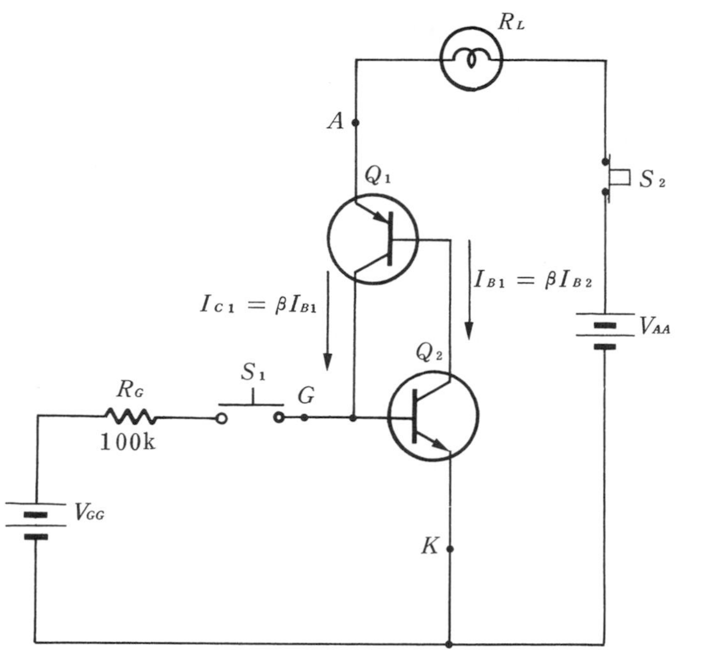

圖 2.3

2.　SCR之工作原理

以圖 2.3 來說明 SCR 之動作

(1)　當 S_1 未按下時，Q_2 基極無回路，沒有 I_{B2} 產生，則 $I_{C2}=0$，無 I_{B1} 供給 Q_1，則 $I_{C1}=0$，故兩電晶體均截止，即使 A、K 之間加上電壓；也無法使電流從 A 流到 K。

(2)　若按開關 S_1 則 V_{GG} 電壓加於 G、K 之間，使 G 流入電流 I_G，I_G 供給 Q_2 基極電流，使 Q_2 產生集極電流 I_{C2}，供 Q_1 產生基極電流 I_{B1}，Q_1 因此有 I_{C1} 流動，I_{C1} 再供給 Q_2 基極電流，如此正回授使 Q_1、Q_2 在很短時間內成爲導通狀態，雖然 S_1 斷開兩電晶體仍然維持導通。

(3)　欲使 A、K 之間恢復截止狀態，可將開關 S_2 斷開令 I_{AK} 中斷，則 Q_1、Q_2 又成爲截止。

3. SCR之特性曲線

圖 2.4 是一完整的 SCR 陽極特性曲線。SCR 維持在導電狀態時，陽極電流必須大於圖中的 I_H（維持電流），也就是說 SCR 負載電阻不能太大，否則即使 I_G 與 V_A 都達到導電條件，SCR 仍不能轉態。當 SCR 加上順向偏壓，閘極開路（$I_G=0$）時，SCR 僅有微小漏電流，此時 SCR 爲截止狀態。若將 SCR 之 AK 兩端電壓逐漸增加，使 SCR 接合面電場增加，在趨近臨界電壓電洞與電子通過接合面受强電場加速使崩潰倍增係數接近 1，SCR 變成導電狀態，此時之電壓稱爲順向轉態電壓 V_{BO}。V_{BO} 與溫度有關，接合面溫度若高達某值以上（大略在 100° C），則 V_{BO} 急速下降，因而大大限制了 SCR 在高溫場合之使用。

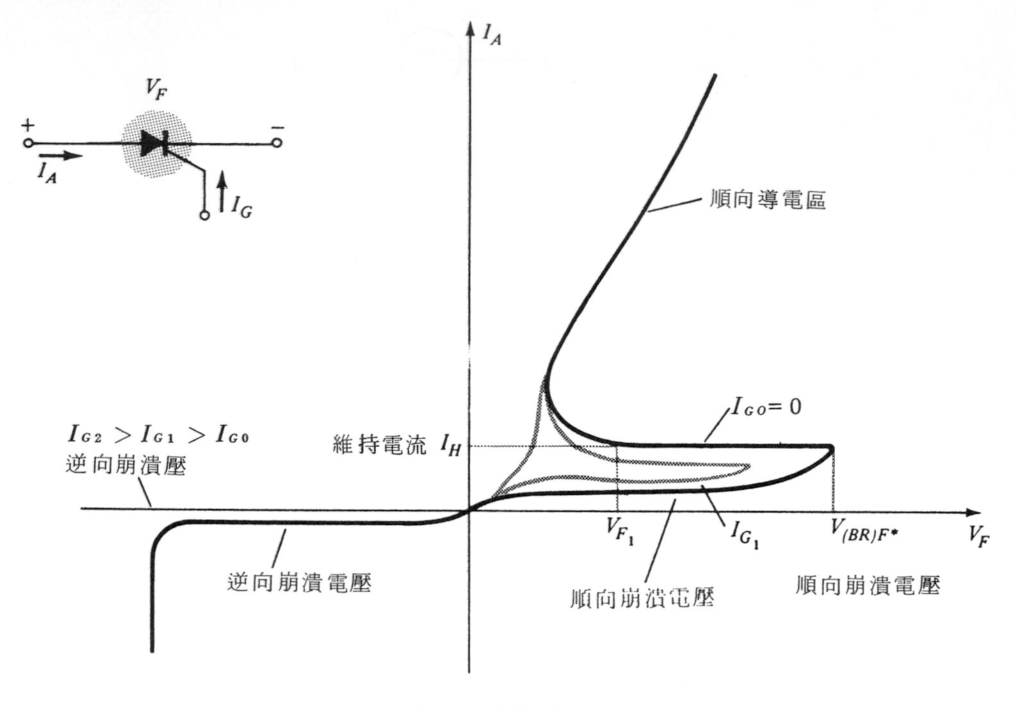

圖 2.4 SCR 特性曲線

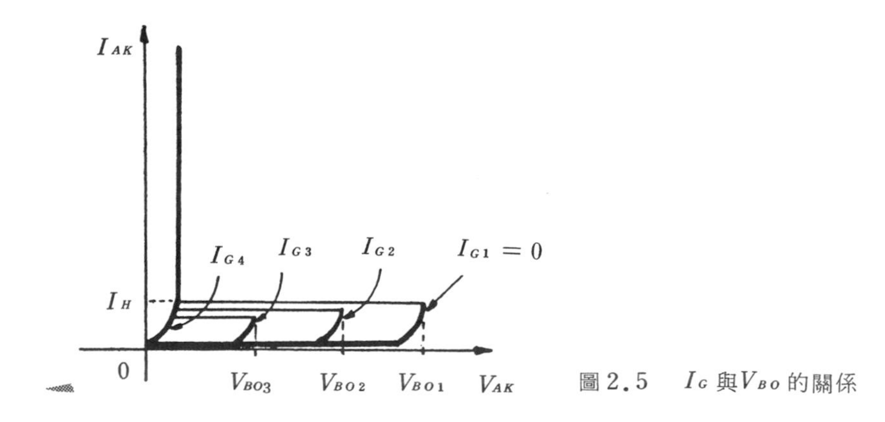

圖 2.5 I_G 與V_{BO}的關係

在 SCR 陽極電壓低於V_{BO}之下，改變閘極輸入電流 I_G ，可使順向電壓於較低時即可導電，如圖 2.5 所示， I_G 電流愈大則其順向電壓愈低即可導電， SCR 一旦導電後移開 I_G 電流，SCR 仍繼續保持導電狀態，除非 $I_A < I_H$ 。

圖 2.6 表示陽極電路的電壓分佈，在激發前，全部的電源跨在 SCR 的陽極到陰極上。在激發後，V_{AK} 降到 1 伏特左右，其餘電源電壓則跨在負載上，電源電壓減少，當陽極電流低於維持電流時 SCR 便截止。

在逆方向加壓，若超出某值亦引起潰崩，但崩潰後維持定壓如同稽納二極體，與順向導通之性質不同，逆向崩潰電壓與順向轉態電壓大小相近，而略大於順向轉態電壓。欲使導通狀態時的SCR變爲斷路狀態，就必須使陽極電流小於 I_H ，或改變陽極 - 陰極的電壓極性。

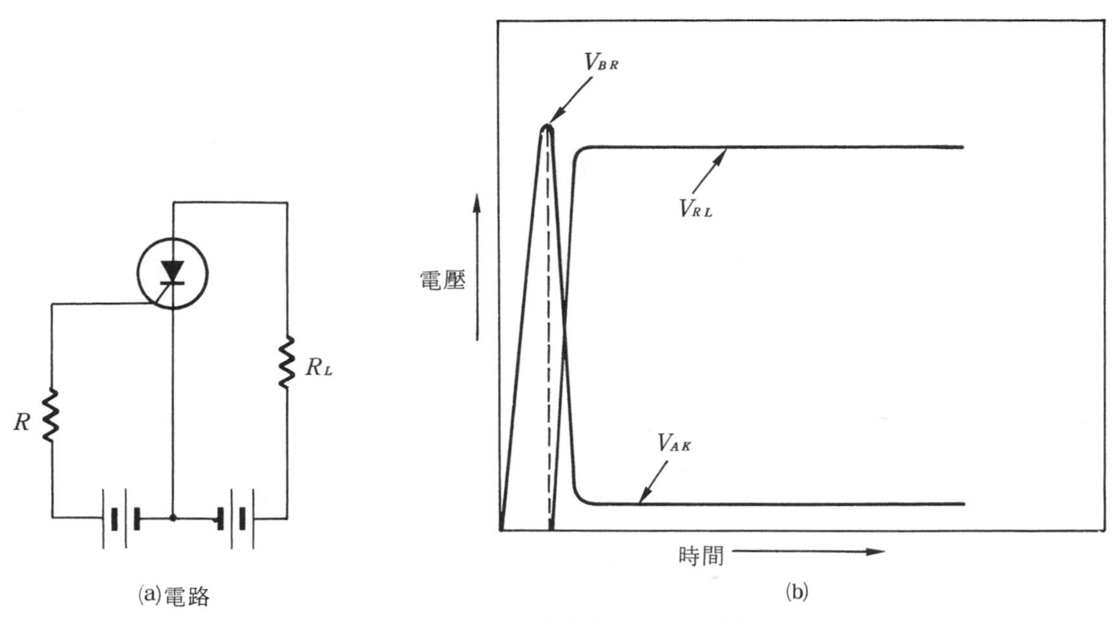

圖 2.6　SCR 電路中陽極電路電壓分佈圖

4. SCR的規格與定義

有關電壓的規格

(1) 重複峯值逆向電壓(repetitive peak reverse voltage) V_{RRM}——表示當閘極開路時 SCR 所能承受的最大重複逆向電壓。

(2) 非重複峯值逆向電壓(nonrepetitive peak reverse voltage) V_{RSM}——表示當閘極開路時，SCR 所能承受的最大暫態逆向電壓。一般說來，這項數值比前項數值約高 20 %左右。

(3) 峯值順向阻斷電壓(peak forward blocking voltage) V_{FOM}——表示當閘極開路時 SCR 所能承受的最大暫態順向電壓。若外加暫態電壓超過此電壓值，SCR 即導電。

(4) 峯值順向電壓(peak forward voltage) PFV——表示在任何條件下，SCR 陽極所能承受的最大瞬時正電壓。若超過此電壓值，即使是暫態電壓，亦將使 SCR 損壞。

(5) 具閘極電阻的峯值順向阻斷電壓(peak forward blocking voltage with gate resistor) V_{DRM}——表示具有閘極電阻的 SCR，其陽極所能承受的最大瞬時順向電壓，低電流的 SCR 中，常利用此技術以增加順向阻斷電壓。

(6) 順向轉態電壓(forward breakover voltage) V_{BRO}——表示當閘極開路，不使 SCR 導電的最大順向電壓。

(7) 最大閘極逆向電壓 V_{GR}——表示閘極所能承受的最大逆向電壓的峯值。

(8) 最大閘極順向電壓 V_{GF}——是指閘極所能承受的最大順向電壓的峯值。

有關電流的規格

(1) 最大順向平均電流 I_{DC} ——是指 SCR 在指定條件下可容許的最大平均順向電流值。

(2) 最大順向有效電流 I_F ——是指 SCR 在指定條件下所容許通過的最大順向電流有效值。

(3) 維持電流 I_H ——是指SCR的最低導電電流有效值，其數值與溫度成反比，在120°C時的維持電流約爲25°C時的一半。

(4) 最大閘極電流 I_{GF} ——是指 SCR 的閘極可承受的最大順向閘極電流值。

(5) 一週衝擊最大電流 I_{surge} ——是指SCR通以正弦一週（通常係以60Hz），陽極所能承受的最大順向電流峯值。

圖2.7(a)所示的波形可用來說明圖2.7(b)所示的電路，在具有中心抽頭的全波整流電路中的SCR電路規格。圖中任何一個SCR的陽極外加最大正電壓爲170V，所以要選用V_{FOM}較170V爲高的SCR，如200V的 SCR 即可，若閘極與陰極間接有電阻，則陽極所能承受的最大瞬時順向電壓V_{DRM}將較V_{FOM}高，而 PFV 500V除正常的170V外，尚允許有330V的電路暫態電壓存在，而不致損壞SCR。任何一個SCR，正常受有170×2＝340V的逆向電壓，故V_{RSM}須有650V。

大部份的 SCR 均能達到V_{FOM}與V_{RRM}相等。於是此整流電路上，可規定 V_{FOM} 與 V_{RRM}要有350V。

表2.1爲學校常用之SCR的電壓電流規格表。

5. SCR的激發

利用下列方式均可使 SCR 被激發而導電；外加電壓超過順向阻斷電壓 V_{FOM} 或

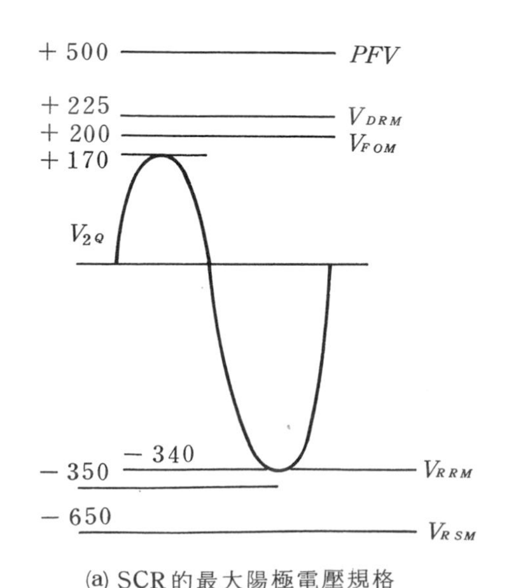

(a) SCR的最大陽極電壓規格

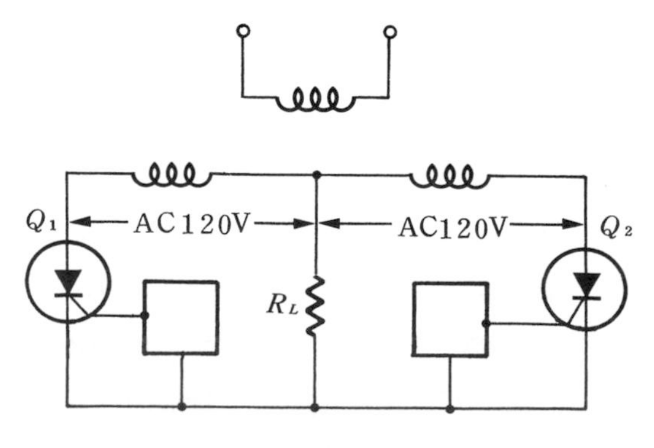

(b)具有中間抽頭的SCR全波整流電路

圖2.7

表 2.1

2SF101	0.5A	50V	C106F	4A	50V
2N5064	0.8A	200V	C106B	4A	200V
2N5060	0.8A	400V	C106D	4A	400V
2P2M	2A	200V	C122E	4A	500V
CR2AM4	2A	200V			

V_{DRM}的額定電壓超過最大容許溫度，超過陽極電壓變化率dv/dt及閘極外加激發信號。在這些方法中，選用閘極外加激發訊號的方式較多，且盡可能不用其他方法來激發SCR。

SCR工作在交流電路中，當電源是正半週時，其閘極一經觸發，則SCR導通，若是負半週時，SCR處於截止狀態。因此SCR導電的範圍，乃從0°到180°之間，若我們能在這中間加以控制其激發的時間，亦即控制其激發角(triggering angle)大小，因而控制電源傳至負載的功率，例如，現在工業控制上常見的調光、馬達調速及警報系統，就常使用SCR等閘流體控制。

我們發現，欲成功地完成閘極激發作用須滿足下列三條件：

(1) 激發電流與電壓必須在激發範圍內。

(2) 閘極消耗功率必須減至最少。

(3) 閘極訊號的激發時間必須適當。

圖2.8所示資料係由SCR製造廠商所提供的閘極激發數據。激發範圍乃取決於二極體特性曲線(A與B)，最大功率消耗曲線(D)與最大閘極電壓(C)，在左下角的斜線部份係表示SCR絕不激發的閘極電壓與閘極電流範圍。每一類型的SCR，製造廠商均須提供此數據資料。

決定激發範圍後，必須適當地設計激發訊號源，使其工作在此範圍，通常利用負載線的分析即可達到此目的。

圖2.9所示爲戴維寧等效激發電路，R_g爲等效電源阻抗，V_g爲斷路時的電源電壓。圖2.10所示爲當$V_g=10$V時，三個不同電阻的負載線，$R_g=100\ \Omega$的負載線通過斜線部份，R_g值太大，無法激發SCR，$R_g=5\Omega$的負載線與最大消耗功率相交，即R_g太小，有破壞SCR之慮，當$R_g=20\Omega$時爲合理的電源阻抗值，大多數的SCR，其激發電源的阻抗均極低。

激發電源必須定時產生脈波，於適當時候用來開啓(turn on)SCR，此動作稱爲激發脈波的同步。圖2.11所示波形爲SCR交流控制電路中，其陽極電壓與激發脈波的關係。當SCR閘極外加脈波訊號時，其脈波訊號必能超過閘極最大逆向偏壓的限制。大多數的廠商均會提供閘極與陰極間所能承受的最大負電壓，限制閘極負電壓的普遍使用方式，是如圖 2.12 所示，利用diode的順向電壓降來限定閘極負電壓，當閘極受有負電壓時，二極體導電而使閘極電壓限制在0.7V左右。

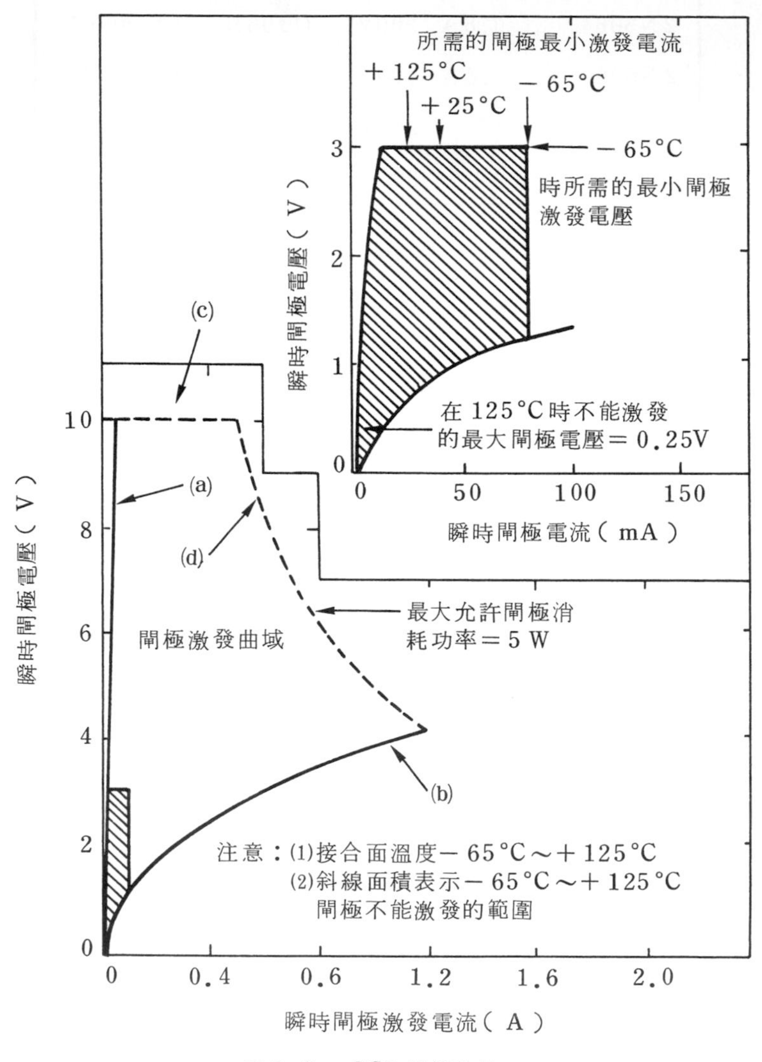

圖 2.8　SCR閘極特性

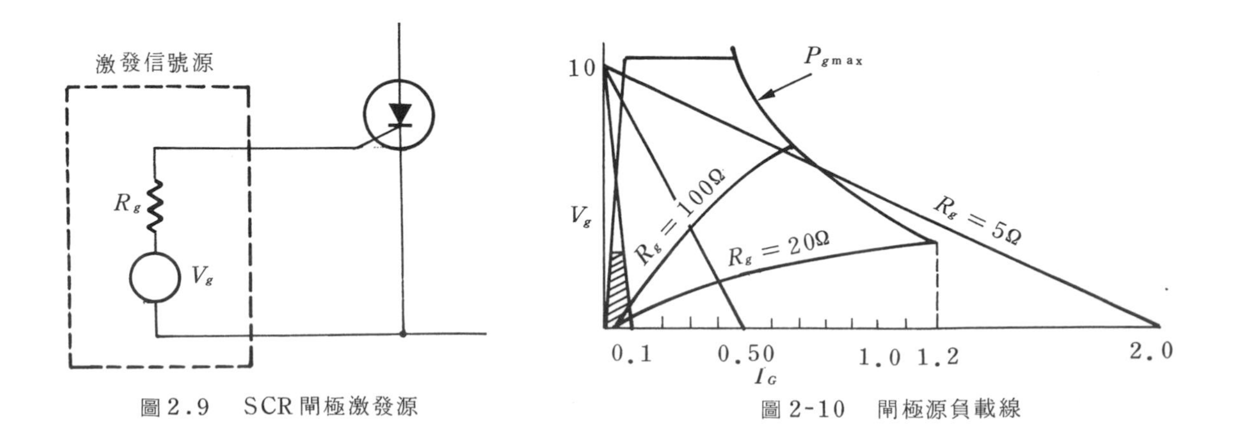

圖 2.9　SCR閘極激發源

圖 2-10　閘極源負載線

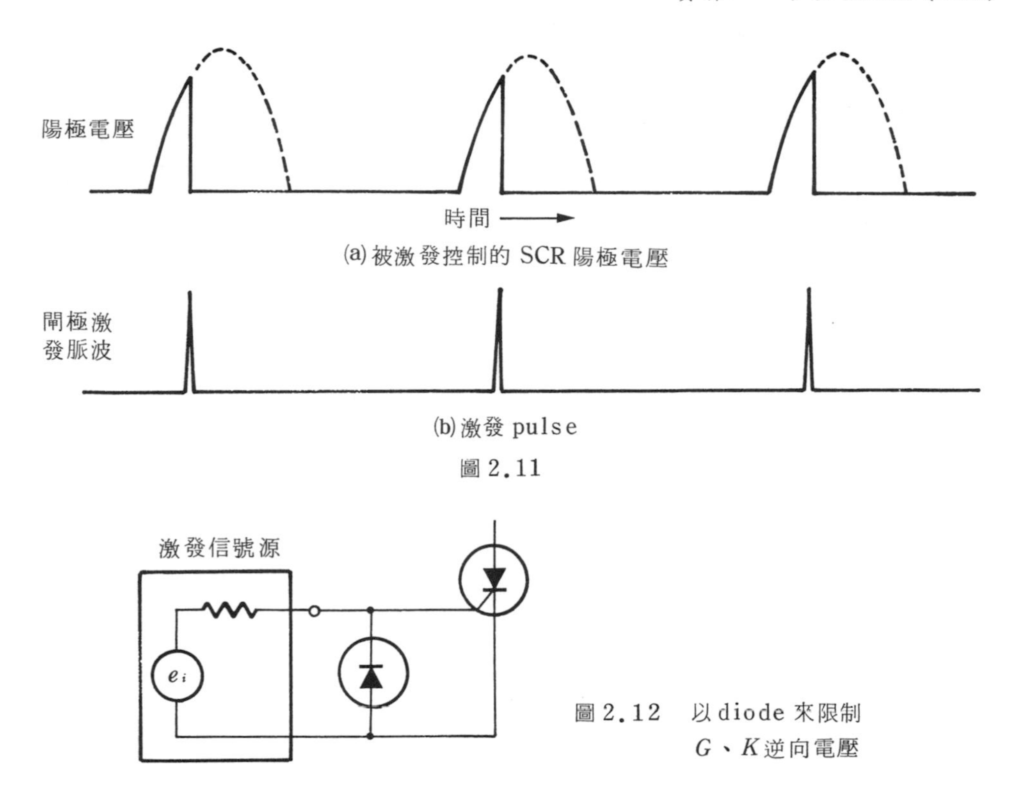

(a)被激發控制的 SCR 陽極電壓

(b)激發 pulse

圖 2.11

圖 2.12　以 diode 來限制 G、K 逆向電壓

6. SCR的開啓(turn on)

當 SCR 由順向不導電狀態轉變爲導電狀態，謂之開啓(turn on)，導電時間(t_{on})係指在SCR的閘極上供以觸發脈波，使SCR由斷流狀態轉換成導通狀態所需之時間。導通時間爲延遲時間(t_D)與上昇時間(tr)之和，這些關係如圖 2.13所示，

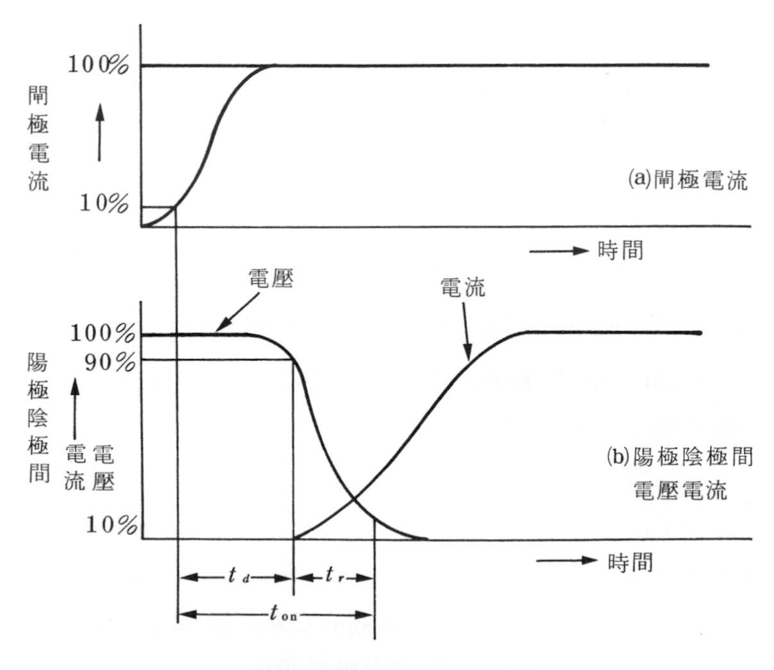

圖 2.13　SCR導通特性

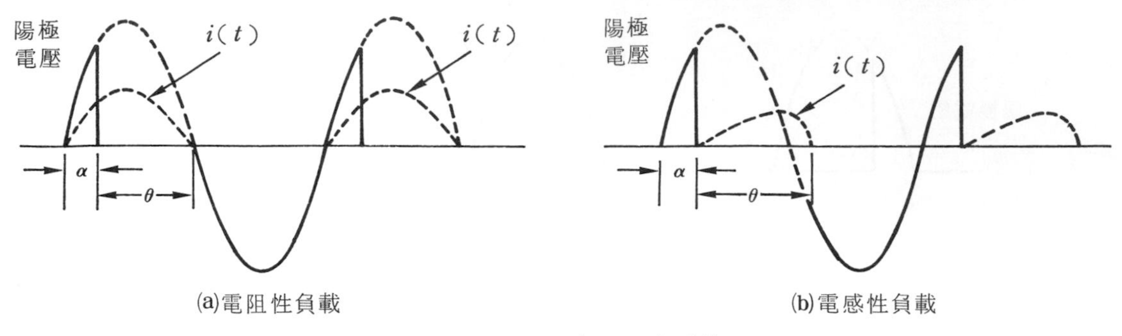

(a)電阻性負載　　(b)電感性負載

圖2.14　SCR陽極電壓與電流

閘極電流脈波到達波峯值之 10% 到陽極電壓下降至 90% 叫做延遲時間(t_D)，而此電壓再降至10%之時間，則定爲下降時間(tr)。SCR 的導通時間大致在 10μs 以下，耐壓愈高的 SCR ，則顯示增大之傾向。

一已激發而發生導電的SCR，其V_{AK}電壓降約 1 V, 而陽極電流則受陽極電路外加電阻的限制，發生激發的角度稱激發角(firing angle) α，而導電週期的其餘部份稱爲導電角(conduction angle)θ，在電阻性負載時，其激發角與導電角之和爲 180°，而在高電感性負載(如馬達、變壓器等)，其激發角與導電角之和超過 180°，圖 2.14 所示爲電阻性與電感性負載的激發角與導電角。

7. SCR的關閉(turn off)

欲有效的控制SCR電路的負載功率傳輸，必須能使SCR發生關閉，或使其由導電狀態轉變爲斷路狀態才可以，由於一已導電的 SCR ，其閘極不再有控制作用，故必須降低陽極與陰極間的電壓，以達到使SCR發生關閉的目的，通常有下述方法可使SCR關閉。

(1) 使 I_{AK} 電流減少至保持電流 I_H 以下。
(2) 切斷 I_{AK} 迴路。
(3) 將A、K短路。
(4) 在A、K間加以逆向電壓。
(5) 强迫換向法。

若外加電壓源使用正弦波電壓時，於每一正半週的末端，SCR 將自動發生關閉。

圖 2.15 爲將導通的 SCR 截止的方法，其中圖(a)爲逐漸降低陽極電流 I_{AK} 到 I_H 以下時截止。圖(b)爲將開關 SW 斷開使陽極電流中斷，亦即使SCR I_{AK} 在 I_H 以下而迫使 SCR 截止，但這種方法在 SW 處會造成很大的火花而容易損壞元件，故不常用，圖(c)利用A、K 短路使 I_{AK} 低於 I_H 。圖(d)在 AK 間施加逆向電壓迫使 SCR 截止。

强迫換向法：電路本身的動作會使負載電流由SCR以外路徑旁路使SCR的電流降到零而截止。或電路本身的動作使SCR所控制的負載電流減小，使SCR的電流降到零而截止。强迫換向法種類甚多，玆舉其常用之數種說明：

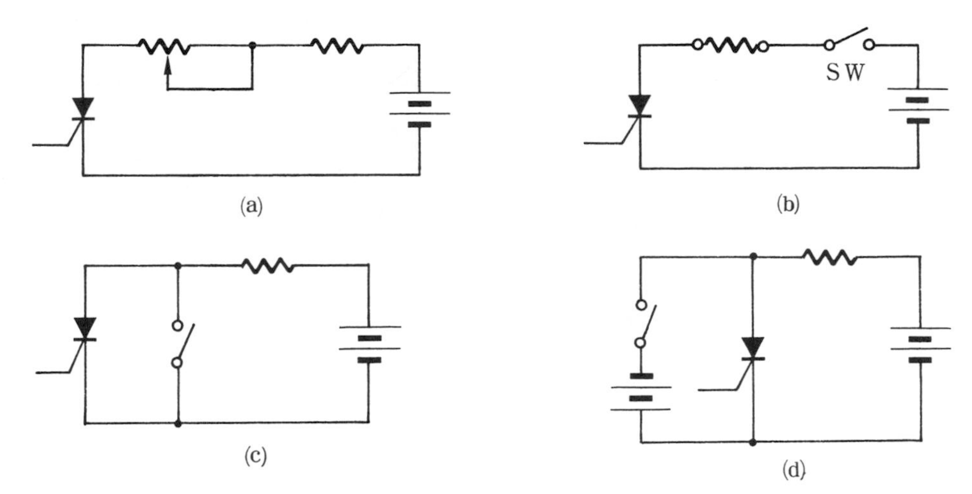

圖 2.15　SCR 截止的方法

㈠ 電容器換向法（capacitor commutation）

圖 2.16 所示，SCR_1 與 SCR_2 分別控制兩個電阻性負載，當兩只 SCR 均不導電時，電容器 C 中幾乎無電荷。若 SCR_1 的閘極受脈波激發而導電則 R_1R_L 與 SCR_1 有電流流過，同時電流亦經 R_2，C 與 SCR_1，故電容器被充電，其充電電壓極性如圖 2.17 所示。當 SCR_2 的閘極受脈波激發而導電時，其陽極電壓約降至 1 V，於是電容器 C 的電壓將跨於陽極與陰極之間，使得 SCR_1 受有逆向電壓而關閉。此時電容器經 R_1、R_L 及 SCR_2 而放電，同時流經 R_1、SCR_2 的電流又使電容器反方向充電，其充電電壓極性與圖 2-17 所示者相反，若 SCR_1 閘極再度受訊號之激發時，則電容器 C 又迫使 SCR_2 關閉，如此反復工作，此種轉換電路大都應用於無碳刷的馬達控制。

㈡ AC 交流換向法（AC line commutation）

若 SCR 工作於交流電路，因 SCR 具有單向導電特性，故在正半週時，若 SCR 被觸發，則 SCR 導通，但下一半週時，不管 SCR 是否被觸發，SCR 自動截止。圖

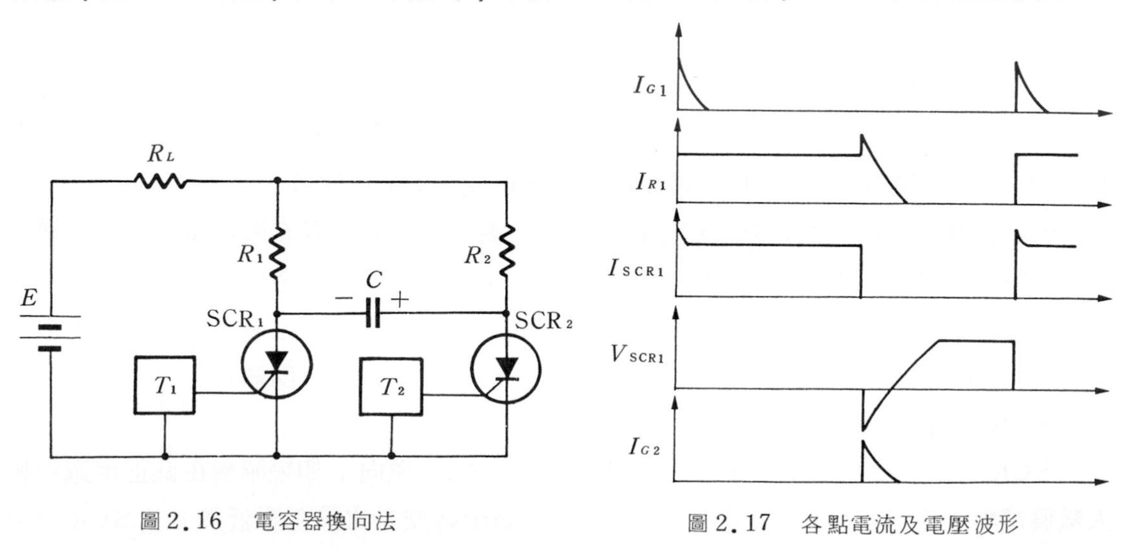

圖 2.16　電容器換向法

圖 2.17　各點電流及電壓波形

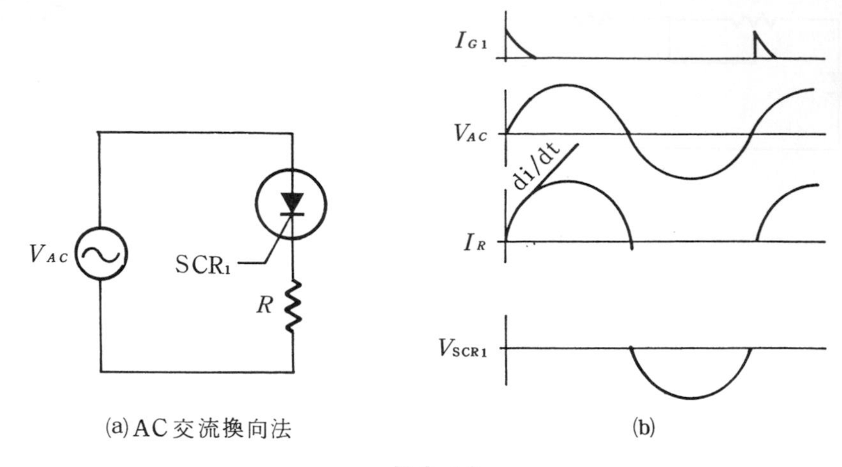

(a) AC交流換向法　　(b)

圖 2.18

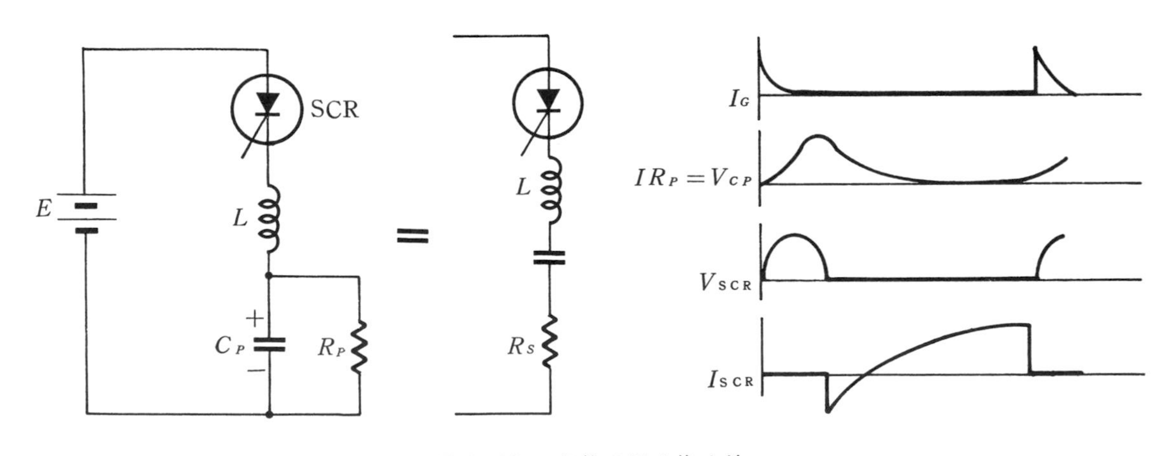

圖 2.19　負載諧振自換向法

2.18(a)為其基本電路圖 2.18(b)為其各點之電壓及電流波形。

(三) 負載諧振自換向法(self commutated by resonating the load)

當SCR導通後，電源經L向C_P充電，使得電容器上的電壓大於電源電壓，當電容放電時，使SCR因逆向而截止。這方法必須在RLC電路處於欠阻尼(under damping)的情況。圖 2.19是負載諧振自換向法的電路與各種電壓電流波形。

(四) LC電路自換向法(self commutated by LC circuit)

圖 2.20為LC電路自換向法，當 SCR 在截止時，電容C充電達電源E之電壓，上極片為正，SCR閘極被激發後，電容經SCR、L放電，由於電感之故，在放電後反向充電，電容下極片為正，可充達E之電壓，充電到達最高電壓之後經L對 SCR 放電，此時對SCR形成逆向電壓，且逆向充電電流大於 I_R 時SCR即截止。

8. **SCR與相位控制**

SCR工作於交流電路，在電源為正半週時對SCR順向，如果閘極在此正半週內輸入激發電壓，則SCR可被激發成導電，直到正負半週交替之際電壓近於0，SCR之陽

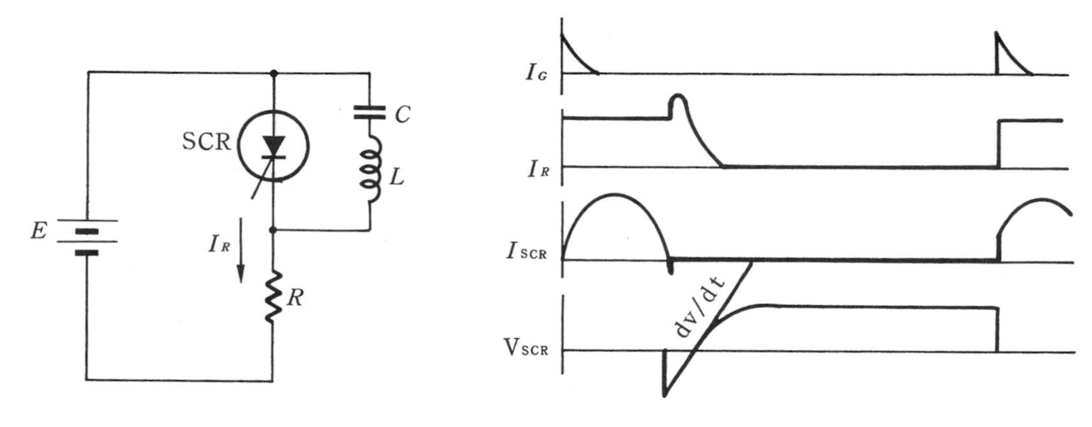

圖2.20 LC電路自換向法

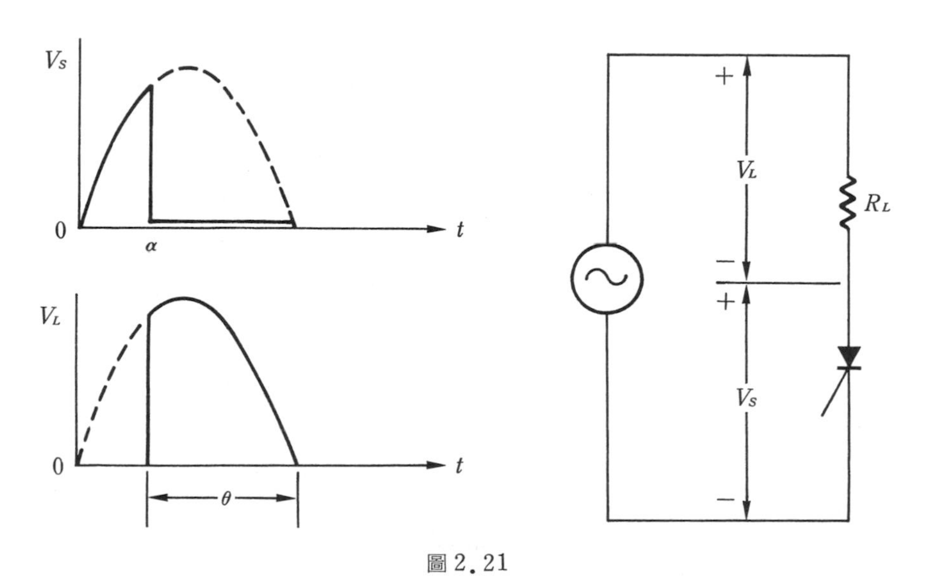

圖2.21

極電流降到維持電流 I_H 以下，SCR即告截止，直到下一正半週時，閘極再輸入激發電壓才會令 SCR 又導電，相位控制即為控制閘流體在每個順向半週時導電之時間，如圖 2.21所示，SCR在 α 角時導電，α 角即為激發角(triggering angle)，而 θ 角稱為導電角(conducting angle)，α 角改變時(0°～180°)則負載之有效電壓亦隨之改變，於是 R_L 所得之功率亦隨之改變。

相位控制之相的，即在控制負載功率，閘流體之性質，如同開關、導電時如同短路，電源電壓幾乎全部降在負載上，閘流體消耗功率極小，截止時如同斷路，也不消耗功率，因此閘流體成為很好的功率控制元件，常用於調光，馬達轉速等電路中。

圖 2.22為利用 RC 相位控制之電路，電容器 C 兩端輸出一電壓激發 SCR 之閘極，電容器落後之電壓角度即為 SCR 激發角。其 RC 大小與 α 角之關係由向量圖可知。

$$\tan\alpha = \frac{V_R}{V_C} = \frac{IR}{IX_C}$$

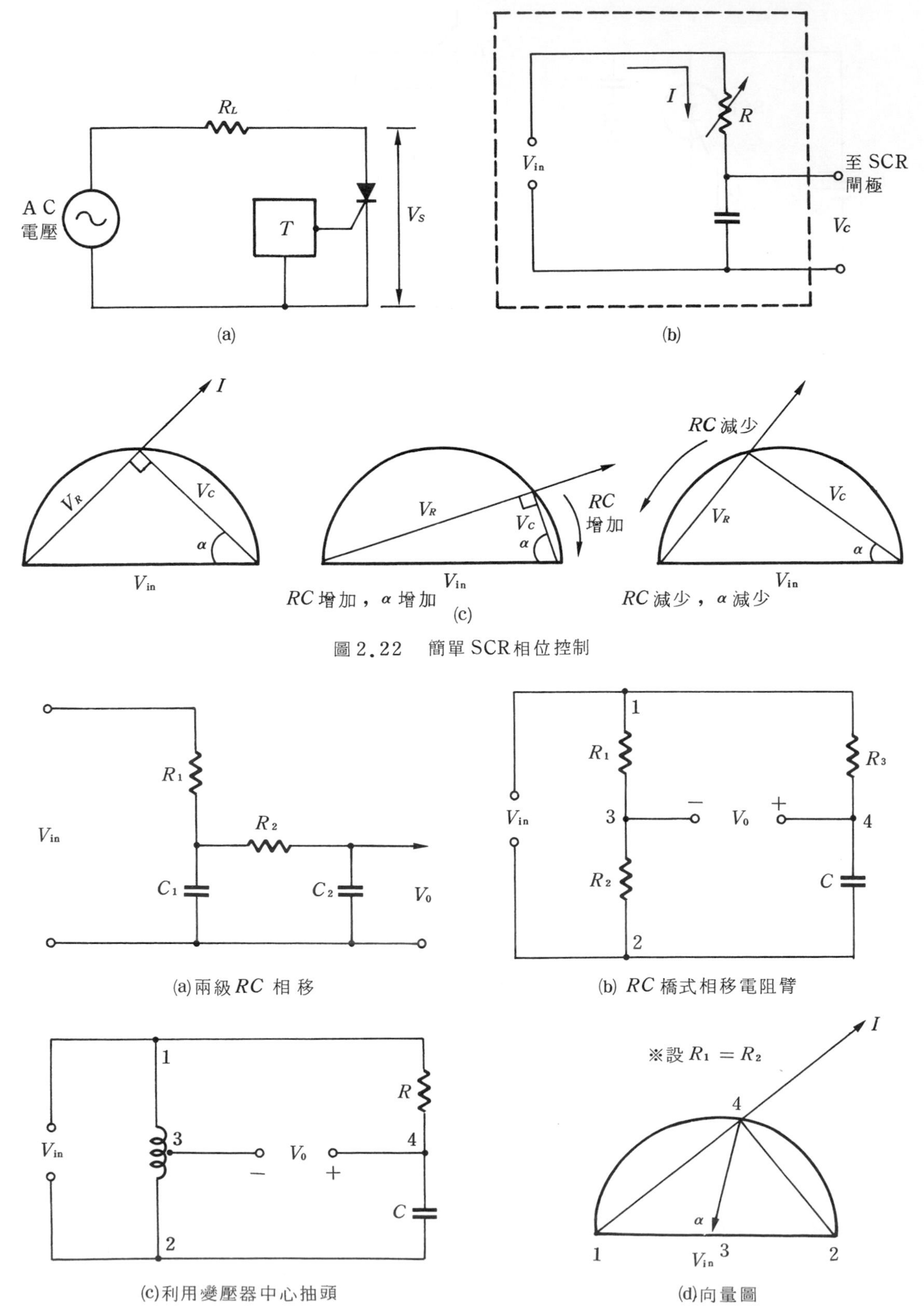

圖 2.22 簡單 SCR 相位控制

圖 2.23

$$\tan\alpha = \frac{R}{\dfrac{1}{\omega C}} = \omega CR$$

$$\therefore \quad \alpha = \tan^{-1}\omega RC \qquad (2.1)$$

由（2.1）式知，R、C 值愈大，α 值愈大，但 R、$C\to\infty$ 時，$\alpha=90°$，亦即 R、C 的調整只能使激發角 α 從 0° 到 90° 的範圍，因此只能調整正半週導電部份的一半功率，有些控制需從 0° 到 180° 的調整範圍，則電路需修改成 2.23 電路。

由圖 2.23(d)向量圖知

$$\frac{\alpha}{2} = \tan^{-1}\omega RC \qquad (2.2)$$

在圖 2.24 電路中，負載的功率損耗可直接由可變電阻調整其激發角度而改變。設激發角為 α，導電部份由 α 到 π，如圖 2.25 所示，$\alpha \sim \pi$ 之間的平均電壓 V_{aV} 為

$$V_{aV} = \frac{1}{\pi}\int_{\alpha}^{\pi} V_m \sin\theta \, d\theta$$

$$= \frac{V_m}{\pi}(-\cos\theta)\Big|_{\alpha}^{\pi}$$

$$= -\frac{V_m}{\pi}(\cos\pi - \cos\alpha)$$

$$= \frac{V_m}{\pi}(1+\cos\alpha) \qquad (2.3)$$

由（2.3）式可求得激發角為 0°、45°、90°、135°、180°時之平均電壓為

α	0°	45°	90°	135°	180°
V_{av}	0.636Vm	0.543Vm	0.318Vm	0.093Vm	0

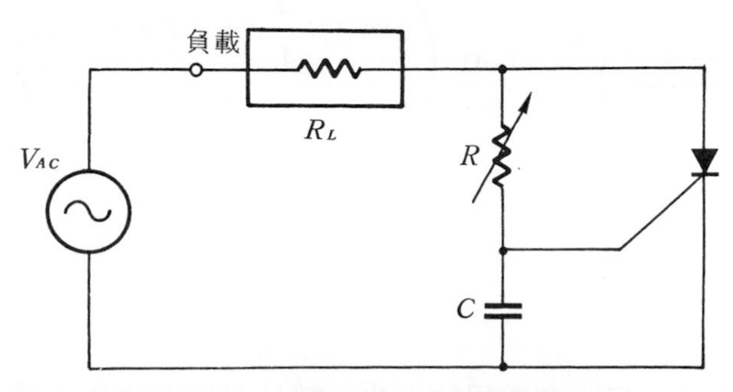

圖 2.24　RC 相移激發之 SCR 控制電路

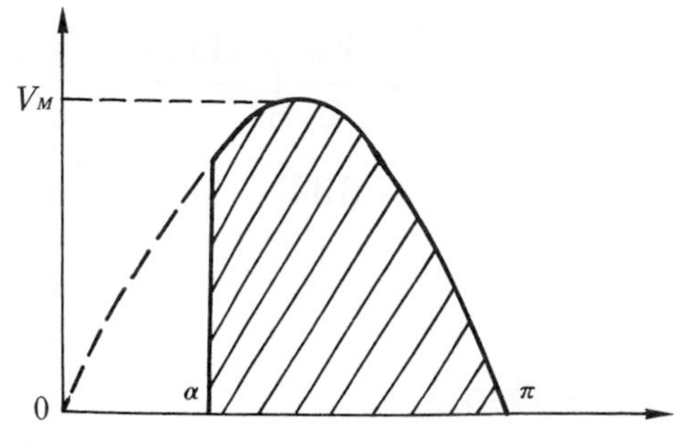

圖 2.25

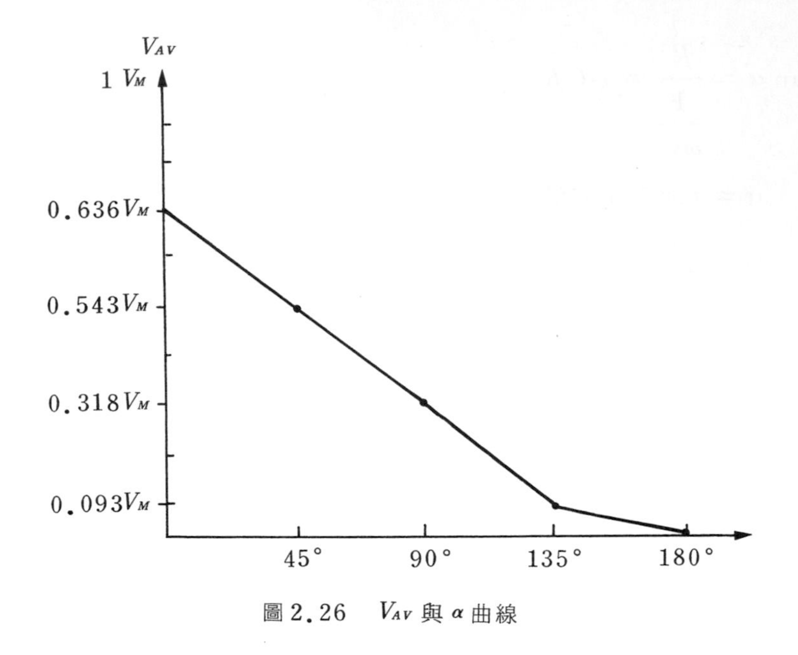

圖 2.26 V_{AV} 與 α 曲線

由圖 2.26 V_{AV} 與 α 曲線圖知 V_{AV} 與 α 的關係成反比，又負載的平均功率與 V_{AV} 成正比，故負載的平均功率亦與 α 角的大小成反比。

若是要計算負載的有效功率，也可根據下列公式求得：

$$V_{rms}=\frac{V_M}{2}\left(\frac{\sin 2\alpha+2(\pi-\alpha)}{\pi}\right)^{\frac{1}{2}} \tag{2.4}$$

$$P_{L\,rms}=\frac{V^2{}_{rms}}{R_L} \tag{2.5}$$

例　全波相位控制電路若使用 110 V 交流電源，負載電阻 100 Ω，當激發角為 135° 時，負載消耗功率為多少？

解　$V_m=\sqrt{2}\times 110\text{ V}=156\text{ V}$

$$\alpha=135^\circ=\frac{3}{4}\pi$$

$$V_{rms}=\frac{V_m}{2}\left(\frac{\sin 2\alpha+2(\pi-\alpha)}{\pi}\right)^{\frac{1}{2}}=\frac{156}{2}\left(\frac{\sin 2\times\frac{3}{4}\pi+2\left(\pi-\frac{3}{4}\pi\right)}{\pi}\right)^{\frac{1}{2}}$$

$$=33\text{V}$$

$$P_{L\,rms}=\frac{V^2{}_{rms}}{R_L}=\frac{33^2}{100}=11\text{W}$$

9. 脈波激發

相位控制方法除了以 RC 相移電路之外，另一個常用的方法，就是利用脈波來激發。利用脈波激發的優點就是可使 SCR 閘極功率消耗減少，而且容易控制激發角。而脈波信號源常用前面所介紹的弛緩振盪電路。

圖 2.27 爲UJT-SCR半波交流相位控制電路。其中UJT的偏壓電源V_{BB}是直接由AC電源而來，並非穩定的直流電壓，其上升下降皆與交流電源整流後之電壓一致，因此弛緩振盪與電源之間有同步的關係，使每半週的激發角相同。

圖 2.28 爲各點電壓波形。(a)圖爲交流電源經半波整流後之波形。因$V_P=\eta V_{BB}+V_D\approx\eta V_{BB}$，所以$V_P$與$V_{BB}$之形狀相同，見圖 2.28(b)，而$V_C$上升達到$V_P$時UJT放電，故$V_C$波形如圖 2.28(c)所示。每次放電時UJT之$B_1$產生脈波電壓激發SCR，而在每半週的第一個脈波就使 SCR 激發導通，如圖 2.28(d)所示，調整R_E的大小改變電容充電時間，則第一個脈波產生時間的快慢也跟著改變，SCR 的激發角因而可以調整。圖 2.29 所示，將R_E增大，則第一個脈波產生時間延長激發角α也跟著延後，

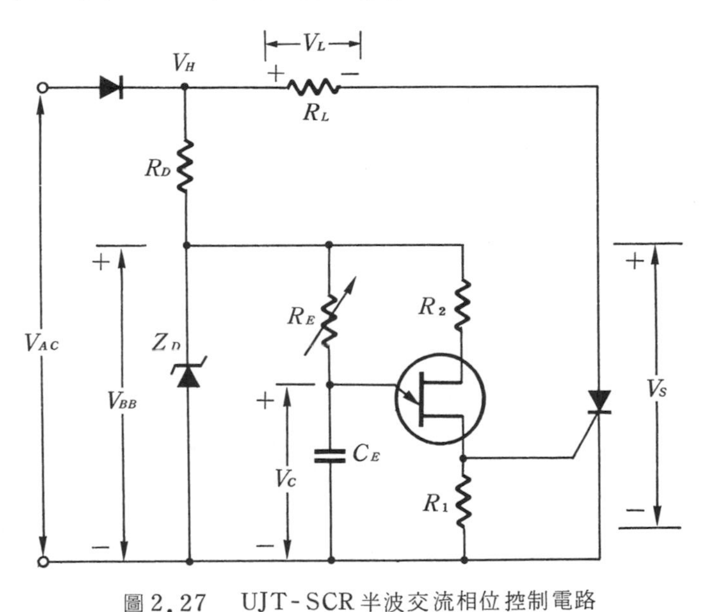

圖 2.27　UJT-SCR半波交流相位控制電路

(a)

(b)

圖 2.28　各點電壓波形

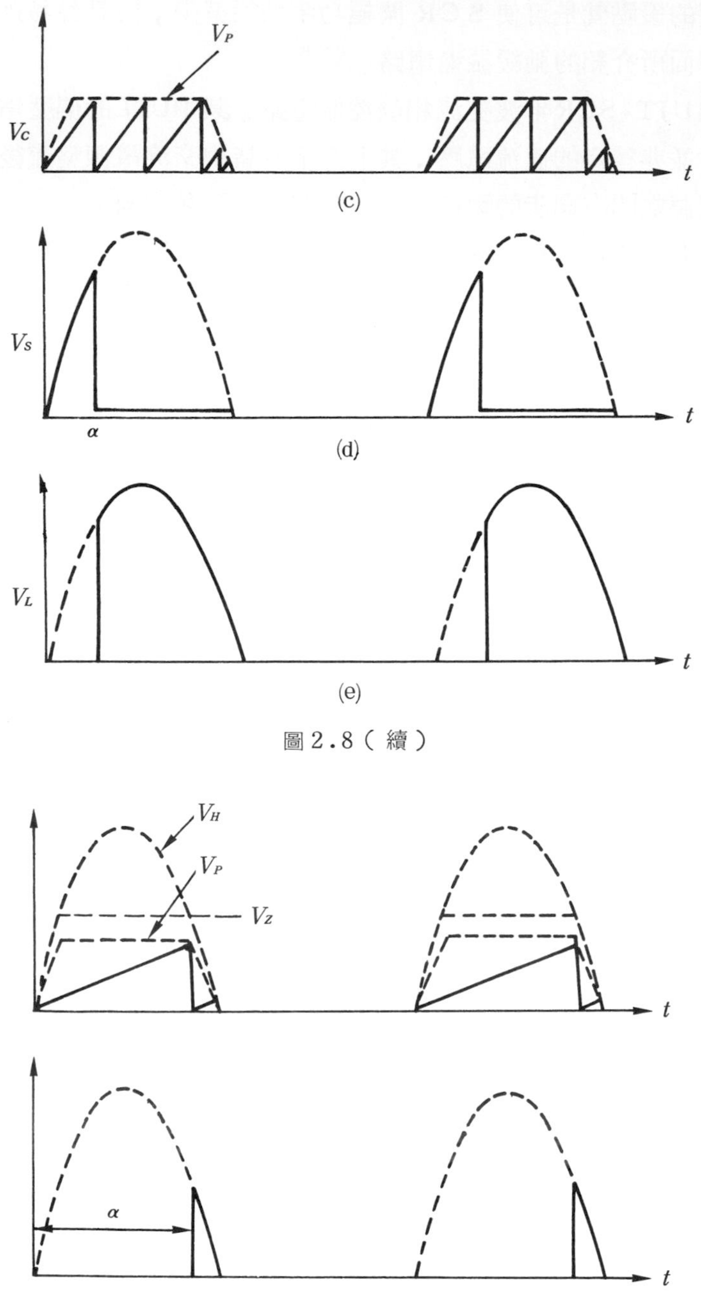

(c)

(d)

(e)

圖 2.8（續）

圖 2.29　增大 R_E 則激發角 α 延後

此種相位控制方式可輕易的將激發角調整 0 ～ 180° 的範圍。

圖 2.30 電路是將交流電源經橋式整流後加於相位控制電路，以作全波相位控制。

10. SCR的串並聯使用與保護

在某些控制場合中，需要較大的額定電流或電壓之 SCR 來控制，但是你手上的 SCR的規格又未符合要求，只好採用克難方法以數個SCR串聯以增加額定電壓，以數個 SCR 並聯以提高額定電流，但需注意：

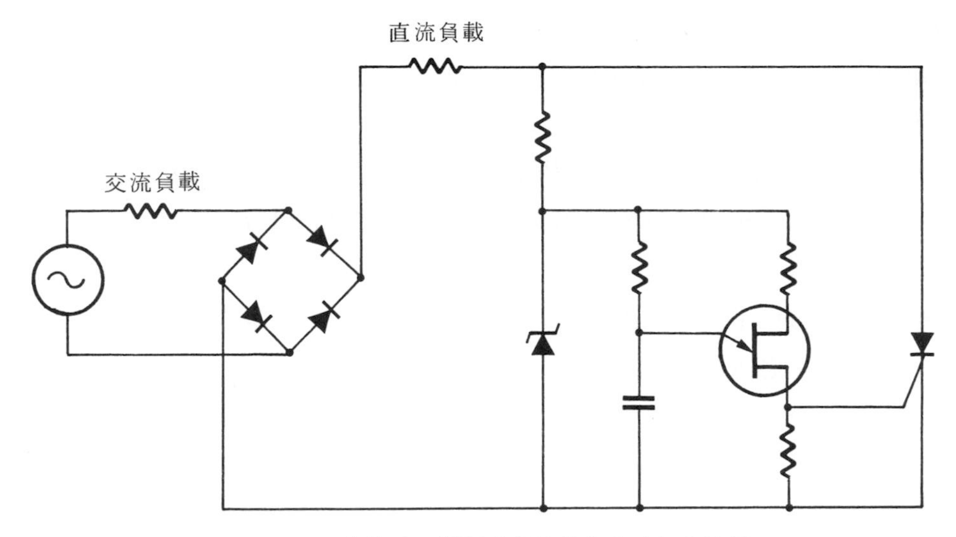

圖2.30　交流電源經橋式整流後作全波相位控制

(1) 分配的均勻問題。

(2) 熱平衡要求。

(3) 最好是已知特性的元件。

(4) 儘量減少外界干擾電路。

㈠ SCR的串聯與並聯使用

(1) 串聯：

SCR串聯可提高額定電壓，如將兩只相同SCR串聯時，希望每只SCR分擔½的電壓才理想，但實際上由於SCR的特性個別差異很大而造成電壓分配不平衡。漏電流少的（即截止時AK間電阻較大者），分配到過多的電壓，如圖2.31(a)所示，

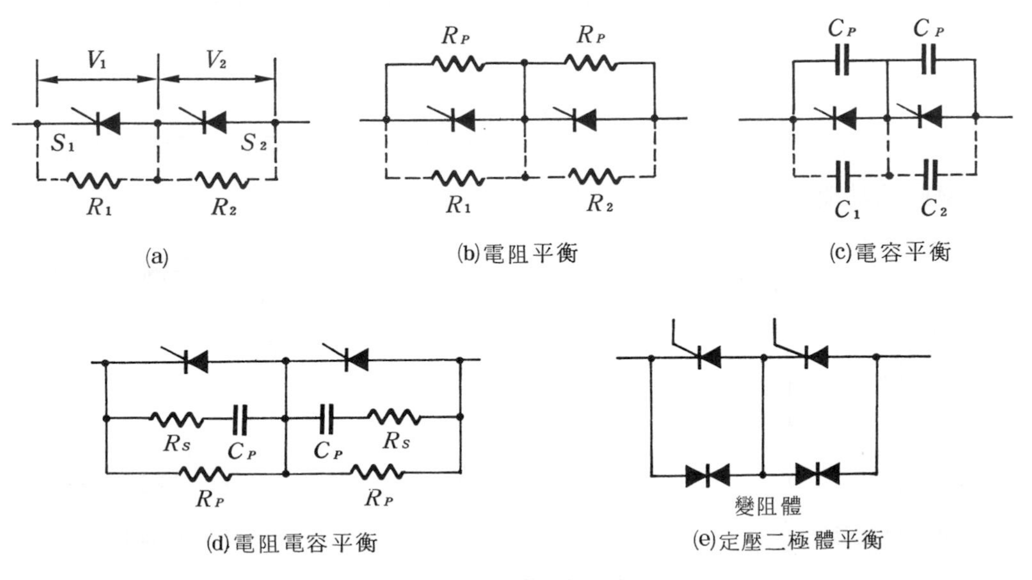

圖3.31　SCR串聯使用

R_1、R_2 表示SCR_1與SCR_2截止時之電阻，若$R_1 > R_2$，則$V_1 > V_2$而令SCR_1超過崩潰電壓而破壞，因此可利用下列方法防止之：

① 電阻平衡法：

利用電阻$R_P \ll R_1$、R_2，則$R_P /\!/ R_1 = R_P$，$R_P /\!/ R_2 = R_P$，使兩只SCR，AK間之電阻幾乎相等而分配到相等之電壓，如圖2.31(b)所示。

② 電容平衡法：

電阻平衡法可平衡直流電壓，若急速上升之電壓，則需用電容加以平衡。SCR_1與SCR_2之AK間有一極際接面電容C_1、C_2，但C_1不一定等於C_2，若$C_1 > C_2$則對急速變化之電壓，SCR_2分得較多之電壓，故需用C_P電容平衡之，令$C_P \gg C_1$、C_2，則$C_P = C_P + C_1$、$C_P = C_P + C_2$，而使兩只SCR，AK間電容量幾乎相等，如圖2.31(c)所示。

③ 電阻電容平衡法：

C_P常串聯一小電阻（約2Ω～10Ω）R_S，以免SCR被激發導通瞬間，C_P有太大的放電電流損及SCR，如圖2.31(d)所示。

④ 定壓二極體平衡法：

利用稽納二極體或變阻二極體（varistor）平衡SCR之電壓如圖2.31(e)所示。

(2) 並聯：

SCR並聯用來提高額定工作電流。如圖2.32(a)所示，直接並聯時若順向特性不一致時則分配電流不平均，其防止方法為：

① 電阻平衡法

如圖3.32(b)，在每一只SCR串聯相同之電阻R_S，則可使SCR順向性質相近，以分配相同之電流，但R_S會消耗功率，為其缺點。

② 電感平衡法：

如圖2.32(c)所示，這種方法不消耗功率又可獲得平衡，且電感可限制di/dt快速變動的功能，是良好的平衡方法。

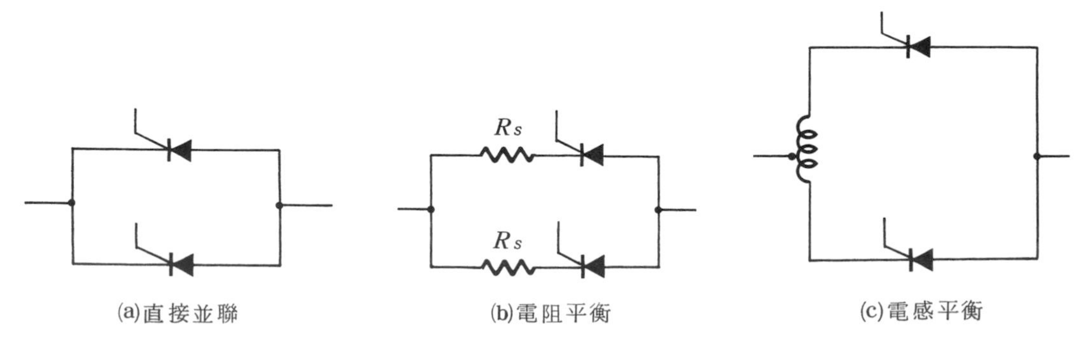

(a)直接並聯　(b)電阻平衡　(c)電感平衡

圖2.32　SCR並聯使用

㈡ SCR的保護

(1) SCR的破壞原因：

① 導通狀態下，順向電流過大的破壞有如下幾個原因：

(a) 負載短路。

(b) 電感性負載之激磁電流或啓動電流。

(c) 在並聯數個SCR電路中，有一個SCR獨自誤動作。

② 由截止狀態變成導通時的電流破壞：SCR由截止變成導通是由局部導電經一段時間才擴大成全面導電，所以轉態瞬間電流過於集中，有時會造成局部被燒壞的現象。

③ 閘極觸發電壓過大或電流過大所造成的損壞。

④ 截止狀態下過大的順向電壓或逆向電壓（如衝擊電壓）所造成的破壞。

(2) SCR的保護方法：

① 過電流保護：

(a) 負載短路：如圖2.33使用保險絲或斷路器（breaker）保護之。

(b) 由電感性負載啓動電流：使用斷路器或採用較大額定電流之SCR保護之，亦可如圖2.34串聯限流電阻或並聯同類SCR。

(c) SCR局部導通破壞，可串聯電感器以減少di/dt之變動，如圖2.35。

② 過電壓保護：

(a) 電源變動造成之過電壓可選用高額定電壓之SCR或加裝電壓吸收電路或限制器，如圖2.36所示。

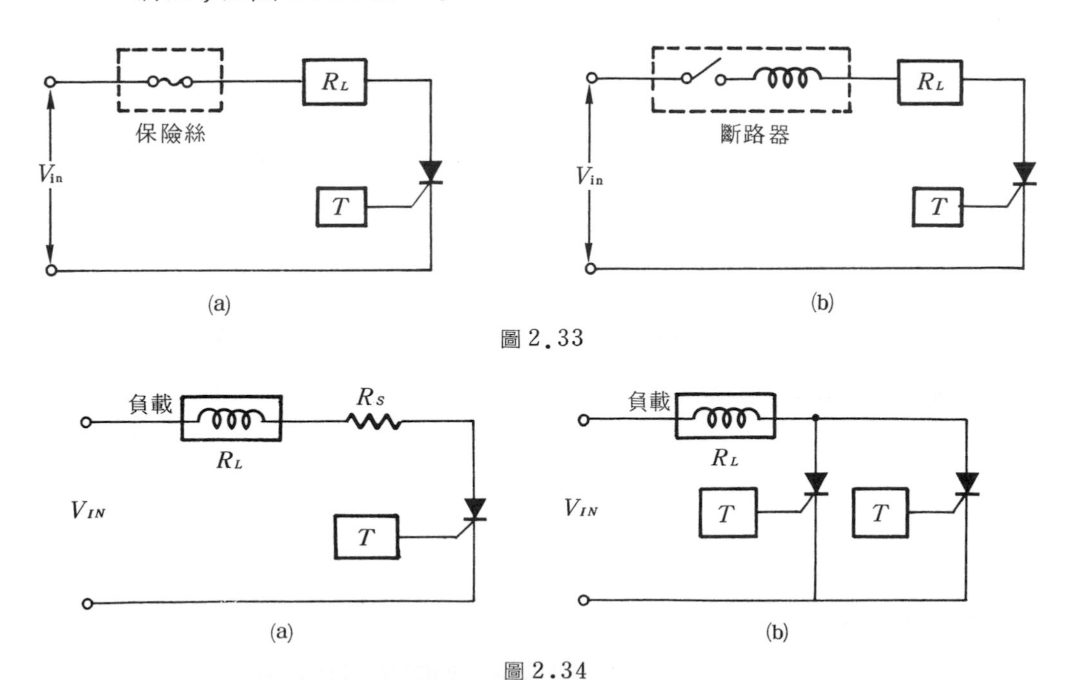

圖2.33

圖2.34

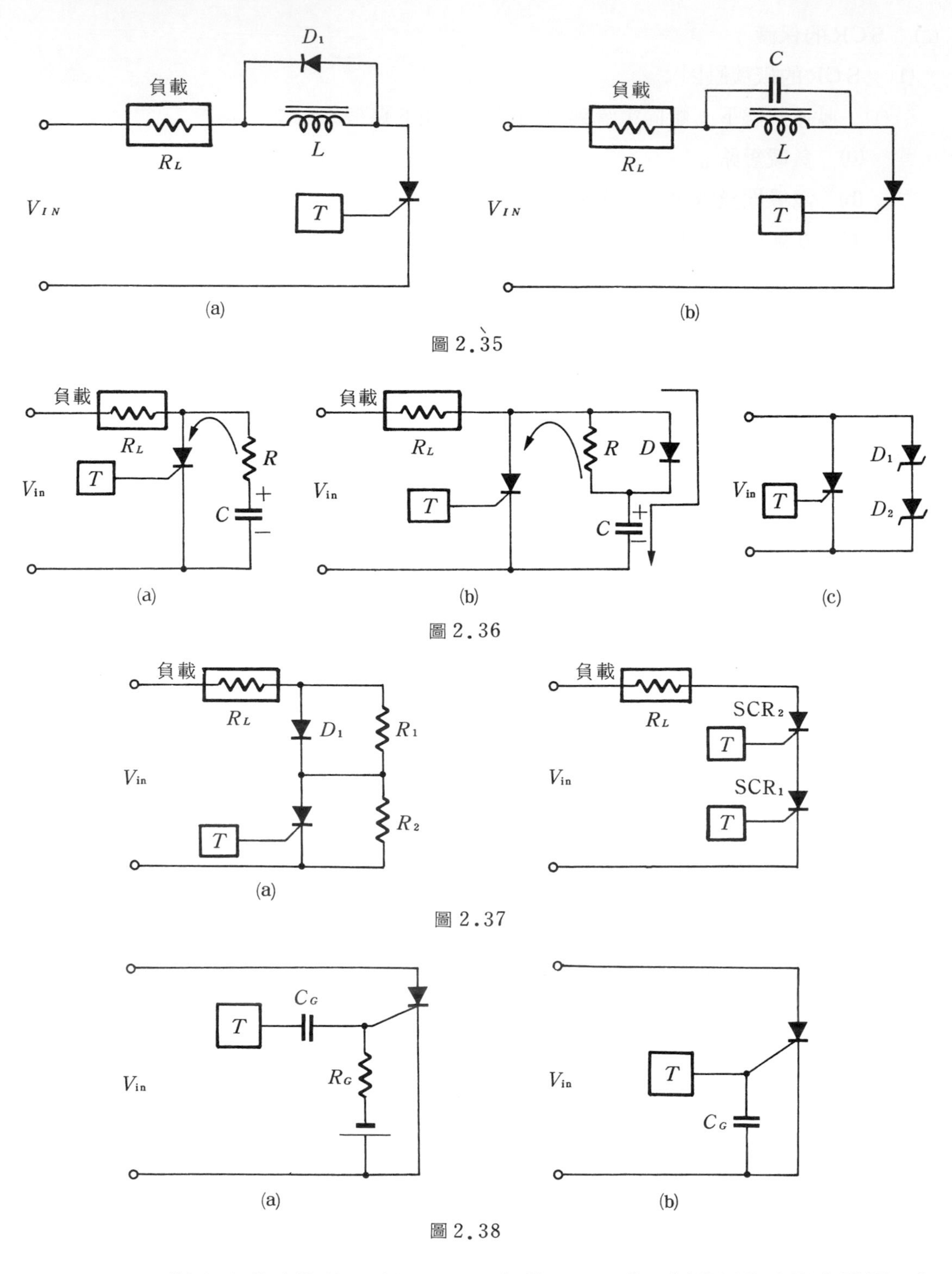

(b) 電源開關啓動時衝擊電流過大，可串聯 SCR 或二極體以提高逆向耐壓，如圖 2.37 所示。

③ 閘極錯誤激發之防止：

(a) 在閘極加以－2～－5 V之逆向偏壓，如圖 2.38(a)所示。

(b) 在閘極並聯電容，如圖 2.38(b)所示。

④ 閘極逆向電壓防止破壞之方法：加二極體於閘極以增加逆向額定電壓，及加二極體限制逆向電壓，如圖 2.39。

⑤ 閘極激發信號電流過大可選用較大閘極額定功率之 SCR 或在 SCR 閘極串聯限流元件以防止破壞，如圖 2.40 所示。

⑥ 加散熱板或封裝：加散熱板不致因熱使工作點漂移。若外部加以封裝可工作於電場干擾大的環境。如圖 2.41 所示。

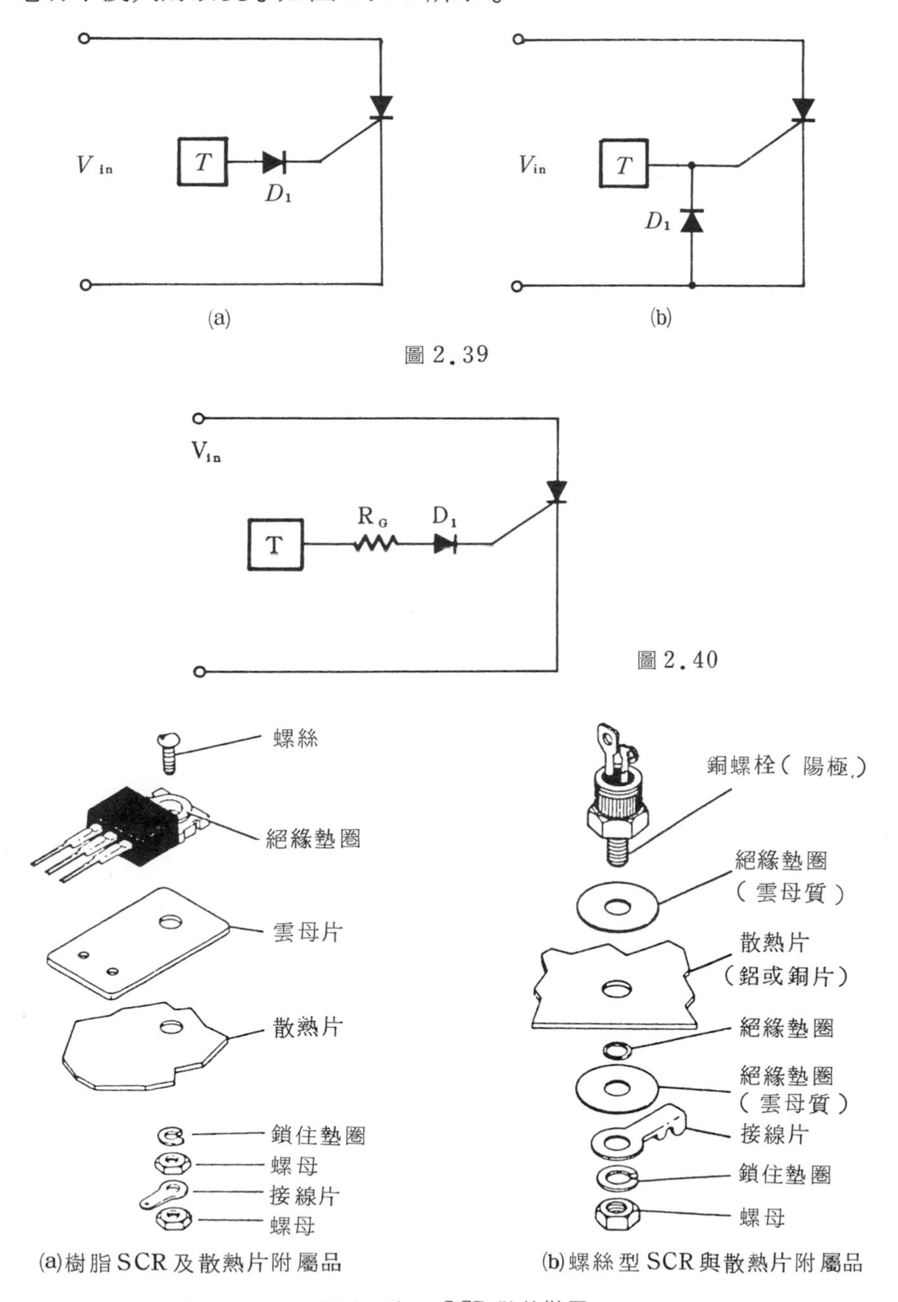

圖 2.41　SCR 散熱裝置

11. **判別SCR的方法**

(一) 將三用表旋到電阻檔，一一測量 SCR 三脚中之任兩脚，依電表極性共有六種測量，會發現只有一種測量爲低電阻，其他均開路，測得低電阻時，黑電筆所接爲閘極G，紅色電筆所接爲陰極K，因GK間爲PN接面如同二極體性質，另外一極爲陽極A，通常A與金屬外殼接通以利散熱。

(二) SCR 正常與否之判斷：將三用表旋到低電阻檔，黑電筆接陽極A，紅電筆接K，可看出電表指示開路，將A、G以導線連接，電表指針指到低電阻值，將導線除去，仍然維持低電阻值。

將電筆暫時離開 SCR，則A、K間又恢復開路狀態。

12. **矽控元件的優缺點**

由上述 SCR 之工作情形，我們可以知道其優缺點：

優點：

(1) 體積小、效率高，消耗功率小。

(2) 壽命長，只要設計適當，有保護電路，因無機械接點，所以壽命很長。

(3) 交換時間短：動作迅速，可控制功率之大小。一般典型之 SCR 其開啓時間1μs 左右，關閉時間約 5～30μs。

缺點：

(1) 易受工作溫度之影響：矽控元件也是由半導體製成，因此也很怕熱，所以矽控元件需要良好的散熱設備，才不致受溫度影響太大。

(2) 易受衝擊（surge）電壓與電流的影響，因此需要R、C或L之保護電路。

(3) 用於相位控制電路時，會產生高次諧波的干擾。

2.3 實習材料

27Ω × 1

100Ω × 2

150Ω × 1

330Ω × 1

470Ω × 1

500Ω × 2

1kΩ × 1

3kΩ /2W × 1

4.7kΩ × 1

5kΩ × 1

10kΩ /5W × 3

100kΩ × 1

220kΩ × 1

0.1μF × 3

0.2μF × 1

10μF/50V × 2

22μF/50V × 1

VR100k × 1

VR500k × 1

VR1M × 2

SCR(2A200V) × 1

SCRC(C106B) × 1

IN4001 × 5

齊納(18V1W) × 1

UJT(2N2646) × 1

小燈泡(12V) × 2

燈泡(110V/20W) × 1

2.4　實習項目

工作一：用VOM測量SCR

工作程序：

(1) 使用的 SCR 廠牌爲________ 編號 ________。

(2) VOM置於 $R \times 100$ 判斷出SCR的G、K。G、K之間爲一PN接合，G、K之逆向電阻應爲∞，另一電極卽爲陽極 A，一般 A 都與散熱片連接在一起。

(3) G不接，VOM置於 $R \times 1$ k，則A、K之間順向電阻爲________，逆向電阻爲______。良好的 SCR 此兩種情況的電阻應爲∞。

(4) VOM置於$R \times 10$，測試棒的正壓端(日製VOM爲黑棒)，置於SCR的A，負壓端置於 SCR 的K，如圖2.42所示。

(5) 置於A上的金屬探針延至G，與G接觸到，然後很快的伸回原來位置，此時SCR受激發而導電，VOM的電阻值降到一很低的數值，且一直維持在此低值狀態。

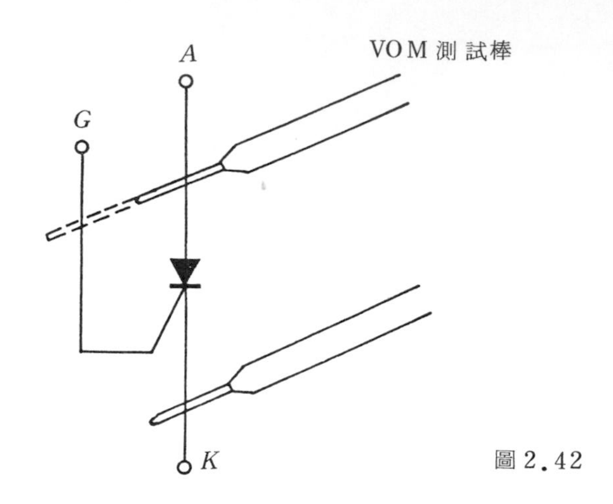

圖 2.42

(6) 假如使用的是中功率以上的 SCR，其陽極保持電流會大於 15mA，則不適用 $R\times 10$ 檔應再選用 $R\times 1$ 檔來激發判別SCR之良否。

(7) 大功率之 SCR 良否之判別，因保持電流大無法用三用表判別可借用有限流 1 A 或 3 A之電源供應器來判別。

工作二：SCR V_{AK}-I_{AK} 特性曲線之測繪

工作程序：

(1) 按圖2.43接妥電路，閘極電路亦可用三用表串聯電位器代替，調示波器之控制旋鈕以得適當的顯示。

(2) 改變 V_R，則 V_{AK} - I_{AK} 特性曲線有何變化？

(3) 調 V_R 使 $V_{BO}=10$ 伏特繪出 SCR 之 $V_{AK}-I_{AK}$ 特性曲線於表 2.2 中。

工作三：SCR直流觸發實驗

工作程序：

(1) 按圖 2.44 接妥電路，SCR 可用市面買到的2A200 V之SCR使用時應加上散熱

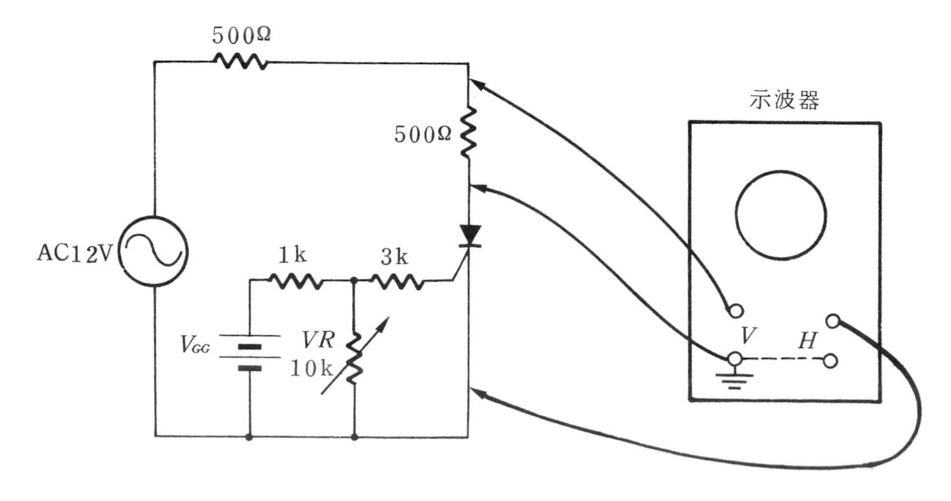

圖 2.43

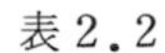
表 2.2

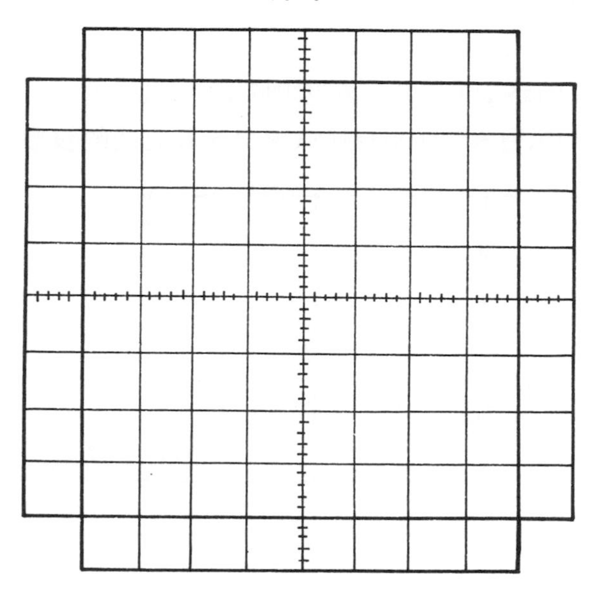

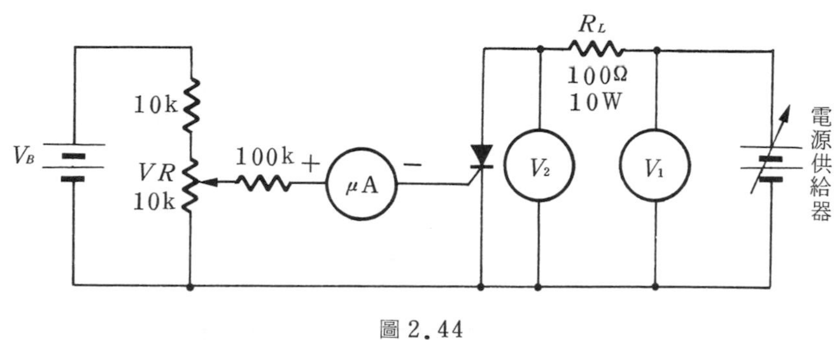

圖 2.44

裝置。100 Ω 用線繞 10W的電阻，或用 110 V 60W燈泡。V_B 的電源可由 AC 5 V 經整流慮波供給之。

⑵ 首先將 VR 的滑臂短路，電源供給器的電壓調至 5 V，$V_1 = V_2 = 5$ V。（沒有電源供給器時，可用變壓器整流濾波供給之）。

⑶ 慢慢旋轉 VR 10 k，使滑臂上移，當 $V_2 \fallingdotseq V_1$ 時，閘極上電流表的指示電流＝ ______ μA，$V_2 =$ ______，$I_{RL} = \dfrac{V_1 - V_2}{R_L} =$ ______ mA。

⑷ 重複⑵的步驟，A、K 短路一下，使 SCR 成爲截止（turn off）。調電源供給器使 $V_1 = V_2 = 25$ V。

⑸ 重複⑶的步驟，當 $V_2 \fallingdotseq V_1$ 時，閘極上電流表的電流＝ ______ μA，$V_2 =$ ______ V。$I_{RL} = \dfrac{V_1 - V_2}{R_L} =$ ______ mA。

⑹ 閘極電路去掉，使 $I_G = 0$，此時 $V_2 =$ ______ V，$V_1 =$ ______，$I_{RL} =$ ______。

工作四：交流觸發實驗

工作程序：

(1) 按圖 2.45 接妥電路，100Ω負載電阻同工作三。

(2) 調VR 10k，用示波器測 100Ω與SCR A、K之間的波形，並繪於表2.3中。

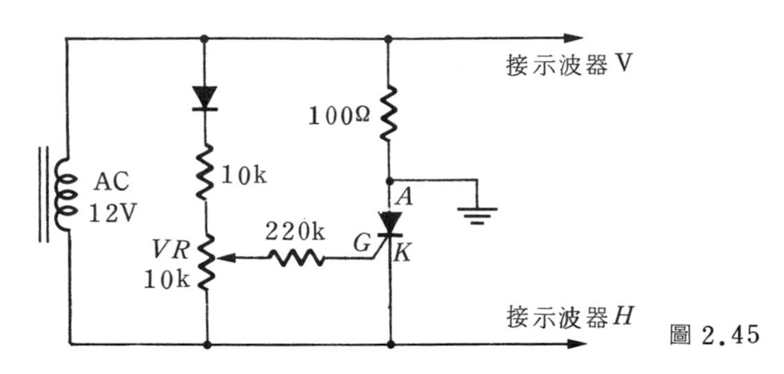

圖 2.45

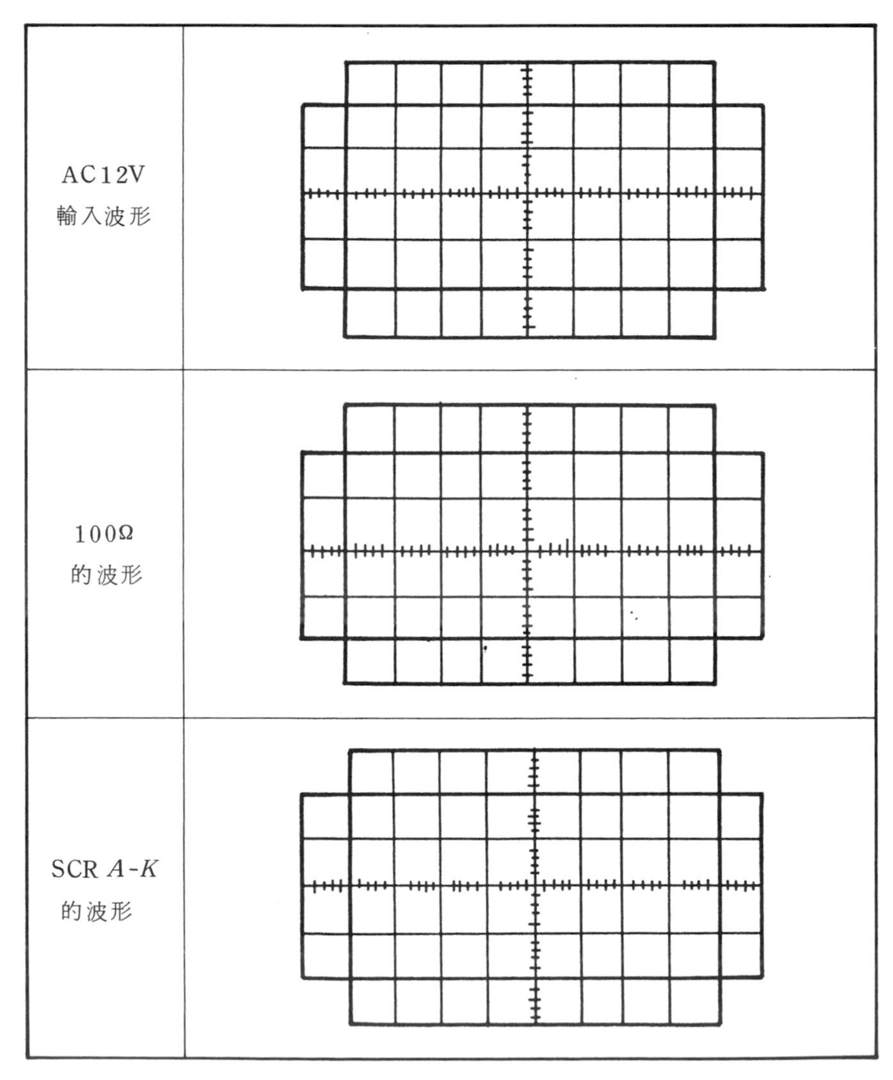

表 2.3

(3) 調VR 10 k，使激發角度為 30°（SCR導電在 30° → 180°），然後示波器的連接如圖 2.45 所示，將示波器上的圖形繪於表 2.4 中。

(4) 示波器上垂直線高度所代表電壓為________ V。在垂直線右邊的水平線代表電壓為________ V。左邊水平線所代表的電壓為________ V。

(5) 調VR 10 k，分別激發角度為 60°、90° 並繪其波形於表 2.4 中。

(6) 說明VR 10 k 改變示波器在垂直線右（左）邊的水平光跡線長度改變的原因：________。

工作五：保持電流的實驗

工作程序：

(1) 按圖 2.46 接妥電路VR 500k 調至最小。

(2) 調VR 10 k，使 SCR的導電接近 150°（觸發角約 30°）。

(3) 調VR 500 k 使電阻增大，直至波形後半部發生殘缺現象（VR 500 k亦可用 1 MΩ 代之）。

(4) 用示波器測開始殘缺點的電壓值為V，此電壓值被負載電阻除之，即可獲近似的的數值，求得近似 I_H =________ mA。（$I_H = \frac{V}{R_L}$）

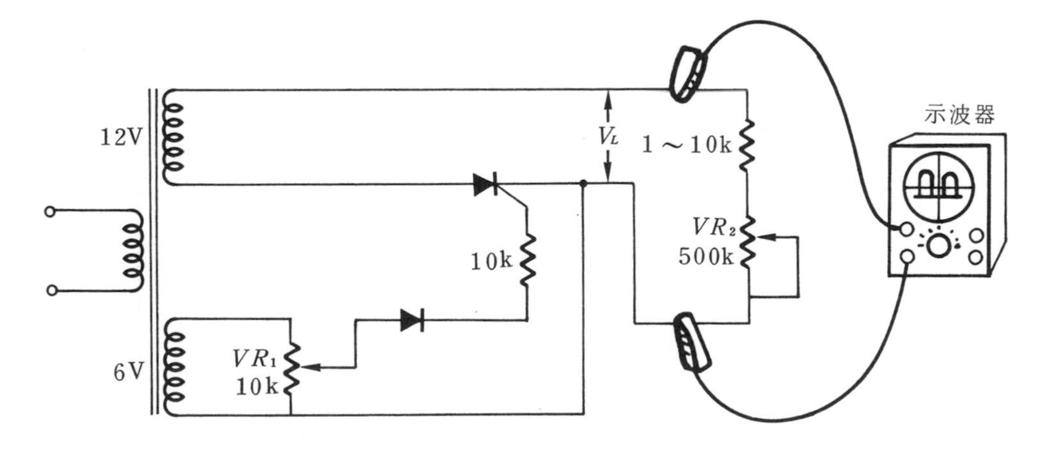

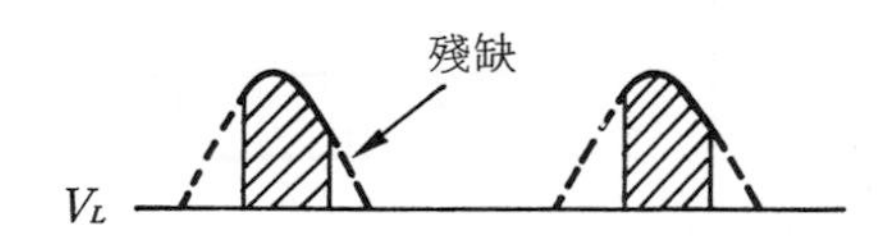

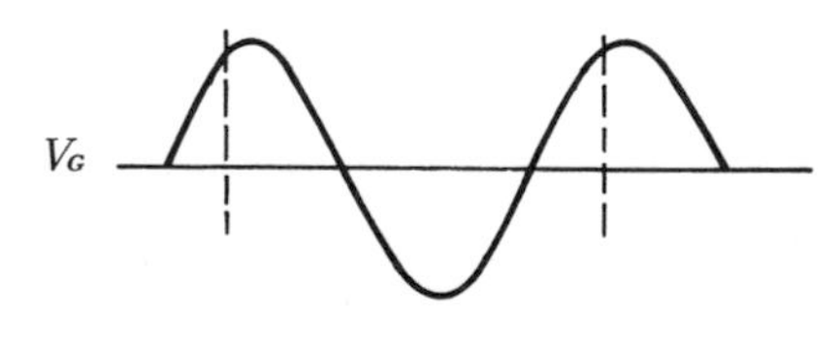

圖 2.46

表2.4

激發角度	示波器電壓波形
30°	
60°	
90°	

工作六：SCR RC電路相位實驗

工作程序：

(1) 按圖2.47接妥電路改變 VR 看燈亮度變化情形如何？

(2) 以示波器觀測 Vs 之電壓波形。

(3) 調 VR，由 Vs 波形之變化可知激發角可調之範圍，最小激發角=________度，最

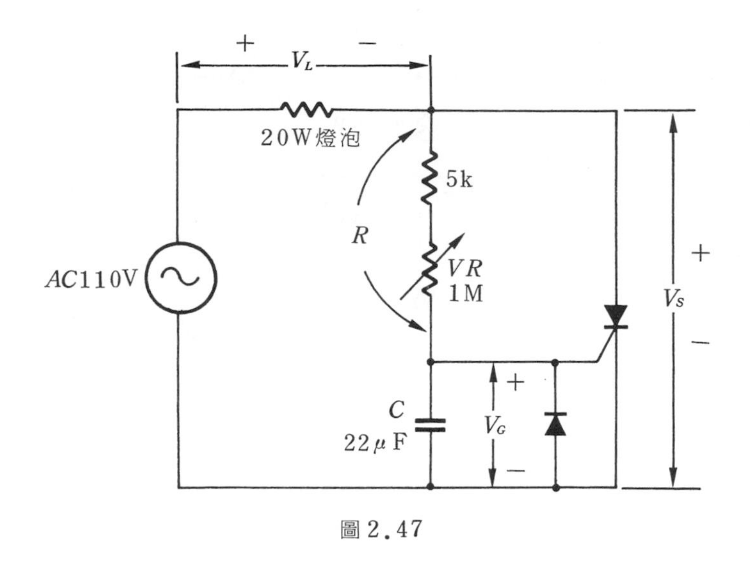

圖 2.47

表 2.5

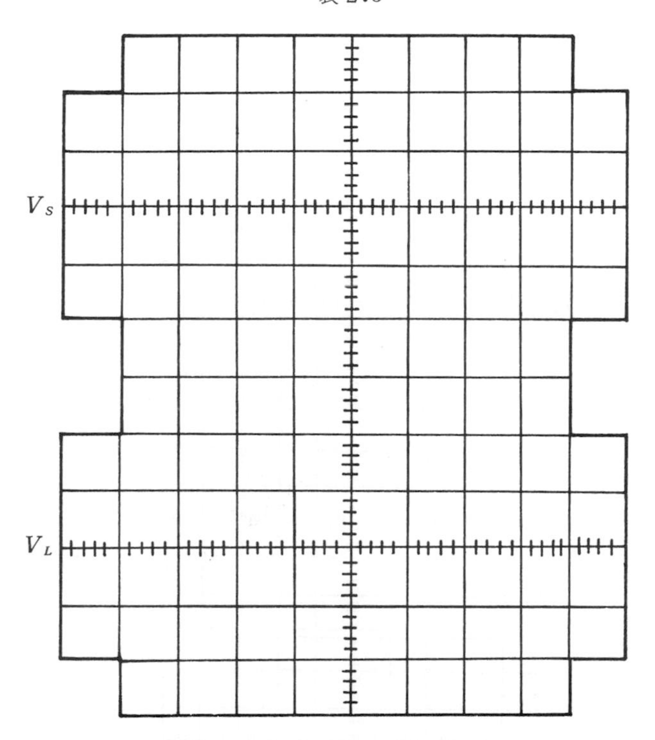

大激發角＝________度。

(4) 調到最大激發角，繪出V_S，V_L之電壓波形於表 2.5 中。

(5) 將電容 C 改以 1 μF，則最大激發角＝________度，增大或減小？

工作七：用UJT作相位控制實驗

工作程序：

(1) 按圖 2.48 接妥電路，zener diode稽納電壓在 6 伏到 20 伏間，可用 Si 電晶體的 B、E 代之。

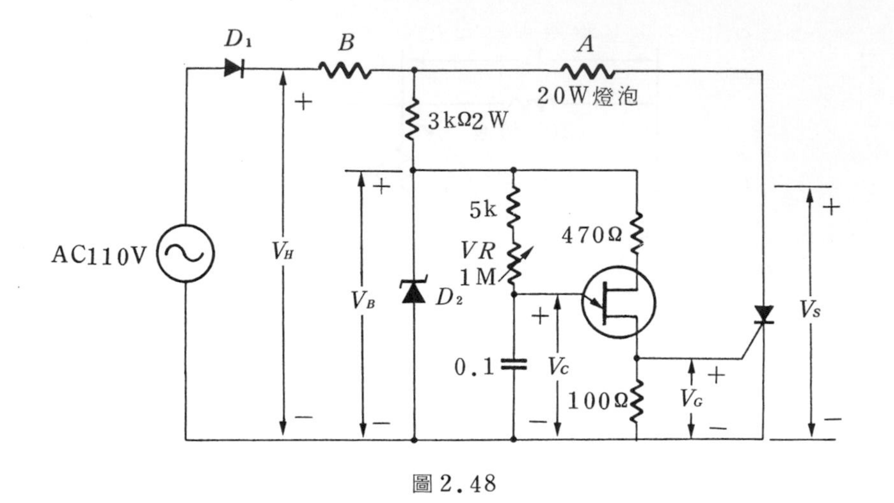

圖2.48

表2.6

V_S

V_G

V_C

V_B

V_H

(2) 改變VR 1M SCR導電激發角度的變化約有________。

(3) 以示波器觀察V_B、V_C、V_G、V_S之電壓波形調VR則V_C和V_S電壓波形有何變化？

(4) 調激發角在10°～45°間，繪下V_H、V_B、V_C、V_G、V_S之電壓波形，於表2.6中。

(5) 若將負載由A處移到B的位置，觀測V_B、V_C電壓波形。

(6) 負載在A與B處有何差異？

工作八：直流閃光燈

工作程序：

(1) 按圖2.49裝妥電路。

(2) 裝置好之後調VR_1，有何變化？

(3) 調VR_2有何變化？

(4) 以示波器觀測兩個SCR的陽極電壓，示波器能否顯示穩定可觀測的波形？何故？

工作九：交流電力調整器

工作程序：

(1) 按圖2.50接妥電路，橋式整流diode用1A，zener diode可用si Tr的B、E代之。若沒有10k 5W電阻，可用電阻串並聯組成代之。

(2) 示波器接於燈泡兩端，調可變電阻使導電角度的變化在150°左右。

(3) 若導電角度低於150°，可更換不同的C與VR試之，VR旋至最大時，若燈泡不亮可於VR並聯一大電阻，使VR旋轉至最大時，燈泡尚有些微亮度。

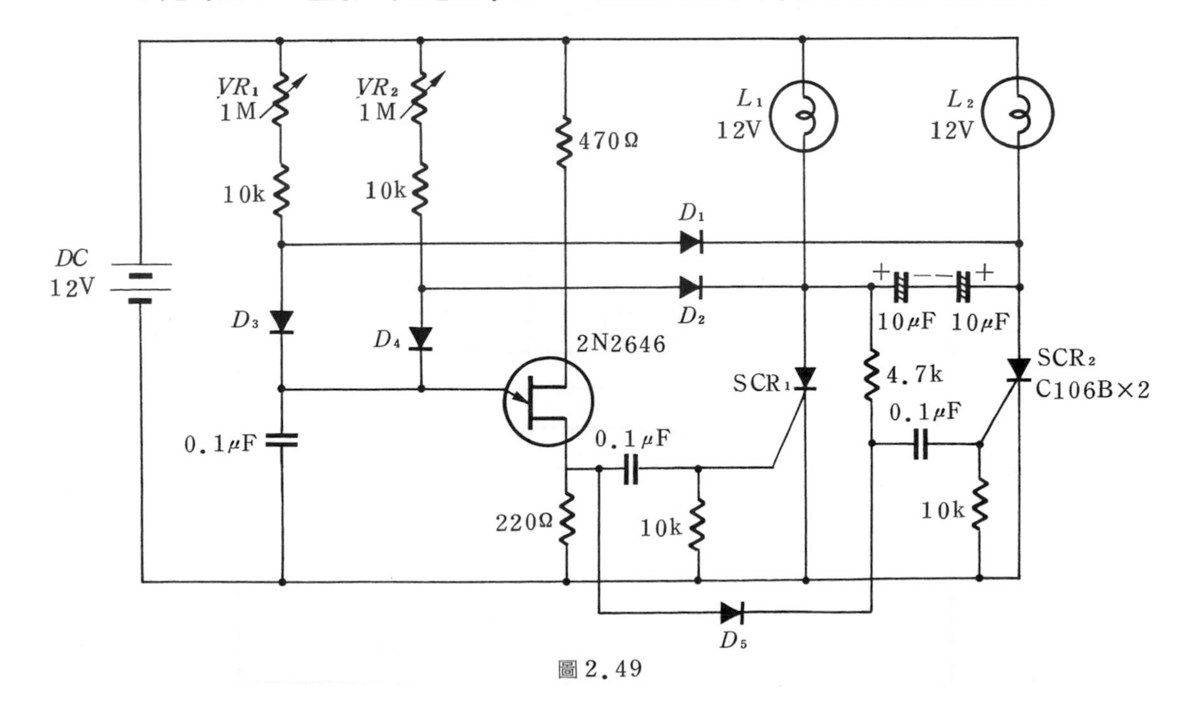

圖2.49

(4) VR 置於最大、最小與中間位置，將負載的波形記錄於表 2.7 中。

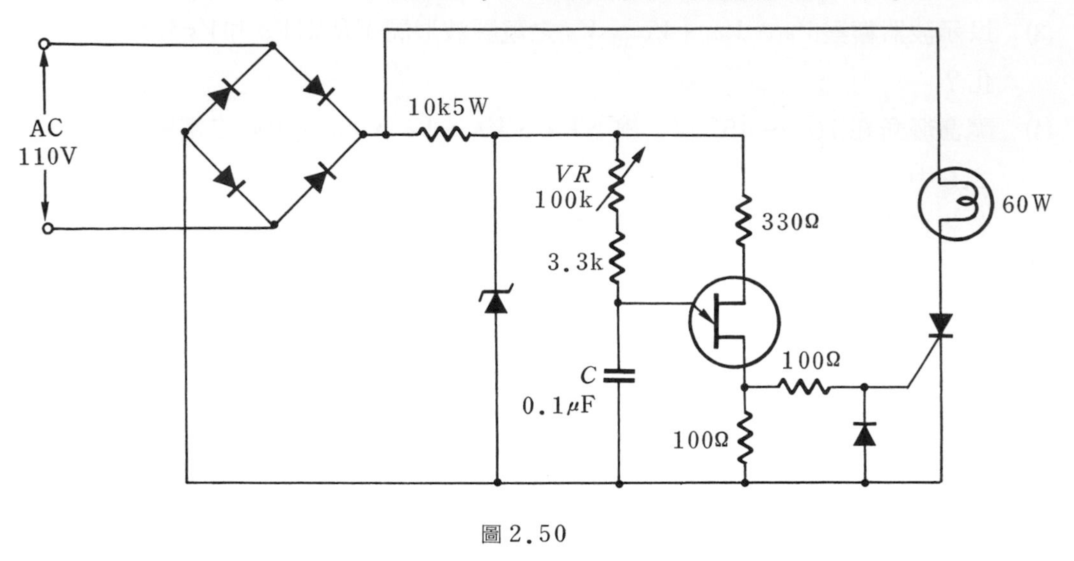

圖 2.50

表 2.7

各點波形	
VR 最小	
VR 中間	
VR 最大	

工作十：延時開關

工作程序：

(1) 按圖 2.51 接妥電路，此電路並非相位控制，因相位控制需用交流電源。

(2) 負載接一燈泡，調 VR 是否具有延時作用？

(3) 改變 C_T 則延時動作情況如何？

(4) 延時時間是否由 $V_R C_T$ 來決定。

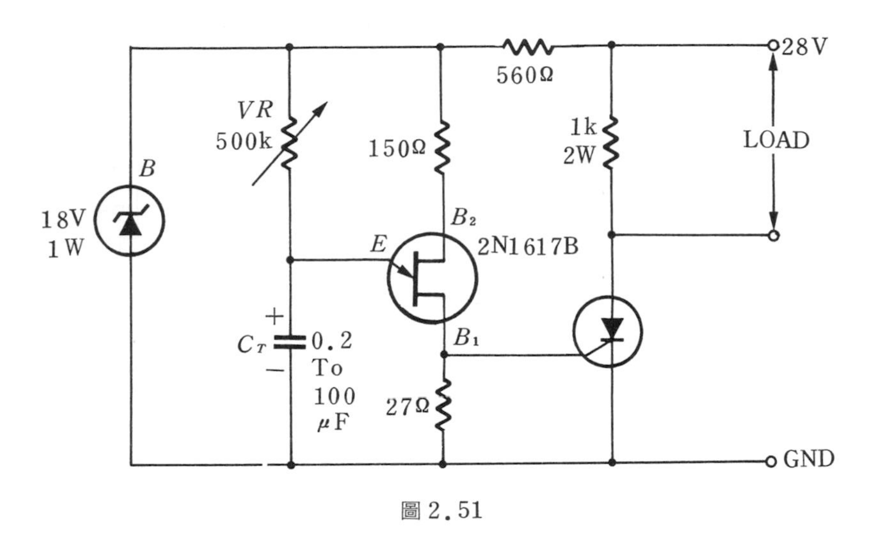

圖 2.51

2.5 問　題

1. 何謂順向轉態電壓 V_{BO}？V_{BO} 與閘極電流 I_G 有何關係？
2. 欲使導通之 SCR 截止有那些方法？
3. 如何以三用表判斷 SCR？
4. SCR 串聯使用時，有何平衡電壓之方法？
5. 在實用電路中，SCR 之 A、K 間並聯小值電容之目的何在？
6. SCR 比傳統開關有何優點？
7. 何謂 SCR 的相位控制？
8. 全波相位控制電路中，交流電源 110V，負載電阻 100Ω，若激發角 $\alpha = 45°$，求
   ①負載平均電壓 V_{aV}。
   ②負載有效電壓 V_{rms}。
   ③負載消耗功率 $P_{L\,rms}$。
9. 圖 2.52 電路中 V_O 與 V_{in} 之關係如何？何者落後？最多落後角度爲多少？
10. 試分析圖 2.53 過電壓保護裝置之工作原理。
11. 爲何 SCR 經閘極信號觸發後，信號移去 SCR 仍導通。
12. 試述 SCR 的過流與過壓的保護措施。

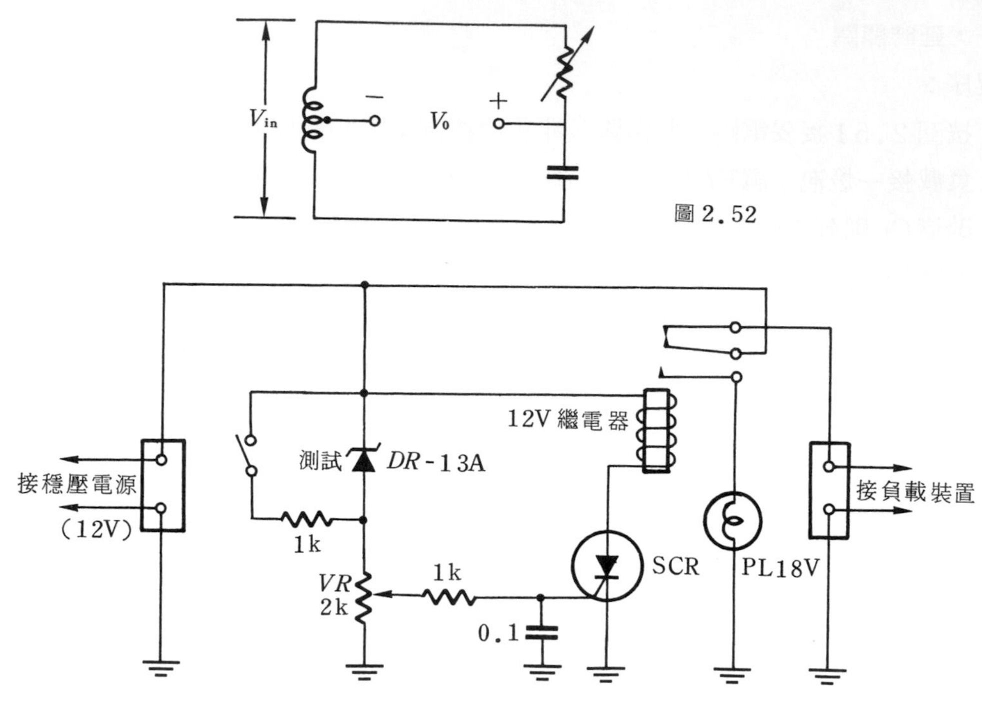

圖2.52

圖2.53

實習 3

TRIAC與DIAC

3.1 實習目的

(1) 瞭解TR IAC與DIAC之特性與結構。

(2) 瞭解交流相位控制原理。

(3) 認識TR IAC的應用電路。

3.2 相關知識

1. TRIAC之構造

TRIAC（ tri-electrode AC switch ）爲三極交流開關，亦稱爲雙向性三極閘流體（ bidirectional triode thyristor ）。TR IAC爲三端元件，其三極分別爲 T_2（第二端子或第二陽極）T_1（第一端子或第一陽極）和G（閘極），通常 T_2 接其金屬外殼以利散熱，其構造及符號，如圖 3.1 所示，是具有多層 PN 的半導體元件，其性質類似SCR，但可以兩方向導電，好像兩個SCR逆向並聯。一般均以 T_1 爲電壓參考點，圖 3.2 爲常見的TR IAC的外型。表3.1爲常用TRIAC之電壓、電流規格表。

圖 3.3 是典型之TR IAC的特性曲線，其T_1T_2間的電壓隨著外加電源極性的變化，得對稱的橫坐標曲線，當閘極觸發電流不同時，TRIAC之T_1、T_2間的崩潰電壓亦不同，圖中$I_{G1} < I_{G2} < I_{G3}$ 所以$V_{BO1} > V_{BO2} > V_{BO3}$。

2. TRIAC的特性

圖 3.3 中，第一象限與第三象限之 V_{BO1} 是指閘極未加觸發電壓時，使TRIAC

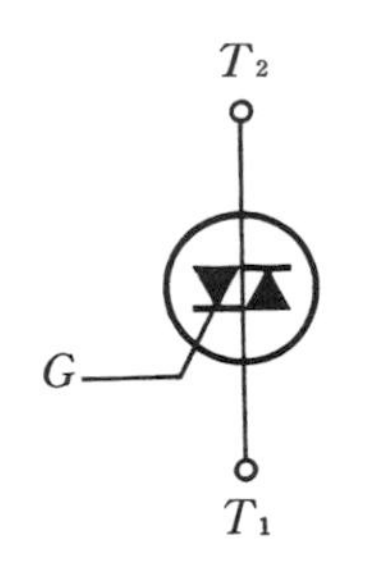

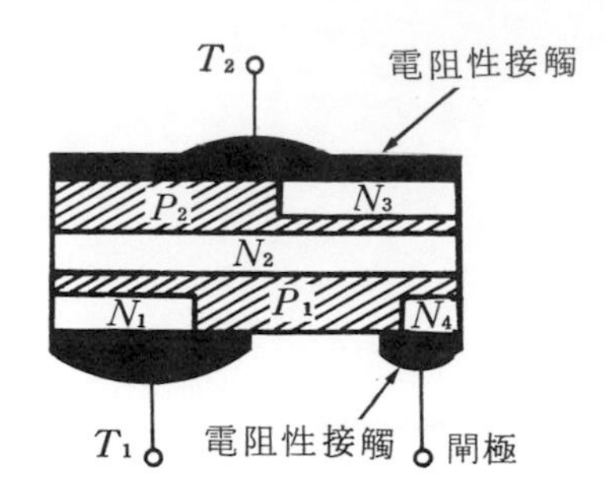

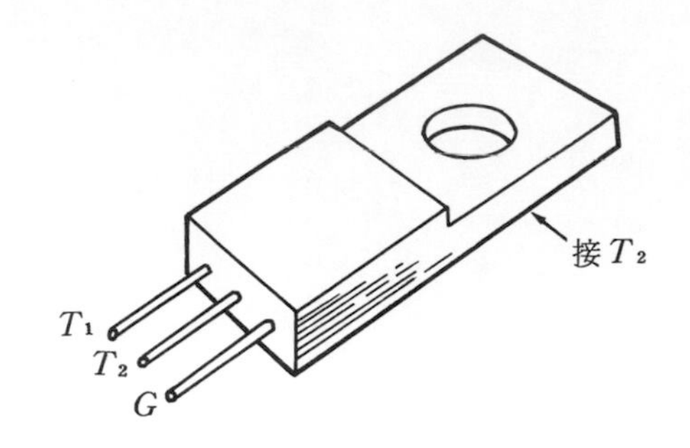

圖 3.1　TRIAC的符號及構造

表 3.1　爲常用TRIAC之電壓電流規格表

SC141B	6A	200V	2N6344	8A	600V
TIC226B	8A	200V	Q4010L	10A	400V
TIC226D	8A	400V	Q6010M	10A	600V
2N6342	8A	200V	Q6040	40A	600V
2N6343	8A	400V	2N5445	40A	400V

(a)電流可達10安培的矽脂塑膠triac元件

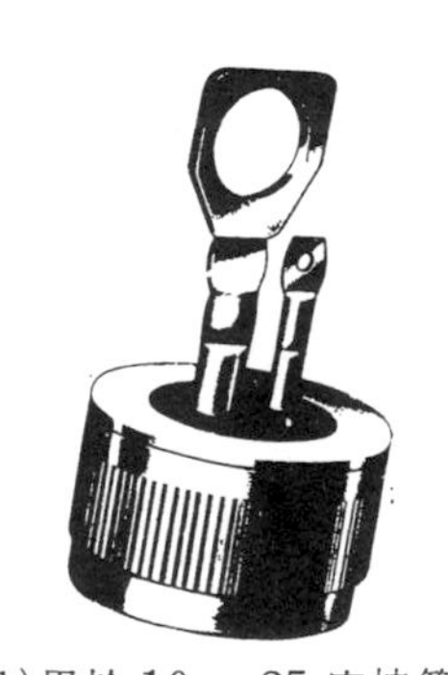

(b)用於10～25安培範圍的壓入式triac

(c)用安裝螺栓作爲陽極的triac

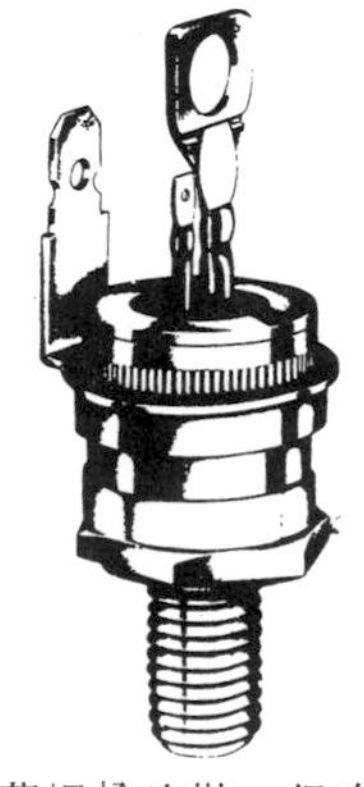

(d)藉螺栓安裝，但有另外的陽極的triac

圖 3.2　常見TRIAC之外型

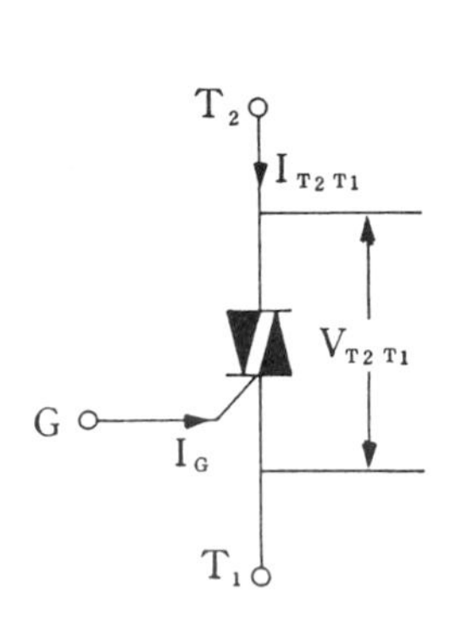

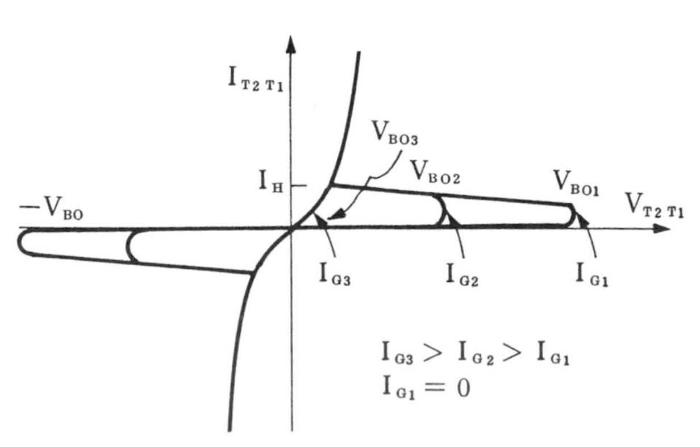

圖 3.3　TRIAC間之V-I特性曲線

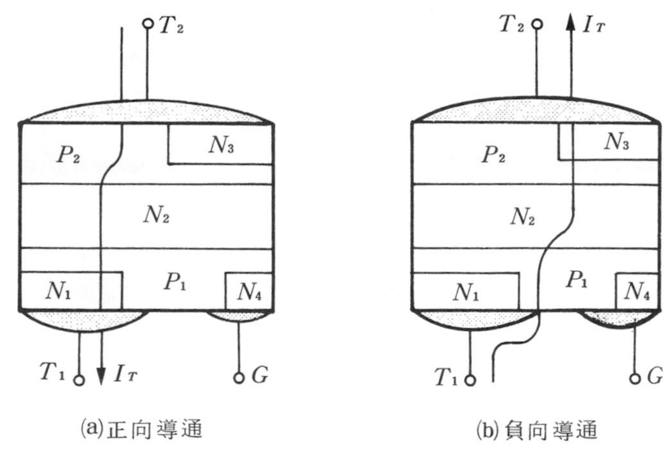

圖 3.4　　TRIAC在正向與負向1導通的電流方向

由OFF（截止）狀態轉換成ON（導通）狀態的電壓，與SCR的情況一樣，一般TRIAC加至T_2與T_1的電壓都比V_{BO}為小，因為，另外在閘極與T_1之間還加一個觸發的閘極信號電壓。

(1)　正性導通方向，電流是從TRIAC的T_2流至T_1如圖3.4(a)。

(2)　負性導通方向，電流是由TRIAC的T_1流至T_2如圖3.4(b)。

(3)　不管是在正性或負性導通的期間，只要T_1-T_2間的電流低於保持電流I_H以下，TRIAC就如同開關一樣，由導通狀態變成截止狀態。

(4)　不管在那一種方向，一旦TRIAC導通後，T_1-T_2間的電壓降大約為1V左右，因此，當TRIAC導通時，流經TRIAC的電流大小I_T，是由負載電阻R_L所限制。

TRIAC的特性曲線與SCR類似，但第三象限與第一象限幾乎是對稱的，換句話說，正負半週的電壓皆可使TRIAC導通。

TRIAC與SCR最大的差別是TRIAC具有雙方向性，好像兩個SCR逆向並聯而成，因此不管T_1、T_2的電壓極性如何，若閘極有觸發信號加入時，則T_1、T_2間呈導通現象，反之，若不加閘極觸發信號，則T_1T_2間呈極高的阻抗。

欲使TRIAC觸發導通，由於供給TRIAC的電源極性可正可負，且閘極觸發信號亦可正可負，因此TRIAC有四種觸發型態如圖3.5所示。圖(a)與(c)是以正的閘流觸發，圖(b)與(d)是以負閘流觸發，雖然閘流可以正極性或負極性，但它們所需的電流大小却不同，故所形成的觸發靈敏度亦有差別。

(1)　第一象限：T_1為負，T_2為正，閘極為正。I_+

(2)　第二象限：T_1為負，T_2為正，閘極為負。I_-

(3)　第三象限：T_1為正，T_2為負，閘極為正。III_+

(4)　第四象限：T_1為正，T_2為負，閘極為負。III_-

在相同條件下，I_-與III_+所需之閘極激發電流較I_+、III_-大。由圖3.5(b)和(c)知，由

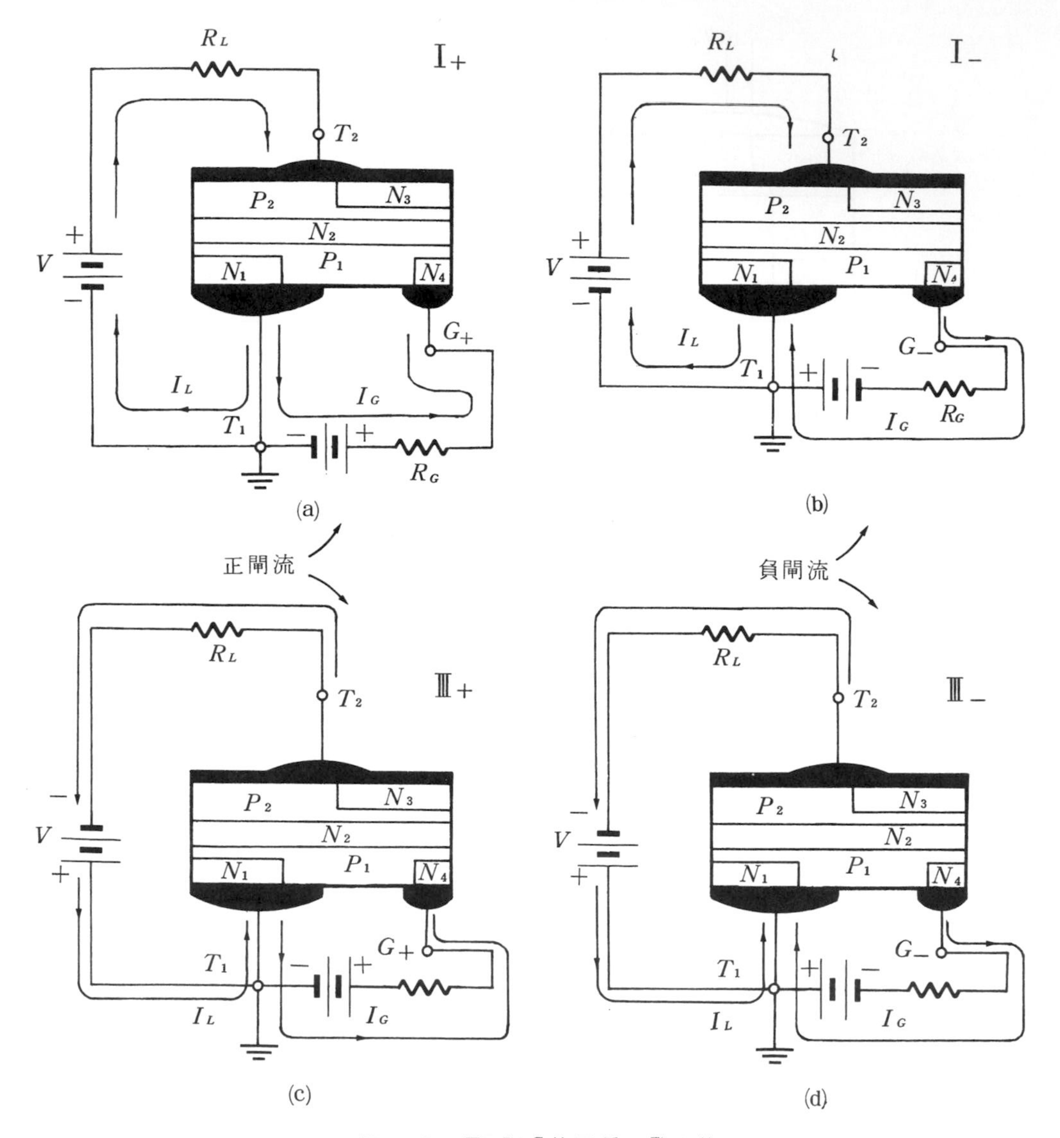

圖 3.5　TRIAC的四種觸發型態

下端看入，閘極電流和陽極電流流向相反，故要使TRIAC激發需較大之閘極電流，所以I₋與III₊激發靈敏度最差，因此TRIAC在使用時應儘量避免使用III₊與I₋型態。

圖3.6是商用TRIAC所需要的閘極觸發電流與其觸發型態的比較。

一般爲使TRIAC截止的方法與SCR相同，亦即在導通的TRIAC之閘極移去閘極信號，然後：

(1)　中斷 T_2T_1 間電壓（開路或短路）

(2)　改變 T_2T_1 間的電壓極性（使用交流電流則自動截止）

(3)　將導通的 $I_{T_2T_1}$ 電流降低至維持電流 I_H 以下。

3.　TRIAC之相位控制

我們在前一實習SCR的相位控制，知其只能控制交流電源的半週，但TRIAC只要經過適當的觸發，可得全波（360°）的功率控制，因此TRIAC除具有SCR的優點外，更方便於交流功率控制，但所能控制的負載不若SCR大。

圖3.7(a)是TRIAC功率控制電路，(b)、(c)是其兩端及負載的電壓波形。由圖(b)、

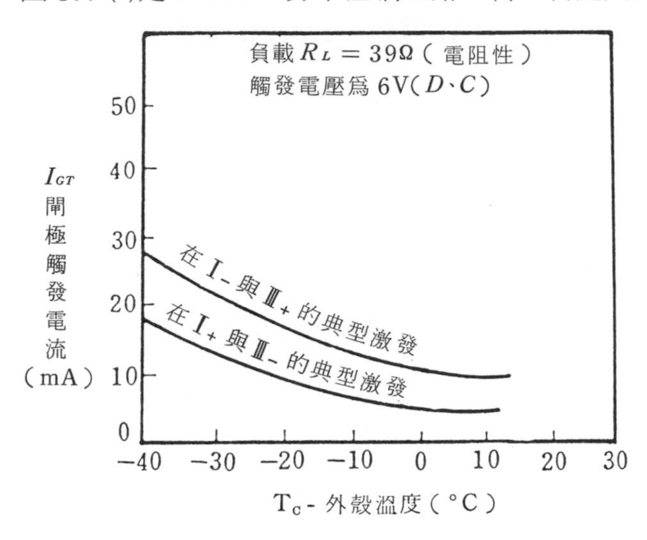

圖3.6 商用TRIAC所需的閘極觸發電流

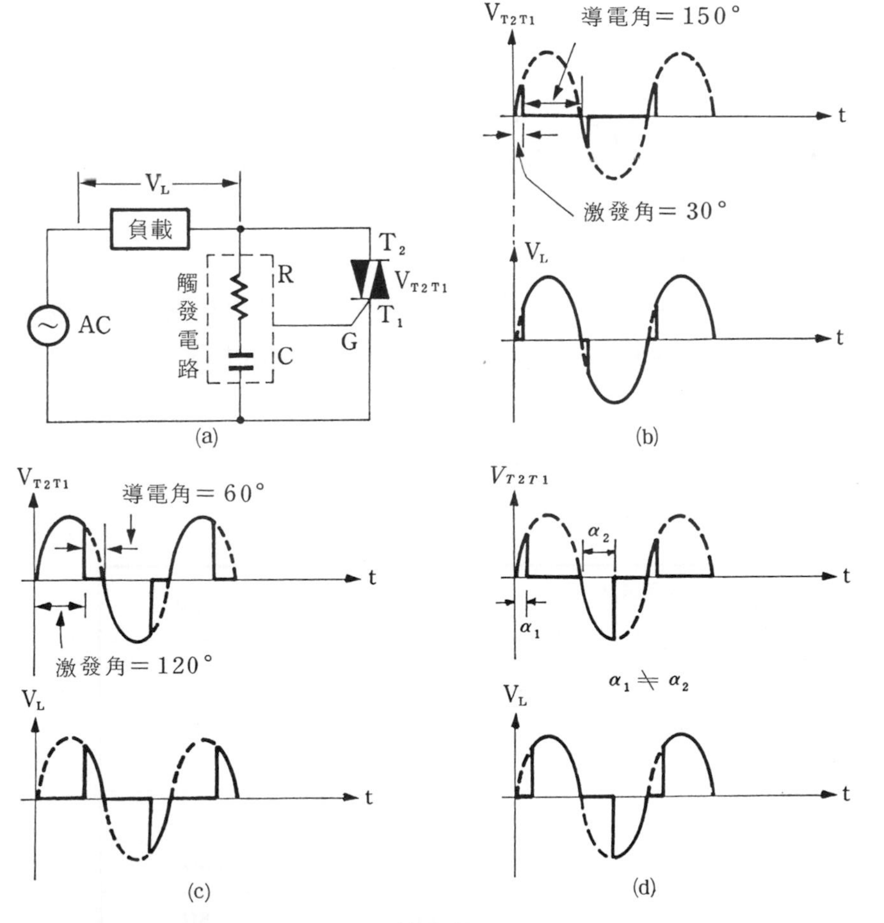

圖3.7

(c)中可知適當調整RC時間常數，可以使激發角由0°～180°（每半週），亦有某些觸發電路，並非使正負半週的激發角對稱如圖(d)所示，但這並不是一般TRIAC控制電路所願意的。

觸發TRIAC不常使用RC網路，而採DIAC及以後實習將介紹的幾種激發元件，因它們均有快速、低功率消耗及使正負半週之激發角對稱之功能，我們稍後再介紹其動作原理，至於TRIAC觸發電路的瞬時過壓及過流的保護與SCR類同，可參閱本書前一實習說明。

4. 三用表判別TRIAC

(1) 三用表置於$R\times 1$檔，一一量TRIAC之三接腳關係，如表3.2表示，不論紅、黑測試棒如何，放於T_1及G之間，其電阻值皆為10 Ω左右。故另一未測之端為T_2（T_2常接金屬殼）。

(2) 三用表置於$R\times 1$檔，兩測試棒分別接於TRIAC的T_2和T_1，以導線連接T_2和G再移開，則T_2、T_1間變成低電阻（TRIAC已被觸發），設其電阻值R_1。

(3) 再用三用表兩測試棒分別測T_2和G，以導線連接T_2和T_1後再移開，則T_2和G之間變成低電阻（TRIAC已觸發），設其電阻值為R_2。通常$R_1 < R_2$，依此法可辨別出T_1和G兩極。

(4) 四種激發型態之測試：如圖3.8所示，三用表置於低阻檔，乙電表先接在T_2T_1間，電表指示開路，再接以甲電表，則乙電表變成低電阻，移去甲電表，T_2T_1間仍維持低電阻狀態。

5. DIAC的構造與特性

DIAC的英文是di-electrode AC swith，譯成二極交流開關，也有寫成diode AC switch 意思是一樣的，為一激發用兩端元件，係兩方向對稱之NPN或PNP三層半導體元件，常與TRIAC配合使用於交流負載之功率控制中，圖3.9為其常用之符號與結構圖及外觀圖。

表3.2

黑測試棒（＋）	紅測試棒（－）	電阻值
T_2	T_1	∞
T_1	T_2	∞
T_2	G	∞
G	T_2	∞
T_1	G	10Ω
G	T_1	8Ω

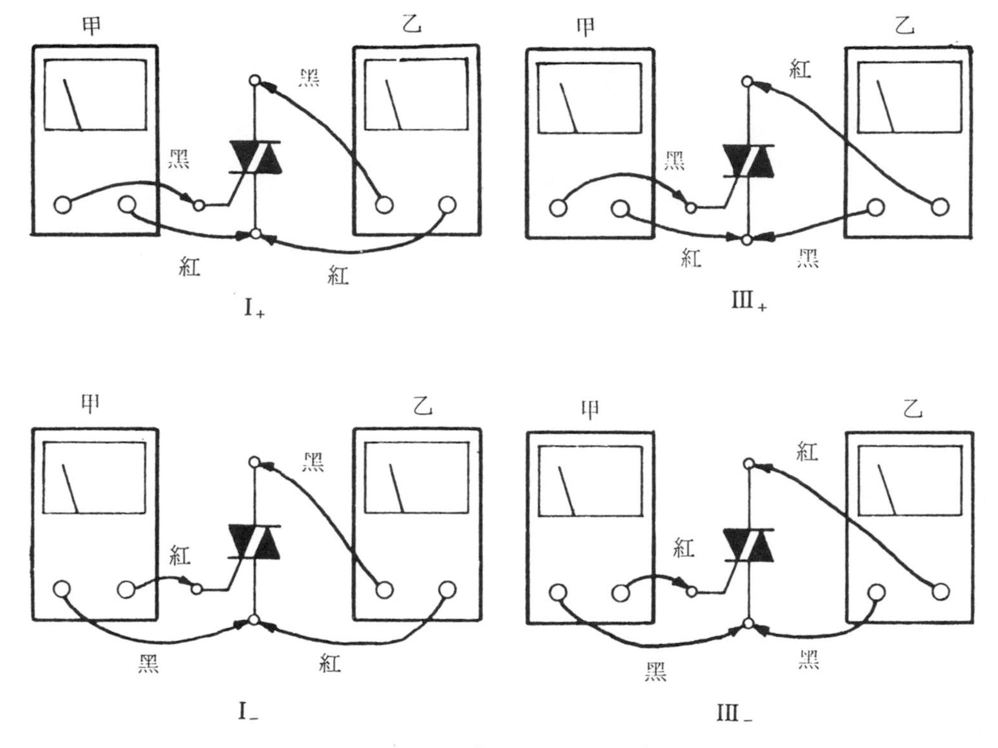

圖 3.8　TRIAC四種觸發型態之測試

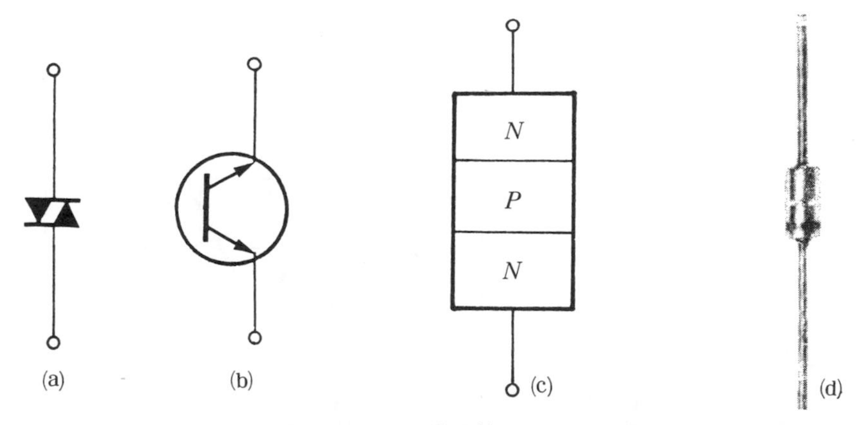

圖 3.9　DIAC的符號與構造及外觀圖

DIAC的特性曲線如圖 3.10 所示，當加於DIAC兩端的電壓低於崩潰電壓（ + V_{BO} ）時，DIAC兩端的阻抗很高，沒有電流流過期間，只要電壓增加達V_{BO}後，DIAC崩潰，電流突增至很大，其大小與外加電壓大小有關，這時DIAC兩端電壓下降至 10 V左右，而DIAC的V_{BO}約在 20V～40V之間。同樣道理，當負電壓加在DIAC兩端達－V_{BO}時，DIAC亦崩潰，電流方向與前述相反。

因DIAC的溫度特性相當穩定，故在製造時，其V_{BO}的正負兩值不會相差太大（ 1 V以下），所以拿DIAC當作TRIAC的觸發元件，其激發角幾乎相等，故其觸發的正負半週波形相當對稱。

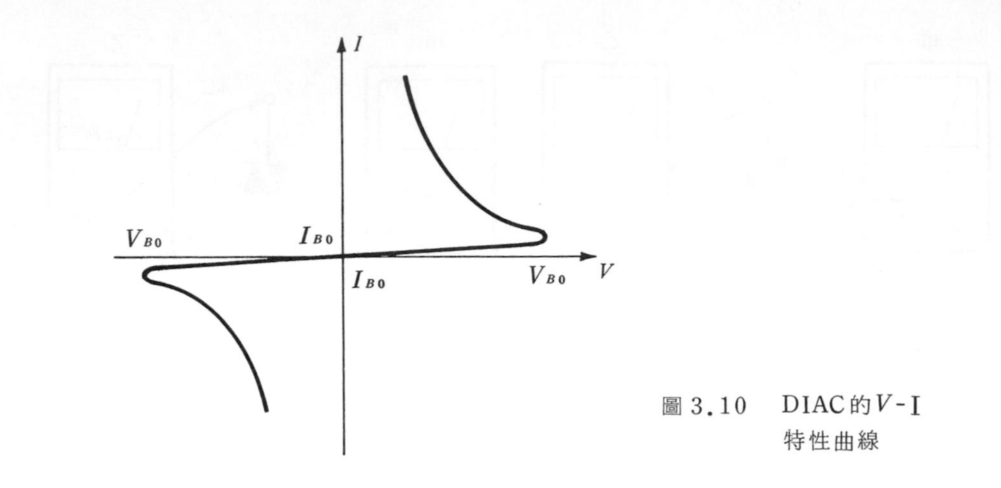

圖 3.10 DIAC的V-I 特性曲線

6. DIAC-TRIAC相位控制

圖3.11是利用DIAC當作觸發TRIAC的基本電路與各點之電壓波形。電路中的RC電路是相位延遲部份，調整R之阻值時，電容器C之電壓降與T_2相位差可以加以更動，當V_S正半週開始時，電容器上的電壓經R充電而漸增，當V_C達DIAC的崩潰電壓時，DIAC崩潰，電容器C便經DIAC、TRIAC的GATE放電，因而使TRIAC導電，此情形將保持不變，直至電源半波結束爲止，在另一半波，TRIAC啓動情形亦是重複發生。各點的動作情形，由圖(b)波形可知曉。

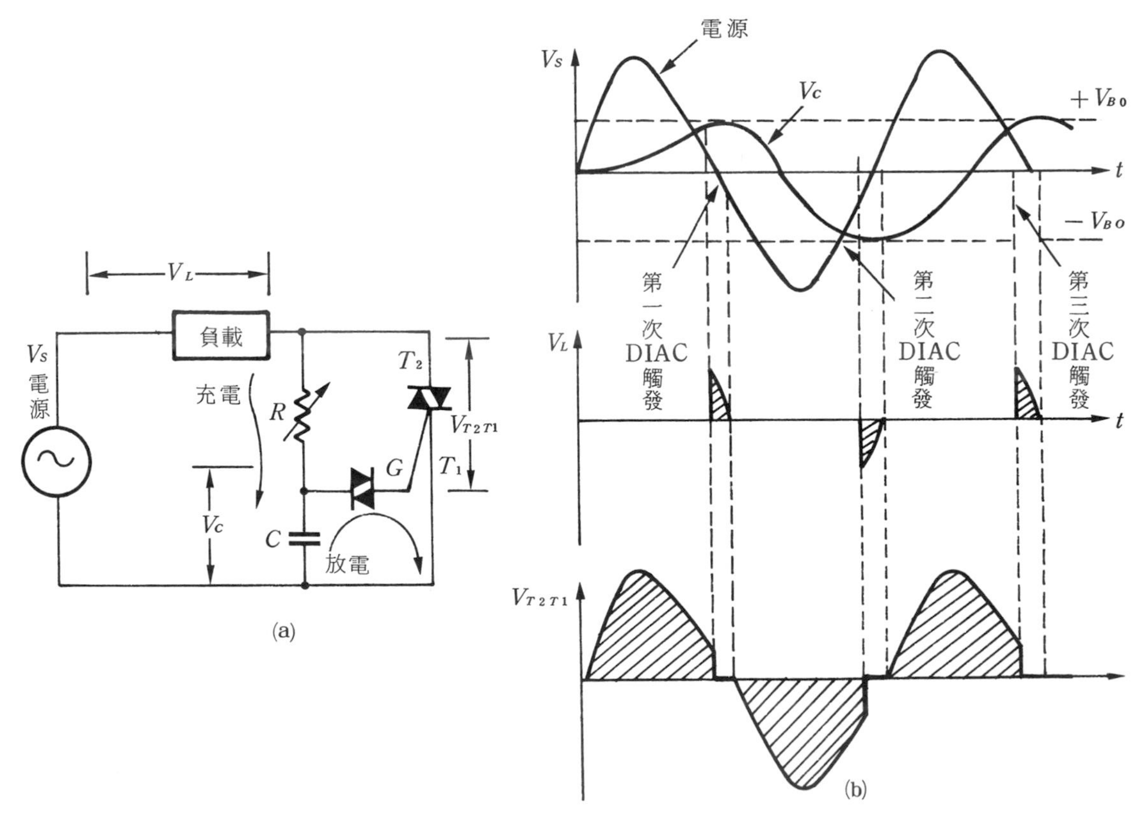

圖 3.11 DIAC-TRIAC相位控制與波形

當R數值不大時，其電壓降亦不大，所以C與T_2的電位差很小，電容C便很快充電，因相位偏移不太大（C上電壓與T_2電壓的相位差為$90° - \tan^{-1}\frac{x_C}{R_L}$）所以負載便取得頗大的電力供應。如果當$R$值漸漸增加時，$C$與$T_2$的相位差便較接近$90°$，再加上$C$上電壓達到 30 V 左右時，DIAC才開始導電，所以T_2的導電相角大約在$170°$左右，故改變R的阻值，便能控制TRIAC的啓動電位，也就是改變負載電力數量的供應。

於圖3.11中，當DIAC崩潰之後，因電容器迅速放電，使得TRIAC的激發角每一半週均有提前的現象，致使負載上的波形，並未完全對稱，影響負載的功率控制，此現象稱遲滯現象，解決遲滯現象的方法很多，通常是利用多層RC電路，以緩和電容放電的時間。如圖3.12所示R_1C_1就是為減少遲滯現象而設。又因雙層RC電路，使相角增加，可減少負載功率的突然增量，增加相位調整的圓滑性。

事實上，圖3.11電路祇不過是一個基本接法，其中存有不少缺點，由於TRIAC的工作狀態自開路轉變為短路時，為突猝然之改變。負載上為一非正弦波波形，因此便有大量諧波產生，干擾附近的接收機工作，為避免此種困擾，須在電路中加上一高頻濾波電路，如圖3.13所示。

另一需要改善之處，便是當R過低時，C充電的電流可能將R燒壞，為避免這缺點，加上一個限流電阻是有其必要的。另一方面，為求在R最大時，燈光亮度可達所須之最低亮度，可在R旁邊加上一分流半可調電阻，此電阻亦可在不同負載情形下調整及改變最低亮度，圖3.14是經過改良後的燈光亮度調整電路。

、 圖3.14的電路在大致上而言，工作尚感滿意，但尚有一些缺點存在，主要是有遲滯現象，如果R_2慢慢旋至最大值以降低燈泡之亮度再將開關SW開路，然後又再關上SW時，須將R_2減至較低數值始能將TRIAC啓動導電，燈泡由不亮之情況而猝然發亮，這種情形發生的原因是由於電容器C_2充放電，在開啟時與平時之情形不同所致。例如R_2數值很大，TRIAC之導電角度很小，燈泡亮度很弱，若把R_2的數值慢慢減小時，電容C_2上電壓在某一數值時驅動DIAC，使C_2放電，並使TRIAC導電，如圖3.15的A點，C_2上電壓驅動DIAC而使TRIAC導電時，C_2上電壓突然減少，而其

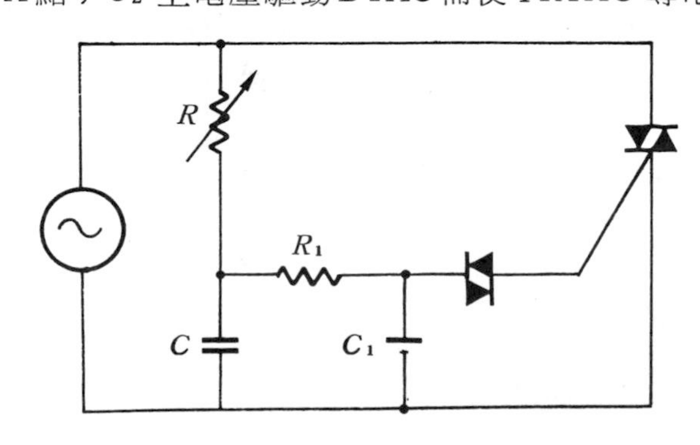

圖3.12 多層RC相位控制電路

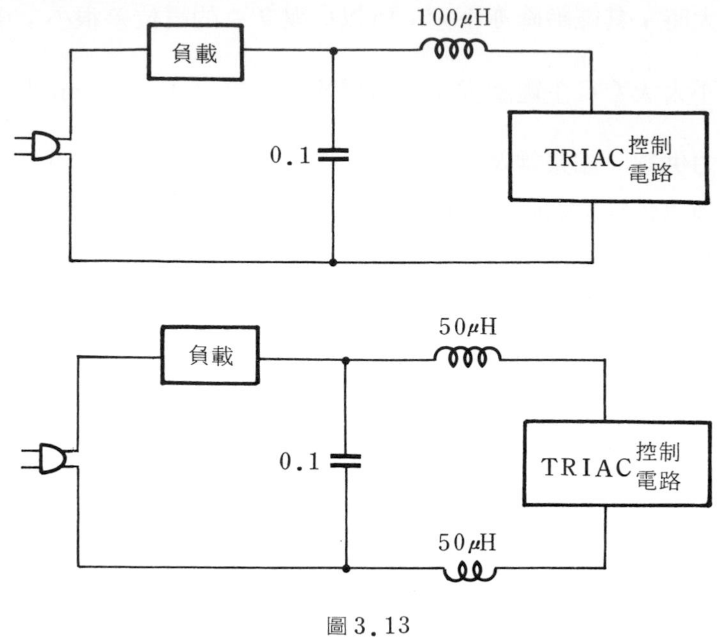

圖 3.13

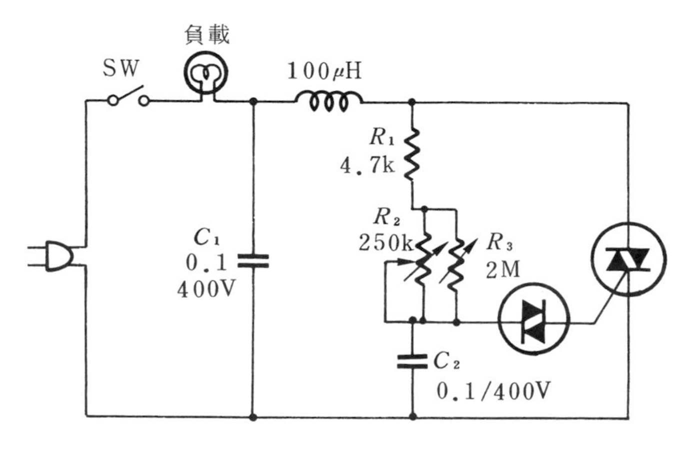

圖 3.14

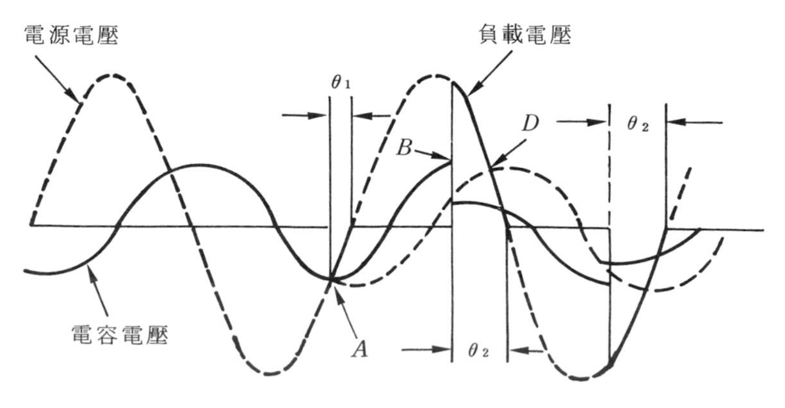

圖 3.15

儲存之電荷亦隨之減少。由於這個原因，所以在緊隨之半波中 C_2 電容上之電壓就更快達到DIAC的崩潰電壓，也就是圖3.15中的B點而非D點，故此時TRIAC導電角度 θ_2 便相應增加，相反的若在TRIAC導電情況下慢慢增加R_2 數值，直至TRIAC導電角度很小時，把電源去掉，然後再把 SW 關上。此時TRIAC不導電，即燈泡上沒有電壓，除非把R_2 數值降低，這是因為C_2 第一個半週導電角度與緊跟隨著到來的半週導電角度不同之故，第一個半週導電角度較小，一旦導電，C_2 放電後，次一半週導電角度將發生改變。所以在此情況下必須降低 R_2 使TRIAC導電，但一經導電，燈泡亮度就不再微弱，導電後其亮度又可以隨意在某一範圍內選擇，即增加 R_2 會使燈泡亮度趨於微弱。

這種不理想情況可用一電阻加於DIAC與 C_2 之間來改善，如圖3.16所示，加電阻後 C_2 之放電速度降低，圖3.15所示電容電壓虛線與實線間之驟變情形就減緩。圖3.17電路不但使TRIAC導電角度進一步削減，而且增加亮度改變之範圍。

7.　**電晶體電路代替DIAC的方法**

通常TRIAC在交流電力控制中，常使用DIAC元件，若沒有DIAC也可以用電晶體電路代替之，如圖3.18所示，它是利用電晶體崩潰原理完成的。(a)圖中R值的大小

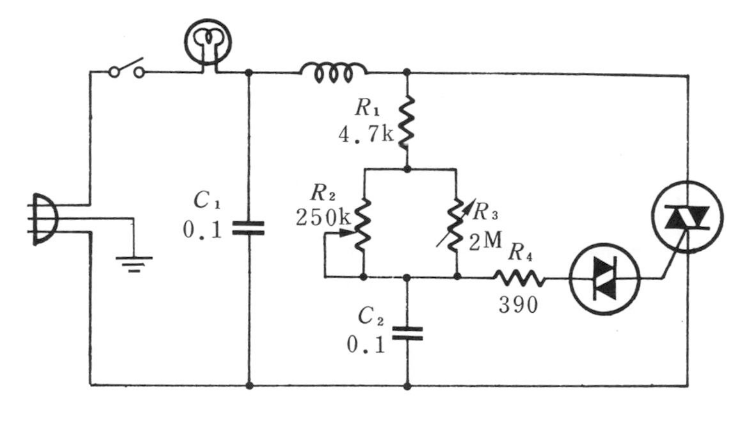

圖3.16

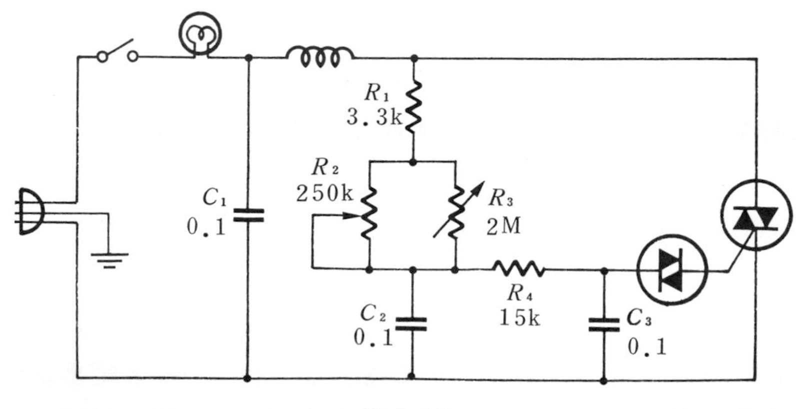

圖3.17

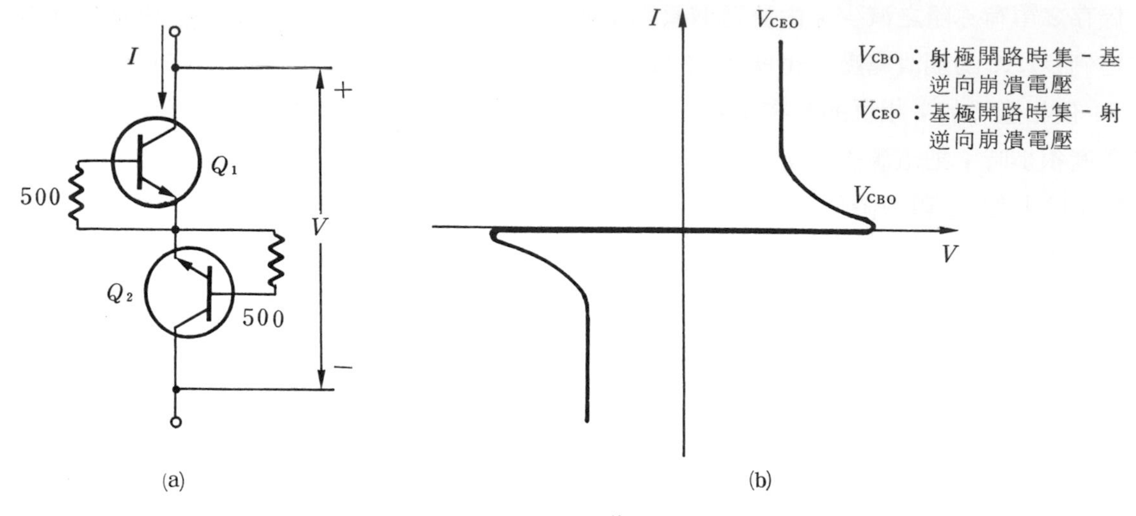

圖 3.18　電晶體代替DIAC

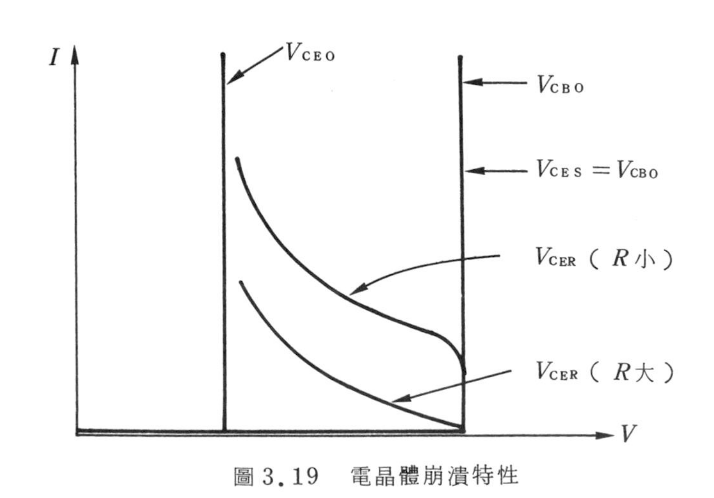

圖 3.19　電晶體崩潰特性

與V_{CEO}有關，(b)圖爲其等效特性。圖 3.19爲電晶體的崩潰特性曲線。

(一)　V_{CBO}：

射極開路時集極與基極之間逆向崩潰電壓，V_{CBO} 爲電晶體各種崩潰電壓最大的，如圖 3.19。

(二)　V_{CEO}：

基極開路時集極與射極之間的崩潰電壓V_{CEO}值小於V_{CBO}。

(三)　V_{CES}：

基極到射極短路時集極與射極間之崩潰電壓，大多數電晶體V_{CES}的特性與V_{CBO}相同。

(四)　V_{CER}：

基極到射極並接電阻時，集極與射極間之崩潰電壓，在各種電晶體的崩潰特性之中以V_{CER}最爲奇特，當外加電壓小於V_{CBO}時爲高阻抗（未崩潰），若電壓達到 V_{CBO} 的值，產生第一次崩潰，崩潰後隨著電流之增加，使其電壓下降到下一個較低的值（V_{CEO}）

此稱爲二次崩潰電壓，其崩潰的特性與DIAC相同。

V_{CER} 的特性與基極射極間的並接之電阻值 R 有關，如圖3.19之曲線，R 愈大則愈接近 V_{CEO} ，R 愈小則愈接近 V_{CES} 之特性。

3.3 實習材料

10Ω×1

22Ω×1

47Ω×1

50Ω×1

100Ω×1

150Ω×2

200Ω×1

500Ω×2

1kΩ×2

2kΩ×2

6.8kΩ/2W×2

10kΩ×1

22kΩ×1

33kΩ×1

1MΩ×1

1μF×1

10μF×1

0.1μF/400WV×1

500μF/25V×1

0.47μF/50V×1

*VR*50k×1

*VR*100k×1

*VR*500k×1

*VR*1M×1

TRIAC×2

DIAC×2

npn×2

pnp×1

燈泡(60W)×2

IN4001×7

UJT×1

3.4 實習項目

工作一：三用電表測TRIAC與DIAC

工作程序：

(1) 將三用表置於$R\times1$檔，依表3.1所列方式，測出（分辨）TRIAC的接脚，將TRIAC的實體圖繪出，並標明其極性。

(2) 將三用表置於$R\times1$ k檔，辨別TRIAC的三脚，結果與上步驟有何差異？

(3) 用乙三用表測TRIAC，如圖3.20(a)所示，甲電表當觸發電源如圖(b)所示，則觸發後乙電表所示爲TRIAC之Ⅰ₊（V_{T2T1}＋，V_G＋）電阻值。

(4) 依步驟(3)方式，測Ⅲ₊（V_{T2T1}－，V_G＋），Ⅰ₋（V_{T2T1}＋，V_G－），Ⅲ₋（V_{T2T1}－，V_G－）等各狀態，並比較之（參考圖3.8）

(5) 取DIAC測其兩端電阻值爲________，電表反向之後其值爲________有何差異？

(6) DIAC之激發V_{BO}約在20V～40V，而以29V者爲最多，欲用三用電表，使DIAC導通，可將串接使用以$R\times1$k檔。

串聯二台其兩端電阻值爲________，電表反向後其值爲________。

串聯三台其兩端電阻值爲________，電表反向後其值爲________。

串聯四台其兩端電阻值爲________，電表反向後其值爲________。

工作二：DIAC與TRIAC V-I特性曲線測量

工作程序：

(1) 按圖3.21接妥電路。

(2) 將示波器掃描出來的曲線圖描繪於表3.3(a)，並將電壓與電流大小標示出來。

(3) 連接圖(b)所示DIAC代替電路，將其特性利用示波器掃描出來，描繪於表3.3(b)中，並將電壓與電流大小標示出來。

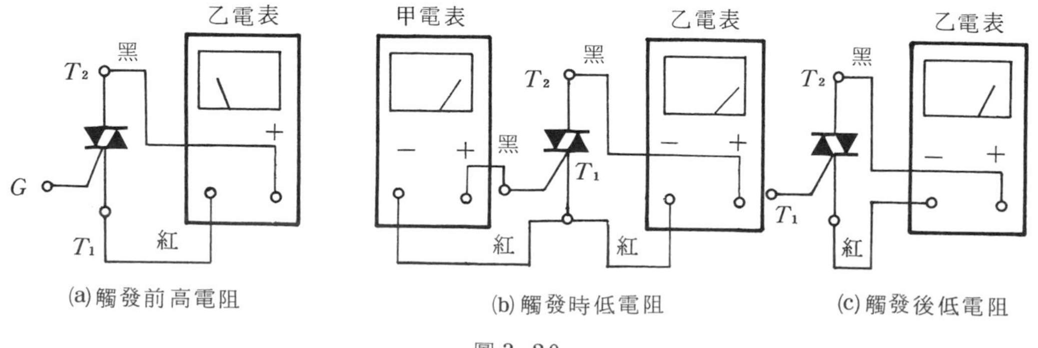

(a)觸發前高電阻　(b)觸發時低電阻　(c)觸發後低電阻

圖3.20

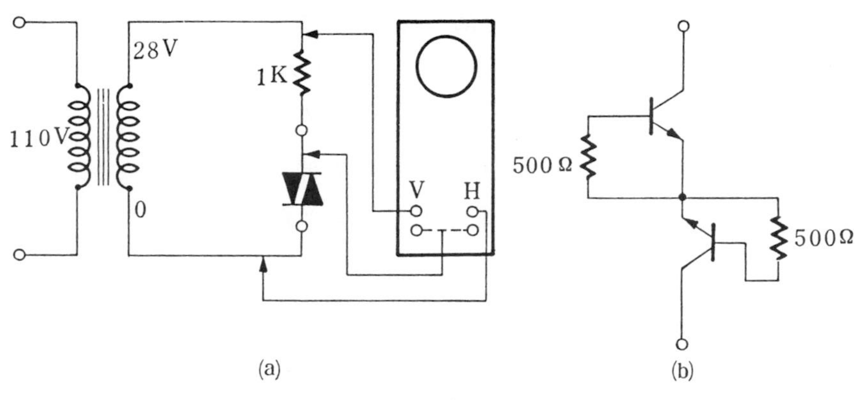

圖 3.21

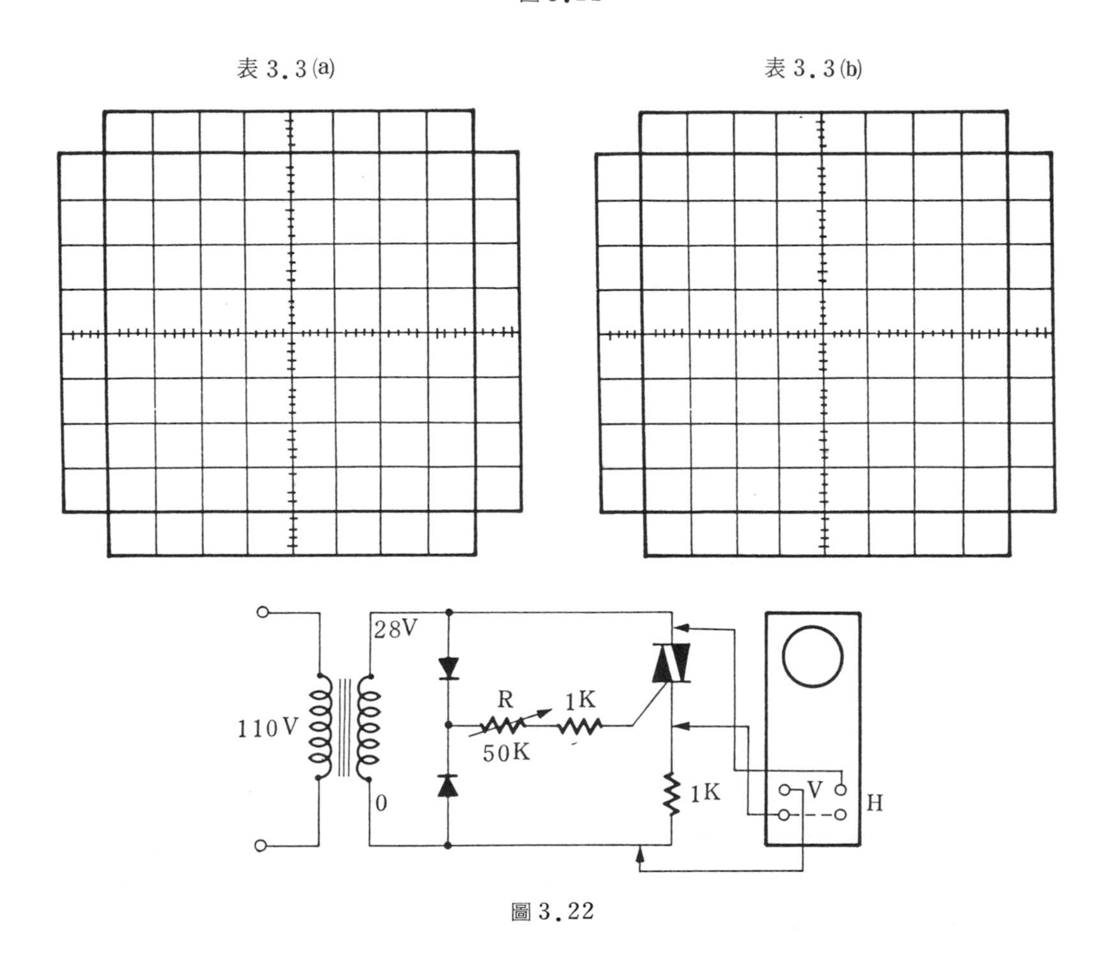

表 3.3(a)　表 3.3(b)

圖 3.22

(4) 按圖 3.22 接線。

(5) 將示波器掃描出來的波形，描繪於表 3.4 中，並標示其電壓值與電流值。

(6) 改變 R 值，其特性曲線有何變化？

工作三：DIAC脈波產生器

工作程序：

(1) 按圖 3.23 接妥電路，交流電源可用 24 V～50 V間電壓值。

(2) 改變 VR ，用示波器測 C_2 兩端與 R_L 兩端電壓波形，並將其波形繪於表 3.5 中。

(3) VR 轉至約½max 處，示波器的垂直輸入轉至 DC 用示波器測 R_L 兩端的 V_O = ______V 。由 C_2 上測得DIAC的 V_{BO} = ________V 。

(4) 將圖 3.23 電路中的整流二極體與濾波電容去掉，改成圖 3.24 的形式。

(5) 改變 VR 用示波器測 C_1 與 R_L 兩端電壓波形，並將波形繪於表 3.6 中。

表 3.4

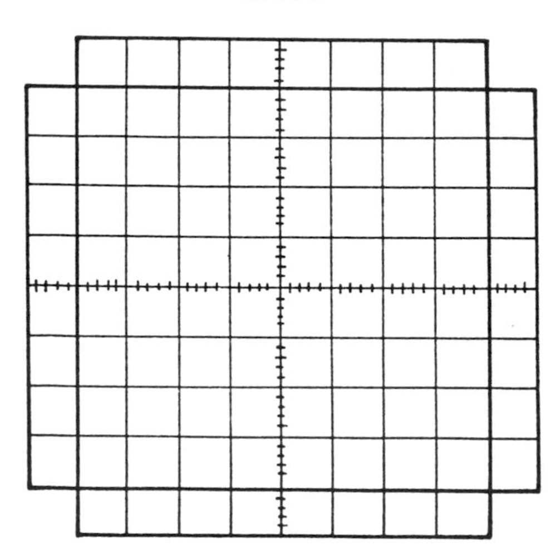

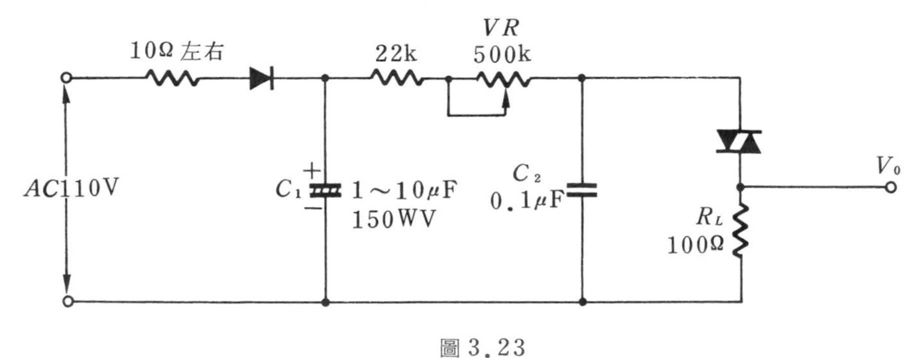

圖 3.23

表 3.5

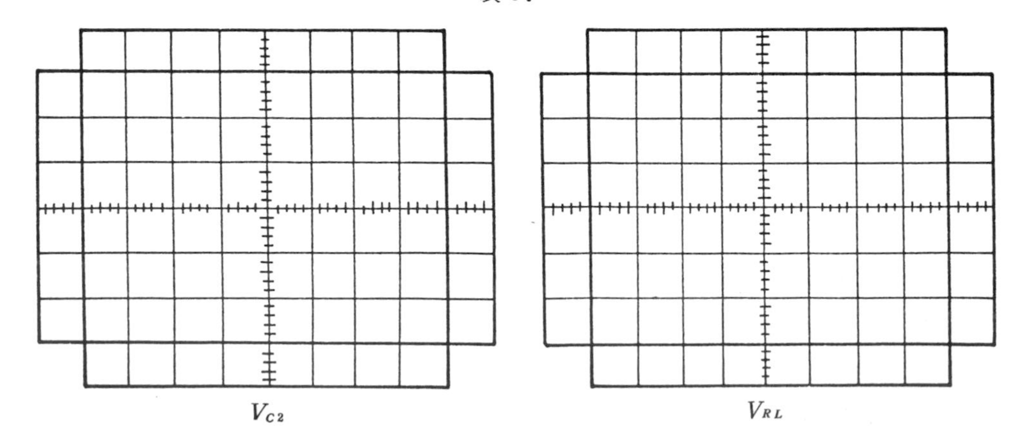

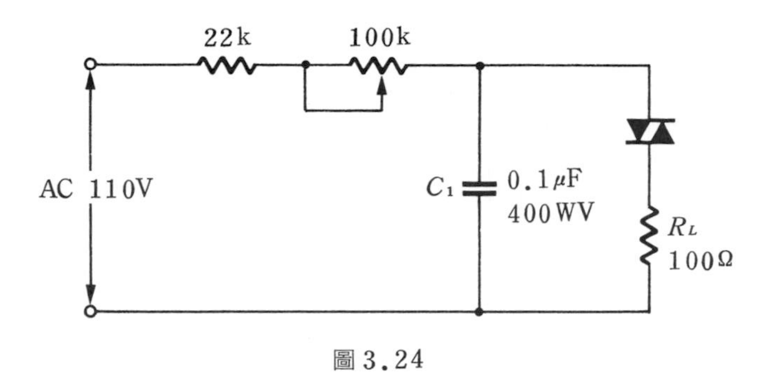

圖 3.24

表 3.6

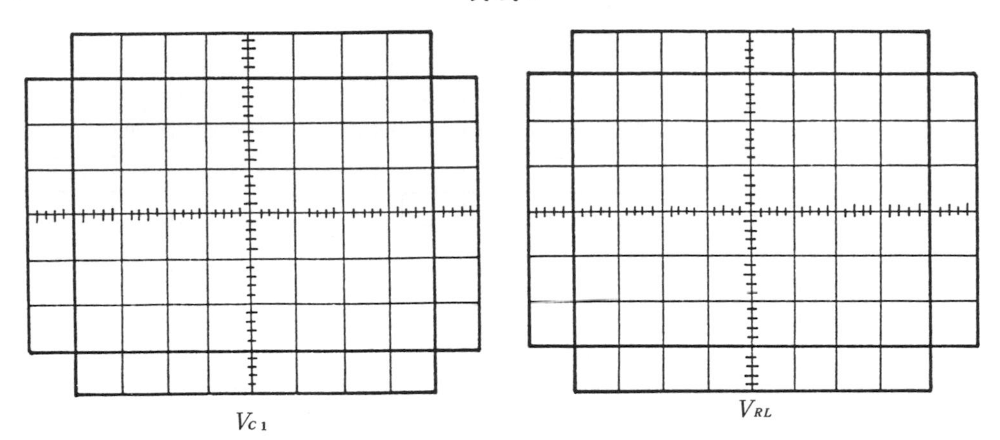

工作四：TRIAC相位控制

工作程序：

(1) 按圖 3.25 接線。

(2) 以示波器觀察 V_{T2T1}，V_C 與 V_L 各點電壓波形，將其描繪於表 3.7，並調整 VR 看燈泡有何變化。

(3) 調整 VR 最大激發角為________度。

(4) 將圖 3.25 改成圖 3.26 電路。

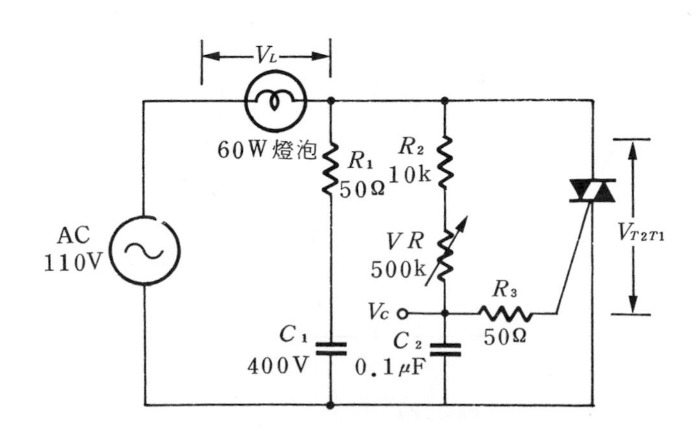

圖 3.25

表 3.7

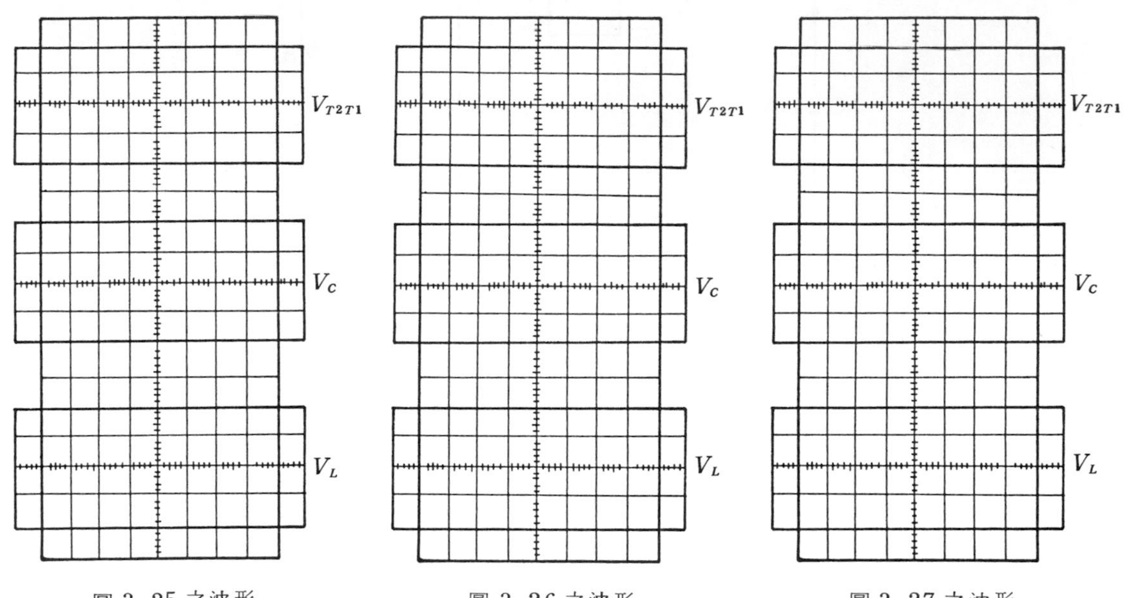

圖 3.25 之波形　　圖 3.26 之波形　　圖 3.27 之波形

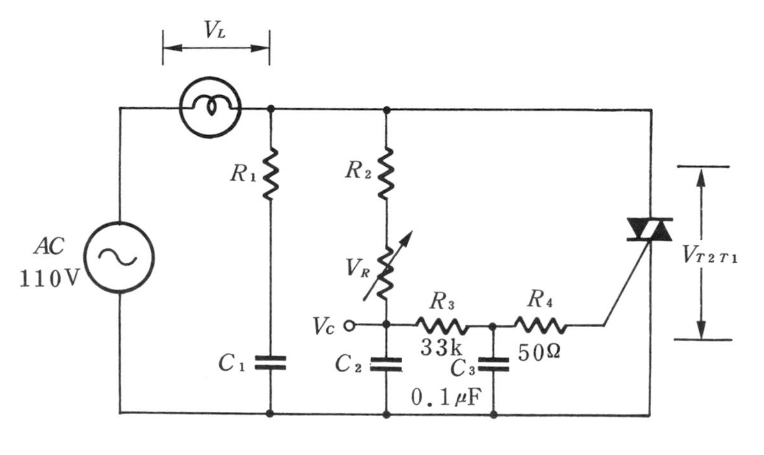

圖 3.26

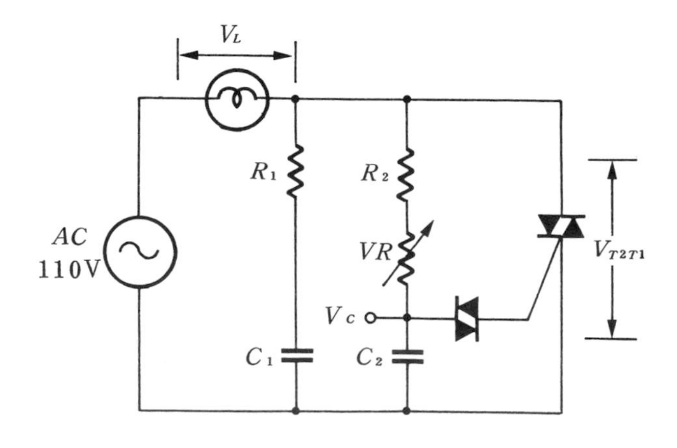

圖 3.27

⑸ 重複⑵、⑶步驟。

⑹ 將圖 3.26 改成圖 3.27 電路。

⑺ 重複⑵、⑶步驟，並比較其差異。

⑻ 圖 3.25、26、27 中，R_1C_1 之功用爲何？

⑼ 欲改進圖 3.27 之遲滯現象，電路應如何修改？

⑽ 若負載爲電扇，則調整 VR 有何現象？

工作五：全波相位控制

工作程序：

⑴ 按圖 3.28 接線。

⑵ 這是一個體積小、低價格的電感性負載相位控制電路，可摒除一般變壓器組成的相位控制的笨重與高價格之弊。由 $D_1 \sim D_4$ 組成橋式整流供給 UJT 觸發電路的電源，及 SCR 工作的維持電流，當 SCR 因觸發而導通之後，SCR 兩端呈低阻抗，TRIAC 的閘流流經 D_5 或 D_6 而觸發 TRIAC。本電路最適合用於馬達等電感性負載，若是負載需以 220 V 的電源時，只要將 R_1、R_2 改爲 15 kΩ，4W 即可。

⑶ 負載暫接 60W／110V 燈泡。

⑷ 調整 VR 500 k，看燈泡有何變化。

⑸ 利用示波器觀測電路的各點波形，並記錄之。

⑹ 將燈泡移去，改成插座，插上電扇，改變 VR 時電扇的速度如何？

工作六：使用交流電源的閃光燈

工作程序：

⑴ 按圖 3.29 接妥電路。

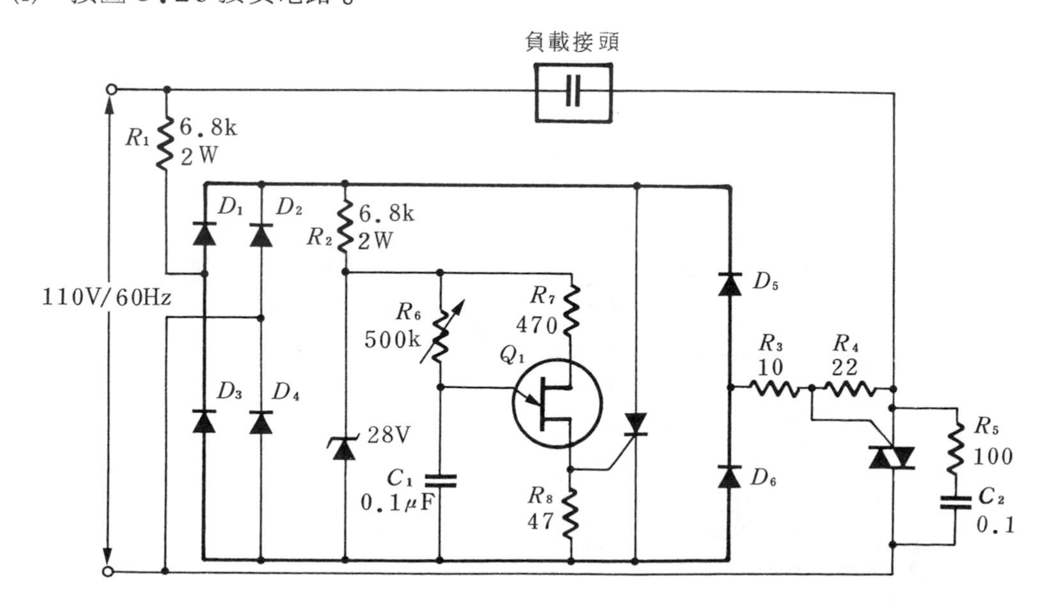

圖 3.28

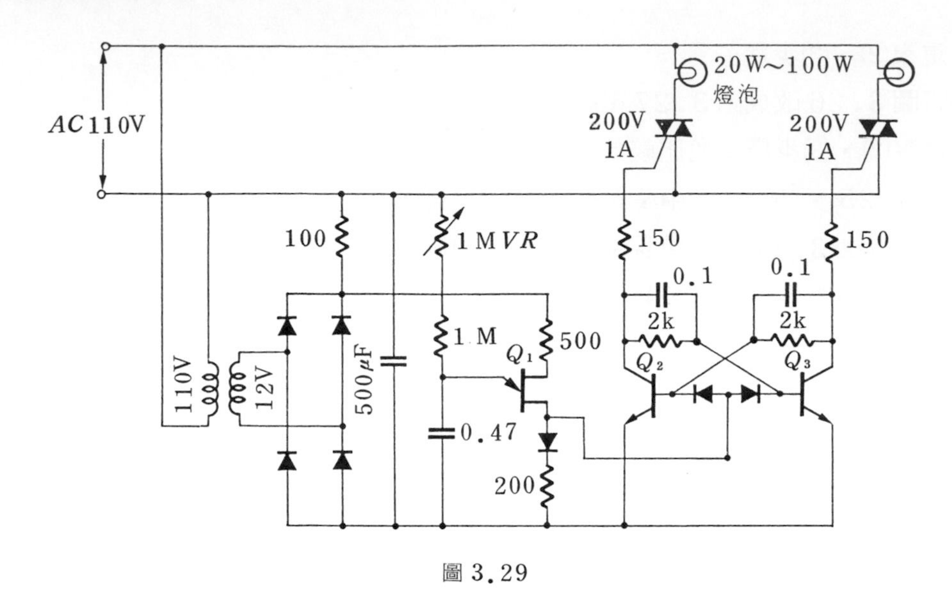

圖 3.29

(2) 調整R_1、R_2直到燈光有亮暗變化。

(3) 測出Q_2Q_3集極對地之電壓最高時爲________，最低時爲________。

(4) 改變VR（1MΩ）燈光有何變化？

3.5 問　題

1. 試說明TRIAC與SCR的異同點。
2. 說明TRIAC的四種觸發型態，何者較佳？
3. 說明DIAC觸發電路原理與優點。
4. 說明利用三用表測量分辨TRIAC接脚的方法。
5. 你如何判別DIAC的好壞？
6. 如何以電晶體替代DIAC。
7. 說明圖3.30交流閃光燈電路之工作原理。

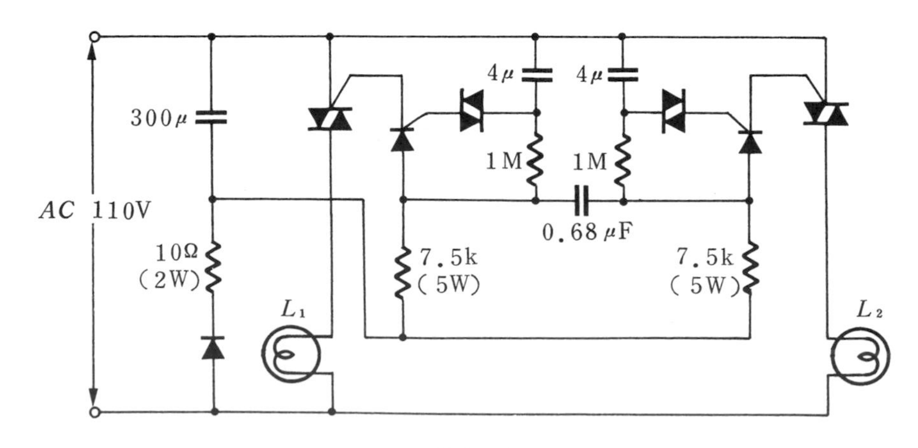

圖 3.30

實習 4

程序單結合電晶體(PUT)

4.1 實習目的

(1) 瞭解PUT之結構與特性。
(2) 瞭解PUT弛緩振盪器之原理與應用。
(3) 以電晶體代替PUT之方法。
(4) 認識PUT基本應用電路。

4.2 相關知識

1. PUT之結構

程序單結合電晶體(programmable unijunction transistor)簡稱PUT，其構造不像UJT只有一個*PN*接面，而是一種PNPN四層半導體元件，其符號構造與等效電路如圖4.1所示。由圖(c)等效電路得知PUT係由PNP與NPN兩個電晶體組成，然後將PNP的基極與NPN的集極相接成閘極(G)，PNP的射極當陽極(A)，NPN的射極當陰極(K)。由於PUT之構造與SCR相似，只是SCR之閘極由NPN之基極(P型物質)引出，故PUT亦稱N閘SCR或CSCR(complementary SCR)(互補SCR)，PUT觸發靈敏度極高，但電壓、電流之額定值均比SCR小，常用於脈波信號產生器，由於PUT大都用於產生脈波信號源，且只要極低的電流準位，即可觸發其他功率閘流體，故是屬於相當經濟的觸發元件。

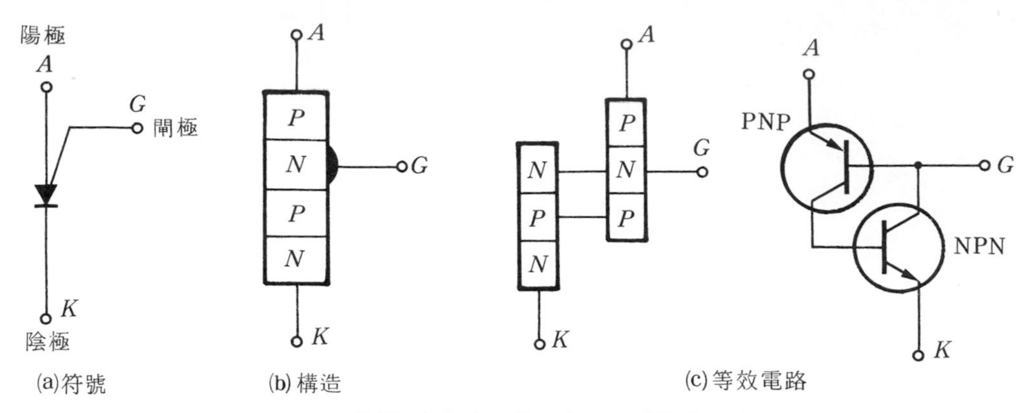

圖 4.1　PUT之符號、構造與電晶體等效電路

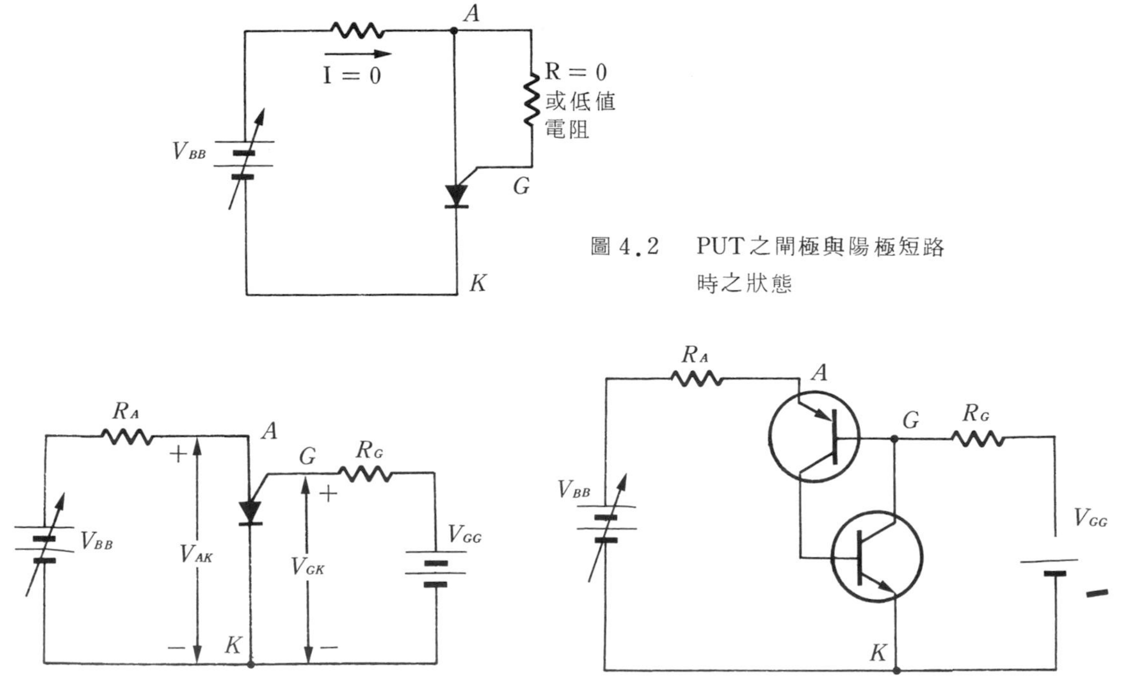

圖 4.2　PUT之閘極與陽極短路時之狀態

圖 4.3　在PUT閘極加偏壓之電路

2.　PUT的特性

若將PUT之閘極與陽極短路或接一低電阻如圖4.2所示，則A～K間截止，若A～K間加太高之順向電壓（A正、K負）則會因崩潰而導通，此崩潰電壓稱爲順向轉態電壓，若AK間逆向電壓（A負、K正），亦爲截止狀態，其截止狀態與SCR逆向加壓相同。若將PUT之閘極加一偏壓V_{GK}，如圖4.3所示，當V_{AK}小於V_{GK}時，PNP電晶體的射基極間呈逆向偏壓，故基極電流$I_B \approx 0$，PNP電晶體截止NPN電晶體亦因而截止，故PNP之AK間爲截止狀態。

如果將V_{AK}增加到比V_{GK}大一個PN接面的順向壓降V_T時，即V_{AK}達到PUT的峯點電壓時，PUT電晶體因順向偏壓而開始導通，NPN電晶體亦因回授而快速導通。兩

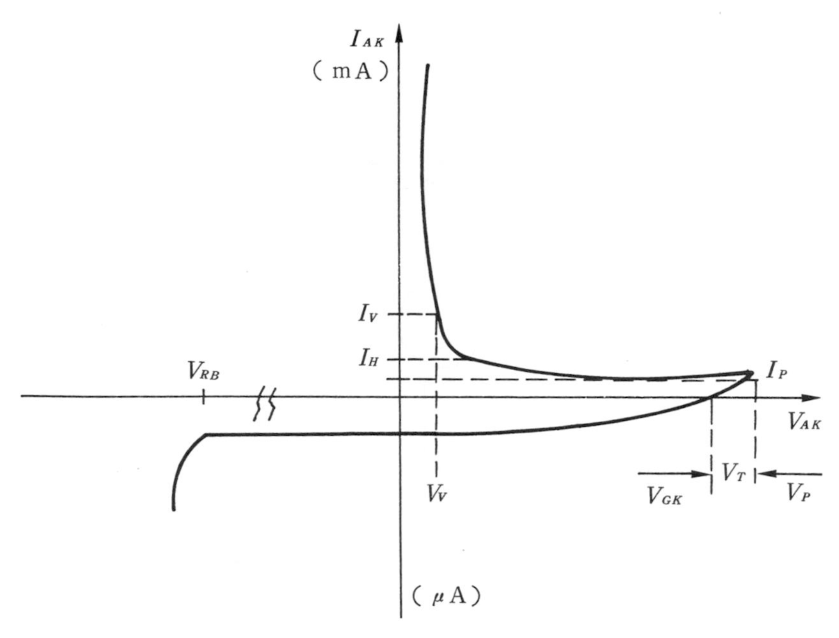

圖 4.4　PUT 電源電然特性曲線

電晶體瞬間即進入飽和狀態，A、K 間呈現低電阻，且只有很小的壓降。換句話說，PUT 在 V_{AK} 大於 V_P 之後，迅速進入負電阻區，然後流過大量電流使 AK 電壓更下降，PUT 呈完全導通狀態，除非外加電流降到維持電流 I_H 以下，否則 PUT 仍將繼續導通，如圖 4.4 所示為其特性曲線，其負偏壓時（A 為負、K 為正）特性與一般 PN 接面半導體元件逆向偏壓相同。

由以上敘述，我們知道 PUT 達到開始導電的峯點電壓 V_P：在 PUT A、K 之間導通前所能達到之最高電壓

$$V_P = V_{GK} + V_T = V_{GK} \quad (V_T \text{ 甚小}) \tag{4.1}$$

V_T 稱為抵消電壓，在常溫下（25°C）$V_T = 0.5$ V

由（4.1）式知 V_P 受 V_{GK} 的大小直接影響，且 V_{GK} 是外加偏壓，因此我們可改變 V_{GK} 的大小控制 PUT 導電時之峯點電壓準位。此為 PUT 與 UJT 不同之處。

峯點電流 I_P：在峯點電壓 V_P 時的 I_{AK} 電流。

谷點電壓 V_V：將導通 PUT 逐漸減小其 I_{AK} 電流，則 A、K 之間的順向壓降慢慢下降，到電壓之最低點，此點稱為谷點，在谷點時的電壓稱谷點電壓 V_V。

谷點電流 I_V 和維持電流 I_H：谷點之電流稱為 I_V，如果 A、K 之間並聯電容，則 I_{AK} 若下降到 I_V 以下，則 A、K 之間會跳入截止狀態。

如果 A、K 之間非並聯電容，而以電阻為其負載，則 I_{AK} 降到 I_V 並不一定截止，其變成截止前之電流稱為保持電流 I_H，圖 4.4。通常 $I_H < I_V$，但是 I_H 和 I_V 的值相差很小。

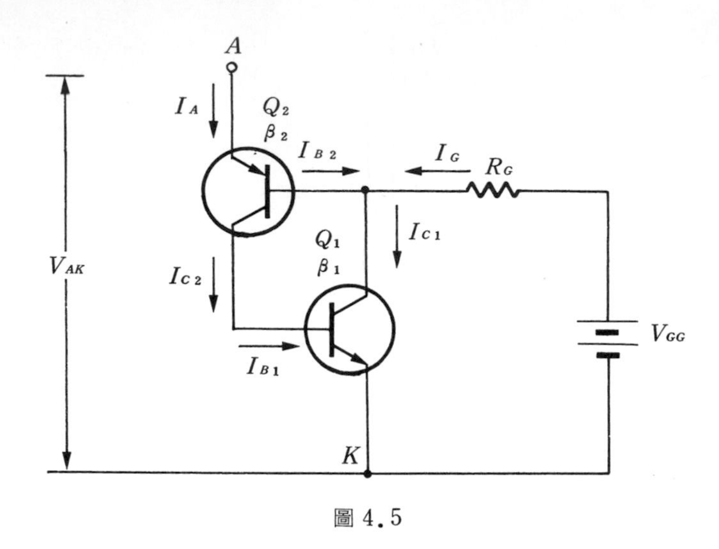

圖 4.5

由圖 4.5 等效電路知，當 $V_{AK} \geq V_P$ 時，Q_1 、Q_2 開始導電，

因
$$I_{B2} = \frac{I_A}{1+\beta_2}$$

$$I_G = \frac{V_{GG} - V_{CE1(SAT)}}{R_G}$$

$$\begin{aligned} I_{C1} &= I_{B2} + I_G \\ &= \beta_1 I_{B1} \\ &= \beta_1 I_{C2} \\ &= \beta_1 \beta_2 I_{B2} \\ &= \frac{\beta_1 \beta_2 I_A}{1+\beta_2} \end{aligned}$$

$$\frac{I_A}{1+\beta_2} + \frac{V_{GG} - V_{CE(SAT)}}{R_G} = \frac{\beta_1\beta_2 I_A}{1+\beta_2}$$

$$I_A = \frac{1+\beta_2}{\beta_1\beta_2 - 1}\left(\frac{V_{GG} - V_{CE1(SAT)}}{R_G}\right)$$

在 $V_{AK} = V_P$ 瞬間，β_1 與 β_2 值很小，幾乎為 0 、R_{GK} 內阻很大，因此 $I_A \approx -1 \times \frac{V_{GG} - V_{CE2(SAT)}}{R_G}$ 而且 $V_{CE2(SAT)}$ 未飽和前等於 V_{GG} ，所以 I_A 極小，此即圖 4.4 所示之截止區域。當 V_{AK} 大於 V_P 時，β_1 及 β_2 增加設 $\beta > 1$ ，則通過陽極 A 之電流為 I_P 應為

$$I_A = I_P = \frac{1}{\beta}\,\frac{V_{GG} - V_{CE(SAT)}}{R_G} = \frac{1}{\beta}\,I_G \qquad (4.2)$$

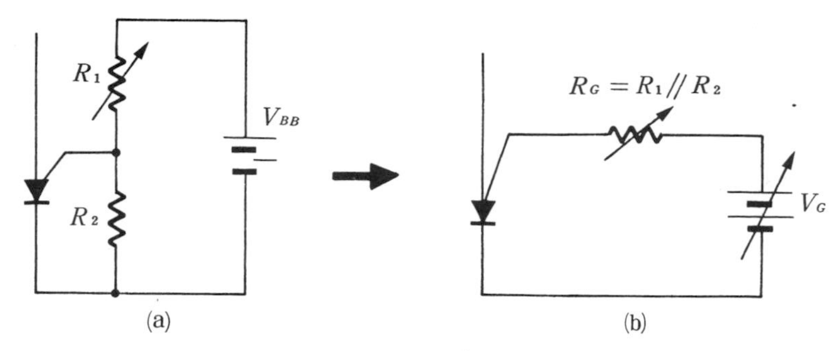

圖4.6　閘極分壓電路

由（4.2）式知，當$V_{AK} \geq V_P$時，峯點電流I_P值極小，此亦爲PUT優於UJT之處，經Q_1、Q_2回授再生後，β上升，因此$I_A = I_V$，I_V仍很小（此因Q_1導電成短路狀態，I_G電流大量增加），此亦爲PUT之缺點。

由上述分析得知PUT本身並未產生大電流，I_{C1}仍由I_G來決定，所以PUT陰極輸出電流仍由R_G及V_{GG}決定，圖4.6是利用可變電阻分壓，以改變閘極偏壓，我們可以利用戴維寧定律，將PUT的閘極偏壓電路改爲如圖4.6(b)所示，則

$$V_{GK} = V_G = V_{BB} \times \frac{R_2}{R_1 + R_2} \tag{4.3}$$

由（4.3）式中$\frac{R_2}{R_1 + R_2}$之比值，相當於UJT的η值，因此PUT的η值等參數，可以由外部電路來改變，且又因具有類似UJT的特性，故命名爲可程式化單接合電晶體，由圖4.6(b)所示知PUT導電後，閘極電流I_G爲

$$I_G = \frac{V_G}{R_G} \tag{4.4}$$

所以R_G電阻與I_G電流大小成反比。

圖4.7(a)爲2N6027與2N6028兩種PUT之I_P、R_G相關曲線，由圖中可看出R_G與I_P成反比關係，R_G愈大，則I_P愈低，亦可由（4.2）與（4.4）式得此關係。

圖4.7(b)爲閘極電流I_G與谷點電流I_V之關係曲線，由圖中可看出I_G愈大，則I_V愈大，但由（4.2）式知I_G要愈大，則需R_G愈小，因此欲使PUT之振盪頻率範圍愈寬廣，則需I_P愈低，而I_V愈大，而R_G又同時與I_P、I_V成反比，顯然R_G之大小無法兼顧兩者，此亦即PUT電路本身的限制。

欲克服上述之限制可由圖4.8外加電路來改進。(a)圖爲I_P和I_V都與R_G成反比關係，使用大R_G可使I_P很低，但I_V也隨之降低。(b)圖爲PUT被激發後，以電晶體幫助I_{AK}電流旁路，可獲得極大之I_V。閘極用高電阻時，I_P亦極低。(c)圖與(d)圖，閘路

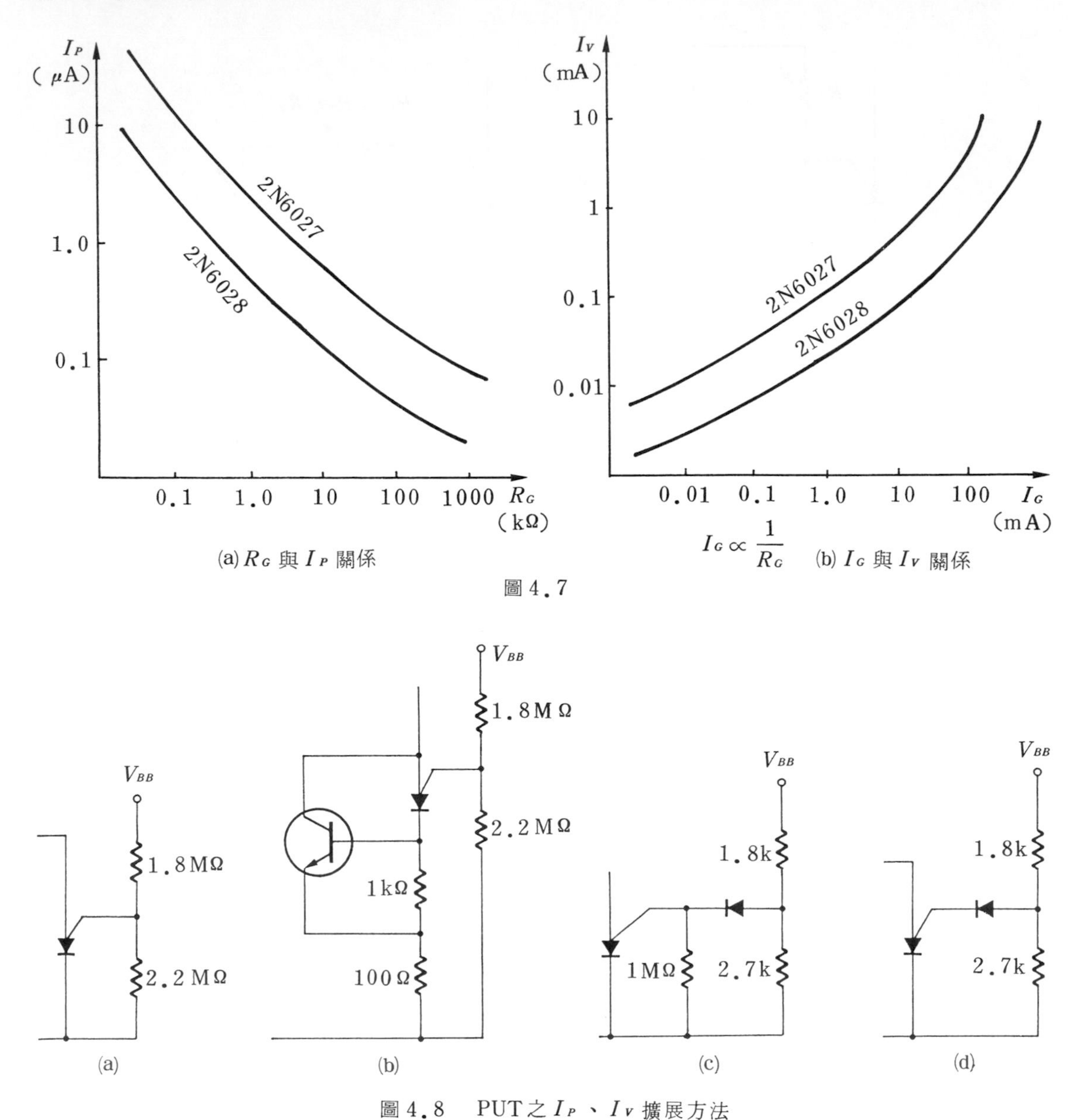

(a) R_G 與 I_P 關係　(b) I_G 與 I_V 關係

圖 4.7

(a)　(b)　(c)　(d)

圖 4.8　PUT之 I_P 、 I_V 擴展方法

使用二極體，在PUT截止時，二極體截止，閘路爲高電阻，故 I_P 很低，當 PUT 導通後，二極體導通，閘路爲低電阻，故 I_V 增大。

3. PUT弛緩振盪器

圖4.9爲 PUT 弛緩振盪器，R_1、R_2 爲分壓電阻決定 R_G 與 V_G 之值。R_K 電阻輸出一脈衝信號源，電容器 C_A 經由 R_A 充電，當充電電壓大於 V_G 時，PUT開始導通，電容器經由 PUT導通電阻及 R_K 迅速放電，當放電電壓達到 V_V 時，PUT 又呈截止狀態，電容器 C_A 又重新充電，因此 C_A 、R_A 爲決定PUT弛緩振盪之週期。圖 4.10爲 PUT 弛緩振盪的輸出波形。

根據電容的充電公式：

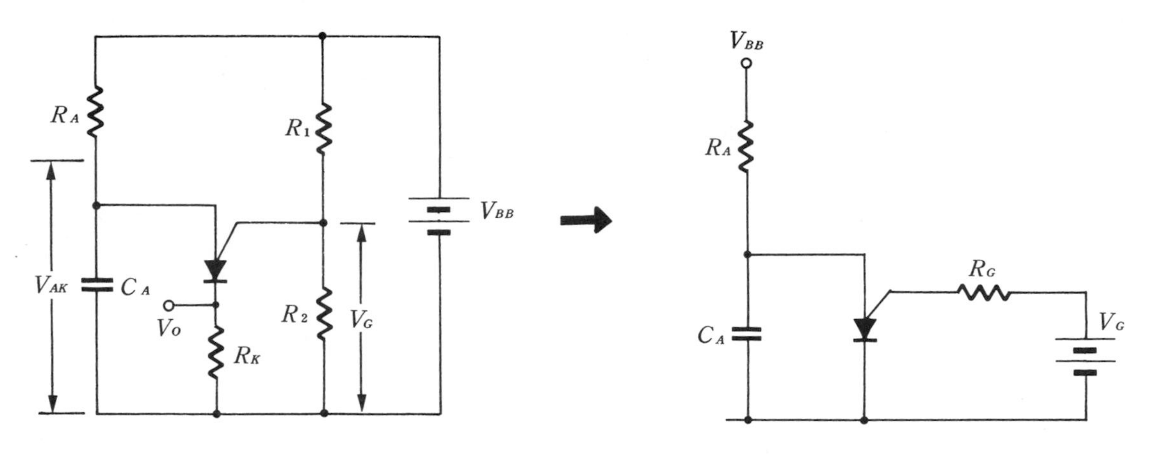

圖 4.9　PUT 弛緩振盪電路

$$V_C = V\left(1 - e^{-\frac{t}{RC}}\right)$$

所以PUT弛緩振盪電容器的充電電壓為

$$V_P = V_{BB}\left(1 - e^{-\frac{t_{off}}{R_A C_A}}\right) \tag{4.5}$$

由(4.1)式與(4.3)式知

$$V_{BB} \times \frac{R_2}{R_1 + R_2} + V_T = V_{BB}\left(1 - e^{-\frac{t_{off}}{R_A C_A}}\right)$$

因 V_T 極小於 $V_{BB} \times \dfrac{R_2}{R_1 + R_2}$ ，所以

$$V_{BB} \times \frac{R_2}{R_1 + R_2} = V_{BB}\left(1 - e^{-\frac{t_{off}}{R_A C_A}}\right)$$

$$\frac{R_2}{R_1 + R_2} = 1 - e^{-\frac{t_{off}}{R_A C_A}}$$

$$e^{-\frac{t_{off}}{R_A C_A}} = \frac{R_1}{R_1 + R_2}$$

$$-\frac{t_{off}}{R_A C_A} = \ln \frac{R_1}{R_1 + R_2}$$

$$t_{off} = R_A C_A \ln \frac{R_1 + R_2}{R_1}$$

$$=R_A C_A \ln\left(1+\frac{R_2}{R_1}\right)$$

若 $t_{off} \gg t_{on}$ ，則 $T = t_{off}$ ，故

$$T = R_A C_A \ln\left(1+\frac{R_2}{R_1}\right) \tag{4.6}$$

若 $\frac{R_2}{R_1} = 1.718$ ，則

$$T = R_A C_A \ln(1+1.718)$$
$$= R_A C_A \tag{4.7}$$

PUT之振盪條件與UJT相同，必須同時滿足導通與截止兩條件即

$$\frac{V_{BB}-V_P}{R_A} \geq I_P \tag{4.8a}$$

或 $$R_{A(max)} = \frac{V_{BB}-V_P}{I_P} \tag{4.8b}$$

此條件限制了 R_A 的最大值，即振盪的最低頻率，但是PUT的 I_P 很小，故 R_A 可用到甚大值。

$$\frac{V_{BB}-V_V}{R_A} \leq I_V \tag{4.9a}$$

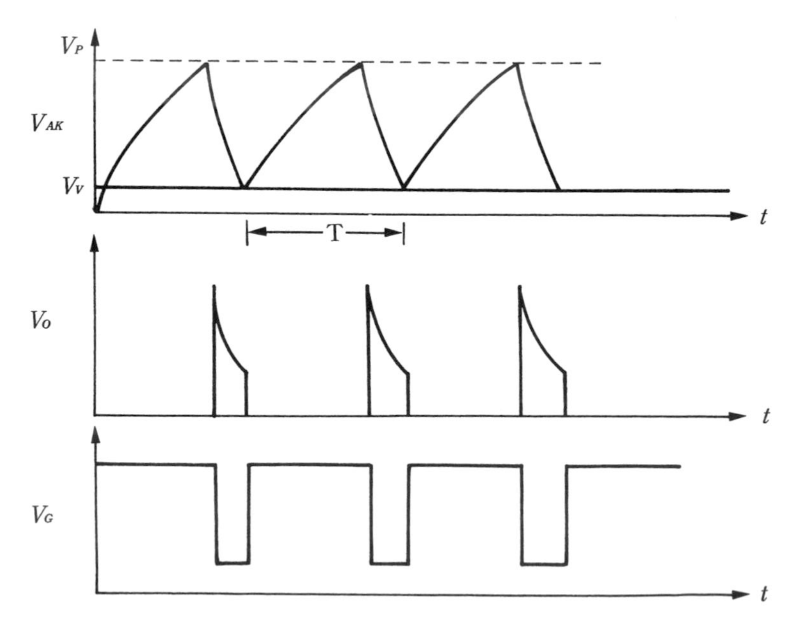

圖 4.10 PUT弛緩振盪輸出波形

或 $$R_{A(\min)} = \frac{V_{BB} - V_V}{I_V} \tag{4.9b}$$

此條件限制了R_A的最小值，即振盪的最高頻率。

4. PUT與UJT之比較

(1) 具有較高的崩潰電壓。

表 4.1

特　　性	PUT	UJT
弛緩振盪電路	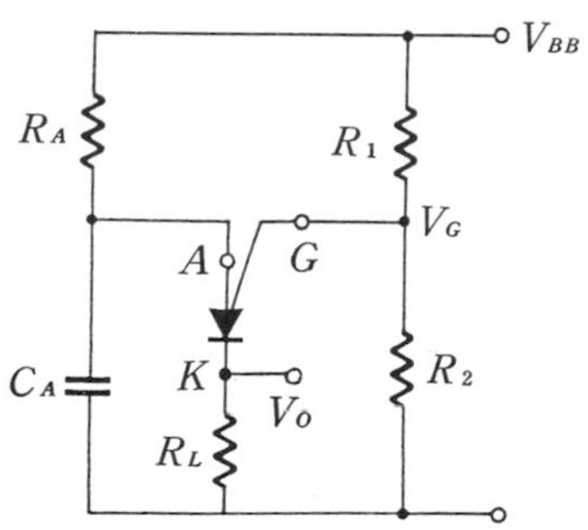	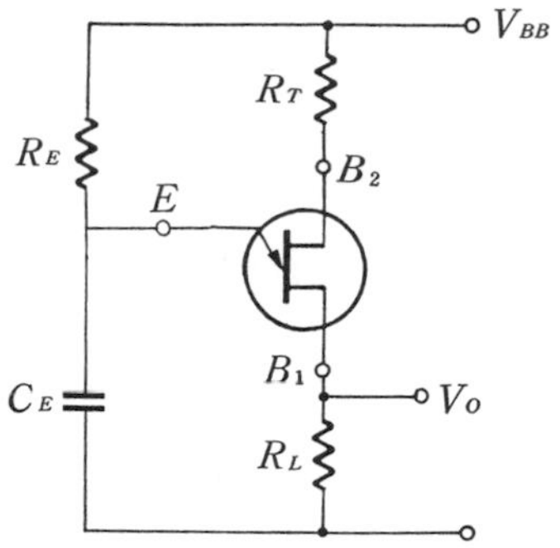
閘極電壓V_G	$V_G = \frac{R_2}{R_1 + R_2} \times V_{BB}$	—
閘極電阻R_G 基際間電阻R_{BB}	$R_G = R_1 // R_2 = \frac{R_1 R_2}{R_1 + R_2}$ $R_{BB} = R_1 + R_2$（可設定）	— $R_{BB} = 4 \sim 10\text{k}\Omega$（不能設定）
本質解離比 η	$\eta = \frac{R_2}{R_1 + R_2}$　（可設定）	$\eta = 0.45 \sim 0.85$（不能設定）
峯點電流 I_P	可低於 0.5μA（可設定）	典型值爲 2 μA（不能設定）
谷點電流 I_V	高於 2mA（可設定）	典型值爲 10mA（不能設定）
飽和電壓	$V_{AK(SAT)}$ 典型值爲 1.2 伏 （$I_A = 50\text{mA}$）	$V_{EB1(SAT)}$ 典型值爲 3 伏 （$I_E = 50\text{mA}$）
振盪週期 T	0.01 毫秒至數分鐘	2 微秒至數十秒
輸出脈衝上升時間 t_r	典型值約 40ns	典型值約 200ns
脈衝輸出電壓 V_o	$V_o = 10\text{V}$（典型）	$V_o = 6\text{V}$（典型）
崩潰電壓	較高	較低
$I_P I_V$ 範圍	較窄	較寬

(2) PUT可工作於很低的電源電壓，在1伏以下之電源PUT仍能弛緩振盪。
(3) 可輸出較高的脈衝電壓。
(4) 可利用閘路安排其 I_P 、I_V 、V_P 等參數。
(5) PUT價格較廉。
(6) PUT唯一的缺點是 I_P 和 I_V 之範圍不及UJT，如圖4.8 所示。但可用輔助電路拓展 I_P 、I_V 的範圍。

在此我們以PUT與UJT應用於弛緩振盪器做比較列於表4.1。

5. 以電晶體電路代替PUT

若實驗時沒有PUT，可用兩只矽電晶體代替PUT，其電路如圖4.11，D_2 的目的在增加逆向耐壓值。VR 可調閘極的觸發靈敏度。VR 大則閘極觸發靈敏度高，VR 亦影響 I_P 、I_V 值，V_R 大則 I_P、I_V 均降低，以後的實習項目，均可使用此線路代替PUT，可用100Ω～200Ω之固定電阻取代 V_R 。

6. 以三用表測量PUT

將三用表旋至低電阻檔：

(1) 測量 A、G 之間，爲 PN 接面的性質，黑電筆在 A，紅電筆在 G，電表指示低電阻值，反之，黑電筆在 G，則爲開路。
(2) G、K 之間不管電表極性如何均爲開路。
(3) 測 A、K 時，若 G 開路，則黑電筆在 A，紅電筆在 K，時常顯示通路，電筆反接則開路，因閘極 G 觸發靈敏度很高，閘極開路時常會使 A，K 之間導通，以手指觸閘極亦使 A、K 導通。

若將 A、G 之間短路，或接以低值電阻則 A、K 之間爲開路。

但有時測 G、K 之後，A、K 之間會呈截止現象，經一段時間後才恢復 A、K 導通。

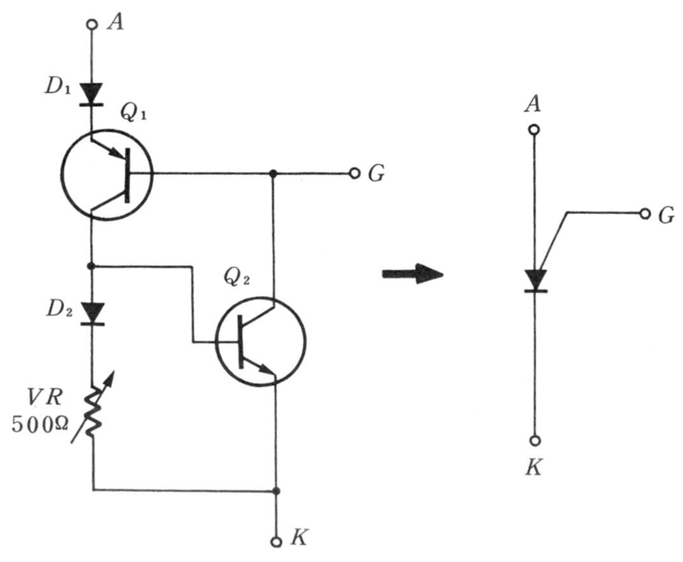

圖4.11 代替PUT的電晶體電路

4.3 實習材料

39Ω × 1
50Ω × 1
60Ω × 1
100Ω × 1
220Ω × 1
470Ω × 1
500Ω × 1
1kΩ × 2
3.3kΩ × 1
4.7kΩ × 1
6.8kΩ × 2
10kΩ × 1
18kΩ × 1
27kΩ × 1
40kΩ × 1
50kΩ × 1
91kΩ × 1
220kΩ × 2
680kΩ × 1
1MΩ × 1
1.2MΩ × 1
0.005μF × 1
0.01μF × 1
0.047μF × 1
0.1μF × 1
2μF × 1
4.7μF × 1
1000μF × 1
VR 5k × 1
VR 10k × 2
VR 50k × 1
VR 100k × 1
VR 1M × 1
PUT × 1
IN4001 × 1
pnp × 1
npn(2SC1384) × 3
燈泡(6V) × 1

4.4 實習項目

工作一：三用表測PUT

工作程序：

(1) 將三用表置於$R \times 100$檔。

(2) 以三用表在 PUT 的三端中，先找出A、G之PN接面，即黑棒在A，紅棒在G，則電表指示PN順向低阻抗，這時電表的L_V刻度指示多少________。其餘一端必爲K。

(3) 當G開路，黑棒測A，紅棒測K，則$R_{AK(F)}=$________，$L_V=$________。紅黑棒互換之後$R_{AK(R)}=$________。

(4) 測量G、K間，不管此表的極性爲何，均呈高阻抗$R_{GK}=$________。

(5) 再重複步驟3，則$R_{AK(F)}=$________，爲何數據不同________。

(6) 若A、K間的電阻測量如圖4.12所示的情況，則$R_{AK1}=$________。$R_{AK2}=$________。R_{AK3}________。

以下實習若無PUT時可用圖4.11代替。

工作二：PUT弛緩振盪器

工作程序：

(1) 按圖4.13接妥電路，V_{BB}電源用20V。

(2) 以示波器觀察V_A電壓波形，VR_1增大時，V_A波形有何變化。

(3) 若$V_{R1}=18\text{k}\Omega$，慢慢增大VR_2直到振盪停止，此時$VR_2=R_{A(\max)}=$________，振盪消失前之最低頻率$f_L=$________。峯點電壓$V_P=$________，根據(4.8)式求得$I_P=$________。

(4) 再逐次減小VR_2直到振盪停止，此時$V_A=V_V=$________，$VR_2=R_{A(\min)}=$________振盪最高頻率$f_H=$________，根據(4.9)式求得$I_V=$________。

(5) 當VR_2調置爲100 kΩ時，以示波器觀測V_A、V_G、V_O的電壓波形，並將結果繪於表4.2中。

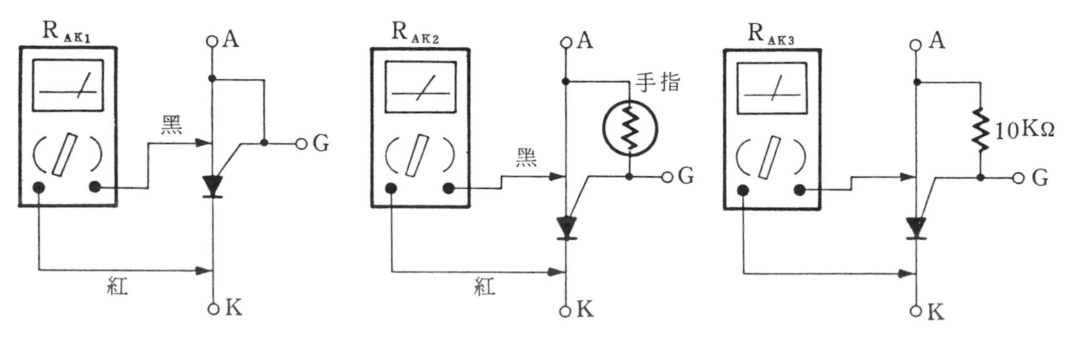

圖4.12

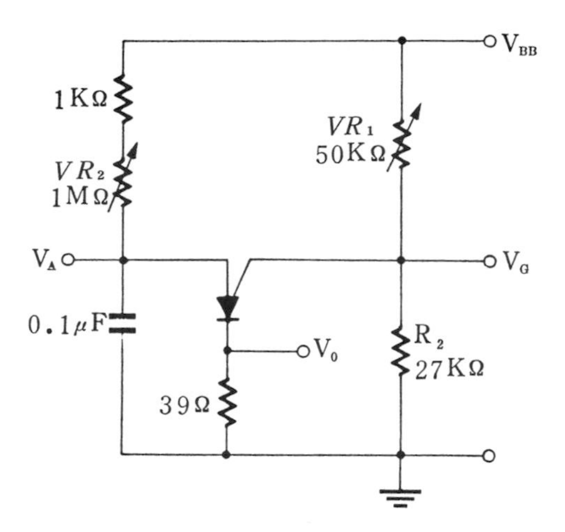

圖 4.13

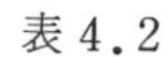

表 4.2

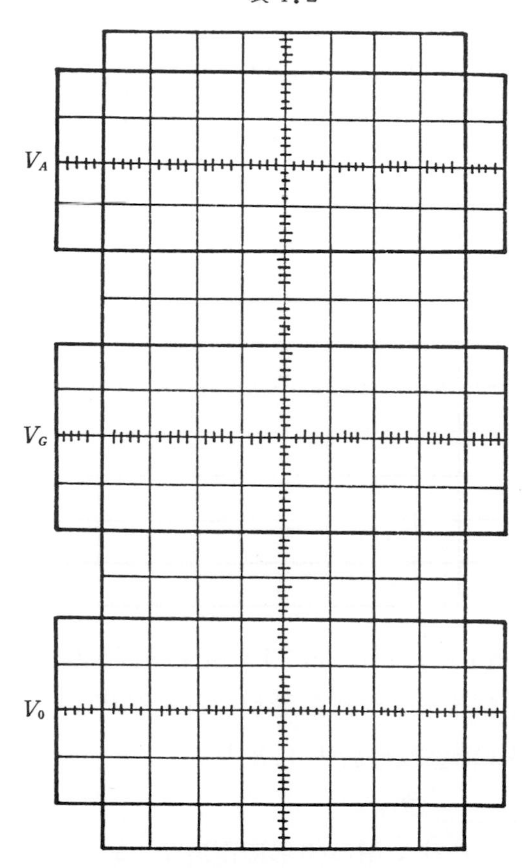

(6) 若將 VR_1 及 R_2 分別以 1.8 kΩ 與 2.7 kΩ 代替，重覆 3、4 步驟，得 I_P = ________，I_V = ________。

(7) 若將 V_{BB} 改為 5 伏，重覆上述各步驟。

(8) 若欲得線性良好的鋸齒波，則圖 4.13 電路應如何修改。

工作三：PUT 直線性鋸齒波產生器

工作程序：

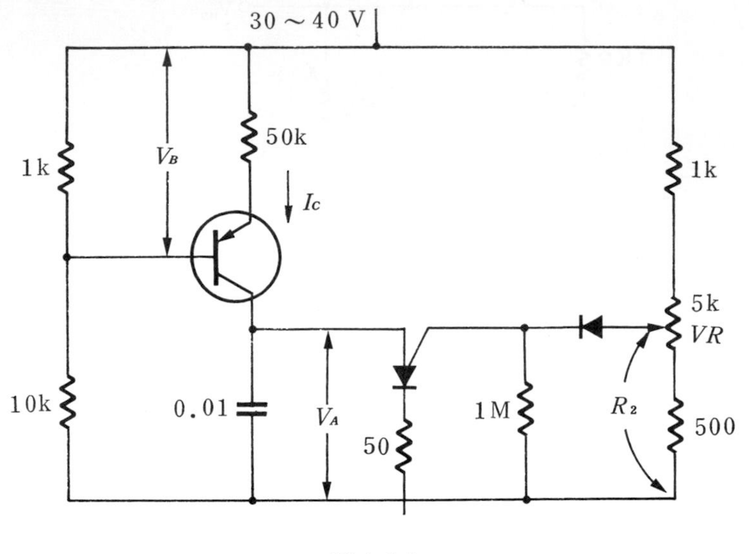

圖 4.14

表 4.3

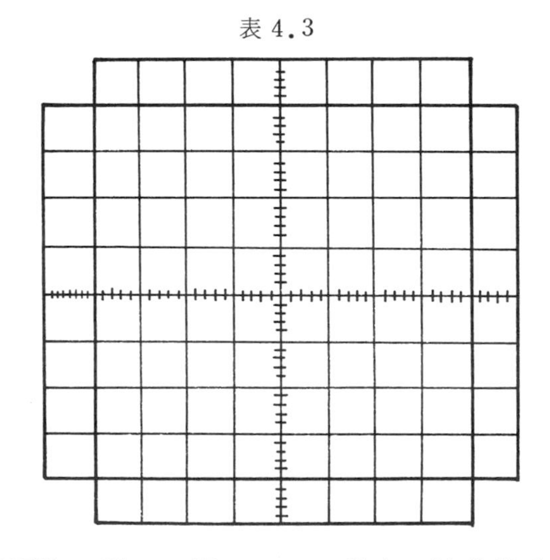

(1)　按圖 4.14 接妥電路，電源可用 AC 24 V 整流濾波後供應。

(2)　以示波器觀察 V_A 電壓波形，若無振盪現象可調 VR，調 VR 使振盪時 V_A 電壓峯值＝10 伏，繪出 V_A 電壓波形於表 4.3 中。

(3)　此時振盪週期＝________秒。

(4)　V_B 上之壓降＝________伏，電晶體集極電流 I_C ＝________ μA。依 $t = \dfrac{V_A \times C}{I}$ 求出 t ＝________秒與 3 題比較是否符合？

(5)　改變 V_R 則 V_A 波形有何變化？

工作四：直流電源功率控制

工作程序：

(1)　按圖 4.15 接妥電路直流電源可用 AC 5 V 或 AC 6 V 整流濾波後供應。

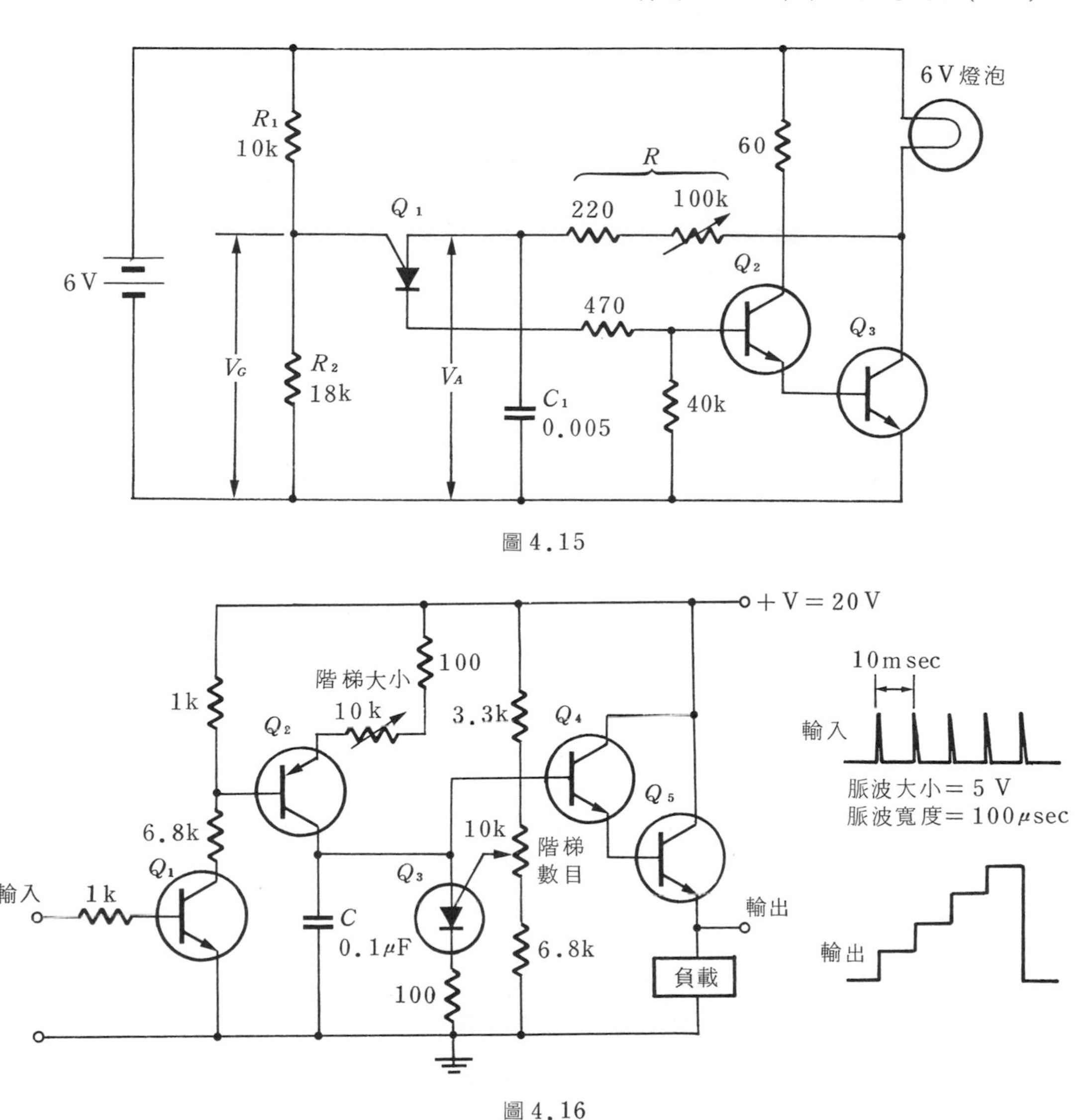

圖 4.15

圖 4.16

(2) 以示波器觀察 V_A 電壓波形，將R旋小最高振盪頻率＝？R 很小振盪會不會停止？

(3) 將R 旋大頻率最低＝？頻率低時燈之亮度如何？

(4) 何以此電路振盪頻率範圍廣？試說明原因。

工作五：低阻抗階梯波產生器

工作程序：

(1) 按圖 4.16 接線。

(2) 輸入脈波可由UJT或PUT振盪器取得加於輸入端。

(3) 以示波器觀察輸出波形。

(4) 階梯數最大為多少 ________ 每一階梯之電壓最小為 ________ 。

工作六：PUT低頻方波產生器

工作程序：

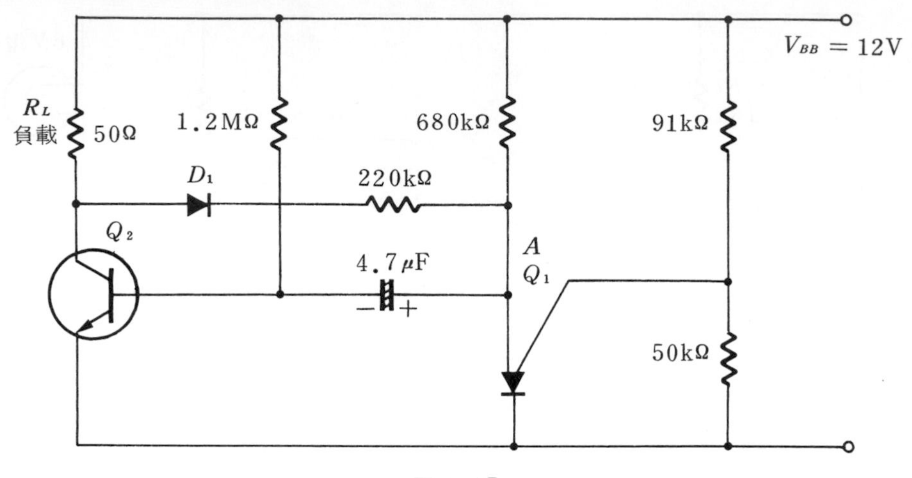

圖 4.17

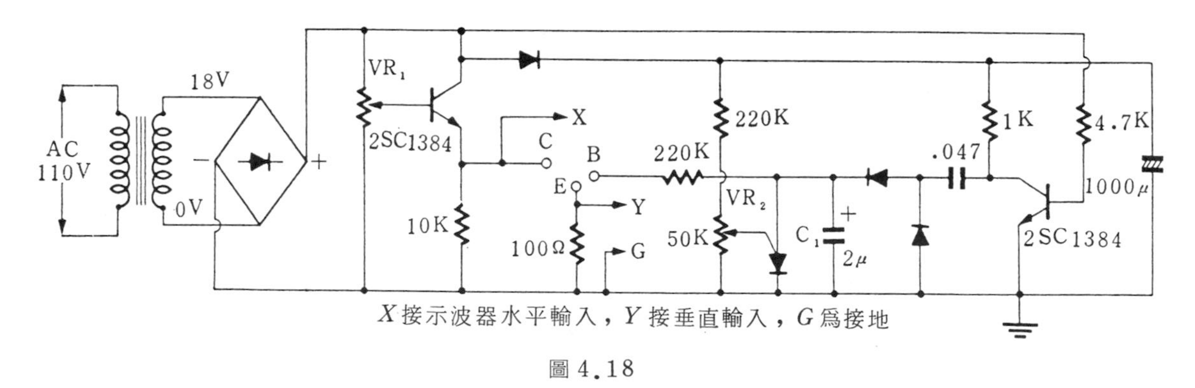

X 接示波器水平輸入，*Y* 接垂直輸入，*G* 爲接地

圖 4.18

(1) 連接圖 4.17 所示低頻方波產生器。

(2) 電源供給設置爲 12 伏（配合汽車電池用電）

(3) 以示波器觀測 V_A 及 V_L 是否有低頻信號電壓 ________。

(4) 若負載改接上 12 伏燈泡，是否會有亮熄變化 ________。

(5) 圖中 D_1 串 220 kΩ電路作用爲何 ________。

(6) 若負載再改以喇叭，則形成汽車倒車警告器，喇叭應與電路如何連接。

(7) 欲改變警告器頻率的高低，應改變電路中何零件值。

工作七：以PUT製－電晶體特性曲線描繪器

工作程序：

(1) 按圖 4.18 接線。

(2) 測試 C_1 之電壓波形。

(3) 將任一電晶體接到 *B*、*C*、*E* 三端測試點，示波器如圖上所示接好，觀測電晶體之曲線。

(4) 調整 VR_1 時，曲線有何變化 ________。

(5) 調整 VR_2 時，曲線有何變化 ________。

4.5　問　題

1. 程序單接合電晶體（PUT）其構造如何？是否與UJT一樣只有單 PN 接合面？
2. 谷點電流 I_V 與保持電流 I_H 有何不同？試解釋 I_V 、 I_H 的意義。
3. 試述PUT弛緩振盪的兩條件。
4. 閘極電路的電阻 R_G 對 I_P 、 I_V 有何影響？
5. 比較PUT與UJT的特點？
6. 試說明PUT的 I_P 、 I_V 擴展法。
7. 圖4.19弛緩振盪器電路，若 $I_P = 20\,\mu\text{A}$ ， $I_V = 60\,\mu\text{A}$ ，求 R_{max} ， R_{min} 和 f_{min} 、 f_{max} 。
8. 為何有時以示波器測PUT弛緩振盪的 V_A 與 V_K 其頻率不等。

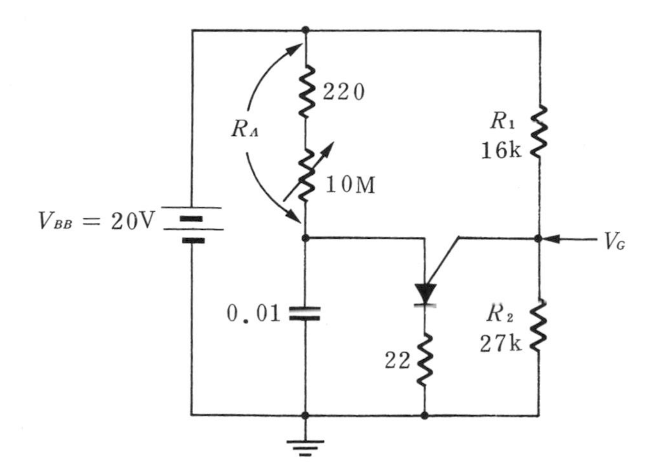

圖4.19

實習 5

矽控開關(SCS)

5.1 實習目的

(1) 瞭解SCS的基本結構與特性。

(2) 認識SCS的應用電路。

5.2 相關知識

1. SCS的構造及電路符號

SCS係silicon controlled switch的縮寫，為一種具有二個控制閘極的四端子裝置主要應用於低功率控制系統。

如圖5.1(a)所示，即為SCS之基本結構，由圖得知SCS與前面提過之SCR、PUT一樣是PNPN四層半導體元件，但是有4端引線，除了陽極A，陰極K之外，另具有兩個閘極一為陽極閘G_A和PUT一樣，由靠近陽極的N型層引出，又稱為N型閘，一為陰極閘G_K和SCR一樣由靠近陰極的P型層引出，又稱P型閘，如圖5.1所示。其等效電路也是由PNP、NPN兩電晶體集極和基極交互相接而成，NPN的射極為陰極K，基極為陰極閘G_K。SCS的外型如圖5.2。

由於SCS增加了一個陽極閘G_A，使得我們在設計電路時頗為方便，理由是在G_A上施加適當偏壓，可以提高陰極閘G_K的靈敏度(sensitivity)，亦即能改變元件之固有特性，而G_K端子除可以當觸發端外，也可以用來作為一個輸入端。

2. SCS的動作特性

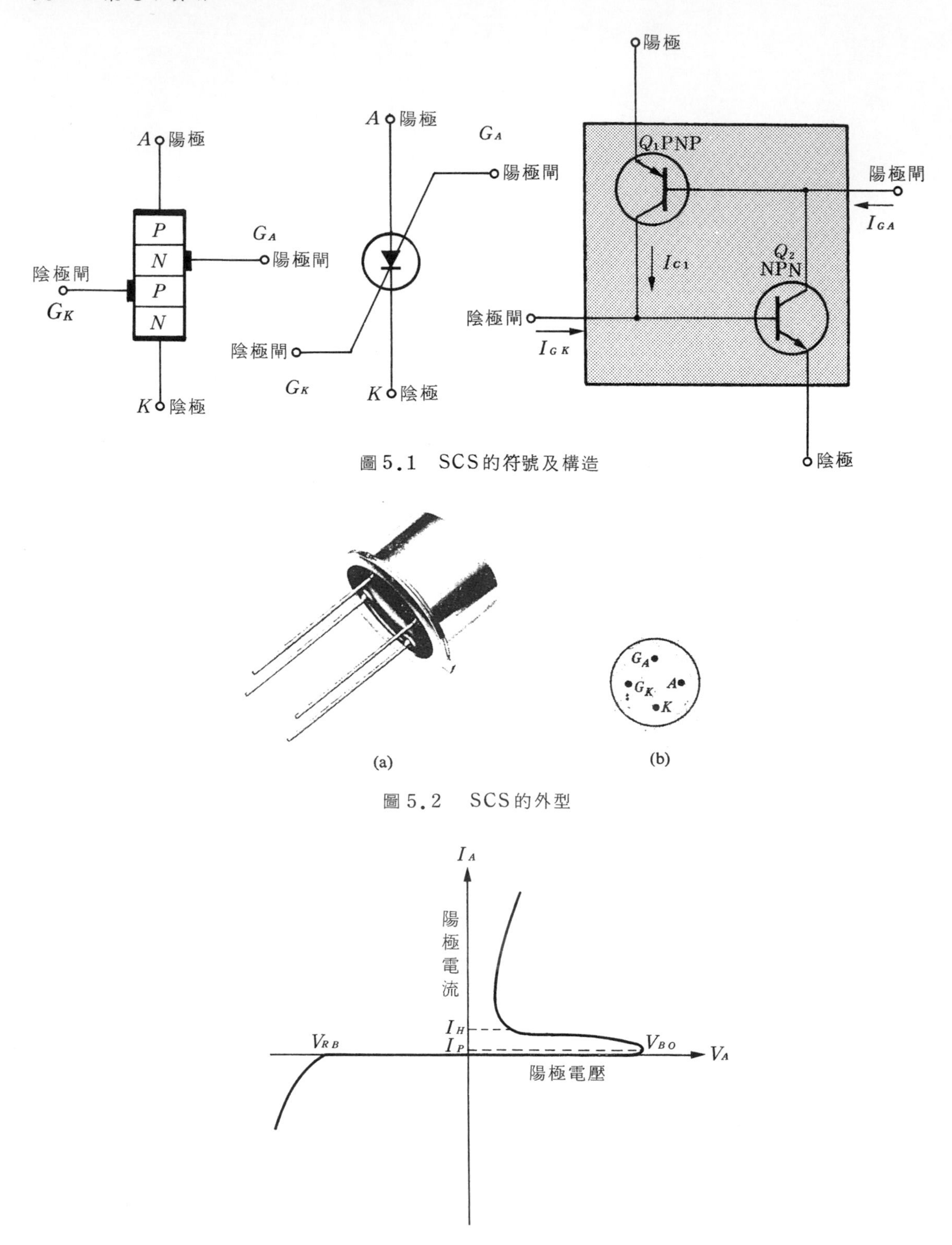

圖 5.1　SCS的符號及構造

圖 5.2　SCS的外型

圖 5.3　SCS的陽極特性曲線（ $I_{GK}=0$ ）

圖 5.3 所示為SCS的陽極特性曲線，我們可發現該曲線與SCR的陽極特性曲線相似，當施加於陽極－陰極之順向電壓大於其轉態電壓 V_{BO} 時，即使閘極不施加信號，也

能使SCS發生導通動作，同時，當陽極電流低於維持電流 I_H 時，又自動地使 SCS 產生不導通，其動作與 SCR 相同，一般應用時，仍使其工作電壓低於 V_{BO} ，而利用閘極信號來控制SCS turn on與 turn off。若在陽極閘 G_A 加負脈波，即可使SCS發生 turn on ，反之，若施加正脈波於陽極閘，則會使SCS發生 turn off ，所以在電路設計上之控制，較SCR更爲簡便。

由圖5.1(c)得知，當陽極閘施加負脈波信號時，因 Q_1 爲PNP電晶體，此時基一射極接面爲順向偏壓，故 Q_1 導通，集極電流 I_C 又供給 Q_2 基極電流，使得 Q_2 亦導通，如此兩只電晶體循環放大至飽和狀態，所以 SCS 導通時陽極、陰極間的電壓在1 V以下。

一般而言，欲使SCS導通所需的閘極電流，由 G_A 來激發 turn on需要1.5mA 的閘極電流，若改由 G_K 來激發，僅需 1 μA的閘極電流即可，而對已導通的SCS在 G_A 施加一正極性信號，則由於 Q_1 電晶體基極逆向電壓之作用而產生截流動作，其結果使 Q_2 電晶體亦發生截流現象，最後使SCS產生 turn off 動作。

3. SCS閘極激發特性

SCS的額定電壓、額定電流均遠小於SCR，只能用於控制低功率負載，但是SCS有兩個觸發靈敏度高於SCR的閘極，以適當的觸發電壓能使陽極 A 到陰極 K 之間導通或截止。

SCS 的閘極激發靈敏度會受另一個閘狀態的影響，如圖5.4所示，將陽極閘的電阻 R_{GA} 增大，則陰極閘 G_K 的靈敏度隨之而提高，也就是說在相同之激發電流 I_{GK} 下，A、K之間的轉態電壓降低，故SCS可設定激發靈敏度，SCS的兩個閘極若均爲開路，則 A、K之間導通。

若將 G_K 開路或如圖5.5接一電阻 R_{GK} 則SCS可代替 PUT 使用，而 R_{GK} 的大小會影響陽極的 I_P 與 I_V 特性，如果 R_{GK} 愈大，則 I_P 、I_L 均減小， SCS 可當作 I_P 、I_V 性質，可設定的PUT 。

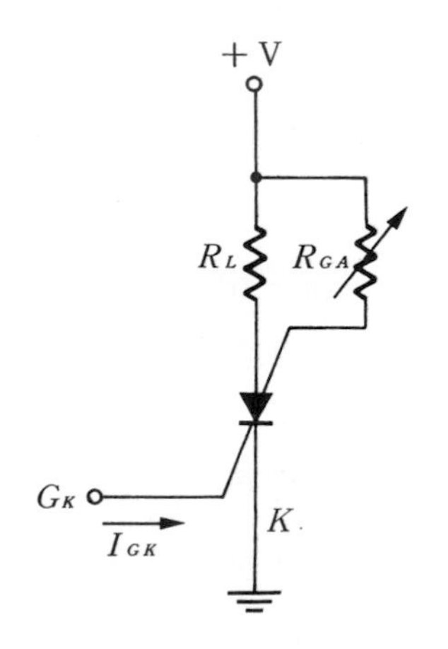

圖5.4　R_{GA} 影響 G_K 之觸發靈敏度

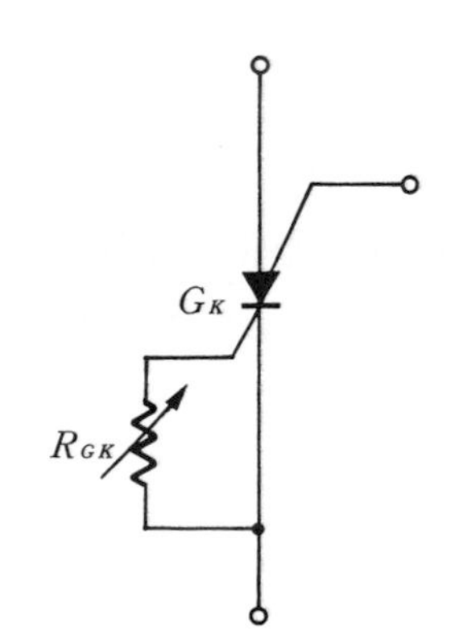

圖5.5　SCS可作PUT使用

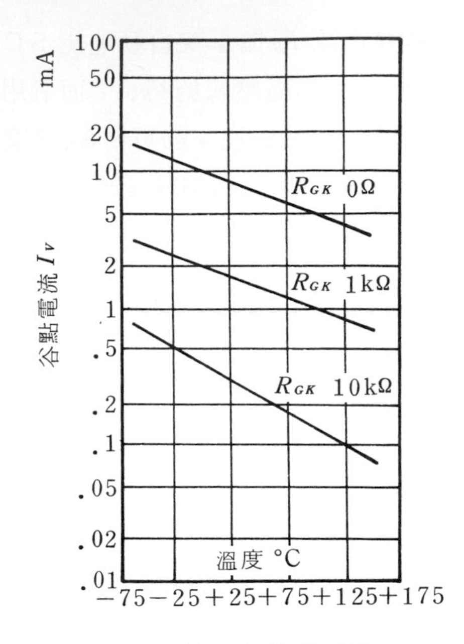

圖 5.6　R_{GK} 與 I_V 的關係

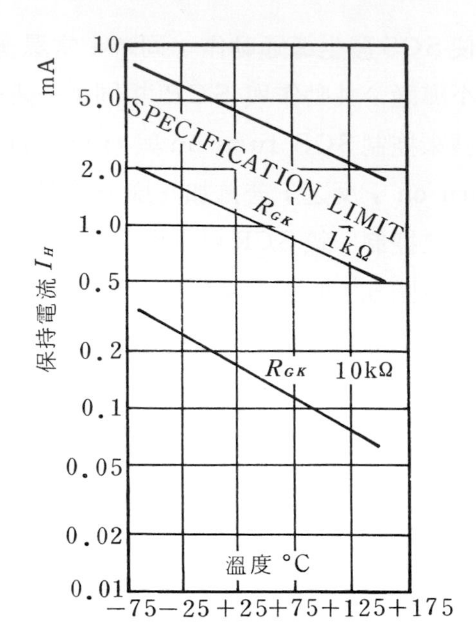

圖 5.7　R_{GK} 與 I_H 的關係

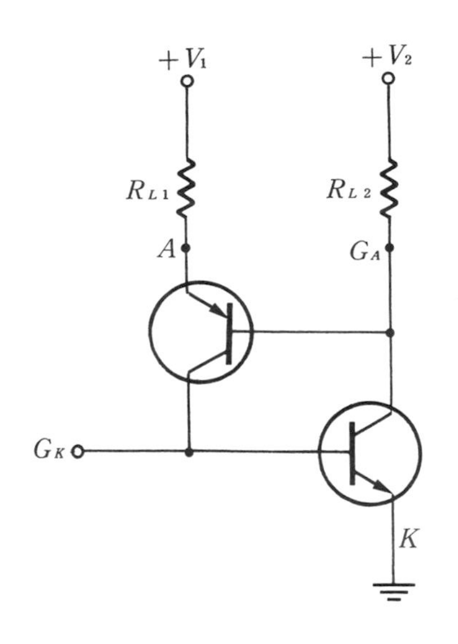

圖 5.8　陽極閘可接負載

由圖 5.6 可看出 R_{GK} 愈大則谷點電流 I_V 愈低，圖 5.7 的保持電流 I_H 亦有同樣情形 R_{GK} 愈大則 I_H 愈低。

由於陽極閘 G_A 不但是PNP電晶體的基極，也是NPN電晶體的集極，故 G_A 也可做爲另一負載的輸出端，如圖 5.8，當 A、K 通路時，G_A 到 K 也成通路，R_{L1} 若動作，R_{L2} 亦動作。

欲使 SCS 由截止轉爲導通或由導通轉爲截止均可由兩個閘極來激發，若在陽極閘 G_A 加負脈波與陰極閘 G_K 加正脈波均可令 SCS 由截止轉爲導通，而在陽極閘加正脈波與陰極閘加負脈波，則可令 SCS 由導通轉爲截止。

圖 5.9 (a)在 G_A 接負載，由 G_K 輸入正脈衝可令SCS導通，若輸入負脈衝可令 SCS

截止，觸發靈敏度和保持電流 I_H 可由 R_A 調整，也可以在陽極輸入負脈衝令其截止。

圖 5.9 (b)負載接於陰極，觸發信號可加於陽極 A 正脈衝令 SCS 導通負脈衝令其截止，調陽極閘 G_A 的串聯電阻可變化保持電流 I_H 和觸發所須電流。

要使 SCS 截止方法很多，用於 SCR 電路的截止法均可用於 SCS，例如使 I_{AK} 降到 I_H 以下或中斷 I_{AK} 或使 A、K 電壓逆向等。

除此之外，SCS 可以加適當極性的脈衝到 G_A 或 G_K 使 SCS 截止，如圖 5.10 所示

圖(a)，負載在陽極，可在 G_K 輸入負脈衝令其截止，而由 G_A 以正脈衝截止靈敏度不佳。

圖(b)，負載接於陰極，以正脈衝加於 G_A 令其截止，而 G_K 的截止能力較差。

圖(c)和圖(a)相同，負載接陽極，如果 A、K 並聯電容，則陽極閘加正或負脈衝均可令 SCS 截止。

4. SCS的特性與規格

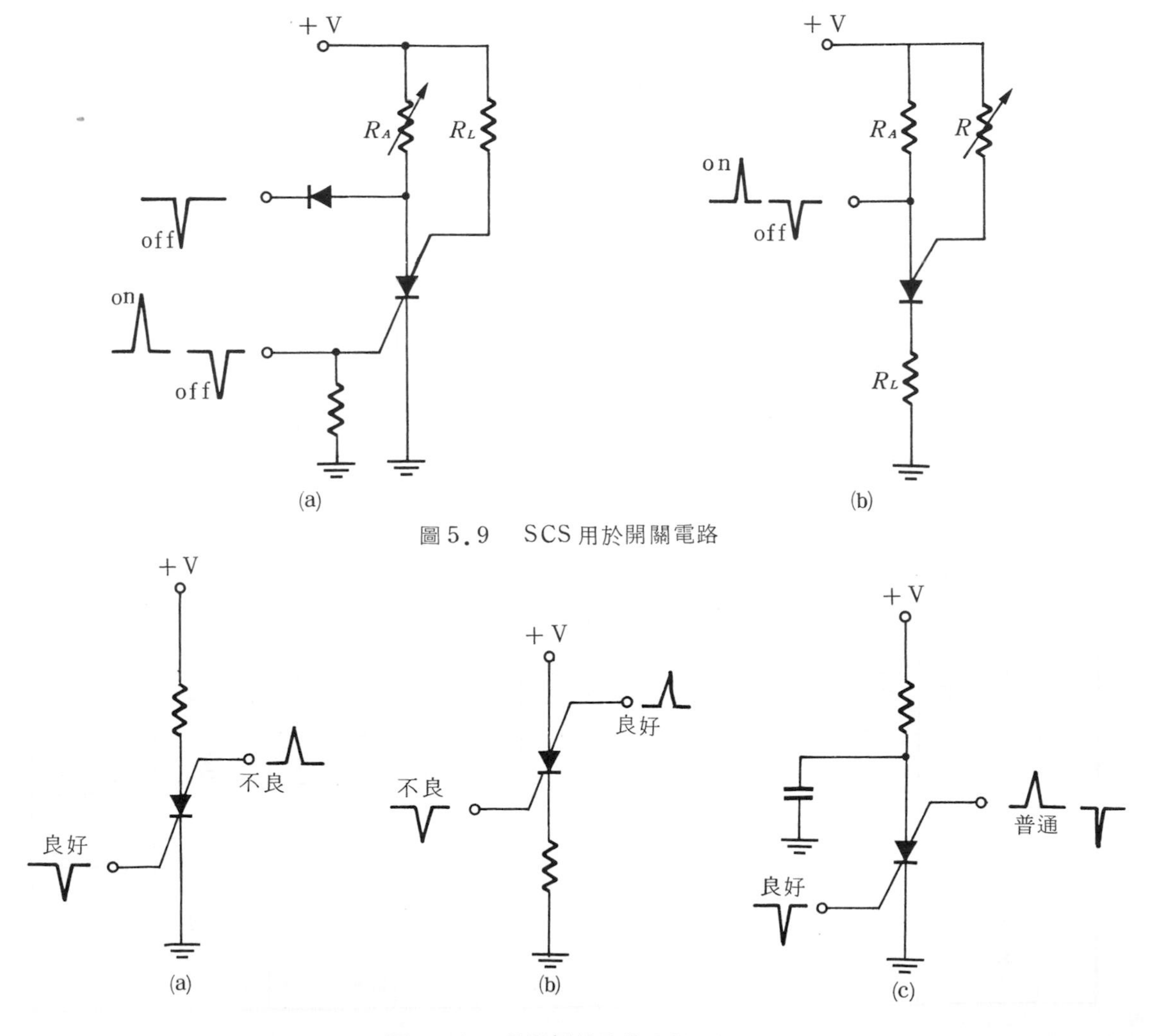

圖 5.9　SCS 用於開關電路

圖 5.10　以閘極信號使 SCS 截止

表 5.1　SCS額定規格表

型		條件	式	3N81	3N82	3N83	3N84	3N85	3N86
陽極阻斷電壓			volts	65	100	70	40	100	65
連續的直流順向電流			mA	200	200	50	175	175	200
峯值循環順向電流			AMP	1.0	1.0	0.1	0.5	0.5	1.0
峯值陰極閘極電流			mA	500	500	50	100	100	500
消耗功率			mW	400	400	200	320	320	400
截流特性	V_{AK}	125°C	volts	65	100	70	40	100	65
	I_B	$R_{GK}=10k$ 150°C	μA	20	20	20(125°C)	20(125°C)	20(125°C)	20
導通特性	I_F	125°C	mA	200	200	50	175	175	200
	V_F	max	volts	2.0	2.0	1.4	1.9	1.9	2.0
	I_H	$R_{GK}=10k$	mA	1.5	1.5	4.0	2.0	2.0	0.2
最大閘極比	V_{GK}	$I_{GK}=20\mu A$	volts	5	5	5	5	5	5
	V_{GA}	$I_{GA}=1\mu A$	volts	65	100	70	40	100	65
閘極觸發特性	I_{GTC}	$V_{AK}=40V$ $R_L=800\Omega$ $R_{GA}=\infty$	μA	1.0	1.0	150	10	10	1.0
	V_{GTC}		volts	0.4～0.65	0.4～0.65	0.4～0.8	0.4～0.65	0.4～0.65	0.4～0.65
	I_{GTA}	$V_{AK}=40V$ $R_L=800\Omega$ $R_{GK}=10k$	mA	1.5	1.5	—	—	—	0.1
	V_{GTA}		volts	−0.4～−0.8	−0.4～−0.8	—	—	—	−0.4～−0.8

SCS比SCR具有較高靈敏度的激發特性，且激發方式亦較靈活，但是SCS僅適用於較低功率方面的應用，典型的SCS其最大陽極電流約為100～300 mA（毫安培），功率也限於100～500 mW（毫瓦特）。

通常SCS的turn off時間遠較SCR為短，一般而言，SCS僅需1～10μs（10^{-6}秒），而SCR却需要5～30μs，另外，若是R_L串接在陽極，我們常在陰極閘加負脈衝令其截止，若R_L串接在陰極，則在陽極閘加正脈衝使其截止，以提高控制的效率。

SCS的特性額定值和其他半導體元件一樣，對溫度變化頗為靈敏，因而，在設計電路時必須考慮散熱裝置的問題及其工作環境的溫度。

表5.1為有關SCS之規格（美國GE公司出品）

5.　電晶體電路代替SCS

SCS和PUT一樣可用NPN和PNP兩電晶體組成代用的電路，圖5.11所示，D_1用以增加逆向電壓D_2和R降低靈敏度，R若小可使靈敏度降低，實習項目中均可用

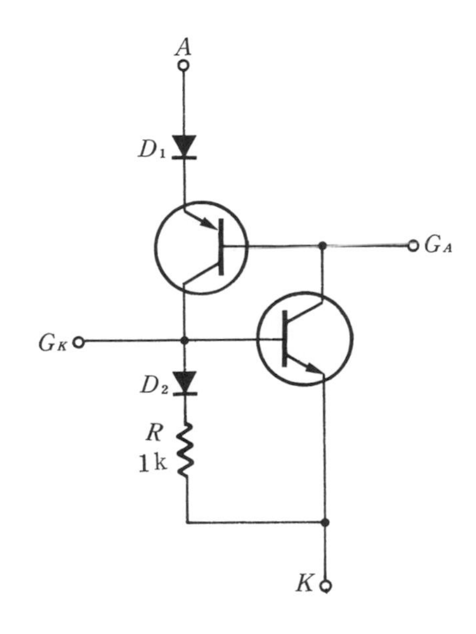

圖5.11　電晶體電路代替SCS

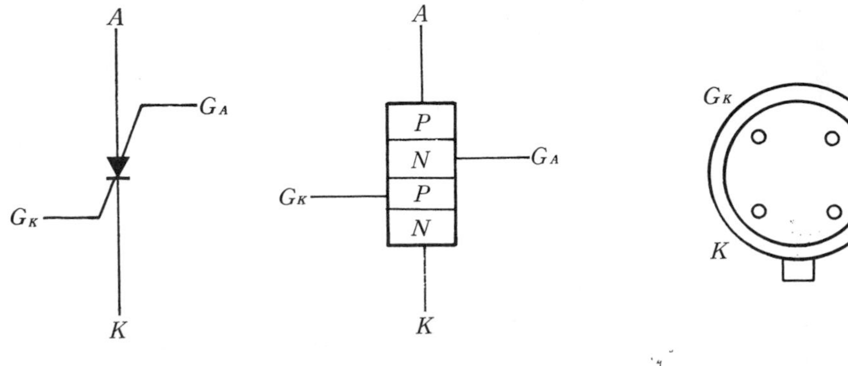

圖5.12

此電路代替SCS。

6. **用三用表測量SCS**

(1) A和G_A之間爲PN接面的性質，A爲P、G_K爲N，如圖5.12三用表旋電阻檔，黑色電筆在A，紅色電筆在G_A，則爲低電阻，反之則開路。

(2) K和G_K之間亦爲PN接面，G_K爲P，K爲N。

(3) G_A和K之間，A與G_K之間，三用表測量均開路狀態。

(4) A、K之間在G_A、G_K開路時順方向爲低電阻，逆方向爲高電阻，似二極體性質，A爲P，K爲N。若將A、G_A短路或並接低值電阻，則A、K之間成爲開路，將K，G_K短路或並接低電阻亦然。

7. **SCS的用途**

SCS主要應用於警告裝置系統：計算機電路、計時電路、觸發電路、記錄器、脈波產生器及電壓察覺器等電路中。

圖5.13爲SCS用於警報電路，R_S可用熱敏電阻、光敏電阻或其他感知元件視需要而定。調R使在常態時V_{GC}不足以觸發SCS，如果R_S因光或熱電阻下降則V_{GC}提高，觸發SCS使繼電器動作。

圖5.14爲雙穩態電路，亦可做爲史密特觸發器，或在數位電路上作記憶單元。

圖(a)負載接在陰極，由陽極輸入激發信號，截止或導通所需電壓值如表所列，如果在G_A加相反極性的激發信號，也可以使SCS導通或截止，如果電源非24伏，則應調R_K的值使電流保持與24伏時相同的值。

圖(b)負載接在陽極，由陰極閘G_K輸入激發信號，所需導通或截止之激發信號如表所列。

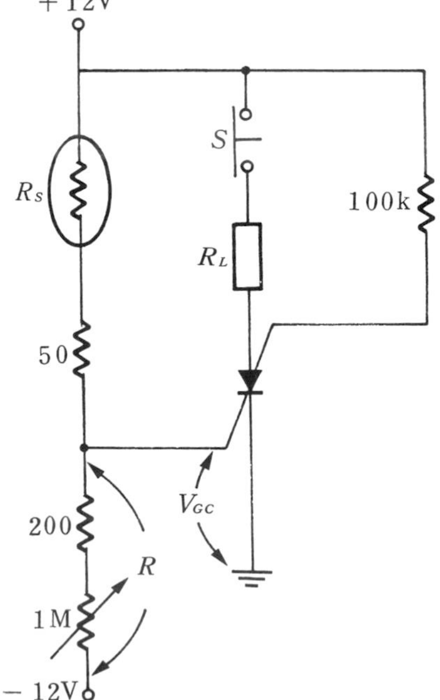

圖5.13 SCS警報電路

V_{on}	V_{off}	R_A	R_G	R_K
＋1	－1	100	470	10K
＋1	－1	100	100	3.3K
＋1	－1	100	0	1K
＋1	－3	100	0	330

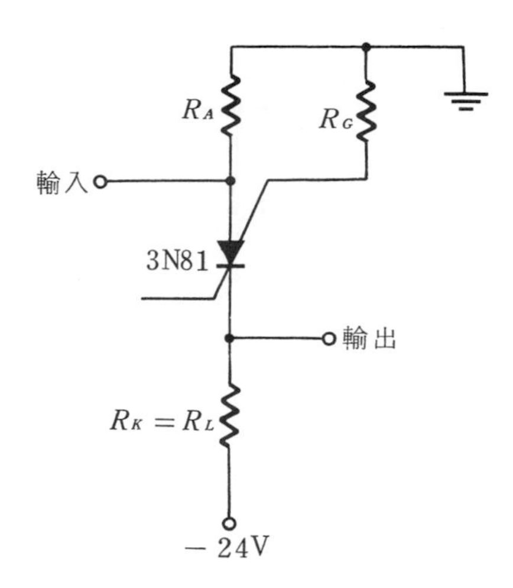

(a)

V_{on}	V_{off}	R_A
＋0.6	0	10K
＋0.6	－1	3.3K
＋0.6	－4	1K

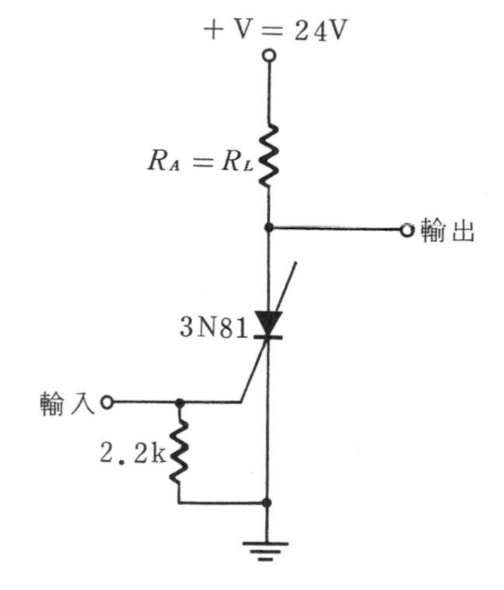

(b)

圖 5.14　雙穩態電路

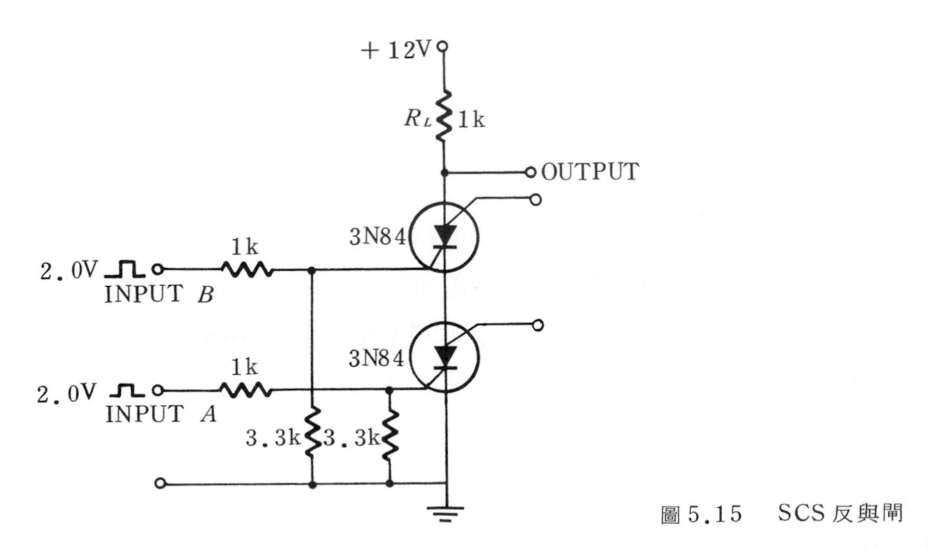

圖 5.15　SCS 反與閘

SCS 以其靈敏開關的性質常用於邏輯電路，圖5.15是反及閘電路，只有在A和B同時輸入正電壓時才輸出低電壓。

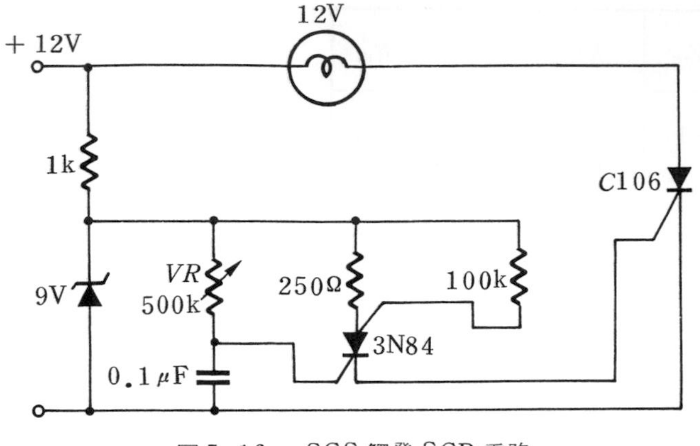

圖 5.16 SCS 觸發 SCR 電路

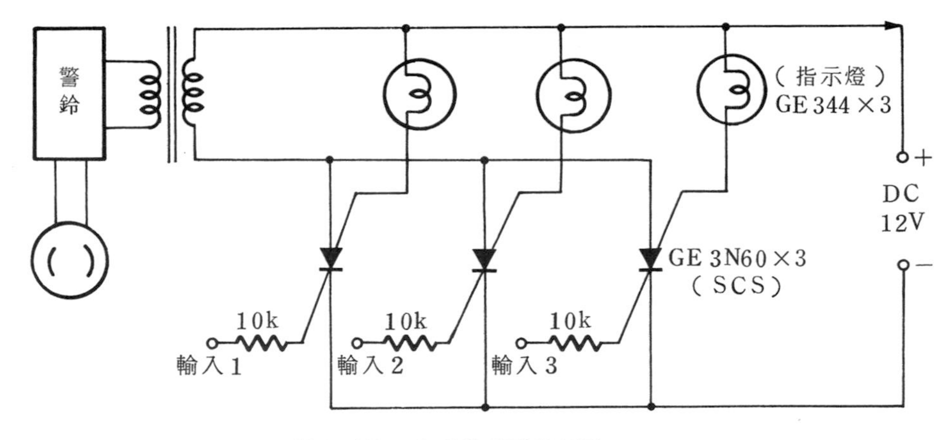

圖 5.17 多重警報系統電路

如圖 5.16 所示，是以SCS來觸發SCR的電路，其中 SCS（3N84）之陽極閘接有一固定偏壓，而陰極閘的偏壓由電容器（0.1 μF）兩端所充之電壓來供給。當 SCS導通後，即可將觸發脈衝送至SCR之閘極，使 SCR 導通，因此電流流經負載電燈泡，使電燈泡發亮，如果調整可變電阻器 VR 500 kΩ ,即可改變電容器兩端的輸出脈波及燈泡之亮度。

如圖 5.17 所示是以 SCS 用於多重警報系統，當任一輸入端加正向脈波時，即可使該SCS 導通，使警鈴工作指示燈發亮，警鈴可告知有情況發生，電燈則告知發生情況的位置，以利操作或檢修，在實際應用時，可利用察覺器（sensor）將各種可能情況變化，如溫度、壓力或光等轉變為電的脈波信號，供給該電路的輸入端，因此圖 5.17 可用於各種不同情況的警告裝置。

5.3 實習材料

1kΩ × 3

2.2kΩ × 2

4.7kΩ × 1

5.6kΩ × 1

10kΩ × 3

1MΩ × 1

1.8MΩ × 1

3.3MΩ × 1

100μF × 1

VR 10k × 1

VR 100k × 2

VR 1M × 1

SCS × 2(與3N60同規格)

LED × 3

5.4 實習項目

工作一：SCS接腳之判別

工作程序：

SCS的V_{AK} - I_{AK}特性曲線，畫於表5.3中。

(3) 調整VR_1，V_{AK} - I_{AK}曲線有何變化？

(4) 變化R_A，V_{AK} - I_{AK}曲線有何變化？

(5) R_A定在1k，SCS轉態電壓定在10V，此時I_G＝________。

(6) R_A定在10k，SCS的V_{BO}＝10V，此時I_G＝________。

(7) 由(5)、(6)兩項知R_A增大則G_K之激發靈敏度________。

(8) 按圖5.20接線。

(9) R_K改變，V_{AK} - I_{AK}曲線有何變化？

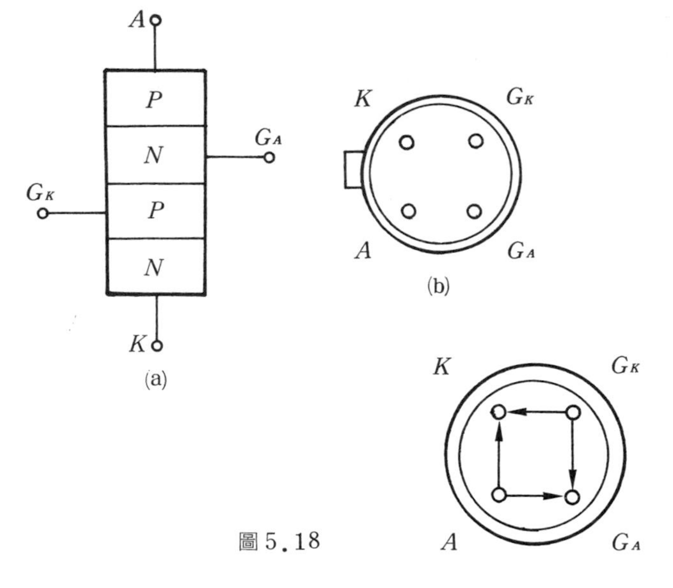

圖 5.18

表 5.2

A	G_A	K	G_K	電表指示
黑	紅	—	—	PN
黑	—	紅	—	PN
—	—	紅	黑	PN
—	紅	—	黑	PN
黑	黑	紅	—	high
黑	—	紅	紅	high

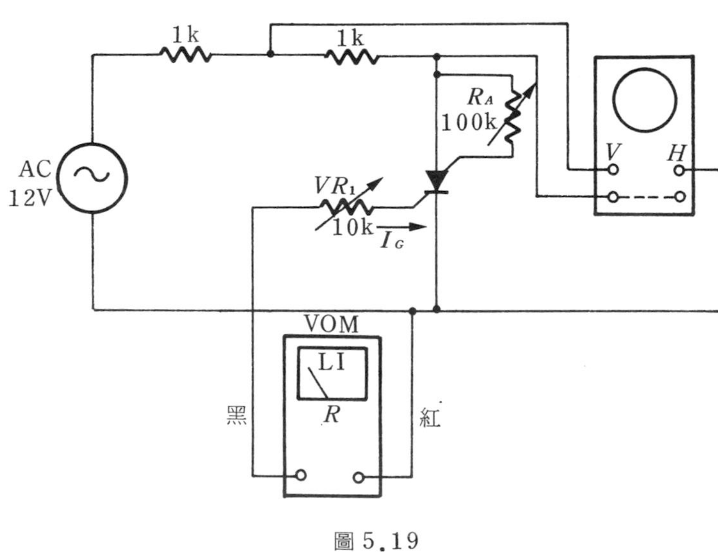

圖 5.19

(1) 取一SCS和一部三用電表。

(2) SCS的構造與底視圖如圖 5.18所示。

(3) 利用三用表電阻檔測試SCS的四個接脚，反覆測量，並觀測其指示值。

(4) 若你所測的接脚中，有如表 5.2 所示的情況之一，你就假設該脚爲何？否則應繼續測試。

工作二：SCS的特性測量

工作程序：

(1) 如圖 5.19 接妥電路。

(2) 用三用表電阻檔作爲G_K激發源，由 LI 刻度直接讀出 I_G 值，調整示波器顯示

表 5.3

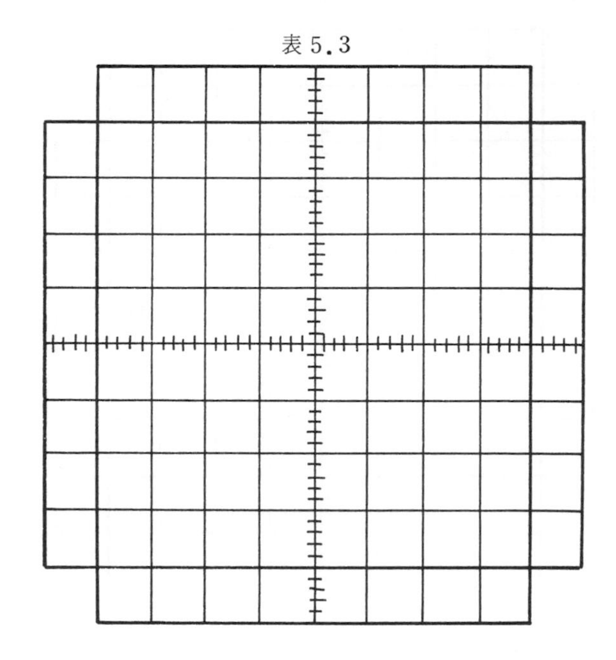

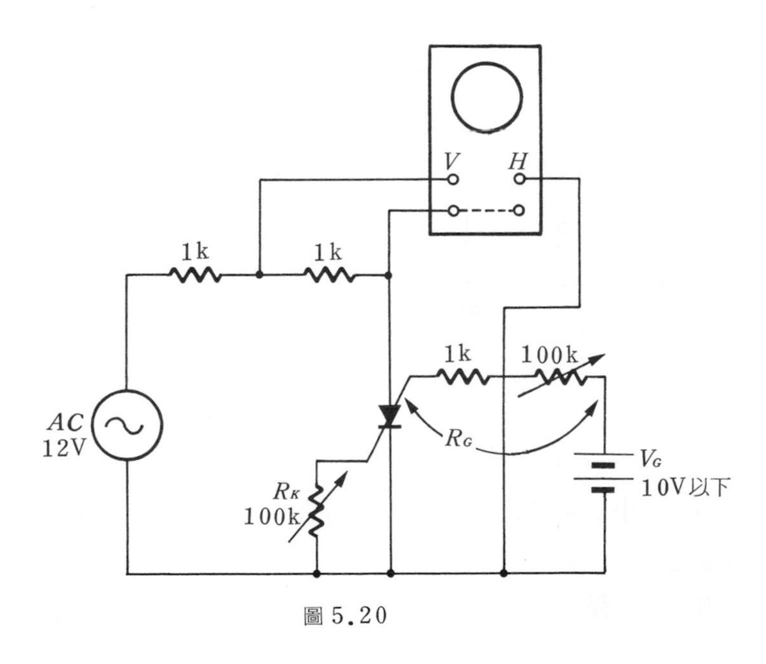

圖 5.20

表5.4

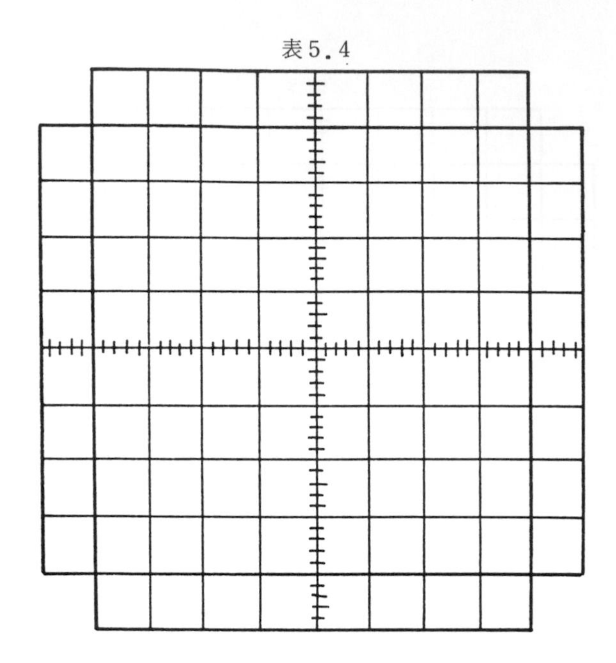

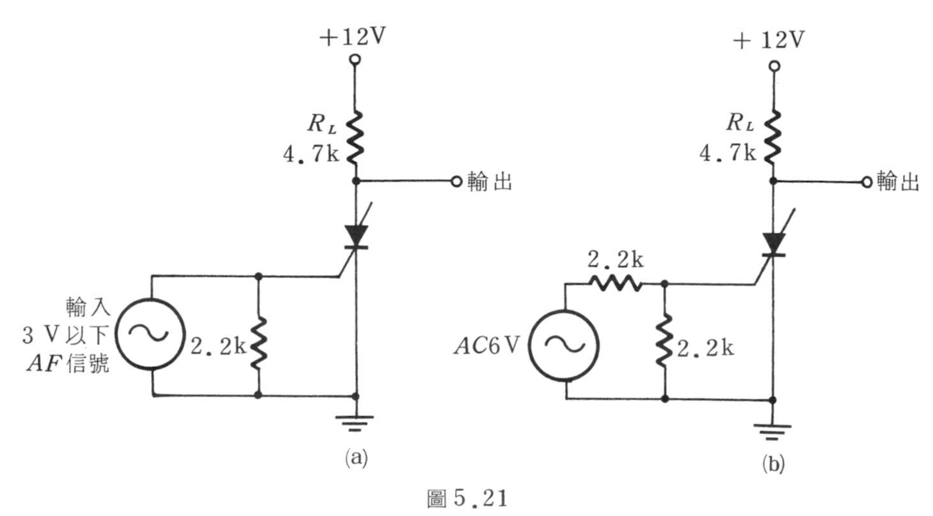

圖5.21

(10) R_G 改變，V_{AK} - I_{AK} 曲線有何變化？

(11) 將 R_G 和 R_K 調小，試繪出 V_{AK} - I_{AK} 特性曲線於表5.4中，並指出 I_V 、 I_H 和 I_P 電流值。

(12) R_K 增大則 I_PI_V 變 ________ 。

(13) R_G 增大則 I_PI_V 變 ________ 。

工作三：SCS樞密特觸發器

工作程序：

(1) 按圖5.21接線。

(2) 如果無 AF 信號產生器可用(b)圖電路。

(3) 繪出輸出電壓，於表5.5中，並說明之。

表 5.5

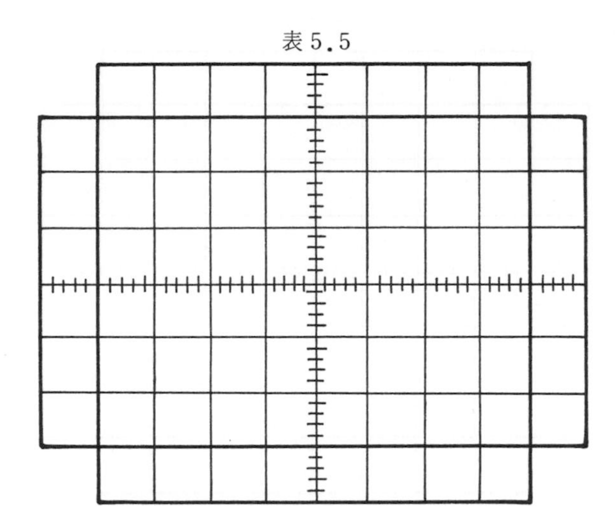

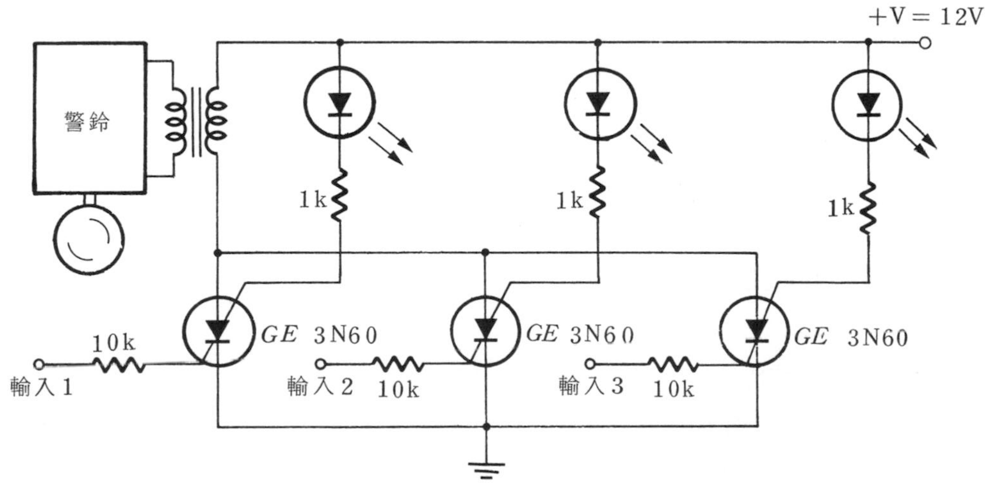

圖 5.22

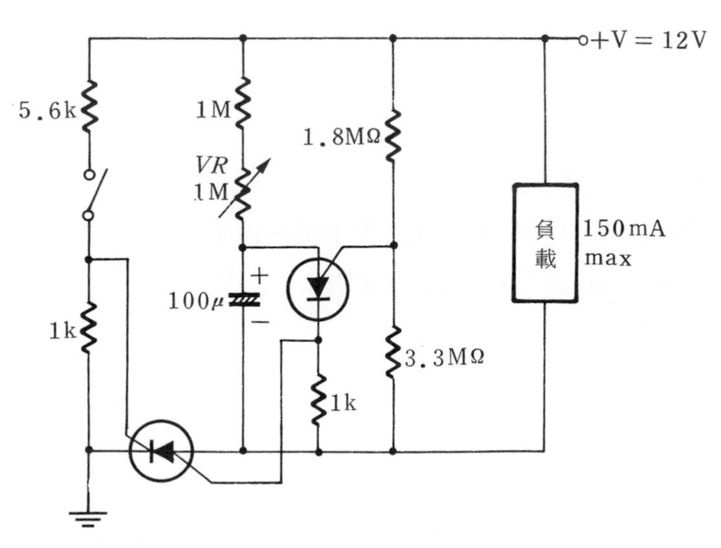

圖 5.23

表 5.6

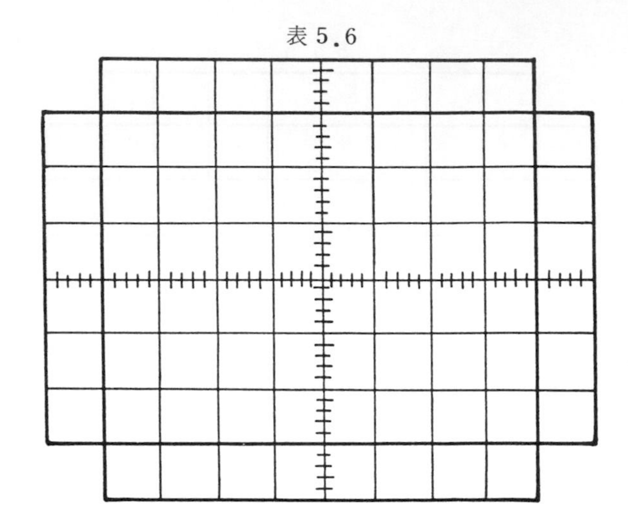

工作四：SCS警報電路

工作程序：

(1) 按圖 5.22 接線。

(2) 分別在 1、2、3 輸入端加上電壓，觀察電路之動作。

(3) 同時在 1、2、3 輸入端加上電壓，與(2)比較有何不同。

工作五：定時控制電路

工作程序：

(1) 按圖 5.23 接線。

(2) 用示波器觀察PUT陽極之電壓波形於表 5.6 中。

(3) 調整 VR 負載有何變化。

(4) VR 定在 1MΩ 時控制時間爲________。

5.5　問　題

1. SCS與SCR、PUT特性有何不同？
2. 如何以電晶體電路代替SCS？
3. SCS的陰極閘（ G_K ）到陰極（ K ）間並接一電阻對 I_P 、 I_V 特性有何影響？
4. 試述SCS的 turn on 或 turn off 的方法。
5. 試述SCS的特性。
6. 試述SCS的用途爲何？

實習 6

其它閘流體GTO、SUS、SBS、SSS、Shockley Diode

6.1 實習目的

(1) 瞭解GTO之基本結構與其特性。
(2) 瞭解SUS之基本結構與其特性。
(3) 瞭解SBS之基本結構與其特性。
(4) 瞭解shockley diode之基本結構及其特性。
(5) 瞭解SSS之基本結構與其特性。
(6) 介紹特種半導體之運用。

6.2 相關知識

6.2-1 GTO-gate turn off switch (閘斷開關)

1. GTO的結構與電路符號

GTO就是英文名字gate turn-off switch，它的另一個英文名稱爲gate-controlled switch簡稱爲GCS，閘控開關閘流體，因此GCS就是指GTO，兩者是同一元件。

圖6.1爲GTO的基本構造與電路符號，GTO的構造與SCR略同，但GTO可利用閘極外加信號來控制導通與截止，而SCR只能控制導通，這是GTO的主要特點。圖6.2爲其外型與引線圖，圖之左上角所指示爲其適用之電流負荷量。

2. GTO的特性

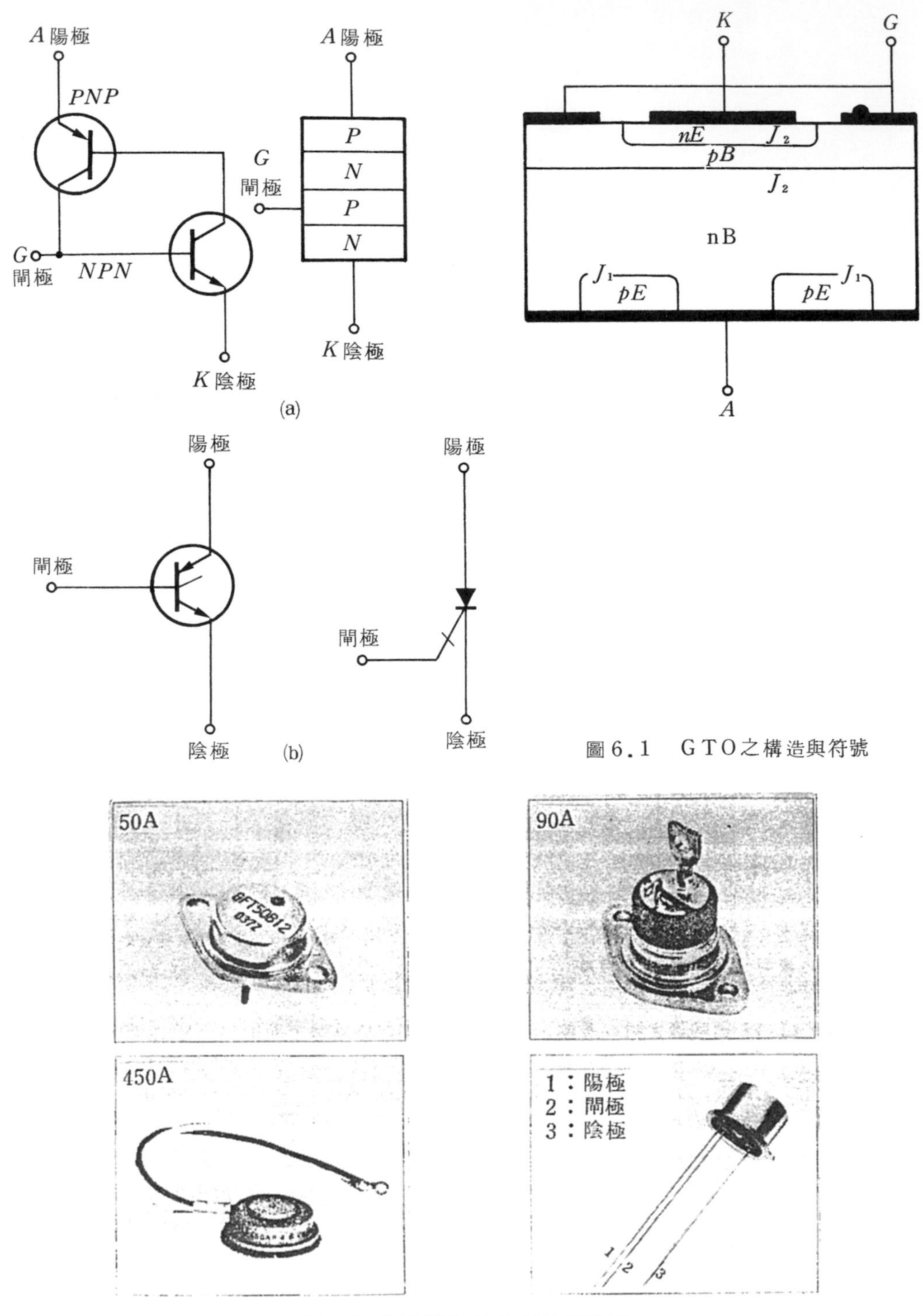

圖6.1　GTO之構造與符號

圖6.2 典型GTO的外觀及引線圖

GTO在外型、特性與小功率SCR相似，但GTO尤具下列特點：

(1) GTO的閘極觸發動作要比SCR方便得很，因爲只要在閘極施以正極性電壓即可使GTO產生導通，此點與SCR相同，若在閘極加上負極性電壓，就會使GTO

發生不導通動作，這點是 SCR 所辦不到的，所以在設計電路時方便不少。但 GTO 閘極激發電流較 SCR 大（如果 SCR 的閘極激發電流爲 30μA，GTO 則需要 20mA），才能產生可靠的導通與截止動作。

(2) GTO的轉換（switching）時間較SCR短，GTO之導通時間與SCR大略相同，典型值爲 1 μs（微秒），可是截止的時間約爲 1 μs，就遠較 SCR 約 5～30 μs 要短得很多。

此外必須留意GTO在截止的時候，電路上的電壓對時間之變化（dv/dt）要適當加以抑制（因爲時間的變化非常短，故會在瞬時間產生一極大之電壓變化），否則容易損壞閘極附近的接合面。一般用以抑制 dv/dt 保護電路如圖 6.3 所示，電路中閘極所加之負脈波應具備急遽上昇的特性，以減少交換時間而達到保護 GTO 之目的（可參考本書 SCR 的電壓、電流保護說明）。

GTO 最大耐壓可達500伏，最大電流達10安培，其額定功率雖不及 SCR 但比 SCS和PUT大得多，GTO比SCR有更快的開斷時間。

3. GTO的用途

GTO 主要應用在脈波產生器，多諧振盪器，計頻器電路及電壓調整裝置等用途。

圖 6.4 爲利用GTO來產生高壓之電路，當 Q_A 電晶體的基極受到脈波信號之激勵而導電時，Q_A 之集極電流在電感 L 上產生脈波信號，而此信號用來激發 GTO 之導通與截流，所以，當GTO之導通與截流間的變化，將使變壓器 T 之次級線圈感應一高電壓的輸出。

圖 6.5(a)爲GTO鋸齒波產生電路，圖(b)爲其輸出波形，當電源接上後，R_1 與稽納

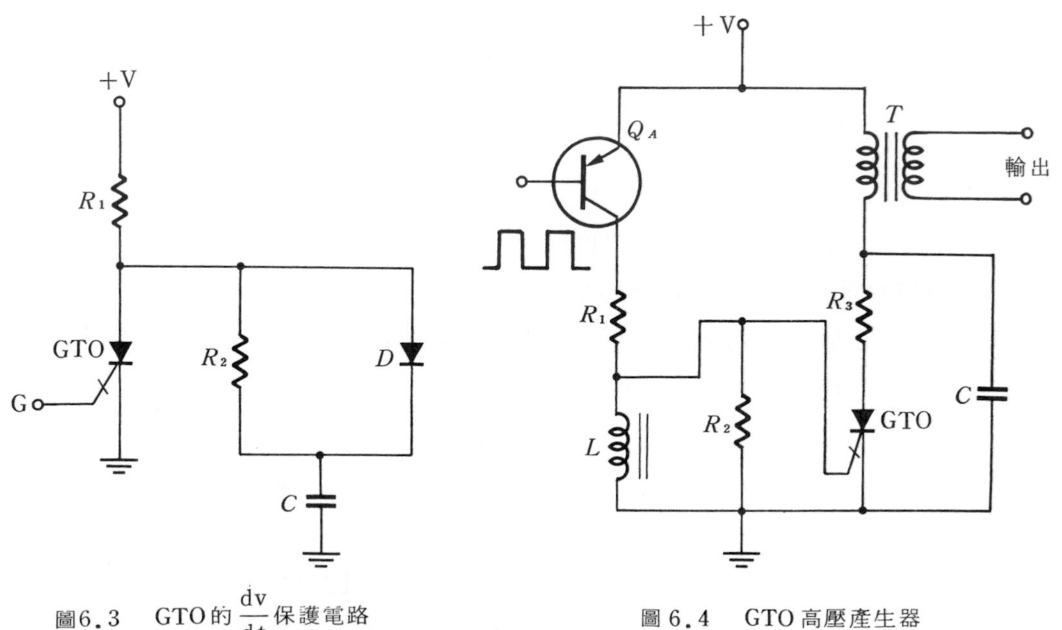

圖6.3　GTO的 $\frac{dv}{dt}$ 保護電路

圖 6.4　GTO 高壓產生器

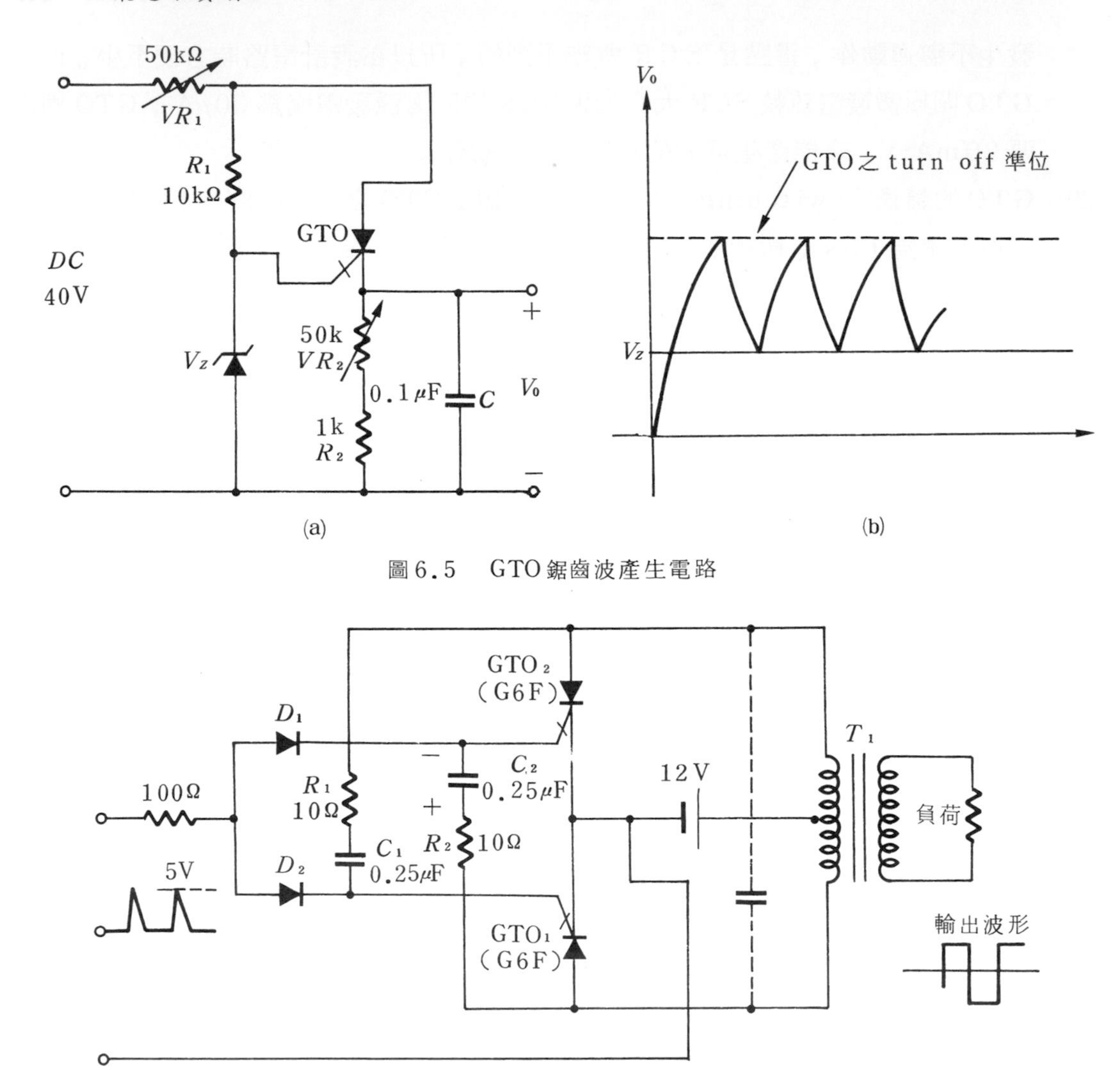

圖 6.5　GTO 鋸齒波產生電路

圖 6.6　GTO DC-AC 轉換電路

二極體提供GTO閘極正極性電壓，GTO 達到導通準位而導電，此時電容器C開始充電，其充電之時間常數由可變電阻VR_1與電容器C之乘積來決定，當電容器C兩端電壓充電到高於稽納二極體之稽納電壓V_Z 且達到GTO turn off 準位時，GTO 又呈現截流狀態，此時GTO開路，電容器C經VR_2，R_2放電，其放電時間由C(VR_2+R_2)時間常數來決定。若C放電至V_Z電壓以下，GTO閘極重新受到正極性信號電壓而導電，因此C再度被充電，如此週而復始的動作，即可在輸出端得到鋸齒波之輸出，其輸出波形如圖 6.5 (b)所示。

圖 6.6 爲DC-AC變換電路，採用兩個 GTO ，可由其閘極控制導通與截止，而不必像 SCR 需靠電容器強迫轉流，因此元件減少一半，脈波經由D_1、D_2輸入，設第一個脈波激發到GTO_1，則C_2經由GTO_1充電到電源電壓 12 V，極性如圖所示，當下一個脈波輸入時，GTO_2被激發導通，同時GTO_1的閘極受一負壓而截止，電容C_2經由

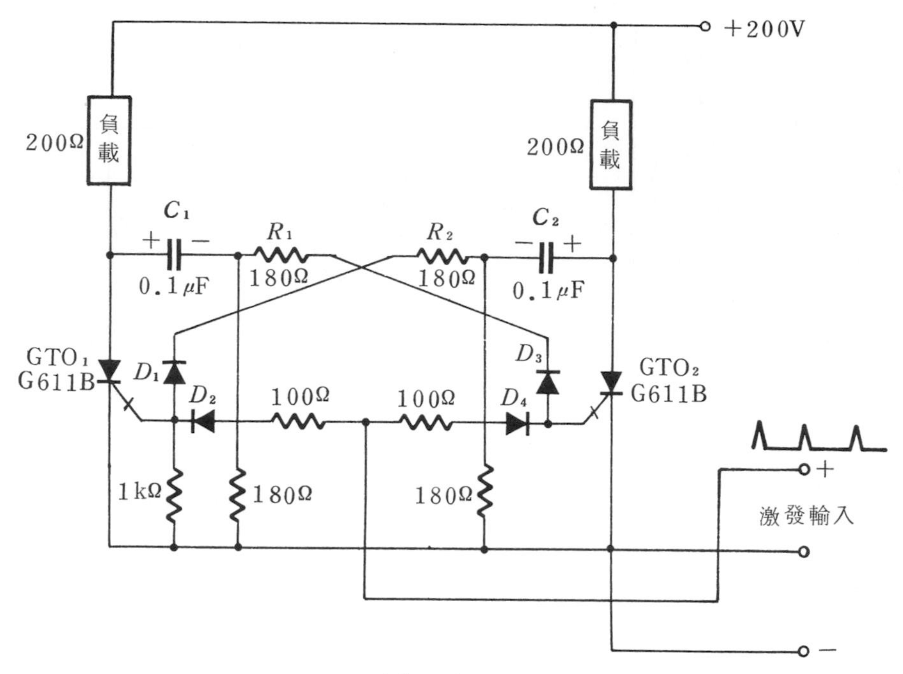

圖 6.7　GTO 組成之高壓正反器電路

GTO_2 反方向充電，再下一脈波輸入時，再度激發GTO_1，如此週而復始，於是產生一交流電在負載兩端。

圖 6.7 爲利用GTO組成之高壓正反器電路，設 GTO_1 先導通，GTO_2 截止，則於下一脈波輸入時 GTO_2 導通，同時原被充電成圖示極性之 C_2 向GTO_1之閘極放電而使其截止，此項動作每逢激發輸入就交替發生，並反復ON-OFF。

6.2-2 SUS-silicon unilateral switch (矽單向開關)

1. SUS的構造及電路符號

SUS也是三端子之閘流體，其構造與PUT大略相同，不同之處乃其閘極與陰極之間逆向並聯一個稽納二極體，以限制其觸發極性與準位。圖 6.8(a)爲其等效電路，圖(b)爲其電路符號，圖(c)爲SUS之PUT -Zener 等效電路，由圖(c)可知, SUS 閘極與陰極間有一稽納二極體的作用。SUS 其內部在閘極和陰極之間並接一稽納二極體，如果 V_{AK} 低於 V_Z+V_T（V_Z 表稽納二極體之電壓，V_T 爲 PN 接面之順向壓降約0.6伏），則稽納爲開路，SUS A、K之間保持截止。如果V_{AK}上升到$V_P=V_Z+V_T$以上則稽納崩潰，PNP 電晶體流入電流，由兩電晶體的正回授，很快的兩電晶體都變成導通狀態，導通後的性質與 SCR 一樣，A、K間壓降很小，當電流下降到保持電流 I_H 以下才又變成截止。

2. SUS之電壓—電流特性

SUS 之電壓 - 電流特性曲線如圖 6.9 所示，由此可知SUS爲單向矽控元件，若

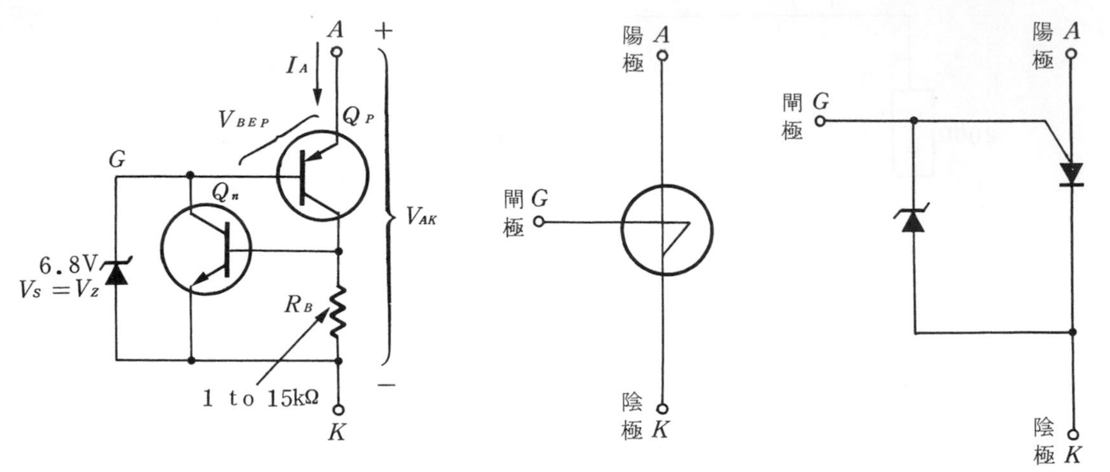

(a) SUS之等效電路　(b) SUS之電路符號　(c) SUS之 PUT-zener 等效電路

圖6.8

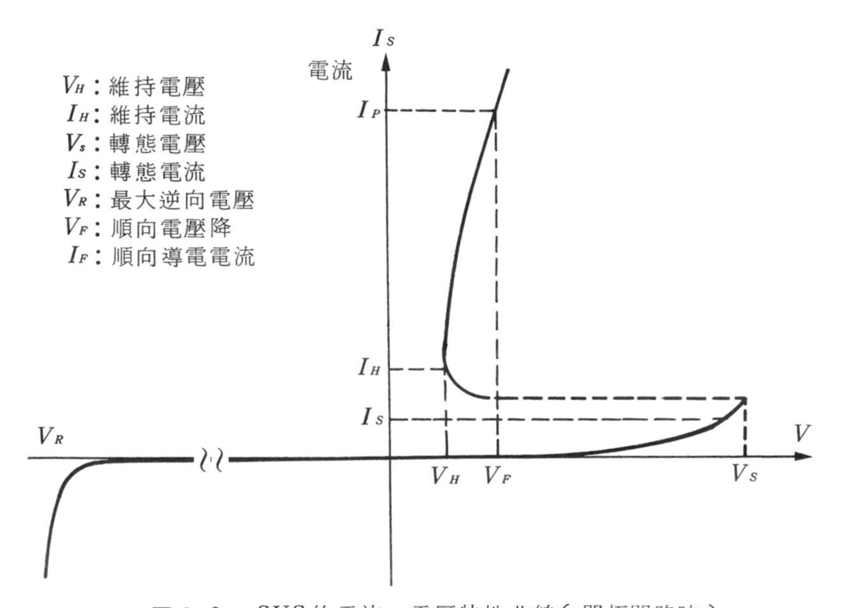

圖6.9　SUS的電流－電壓特性曲線（閘極開路時）

SUS施以逆向電壓時，其作用與一般稽納二極體並無二致，因此欲令SUS導通，則必須在SUS之陽極與陰極間施加順向電壓，而且順向電壓須達到轉態電壓V_S，才能使SUS導通，典型之轉態電壓V_S為6～10V。

V_H：維持電壓

I_H：維持電流

V_S：轉態電壓

I_S：轉態電流

V_R：最大逆向電壓

V_F：順向電壓降 —— I_F：順向導電電流

SUS 一旦導通後，僅能去掉電源供給或反接陽極電壓極性，方能使 SUS 截止，當施以 SUS 反向電壓使其不導通（ OFF ）時，須要有一極短之時間保持零，然後陽極才能再加上正電壓，這就是所謂的截止時間，一般 SUS 的截止時間約 5 ～ 10μs ，且依電流的準位大小而定。

SUS 的順向轉態電壓 V_P 也可以用外部電路來設定，如圖 6.10 。

如果開關在 1 的位置，則 V_P ＝ 3 伏＋ 0.6 伏＝ 3.6 伏。

如果開關在 2 的位置，則 V_P ＝ 0.6 伏＋ 0.6 伏＝ 1.2 伏

如果開關在 3 的位置，則 V_P ＝ 0.6 伏。

如果開關在 4 的位置，則 V_P 等於其內部所設定的轉態電壓。

如果開關在 5 的位置，則 V_P 可由 R_G 的大小變化之，並改變其 I_H 和 I_P 值。

3.　**SUS的基本用途**

SUS 作爲單向開關，再配合 RC 相移電路，可用來激發TRIAC ， SCR 等閘流體元件，還可以構成弛緩振盪器，產生振盪脈波來激發其他閘流體，圖 6.11 是利用

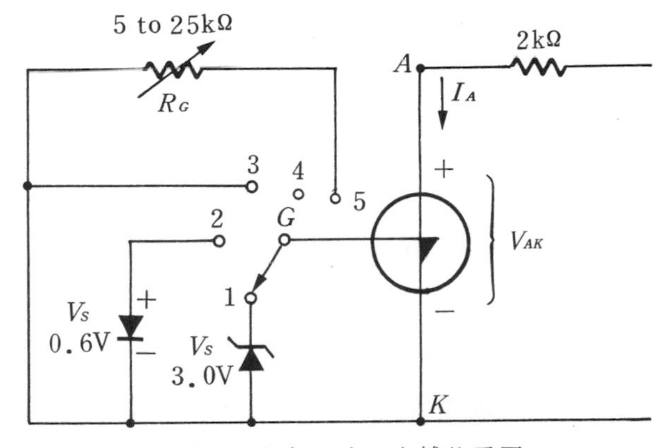

圖 6.10　以外部電路設定轉態電壓

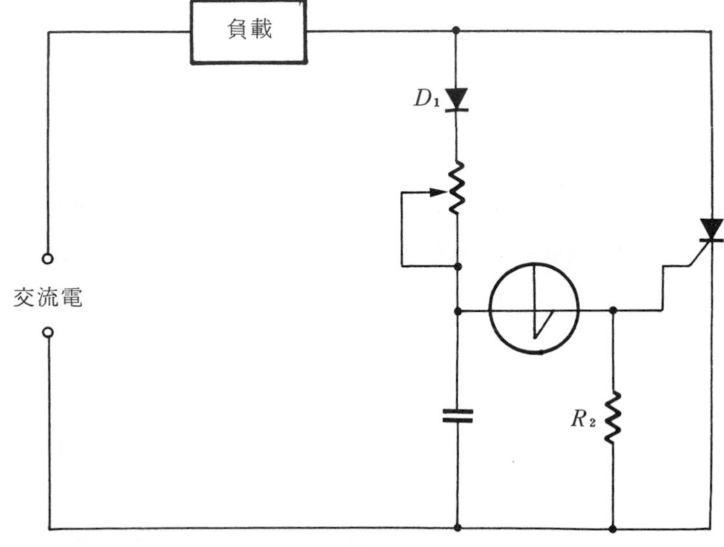

圖 6.11　在 SCR 觸發電路中的 SUS

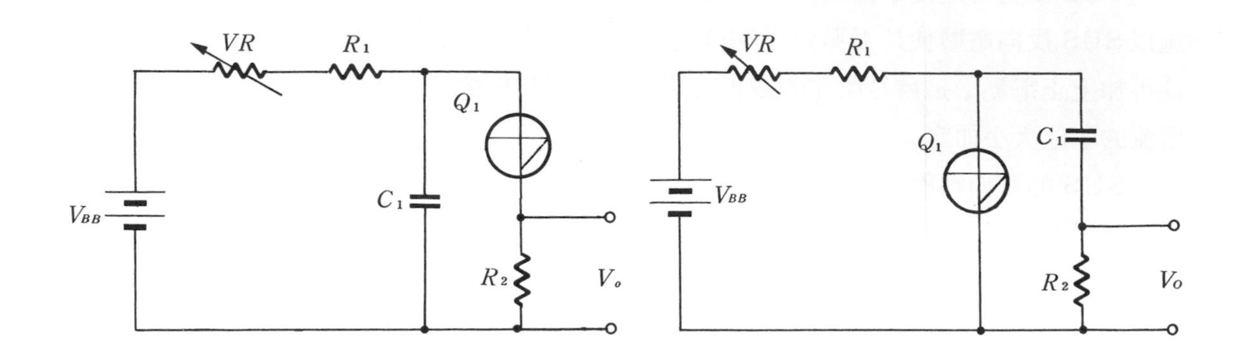

圖 6.12 SUS之弛緩振盪器

SUS作爲激發SCR之控制電路。圖 6.12 爲 SUS 弛緩振盪器，分別輸出正脈波與負脈波。

6.2-3 SBS-silicon bilateral switch (矽雙向開關)

1. SBS的構造及電路符號

SBS 的基本結構是由兩個反向並聯的SUS爲雙向工作的三端子矽控制元件。它的電路符號及等效電路如圖 6.13(a)、(b)及(c)所示。其性質如同 SUS ，但順逆兩方向的性質相同，所以用第一陽極A_1 ，第二陽極A_2代替 SUS 的陽極和陰極 。

2. SBS的動作特性

由於 SBS 可對任何一交流驅動電壓起反應，而且提供正極性與負極性的輸出，這種全週期的運作，可明顯地由圖 6.14 中之電壓電流特性曲線看出來，並且得知 SBS 的電流變化是陽極電壓的函數，且正負半週內變化量均相同。

就圖 6.13(c)中 SBS 的等效電路中，當陽極A是正電壓時，開關B逆向偏壓而不導通，可是，當陽極A的正電壓上升至轉態電壓值時，開關A就導通了 。

當陽極A是負而陽極B爲正時，開關A不導通，直到外加電壓達到轉態準位，開關B就導通，因此，每一開關觸發導通後，電流增至轉態值，然後變化至導通值，此時，陽極A與陽極B間電壓降減低至導通準位，若在閘極加上一信號，則當陽極電壓，低於轉態值時， SBS 仍可導通，陽極A與陽極B間的電壓降至甚小，通常爲 1.5 V 左右 。

3. SBS的應用

SUS和SBS常用於觸發電路，可代替DIAC在RC相位控制中的功能，而且以其V_P 可設定在較低的值，所以激發角可調到接近 180° 比使用DIAC有更大的功率控制範圍。

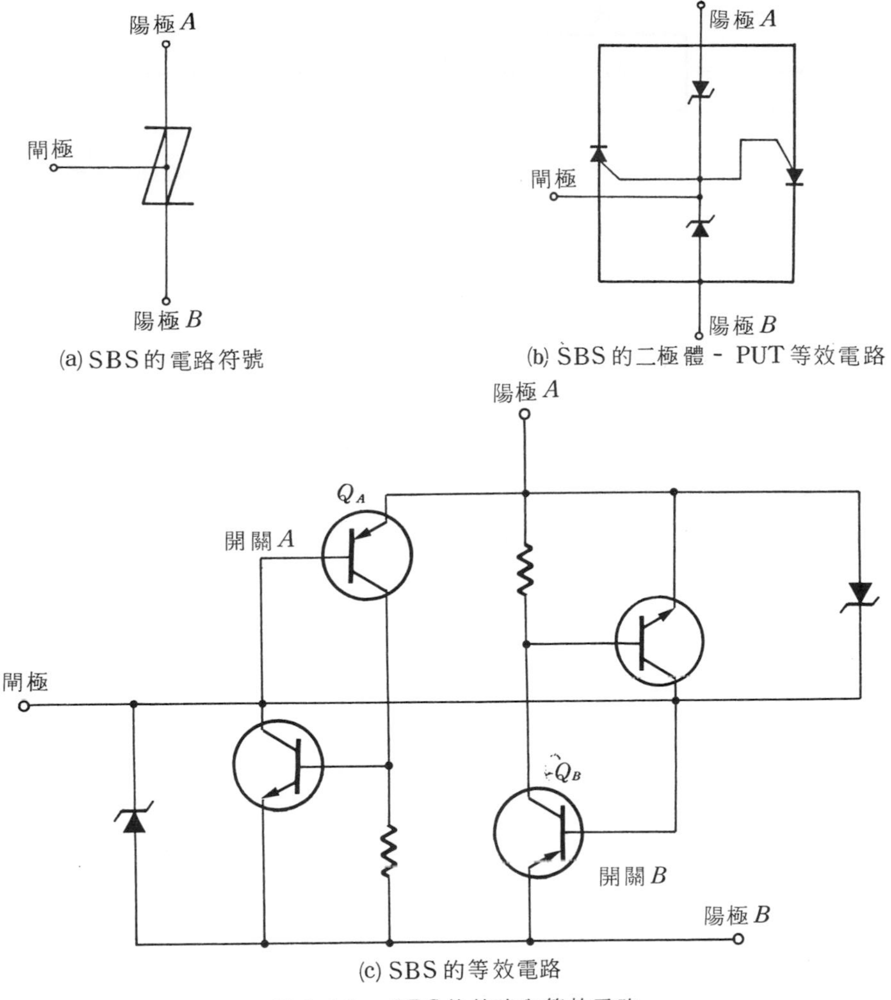

(a) SBS的電路符號

(b) SBS的二極體 - PUT等效電路

(c) SBS的等效電路

圖 6.13　SBS的符號與等效電路

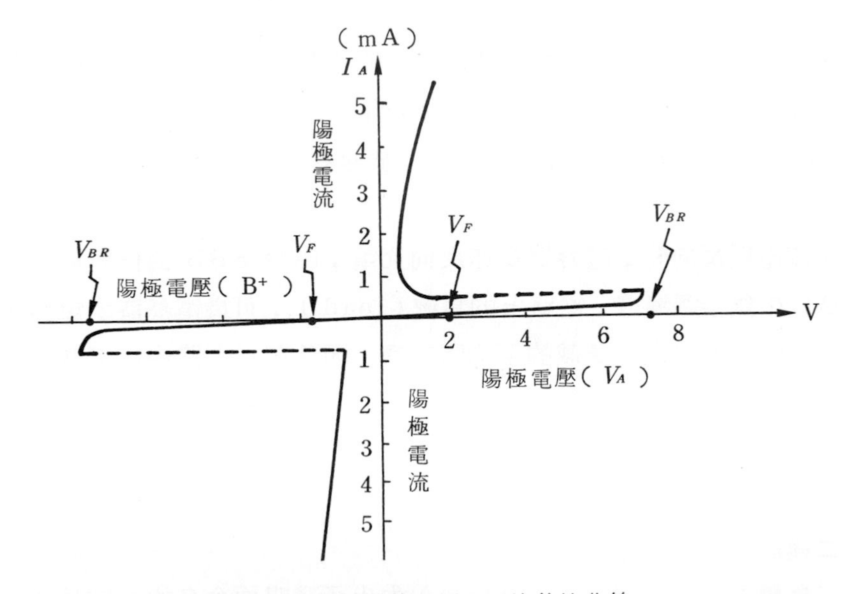

圖 6.14　SBS的電壓 - 電流特性曲線

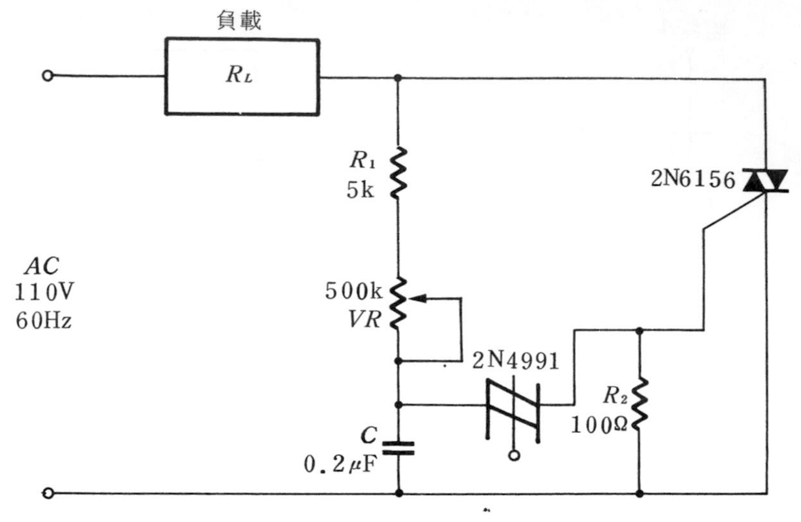

圖 6.15　以SBS觸發振盪器來控制TRIAC電路

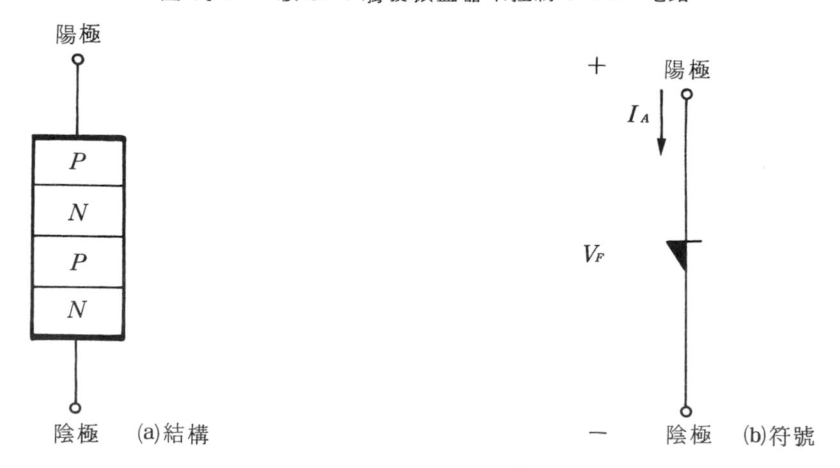

圖 6.16　蕭克利二極體的結構及符號

圖 6.15 所示為利用 SBS 來觸發TRIAC的全波控制電路，若電源接上後，電流流經R_1及可變電阻VR 向電容器C充電，當電容器C兩端電壓上升至 SBS 的轉態電壓時，SBS即導電，然後電容器C開始放電，於是在R_2上產生脈波來觸發TRIAC使其導電。

若電源交流電壓反向時，電容器C亦反向充電，由於 SBS 為一雙向觸發元件，故亦能令TRIAC在負半週導電，電路上的負載（load），可為電熱器或燈泡等，調整可變電阻器VR，即可控制供給負載的平均電功率，因此在這電路中，SBS 的功能有如DIAC一樣。

6.2-4 蕭克利二極體(shockley diode)

1. 蕭克利二極體的結構與符號

蕭克利二極體是因蕭克利（shockley）先生所發明而命名的，它是屬PNPN四層閘流體之一，但是它與其他閘流體最大不同是蕭克利二極體沒有閘極端，故有四層二極體（ four layer diode ）之稱。圖 6.16 是蕭克利二極體的基本結構及符號。

2. 蕭克利二極體的特性

由圖 6.17 中將可發現，蕭克利二極體的特性，幾乎和 SCR 一樣，（除了沒有閘極以外），其特性為

(1) 單向導通，但必須在陽極加正電壓，使當電壓大於順向交換電壓（ forward switching voltage）V_S 時，四層二極體便會形成負電阻特性，它本身便導通。

(2) 四層二極體在導通後的順向壓降 V_F 很小，大約在 1V～2.5V 左右。

(3) 使四層二極體開始導通那一點電流，我們稱為交換電流 I_S（ switching current)，而導通後的最低電流我們稱為保持電流 I_H（ holding current ）。

(4) 若四層二極體上的電流低於保持電流 I_H 就會使四層二極體不導通。

3. 蕭克利二極體的應用

圖 6.18 是利用簡單的電阻、電容及蕭克利二極體的組成的弛緩振盪器，當開關接

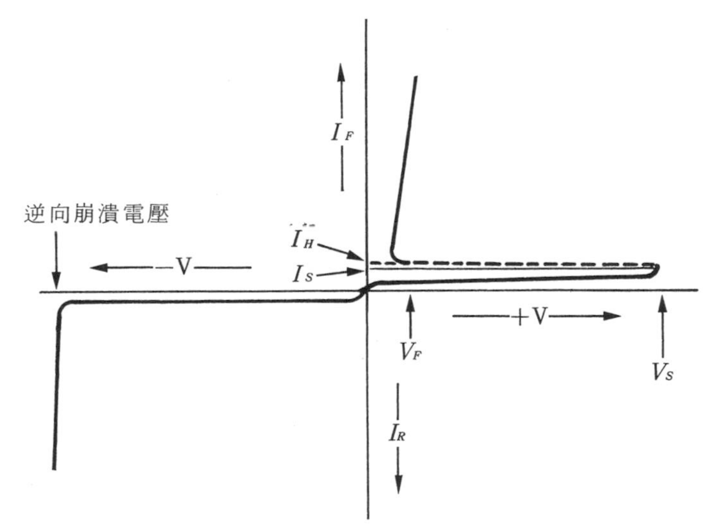

圖 6.17　蕭克利二極體特性曲線

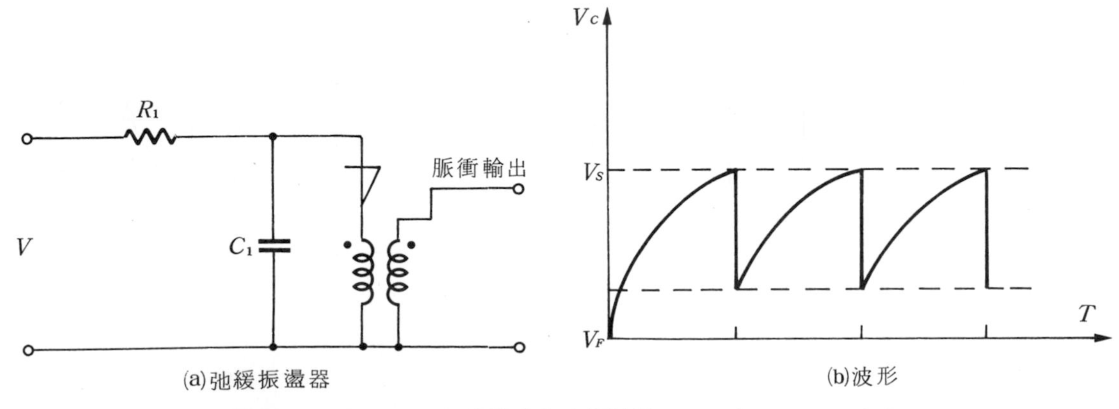

圖 6.18　蕭克利二極體組成之弛緩振盪器及電容器上電壓波形

通後，C_1電容經R_1充電，當電容器上的電壓達到轉態電壓 V_S 時，二極體瞬間導通，故電容迅速放電，其放電電流經過感應變壓器的初級線圈後，會在次級線圈產生一個觸發信號源，當電容電壓降至順向導通電壓V_F時，則因放電電流 I_C 低於維持電流 I_H ，故蕭克利二極體變成截止狀態，電容器乃繼續下一週的充電。

由蕭克利四層二極體所組成的弛緩振盪器，有一點必須特別注意的，在圖6.18電路中，R_1電阻與UJT組成弛緩電路的R_t一樣有範圍限制，亦即R_1電阻愈大，則電容器上產生的鋸齒波線性愈佳，但是 R_1 值太大時，要使蕭克利二極體導通所需流過的電流，將不能達到轉態電流I_S，故會影響二極體的正常工作，所以我們可以選擇R_1的範圍為：

$$R_{1(max)}=\frac{E-V_S}{I_S} \tag{6.1}$$

$$R_{1(min)}=\frac{E-V_F}{I_H} \tag{6.2}$$

6.2-5 SSS-silicon symmeterical switch（矽對稱開關）

1. SSS的結構及電路符號

SSS是一種雙向二極體閘流體（ bidirectional diode thyristor ），它的基本結構相當於二只反向並聯的SCR，圖6.19為SSS的基本結構，圖(b)為SSS的電路符號，圖(c)為SSS的等效電路。

2. SSS的動作特性

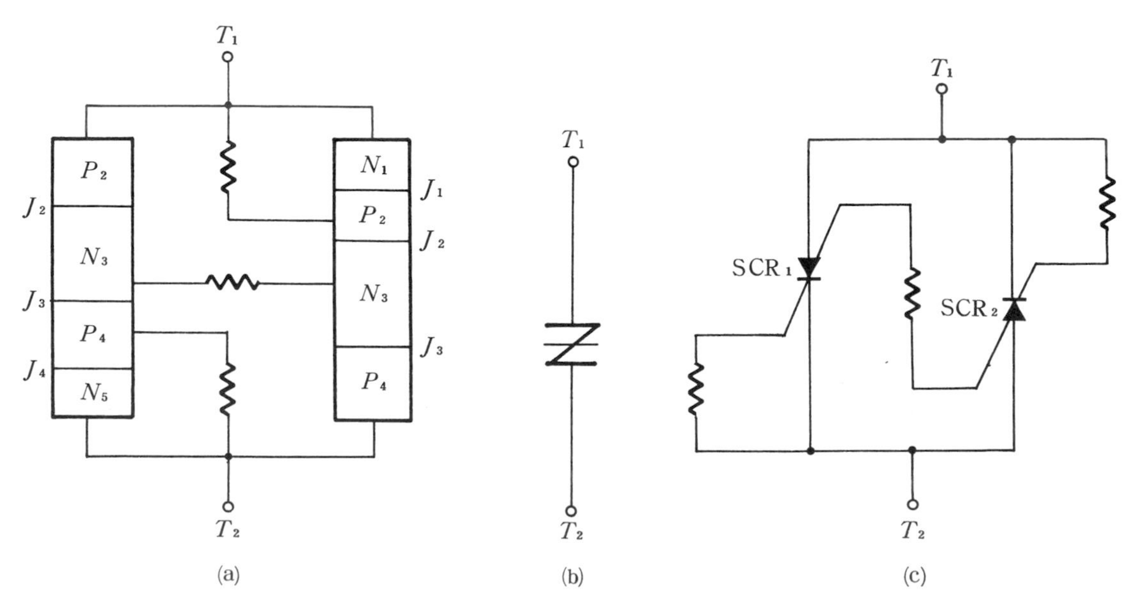

圖6.19 SSS之結構、符號及等效電路

如圖6.19當T_1加上正極性電壓時，電流流經P_2、N_3、P_4、N_5而導電，當T_2施以正極性電壓時，電流流經P_4、N_3、P_2、N_1而導電。若T_1端子加正極性電壓時，J_2及J_4兩接合面均工作於順向電壓。僅J_3接面為逆向電壓，因此，只要外加電壓超過J_3接合面的潰潰電壓，就可以使SSS導通，反之，在T_2端子施加正極性電壓時，只要外加電壓使J_2接合面導電，即可使SSS導通，所以SSS係一具有雙向break-over特性的元件，使用時就不須要考慮外加電源的極性，只要施加於T_1、T_2兩端子間的電壓達到其轉態電壓，就能夠使之導電。

3. SSS的電壓—電流間之關係

圖6.20所示為控制用SSS的電壓電流特性曲線。圖上V_{BO}係轉態電壓，其數值由半導體材料特性及製造方式而定。一般市面上產品均為10～300V。

當SSS兩端電壓大於其轉態電壓V_{BO}時，SSS導通而其內阻急速下降，通常SSS導通的電壓降約1V左右，其內部功率消耗情形與SCR略同。

一個已導通的SSS，欲使其恢復原來截流狀態，唯有使它的導電電流降至維持電流I_H以下，這點與TRIAC、SCR等閘流體的特性相同，維持電流I_H視其規格之不同而異。

控制用SSS其功用很類似於SCR，其電壓電流特性曲線如圖6.20所示，激發用的SSS具有負電阻區的特性，其功用如同DIAC，圖6.21所示為其電壓電流特性曲線。

4. SSS的激發方式

欲使SSS導電的基本原理，係於SSS工作於交流情況下，突然加入一脈衝電壓，使在此瞬間施加於SSS兩端之電壓大於轉態電壓V_{BO}，而使SSS導電，其波形如圖6.22所示。激發用SSS元件大都採用非振盪脈波的方式而控制用SSS元件則以振盪脈波式居多。

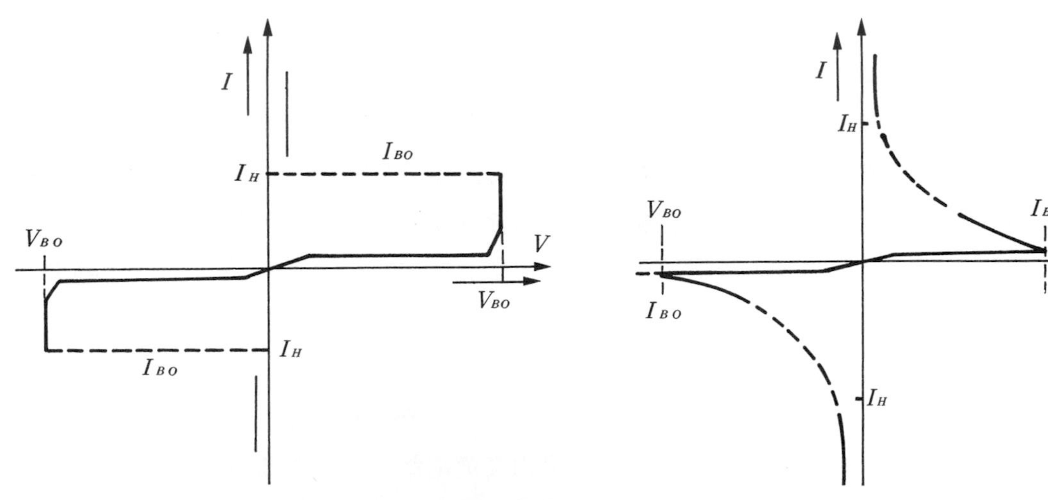

圖6.20　控制用的電壓-電流特性曲線　　圖6.21　激發用的電壓-電流特性曲線

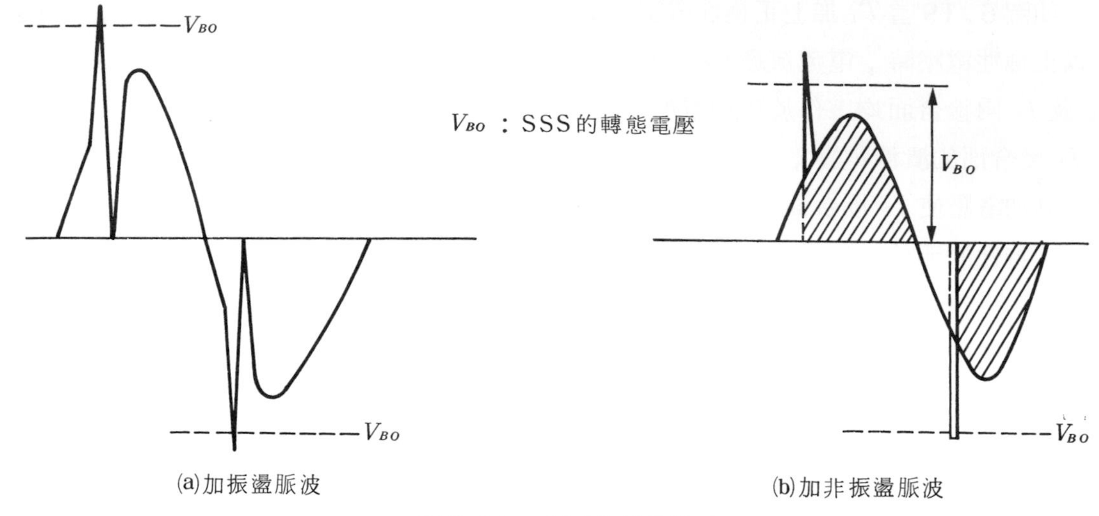

圖6.22　SSS的激發原理

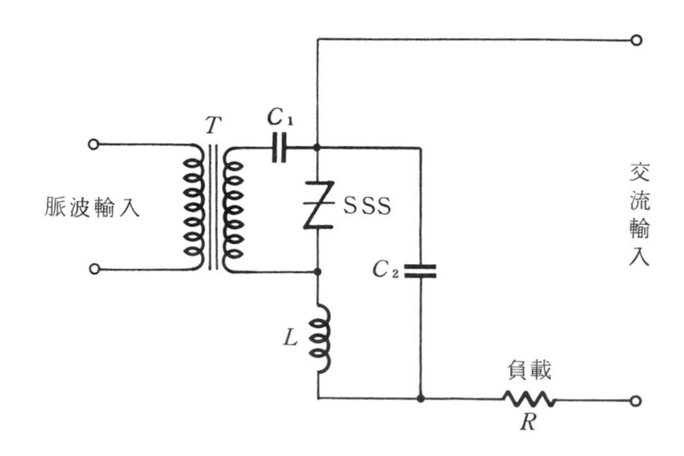

圖6.23　並聯型激發電路

圖6.23爲並聯式激發電路，係以脈波直接經變壓器T而施加於SSS的兩端，來激發SSS導電，所以輸入脈波振幅必須夠大，而且輸入脈波的極性，必須與交流電壓極性相同的半週，方能使SSS產生轉態動作，其中電容器C_1之值約爲數拾PF，它用來防止交流電源被變壓器T短路，抗流圈L與C_2構成濾波電路。

圖6.24爲串聯式激發電路，輸入脈波經變壓器T交連至次級圈而與交流電壓串聯，因此，當控制脈波加入時，由於加在SSS兩端之電壓高於轉態電壓V_{BO}，而使SSS導電。SSS導電後，交流電源即供給負載R電流、電容器C與變壓器T之次級圈組成一濾波器，以濾去電路中的高頻諧波信號，爲使濾波效果良好，變壓器T之次級圈電感量要足夠大。

5. SSS的應用

矽對稱開關的主要用途爲交流電路的開關元件，對交流信號而言，一個SSS具有兩個SCR相對並聯的工作能力，通常用於單相交流電路之相位控制、照明及電動機之功率控制等，而且SSS能耐大量過載電流及穩定的截流特性，因此可做成無接點開關

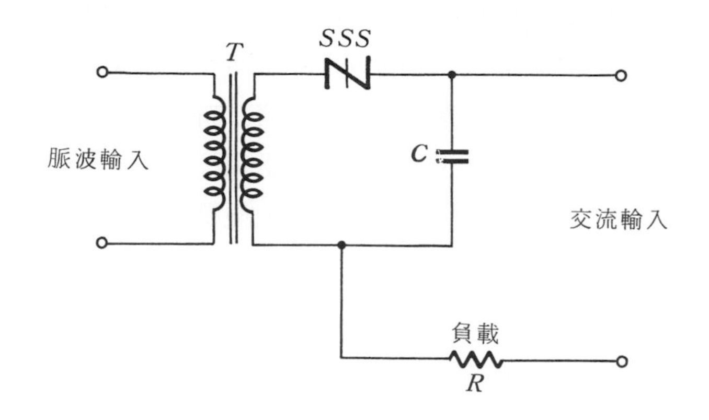

圖 6.24

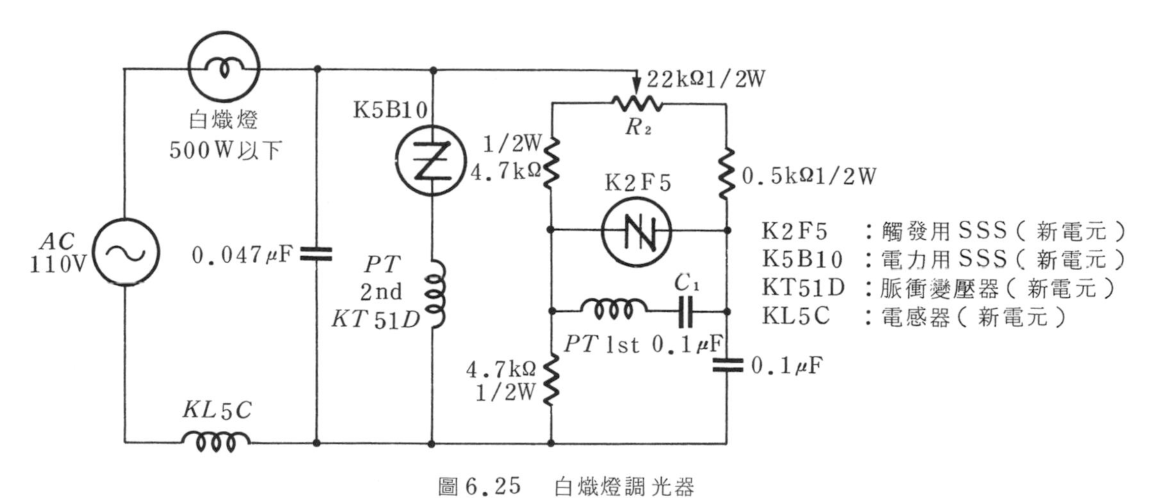

圖 6.25　白熾燈調光器

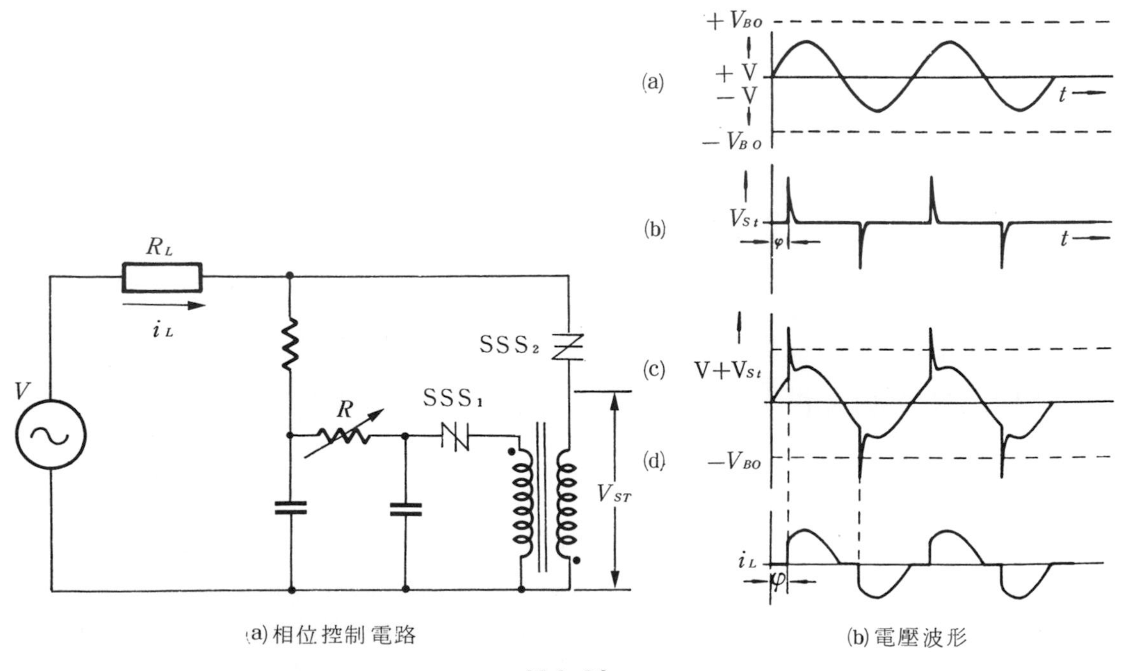

(a)相位控制電路　(b)電壓波形

圖 6.26

或放電管啓動裝置及高壓脈波振盪等電路，圖 6.25 爲白熾燈調光器，電源經 R_2 向 C_1 充電，激發角在 20°～150° 的範圍內令K2F5（激發用 SSS ）激發，再由脈衝變壓器促使電力用SSS (K5B10) 激發導電。此電路的優點是作調光器，可得到充分穩定的調光特性，且因有電感器對高頻雜波濾除而避免對無線電收音機干擾。

圖 6.26電路是使用 SSS 的相位控制電路，SSS_1 產生脈波經變壓器與交流電源相串聯後加於 SSS_2 使 SSS_2 A、K 電壓超出轉態電壓而導通。

SSS_2 的轉態電壓大於交流電源的峯值，如果沒有 SSS_1 所產生的觸發脈衝 SSS_2 不會導通，改變電阻 R 的大小可以使每一半週中脈衝產生的時間前後移動，改變 SSS_2 的激發角，以控制負載功率。

6.3 實習材料

50Ω × 1

100Ω × 1

1kΩ × 1

4.7kΩ × 1

6.5kΩ × 1

20kΩ × 1

200kΩ × 1

0.01μF × 1

0.1μF × 1

0.2μF × 1

0.22μF × 1

100μF × 1

VR 10k × 1

VR 50k × 2

VR 500k × 1

GTo × 1

齊納 × 1

SUS(2N4987) × 1

Drode(A138) × 2

燈泡(110V100W) × 1

SCR(C20B) × 1

SBS × 1

TRIAC × 1

6.4　實習項目

工作一：GTO振盪電路

工作程序：

(1)　按圖 6.27 接線。

(2)　用示波器觀測 V_O 之波形，並繪於表 6.1 中。

(3)　調整 VR_1 則 V_O 有何影響。

(4)　調整 VR_2 則 V_O 有何影響。

工作二：SUS弛緩振盪器實驗

工作程序：

(1)　按圖 6.28 所示，接妥電路，並將 R_2 輸出端接線至示波器垂直輸入端。

(2)　打開電源，使電路能正常工作。

(3)　由示波器上讀出輸出電壓，並繪其振盪波形於表 6.2 中。

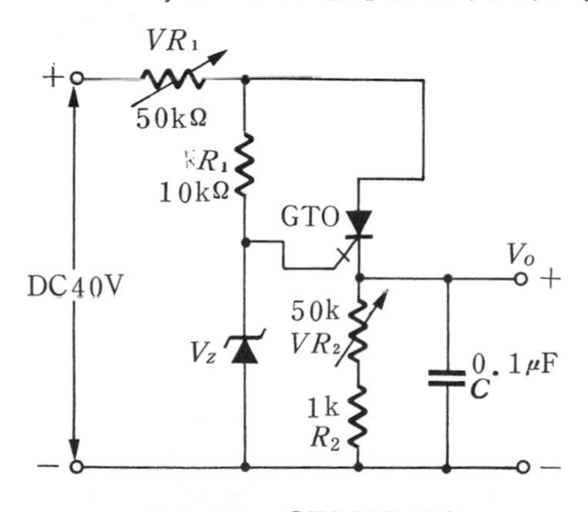

圖 6.27　GTO振盪電路

表 6.1

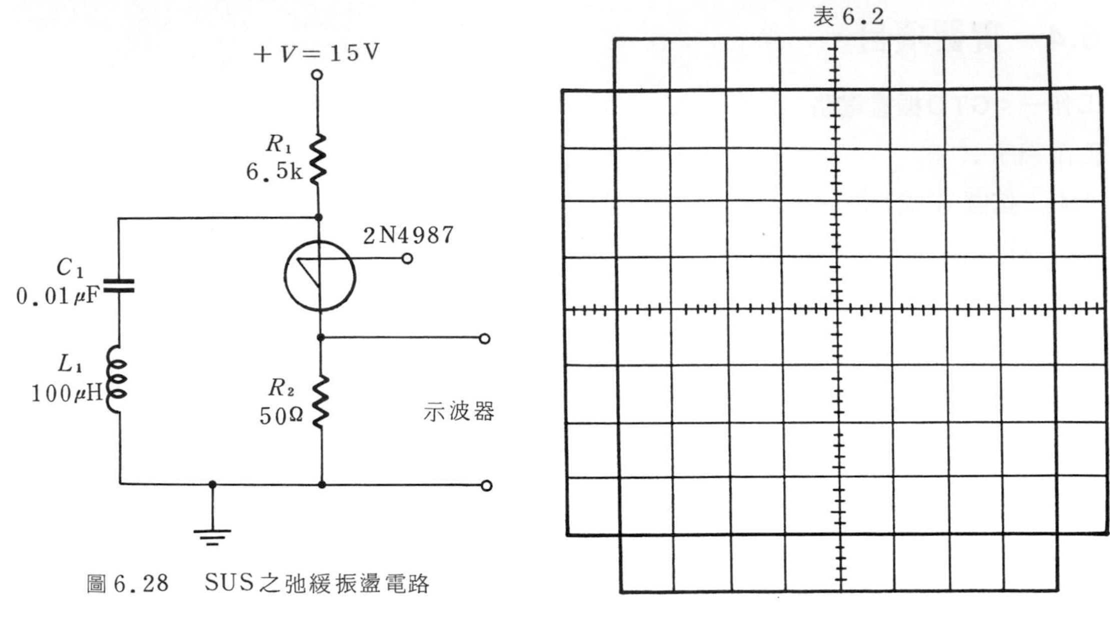

圖 6.28　SUS之弛緩振盪電路

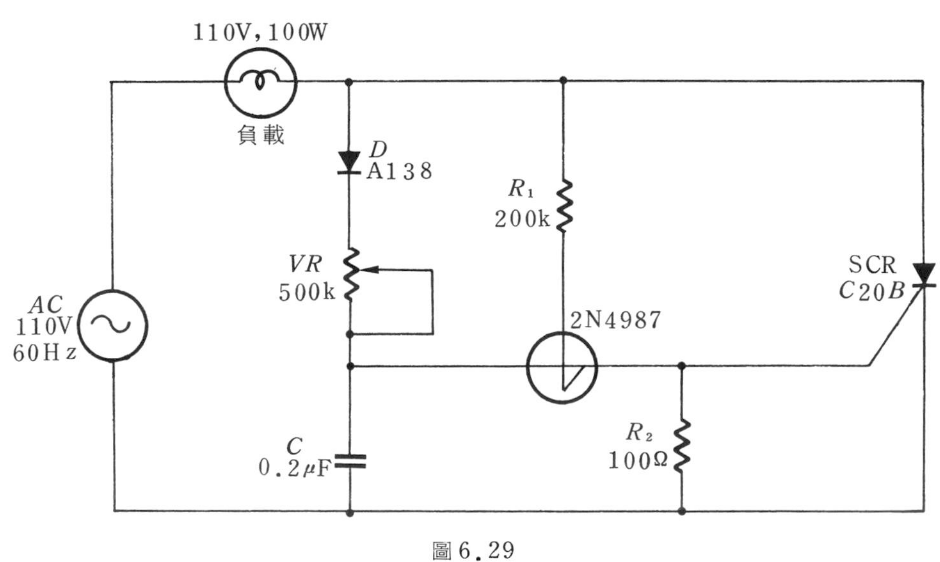

圖 6.29

(4) 更換不同之 C_1 、R_2 數值，記錄各別組合之振盪頻率及所得之各波形，並比較它們之間的關係。

工作三：利用SUS來觸發SCR之半波控制實驗

工作程序：

(1) 按圖 6.29 接妥電路，並將負載兩端接至示波器垂直輸入端。

(2) 逐漸增加可變電阻器之數值（順時針方向旋轉）。記錄數值（以三用表測量），並觀察其對負載波形之影響。

(3) 固定可變電阻器，而更換電容器之數值，記錄其對輸出波形之影響。

(4) 將 SUS 之閘極端子開路（open），看其對整個電路之工作是否有不良影響。

工作四：利用SBS觸發TRIAC

工作程序：

(1) 圖6.30電路連接，將 *VR* 調于最大負載用110V/100W燈泡。

(2) 慢慢旋轉 *VR* 使電阻值減小，當燈泡忽然亮起時 *VR* 之值爲 ________ kΩ（將電路解開利用DVM測量），測負載兩端電壓爲 ________ 伏。

(3) 將 *VR* 繼續減小到0 Ω，這時燈泡最亮，測負載兩端電壓爲 ________ 伏。

(4) 將 *VR* 漸漸增大，當燈泡忽然熄滅時，測 *VR* 電阻爲 ________ kΩ。

(5) 將程序②～④所測之電阻值及負載電壓值繪於表6.3。

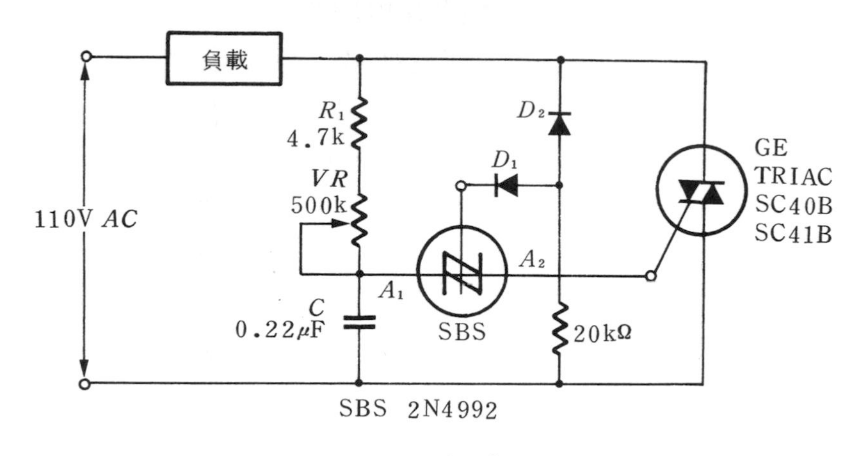

圖6.30

表6.3

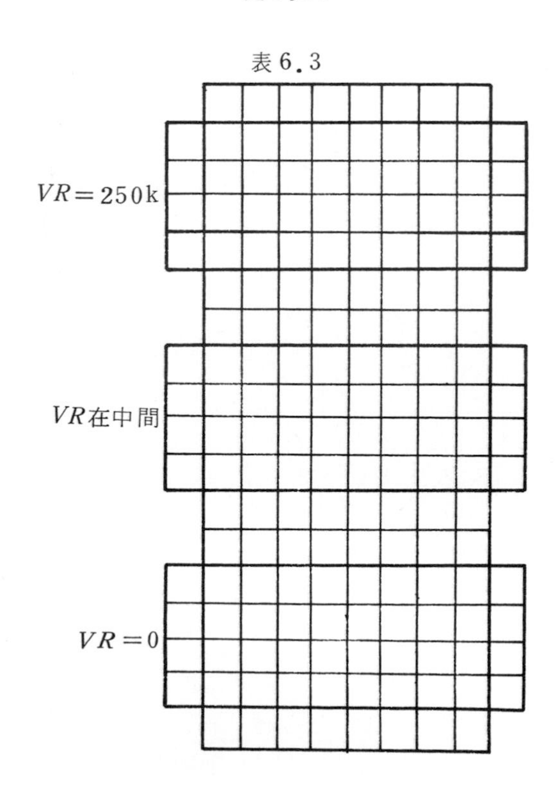

6.5 問 題

1. 繪SUS等值電晶體電路，說明其工作原理。
2. 試說明觸發SSS與DIAC有何異同。
3. 說明GTO與SCR有何異同。
4. 說明GTO之主要優點及用途。
5. 說明SUS與PUT之差異。
6. 說明四層二極體與SCR之差異。
7. 說明SUS的閘極對觸發特性有何影響。
8. 說明SBS等效電路之工作原理。

實習 7

光電元件

7.1 實習目的

(1) 瞭解光敏電阻的特性與應用。
(2) 瞭解光電池的特性與應用。
(3) 認識光二極體的特性。
(4) 認識光電晶體的特性。
(5) 認識光矽控整流器 $LSCR$ 的特性與結構。
(6) 瞭解LED的特性與結構。
(7) 認識雷射二極體的特性與激發原理。
(8) 認識光耦合器的特性與激發原理。
(9) 認識LCD的特性與結構。
(10) 認識光電元件基本應用電路。

7.2 相關知識

1. 光電子學理論

光電子設備是以光作爲發射與接收間之傳導介値，卽一端爲光源，另一端爲光電元件，光電元件可區分爲：

(1) 將電能變成光能的元件，如常見的白熾燈等照明元件及發光二極體(light emitting diode)，電視影像管等用於文字、數字或圖形的顯示。

(2) 將光能變成電能的元件如：光敏電阻、光電池（photo cell）、光二極體（photo-diode）、光電晶體（photo-transistor）、光矽控整流器（light activate-SCR）、液態晶體顯示器（liquid crystal display）等。在正式討論各種光電元件之前，於此讓大家再對光作一次概括的認識。

雖然人類能用眼睛來感覺光和用火焰製造光已經好幾千年了，但只在最近才能將光和電的作用連在一起，在1839年Becquerel 第一次從被光照射在電解液中的一對電極觀察到光電效應，史密斯在1873年觀察硒棒暴露在陽光中電阻會降低。燈泡則是第一個能將電能經由發熱的導體變成光的裝置。

在十九世紀中葉以前，科學家認爲光是一種叫微粒子的小質點而組成，在當時光的特性都可以用微粒子理論來說明，不過，在1670年就有人假設光爲一種波動，可惜在當時未被接受，直到1827年由於許多事實證明了波動理論，於是以前的微粒子理論就被摒棄不用，此後光的波動理論卽爲科學界所確認。

但是波動理論並不能完全解釋所有光的現象，波動理論可用來解釋爲何光通過玻璃或水時會有曲折現象，但是不能解釋光照射某種半導體材料時所發生的作用，一直到1905年，愛因斯坦才重新利用微粒子理論來說明光電效應，亦卽光可以基本量子理論（quantum theory）來解釋。於是光具有二元性，一可當作波，亦可當作微粒子，通常光的傳播是由於波動，但在討論互相作用之現象時，我們把光當作微粒子，我們稱此微粒子爲光子（photon），在光波內的光子是不帶電的粒子，它們所包含的能量由波的頻率與波長來決定。

$$E = h \cdot f \qquad (7.1)$$

式中E表示光所具有能量，h爲蒲朗克常數（6.626×10^{-34}焦耳／秒），f爲光波長之頻率，由上式知光波頻率愈高，光子所具有的能量也愈高。同樣的規則亦適用於電磁波。例如，紫外線所具有的能量就高於紅外線的能量，同理光波能量高於無線電波。因此光的兩種本性—波動用在傳播，光子則用在本實習中，以解釋各種光電元件所發生的作用。

光爲一種電磁輻射線，其波長範圍約在1000 Å到80000 Å（1 Å $=10^{-10}$ m），波長爲光色的特徵，約在4000 Å（紫色）到7000 Å（紅色）之間可由人類肉眼感覺出來，高於7000 Å範圍爲紅外線，低於4000 Å範圍爲紫外線，圖7.1爲光譜分佈圖。

表7.1爲可見光，這個窄頻帶以各種顏色出現，諸如紅、橙、黃、綠、藍與紫，每一種顏色於可見光域內，有一非常窄的頻帶。

波長亦可由色溫（color temperature）簡稱（CT）來表達，在任何特定溫度，我們均可測得每單位波長範圍，每秒每平方公分之能量（這種能量叫單色光功率密度（

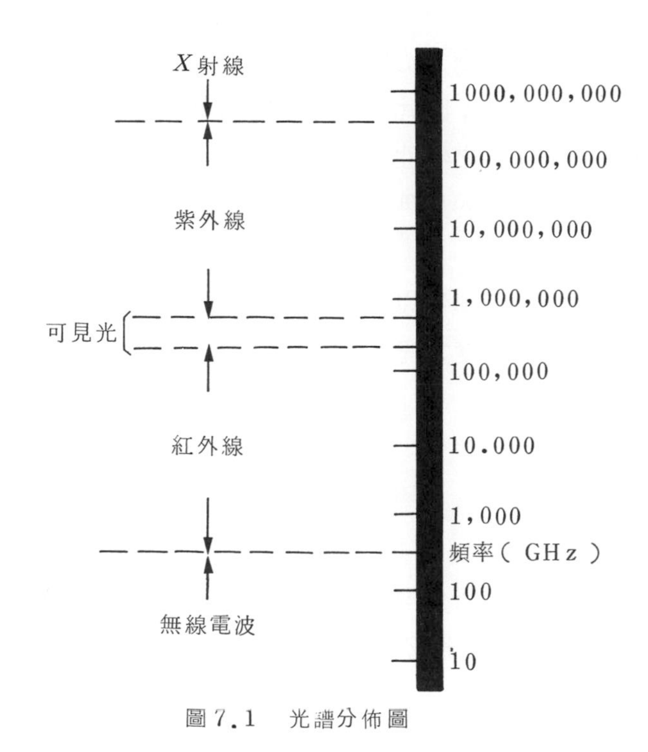

圖 7.1　光譜分佈圖

表 7.1　可見光之波長

波長（Å）	色
3800～4300	藍紫
4300～4600	藍
4600～4900	青
4900～5700	綠
5700～5900	黃
5900～6500	橙
6500～7600	紅

特殊幅射 W／（cm²）（μm）
10^5 10^4 10^3 10^2 10^1 1 10^{-1} 10^{-2} 10^{-3} 10^{-4}
6000°k
4000°k
2000°k
1000°k
500°k
300°k
200°k
0.1 0.2 0.5 1 2 5 10 20 50 100
波長 μm

圖 7.2　單色光之功率密度

monchromatic power density），而單色光之意義是指在某一特定波長測得的功率密度）。如圖 7.2 所示，在測試元件時，通常規定應使用操作於 2850° k，色溫之鎢絲燈，此時所謂的色溫是白熾燈的溫度，在此色溫下，鎢絲燈光譜分佈最接近於一完全輻射源在同一溫度下的光譜分佈。

當然色溫（CT）和燈絲溫度並不完全相同，（大約相差 100°k ），因一般廠商的資料常以色溫表示，故本書中所有燈溫也將以色溫表示。

實際上，一般標準燈泡工作在額定值時，其色溫大約在2870°k，大多數廠商對於光電元件輸出資料的記載也都以此2870°k 爲基準，因此當工作電壓降低於額定電壓時，燈絲溫度降低，亦卽色溫降低，因此，光電元件之特性也會改變。

一般光源均發射出整套不同波長之光譜，光線的另外一種特徵除分色之光譜之外，卽爲光强度。

光線全部照射於空間之功率，稱爲光流量，其單位爲流明（ lumens ），其公式標誌爲ϕ，光度（ light intensity ）爲每一立體角度之光流量，卽爲一定方向之光强度，單位爲燭光，常以I_L表示之，卽

$$I_L = \frac{\phi}{4\pi} \tag{7.2}$$

照度（illumination）是光度照到某一平面時所量得的照明程度，其單位爲呎燭（candle/foot^2 ）或勒克司（ Lux, Lx ），其符號爲E，卽

$$E = \frac{I_L}{d^2} \tag{7.3}$$

在測光量中，光的輸出量用流明爲單位，但在輻射能量中，我們以瓦特做爲光的總輻射功率（ total radiant power ）或總輻射能（total radiant energy）的單位，另外用照光（ irracliance ）代表光線照射到接收面的總輻射功率密度。以便和測光量中的照度有所分別，照光常以H表示。

$$H = \frac{P_{out}}{4\pi d^2} \tag{7.4}$$

式中　P_{out} 爲總輻射功率，單位爲毫瓦（ mW ）

d 爲光源與光電元件間之距離單位公分（ cm ）

H 爲照光，單位爲mW/cm^2

綜合以前所述，將其列成表7.2使讀者對測光量與輻射量之間有更清晰的印象。

2. 光敏電阻

光敏電阻又稱光導電池（ photoconductive cell ），它是一兩端式（ two te-rminal ）裝置，圖7.3卽爲其符號構造和外觀。

一般製造光敏電阻的材料包括硫化鎘（ cadnium sulfide 縮寫 CdS ）和硒化鎘（ cadnium selenide ）縮寫 CdSe，這些物質光譜響應一般介於 40000 Å ～ 10000 Å，與一般白熾燈或太陽光之光譜響應相近。如圖7.4所示。

光敏電阻本身具有半導體特性，當光照射於CdS 或CdSe上時，該物質中的共價電

表 7.2　測光量與輻射量術語

位　置	特　性	測　光　量	輻　射　量
光源上	總輸出 強度	總輸出光，用F表示，單位爲流明。 稱爲光度，用 I_L 表示，單位爲燭光，可用式子 $I_L=\frac{F}{4\pi}$ 表示	總輸出能，用 P_{out} 表示，單位爲(W)瓦特 稱爲輻射度，用 I_r 表示；可用式子 $I_r=\frac{P_{out}}{4\pi}$ 表示
距離光源某一距離		稱爲照度，用E表示，單位爲呎燭，可用式子 $E=\frac{I_L}{d^2}=\frac{F}{4\pi d^2}$ 表示	稱爲照光，用H表示，單位爲 mW/cm²，可用式子 $H=\frac{I_r}{d^2}=\frac{P_{out}}{4\pi d^2}$ 表示

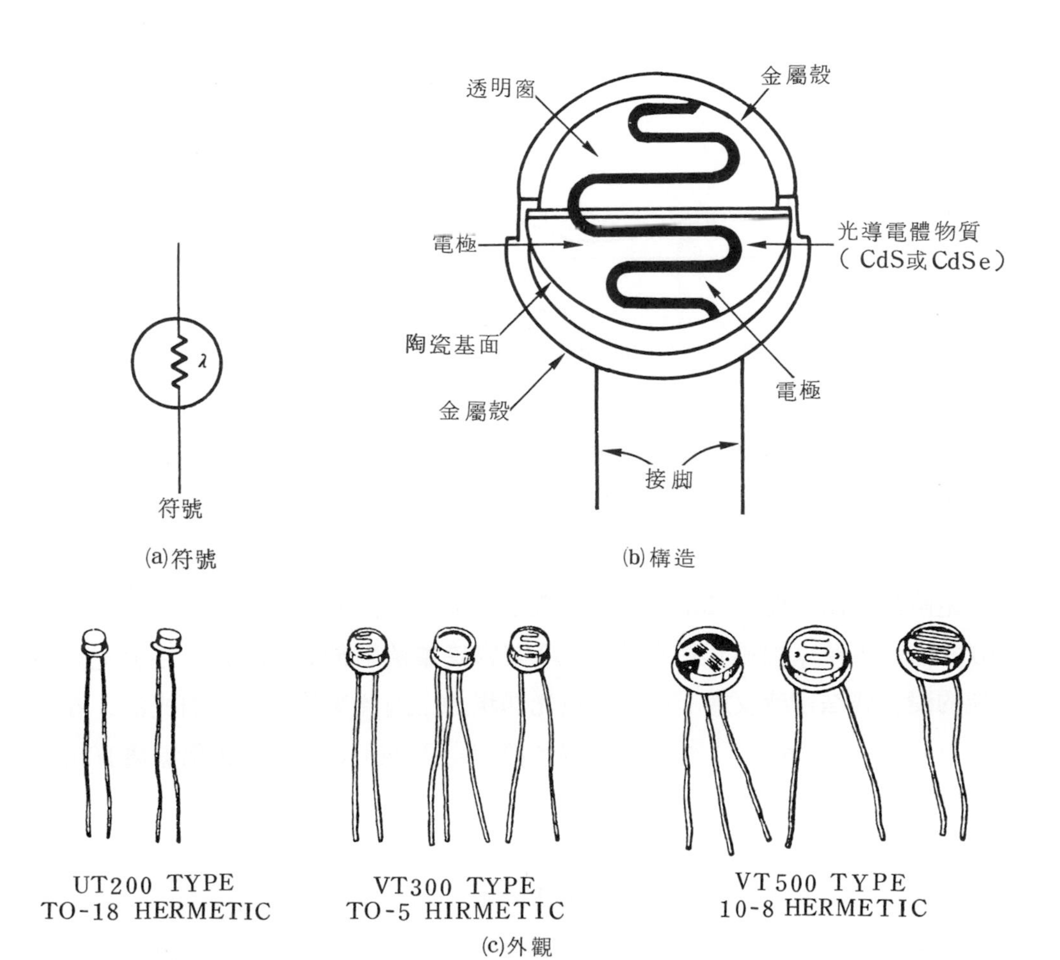

(a)符號　(b)構造　(c)外觀

圖 7.3　光敏電阻

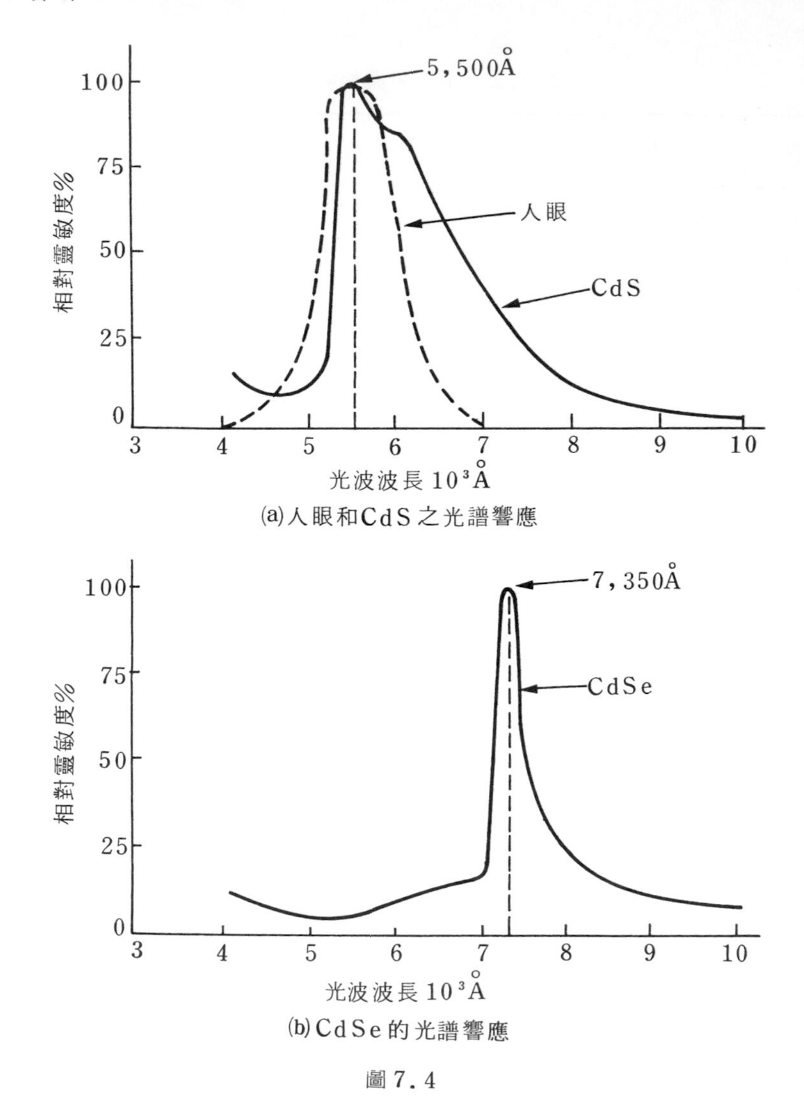

(a)人眼和CdS之光譜響應

(b)CdSe的光譜響應

圖7.4

子，受光能量激發而產生電子-電洞對，光線愈强，撞擊這些物質的能量愈大，產生之電子-電洞對愈多，使其導電性增加，相對的降低了這些物質的電阻。因此光敏電阻的端電阻大小隨著入射光的强度成反比。圖7.5為其特性曲線。

光敏電阻對光譜的響應和使用材料有關，例如硫化鎘（CdS）光敏電阻對光的響應於5100Å有一峯値，而硒化鎘（CdSe）其響應峯値則於6150Å。由於光敏電阻對瞬間光能的變化無法卽時反應，一般稱為光滯現象，因此光敏電阻便對光的存在有一響應時間（reponse time），通常硫化鎘光敏電阻為100ms，而硒化鎘為10ms。圖7.6為照度與響應時間之關係。

光敏電阻的特性：

(1) 高靈敏度，暗電阻和受光時之電阻比率很大超出100：1。

(2) 價格低廉。

(3) 易於使用。

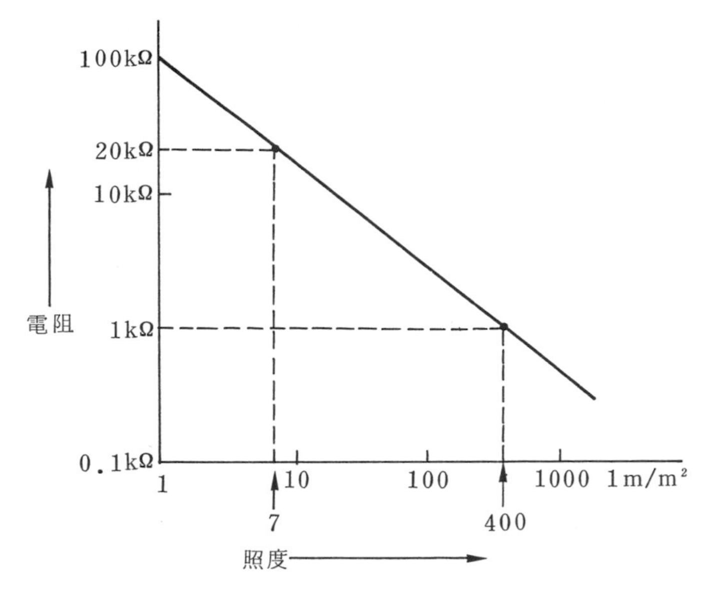

圖 7.5　光敏電阻與照度之關係

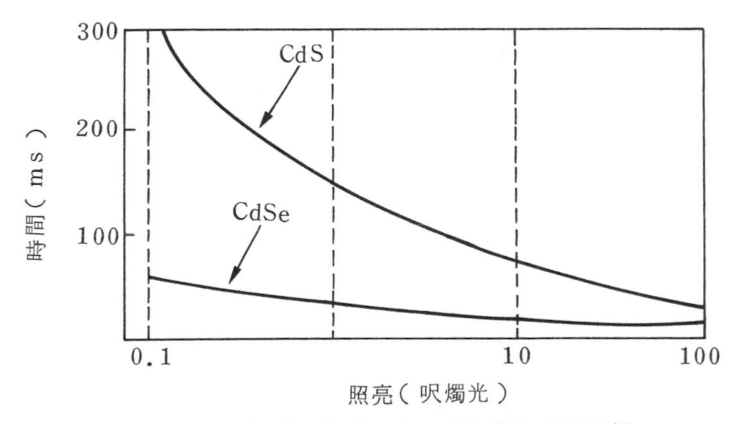

圖 7.6　CdS和CdSe之照度與響應時間關係

(4) 響應速度慢，這是最大的缺點。

3. 光電池(Photo cell)

光電池是利用半導體的光伏打效應(photovottaic effect)做成的一種光電元件。何謂光伏打效應？簡言之，即當光或射線(radiation)射入 $p \sim n$ 半導體接合面時，在接面附近所引起的電位能。

光電池所用的材料有兩種，一種為矽，另一種為硒，其構造如圖 7.7 所示，其材料以矽為主。將一薄層 N 型矽擴散到 P 型物質的基質上，N 型物質上面有一層受光面，上下兩層以電阻性接觸(ohmic contact)連接引線出來。

該元件如圖 7.7(b)所示為一 PN 接合元件，在接合面處有一空乏層，當無外加偏壓時，該空乏層存在，且有一些小數載子在接合面附近。當受輻射光照射時，價電子將產生電子-電洞對，假如電子-電洞對產生在 N 層，則電子加入多數載子群，而電洞則擴

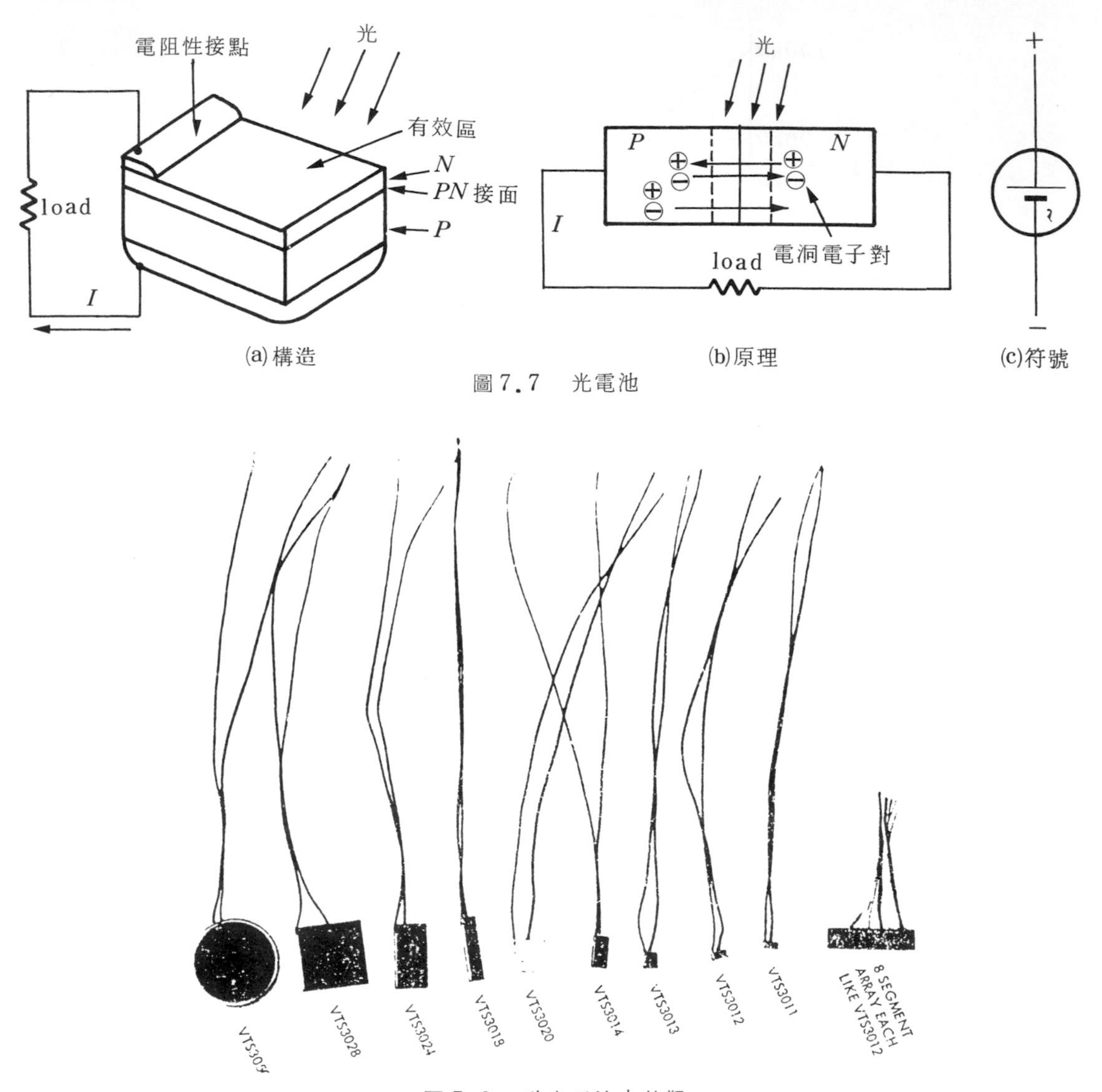

(a)構造 (b)原理 (c)符號

圖 7.7 光電池

圖 7.8 矽光電池之外觀

散到空乏層，再越過接合面，相同的電子-電洞對如產生在 P 層，則電洞加入多數載子中，而電子越過接合面。這些少數載子的移動卽構成電流。該電流與電池上輻射能量的大小有關。

圖 7.8 爲矽光電池之外觀。

圖 7.9 爲矽與硒光電池之光譜響應。矽光電池頻譜響應偏於紅外線（介於 3500 Å ～ 11500Å 峯值在 8300 Å）適於做太空船之電源供給與紅外線偵測用。硒光電池較接近肉眼（2500 Å～7500 Å 之間峯值在 5500 Å）適於照相機之自動曝光裝置及光控制電路。因光電池主要用來把太陽光變成電能，因此常被稱爲太陽電池(solar cell)。

圖 7.10 爲典型光電池之特性曲線，實線爲無光時V-I特性，順向偏壓操作在第一象限，逆向偏壓操在第三象限，虛線表示 PN 接面受光照射時之操作，在第四象限的操作

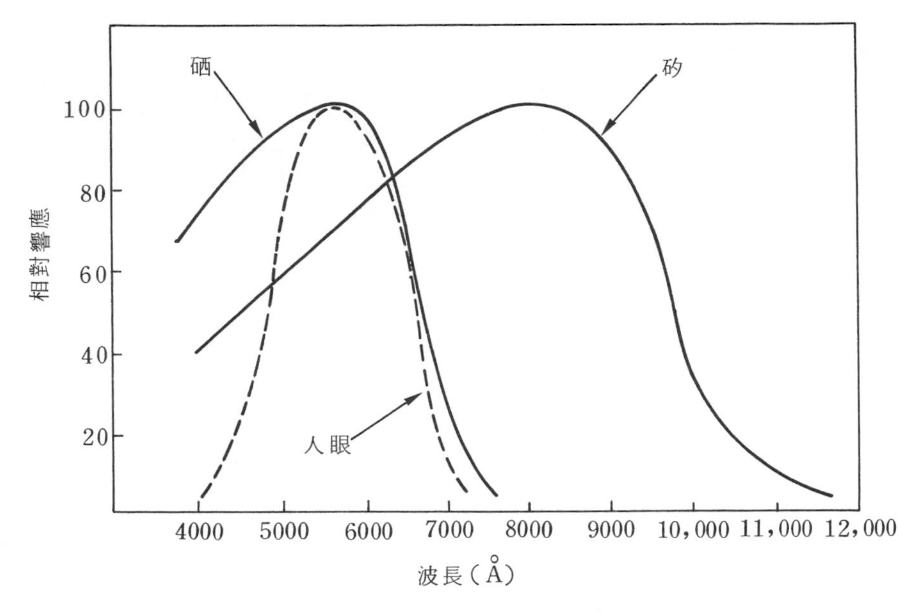

圖 7.9　矽與硒光電池之光譜響應

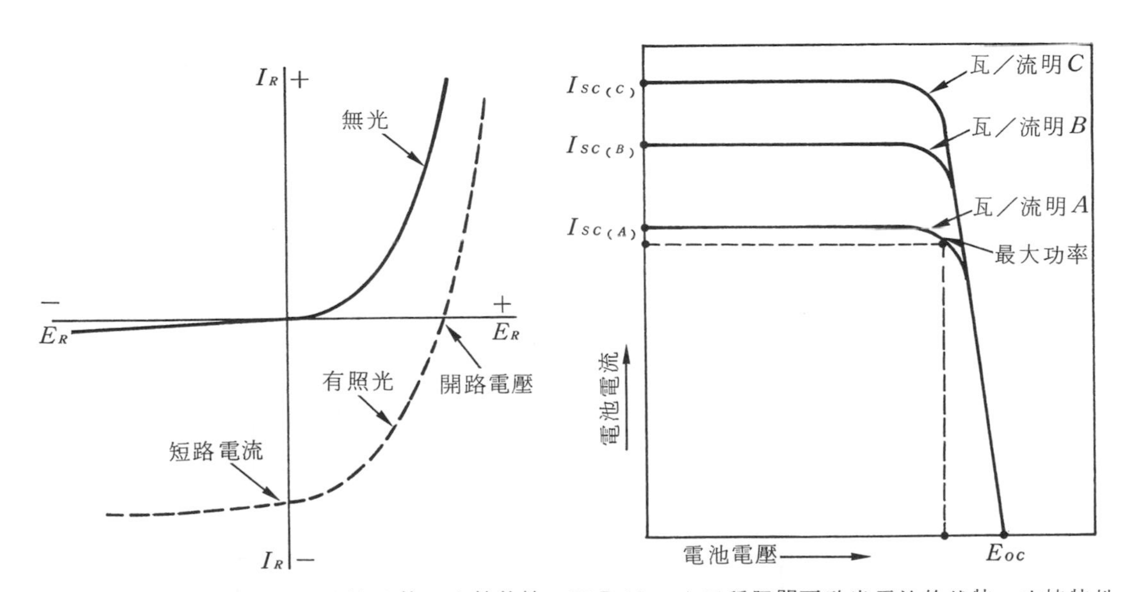

圖 7.10　無光與受照矽光電池的伏特－安培特性　圖 7.11　在三種照明下矽光電池的伏特－安培特性

電池是發電機，將輻射能轉換爲電能輸出，開路電壓與短路電流分別在第四象限的界限上，圖 7.11 示出在三種照明下，第四象限的 V-I 特性曲線。

光電池是一種能量轉換器（transducer），在學到能量轉換器時，效率問題總是免不了的，到底光電池的轉換效率（ conversion efficiency ）是怎樣決定的，光電池的輸入是以光能的型式表現而輸出爲電能，故其轉換效率爲

$$\eta\,\% = \frac{P_o\ (\text{ electrical })}{P_t\ (\text{ light energy })} \times 100\,\% \tag{7.5}$$

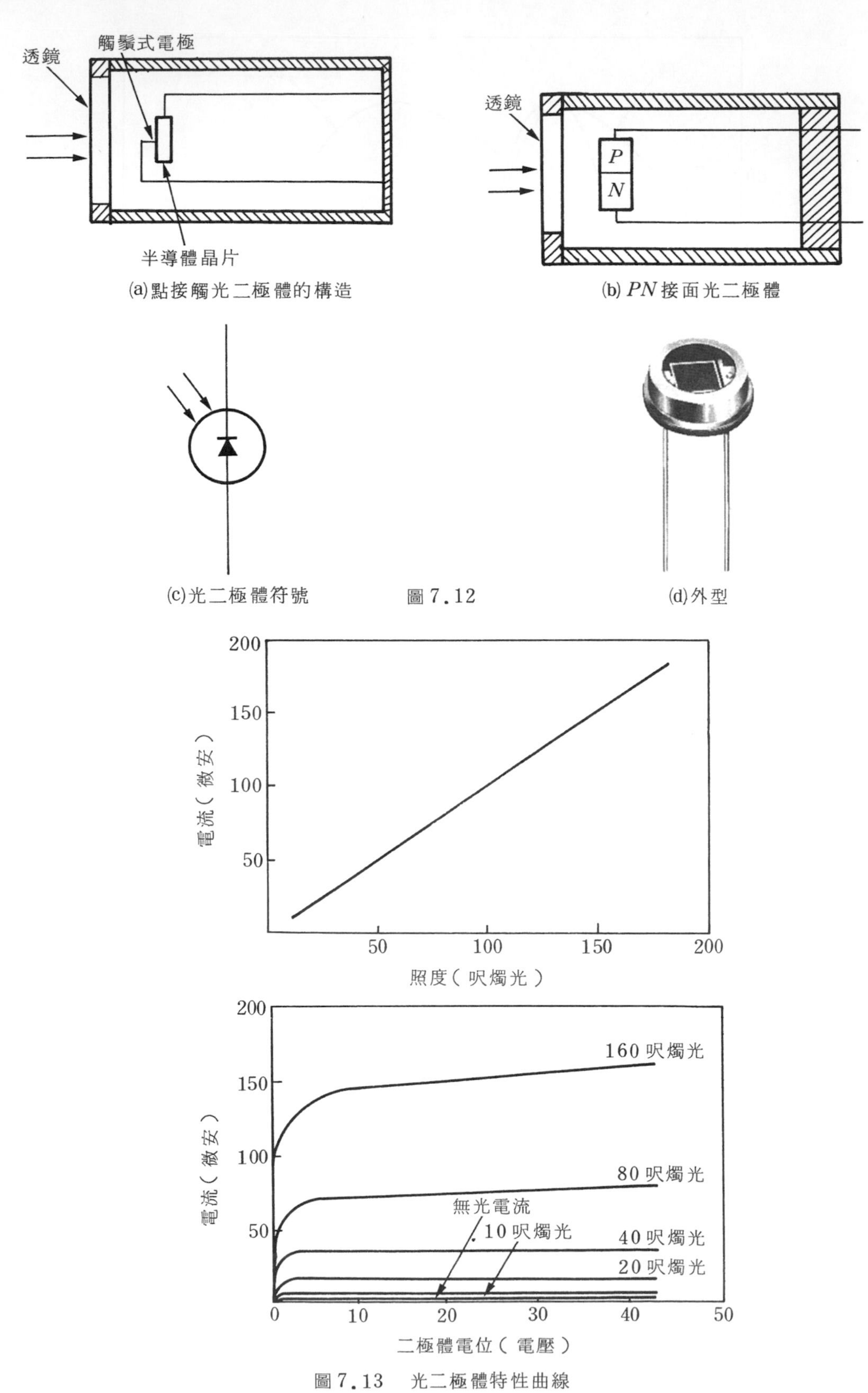

(a)點接觸光二極體的構造

(b) PN 接面光二極體

(c)光二極體符號

圖 7.12

(d)外型

圖 7.13 光二極體特性曲線

4. 光二極體(photo diode)

光二極體和光電池一樣，也是 PN 接合的半導體元件，但與光電池不一樣的是光二極體必須外加電源才能工作，且光電池比光二極體體積大、摻雜多，其典型電流值以 mA 爲單位，而光二極體以 μA 爲單位，圖 7.12 爲光二極體之構造與符號及外型。

光二極體必須工作於順向偏壓，其逆向電流是由於本身少數載子造成，這些少數載子的數目視溫度與照射光能之大小而定。光二極體主要是利用光能照射在二極體空乏層，使二極體的少數載子增加，以增加其電流值之元件。圖7.13爲光二極體之特性曲線。

光二極體的優點爲其交換速度快，可以在幾個奈秒（ ns ）內改變電流的導通與截止。因此光二極體是一種高速光偵測元件，而被用在對光轉換速度較快的各類應用中。

5. 光電晶體(photo-transistor)

光電晶體是將半導體的光反應特性與電晶體的放大能力併合一體的裝置，與一般電晶體相似，它可做成 NPN 或 PNP 組態，圖 7.14 (a)爲 $GE\ L\ 14A$- 502 NPN 矽光電晶體之外型，其構造與符號如圖(b)、(c)、(d)所示。

當光照射到集 - 基的 PN 接面（光二極體）時，如圖 7.15 等效電路所示，即產生類似雙極性電晶體BJT之基極電流 I_λ ，此時的基極電流 I_λ 與 I_{co} 相同，因此，可得到集極之電流爲

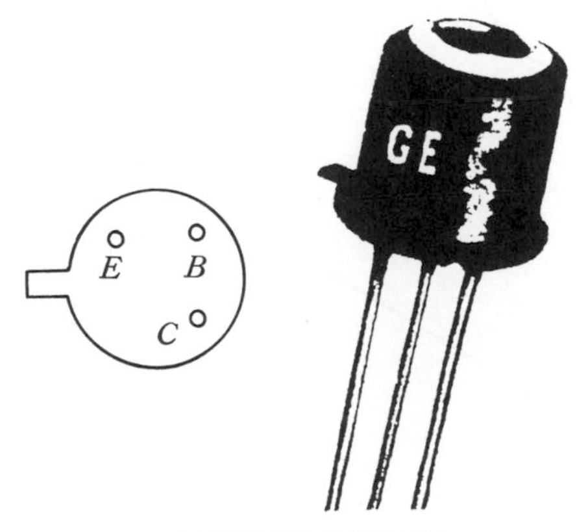

(a) NPN 矽光電晶體

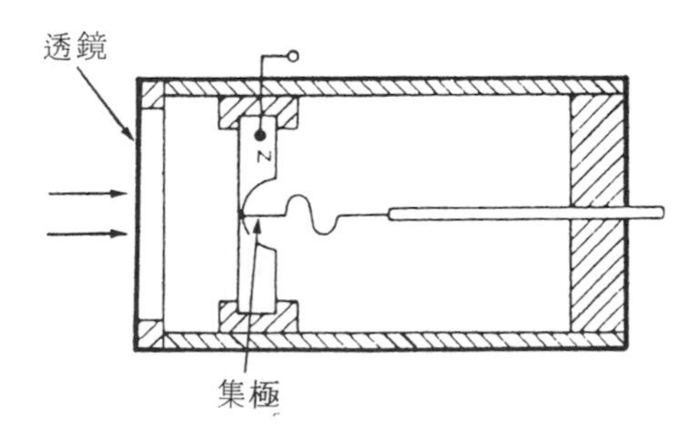

(b)點接觸光電晶體的構造

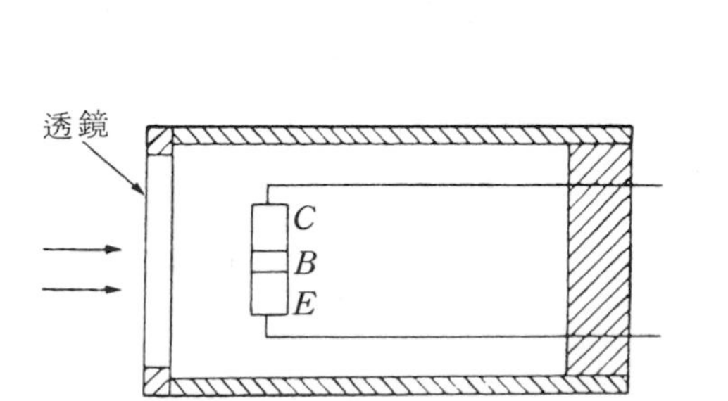

(c)接面型光電晶體的構造

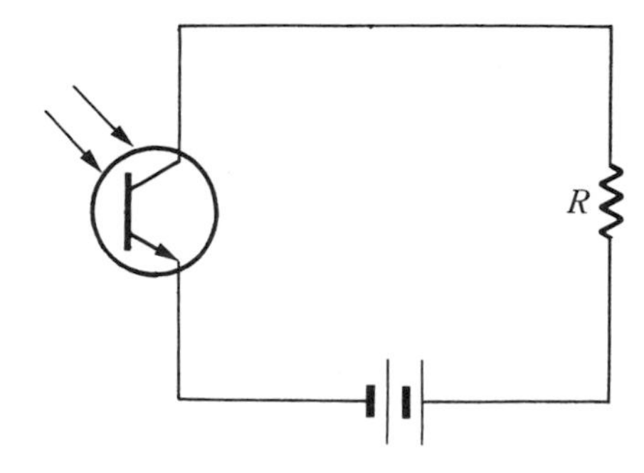

(d)光電晶體作爲轉換器放大器

圖 7.14

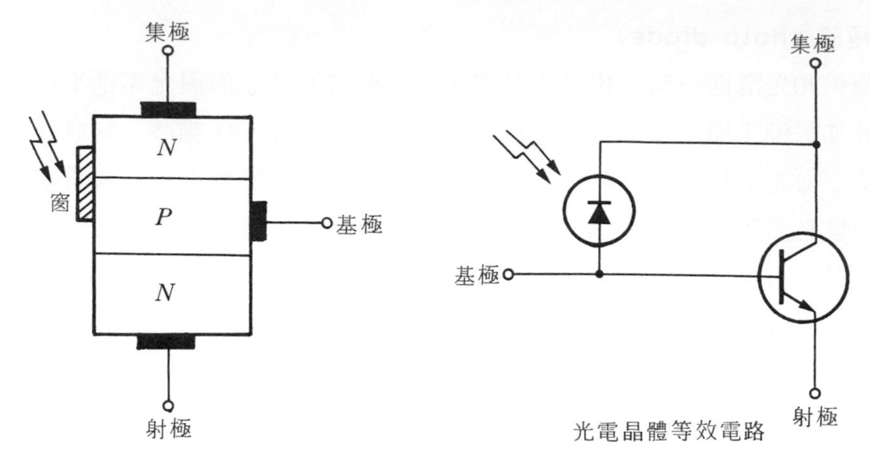

圖 7.15　光電晶體等效電路

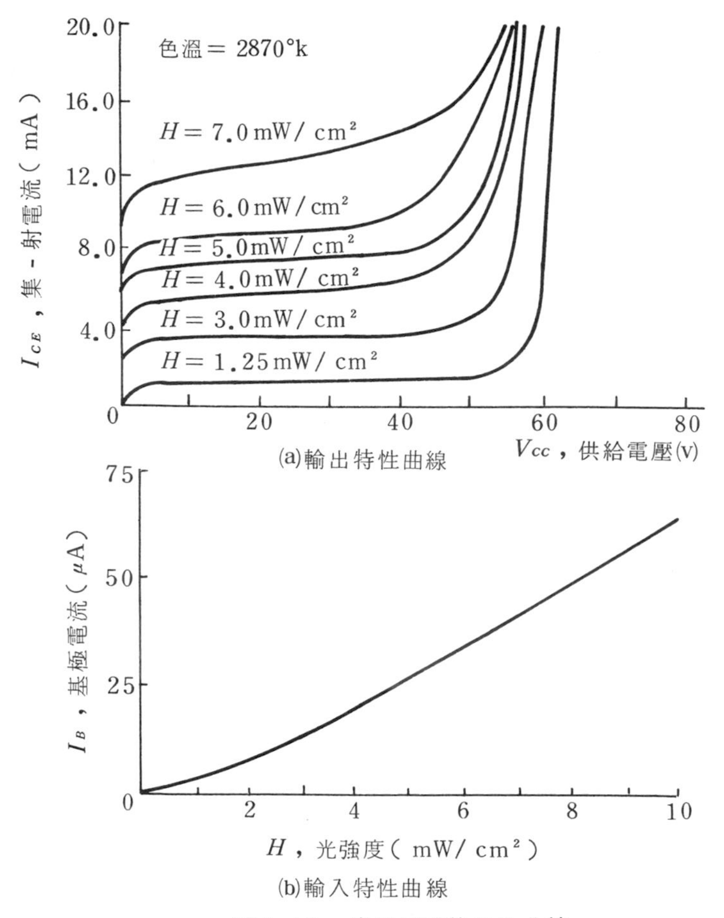

圖 7.16　光電晶體的特性曲線

$$I_C = h_{fe} I_\lambda \tag{7.6}$$

$$I_{CEO} = (1+\beta) I_{CO} \tag{7.7}$$

由（7.7）式知光電晶體比光二極體靈敏，其所產生的電流爲光二極體的 β 倍左右。圖 7.16(a)爲光電晶體的輸出特性曲線，與一般電晶體特性曲線相似，唯一不同是光電晶體的輸出曲線是由不同的照光輸入所構造，照光單位爲mW/cm²，圖(b)爲輸入特性曲線中，基極電流與照光的關係爲直線性。

光電晶體的基極通常是開路的。爲了增加對光的靈敏度，可將電晶體與光電晶體連在一起形成達靈頓對，如圖7.17所示，集極電流約爲$\beta^2 I_{co}$，有些廠商已把它裝在一起而成光—達靈頓電晶體，增加靈敏度的代價是使速度降低。表7.3列出三種光半導體的典型特性。

光電晶體對於入射光的波長感度的最大波長爲800 μm，所以對於砷化鎵(GaAs)發光二極體和鎢絲燈泡所發出的光，轉換效率最佳，其響應也特別佳，適合於高度開關，除此之外，光電晶體的輸出電流大於光二極體的$(1+h_{fe})$倍，亦是光電晶體的特點。

6. 光矽控整流器(light activate SCR)(LASCR)

光矽控整流器是一種光驅動的電子元件，它和一般的矽控整流器一樣具有*PNPN*

表7.3

型 式	輸出電流	轉換時間	截止頻率
二極體	微安區域	奈秒區域	> 1MHz
電晶體	毫安區域	微秒區域	> 100kHz
達靈頓	100-毫安區域	100-微秒區域	> 5kHz

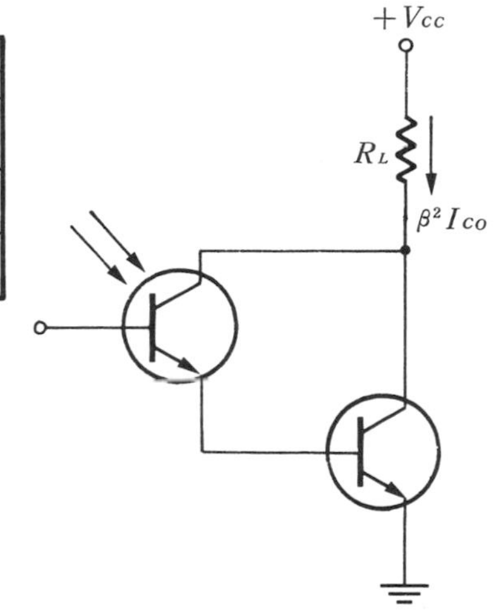

圖7.17 光電晶體之達靈頓對

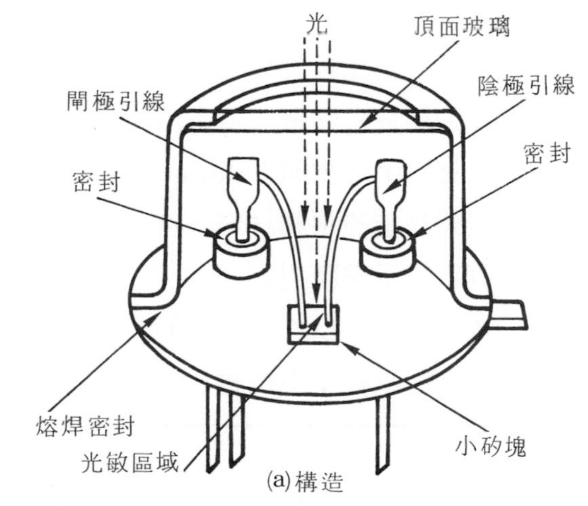

(a)構造

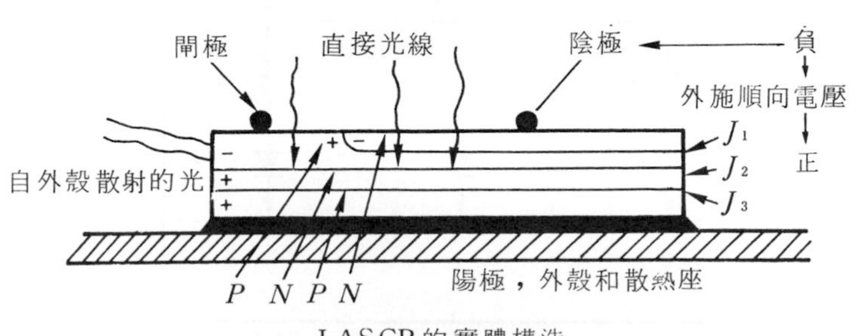

LASCR的實體構造

(b)實體構造

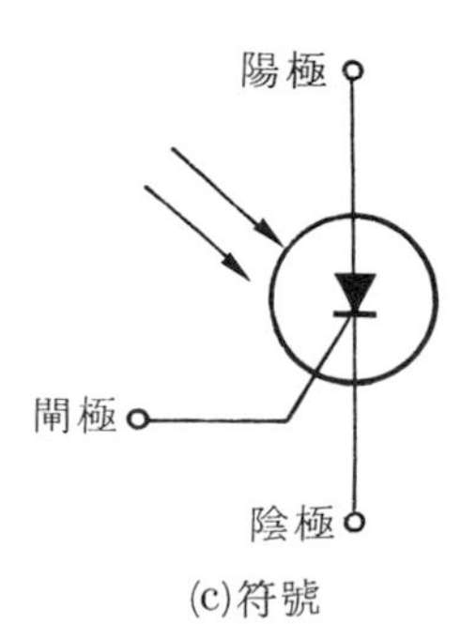

(c)符號

圖7.18 LASCR

四層的結構，如圖 7.18 所示，但除了可由閘極信號激發外，亦可由輻射光能所激發，當光線經過透明封裝照射到 J_2 接面時，就會有漏電流產生由 N 層進入 P 層，而此 P 層即為LASCR之閘極，如果此電流夠大，則LASCR的陽極和陰極將因受到激發而導通。

光矽控整流器和一般的矽控整流器之間的特性是極為相似的，現列舉出它們之間共同的特性：

(1) 閘極一旦受到觸發導通時，閘極便失去控制的能力。

(2) 此兩種元件，導通時陽 - 陰極間約存在 1 V 的電壓降。

(3) 溫度愈高，對這兩種元件的觸發愈是容易。

(4) 欲由導通狀態改變成截止狀態，可將陽極電壓降為零或予以反相極性的電壓。

除上述四點相似外，尚有其他相似之處，大家可參閱矽控整流器的說明。

7. 發光二極體(light Emitting Diode)(LED)

LED的PN接面是由兩種或更多種金屬化合物製成，此類金屬化合物為 Ⅲ - V 族化合物計有砷化鎵（GaAs）、磷砷化鎵（GaAsP）、與磷化鎵（GaP）等，這些材料要比其他單一元素的半導體更為有效的發射光，是因為它們大多是“直接能隙（direct-gap）”材料，而其他半導體則為“間接能隙（indirect-gap）”材料。

關於“直接能隙”與“間接能隙”兩者皆與電子自傳導帶能階轉移到價電帶能階有關。這種轉移（transition）發生在電子由 N 到 P 經由 PN 接面而與 P 材料中之電洞複合時，電子由傳導帶降到價電帶能階時，將額外的能量以光子輻射能釋出。

在直接能隙材料中，由傳導帶到價電帶的轉移是比較簡單的程序。但在間接能隙的材料中複合時，須較直接能隙材料中消耗更多的能量與動量。這是因間接能隙材料中的電子，會暫時陷落在禁帶中的能隙上。因這些材料中的施體（donor）與受體（acceptor）原子，存在於這些能隙上。直接能隙與間接能隙兩種材料中複合過程的差異可用圖 7.19 來加以說明。波狀線表示光發射，直線表示熱發射。

圖 7.19 (a)表示直接能隙材料之複合，圖(b)與圖(c)為暫時陷入的複合，圖(d)為三步的複合，其中電子與電洞分別為施體與受體能階所捕捉，然後再行複合放出部分輻射光

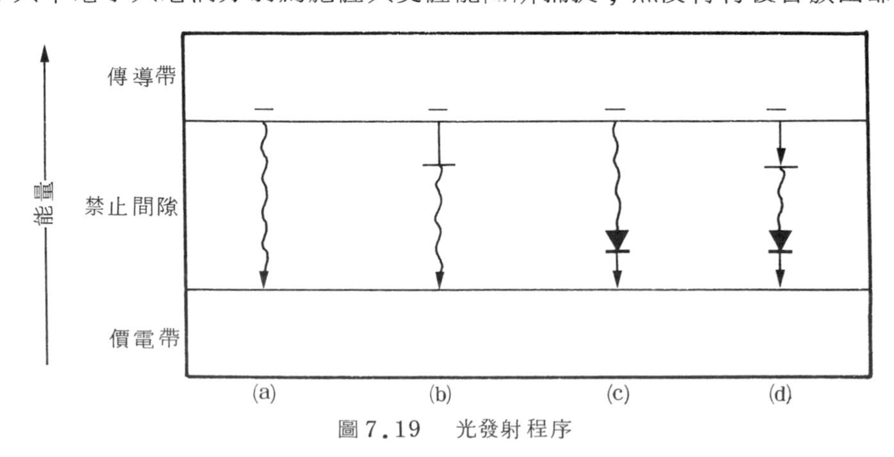

圖 7.19　光發射程序

表 7.4 發光二極體的材料種類及其主要特性

半導體材料	發光色	順電壓	發光波長	發光半值寬	外部發光效率	對於發光輸出的電流之直線性	脈波響應速度	用途
GaAsp	黃	1.7 V	6100 Å	400 Å	0.07 %	良	數 ns ～ 數十 ns	指示燈，數字，文字表示
	紅		6600 Å		0.1 ～ 0.2 (0.2)			
GaAlAs	紅	1.7 V	6700 Å	400 Å	0.1 ～ 0.2 (0.2)	良	數 ns ～ 數十 ns	指示燈，數字，文字表示
Gap	紅	2.0 V	7000 Å	1000 Å	1 ～ 2 (7)	飽和	數百 ns	按鈕電話等之指示燈，需以低電流動作的範圍，數字，文字表示。
	綠	2.2 V	5600 Å	2500 Å	.02 ～ 0.1 (0.6)	良	數十 ns	
GaAs	紅	1.3 V	9400 Å	400 Å	2 ～ 3 (30)	良	數 μs	光結合元件、光開關、光繼電器。

子。由此可見，直接能隙材料較間接能隙材料有更多的能量發射出來。

所放出輻射能之波長，是由材料之能帶間隙（band-gap）能量所決定，砷化鎵（GaAs）的能隙能量爲 1.37eV，其峯值發射波長爲 9000 Å。磷化鎵（GaP）的能隙較大（約 1.8eV），其峯值發射波長爲 7000 Å。因此輻射波長與能隙能量成反比，表 7.4爲發光二極體的材料種類與主要特性。

LED與一般矽PN二極體相比較，有較高的順向切入電壓（cutin voltage）及較低的逆向漏電流，這是因爲 Ⅲ-V 族化合物半導體之能隙較大的緣故，圖 7.20 爲 LED的V-I 特性曲線，LED 在使用時，一定要串接一電阻限流以防燒毀。

LED 的發光强度隨著順向電流比例增大，但有助於發光的再接合却因材料而異，因此特性如圖 7.21所示有若干差異，其中GaP的紅色因高電流而呈飽和現象，而 GaAsP的紅色却不致因高電流而呈飽和，故可使接合溫度上升或減少，且可利用視覺暫留的殘像效果以增加亮度的脈衝驅動，對於七段（seven segment）顯示器元件之驅動電路而言，不但可減少元件，更有助於經濟效益。

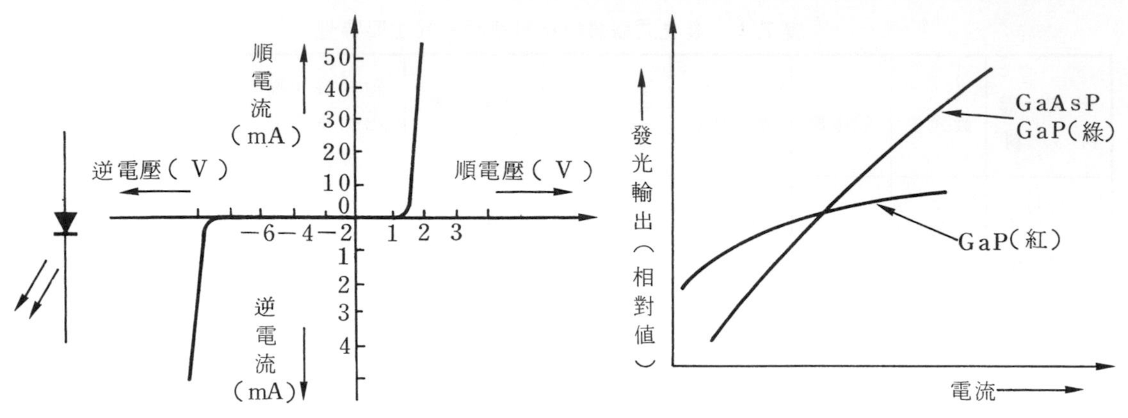

圖7.20 發光二極體的電壓電流特性

圖7.21 發光二極體的發光輸出與電流

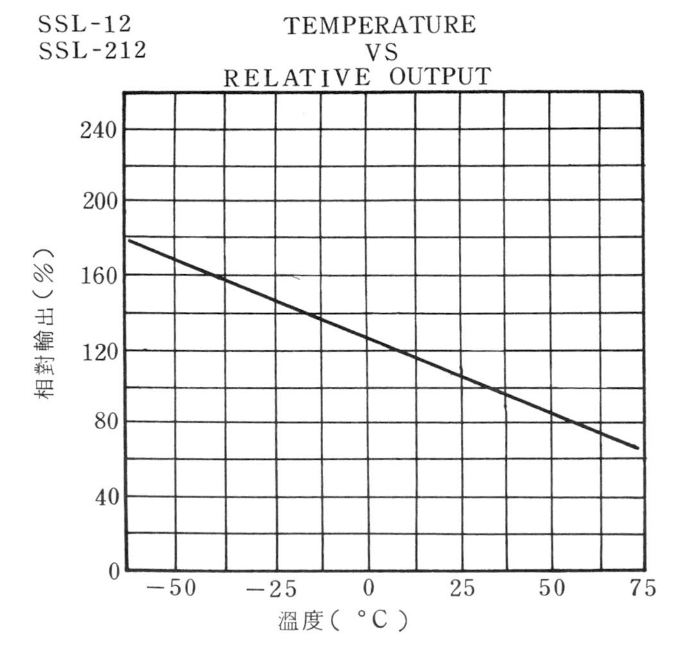

圖7.22 LED之發光強度與溫度之關係

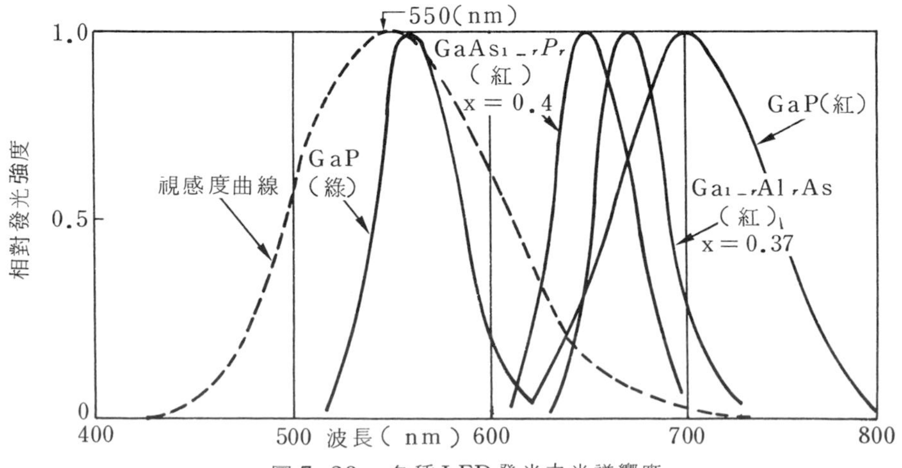

圖7.23 各種LED發光之光譜響應

圖7.22所示爲LED之發光强度與溫度之關係，溫度上升，其發光强度隨之下降，此乃因再複合發光的概率是隨溫度而改變。且發光波長亦隨溫度上升而轉移到波長較大的一端。圖7.23所示爲各種LED發光之光譜響應。由圖中可看中LED具有非常窄的發光波長，其波長分別如表7.4所示。

LED發光輸出的指向性分布，如圖7.24所示，受發光二極體外型和封裝所使用樹脂之散射效果等影響，而有各種不同之特性，在將電能轉變爲光能的效率方面GaP高於GaAsP，GaP的典型效率爲1.0%～3.0%，而GaAsP爲0.1%～0.2%，因此GaAsP僅能由頂層發光，而GaP則有較多指向的光輸出，圖7.25與7.26分別爲GaP的光譜反應與電流功率輸出特性。

8. 雷射二極體(laser Diode)

雷射（laser）於1960年間，首先被發現於Al_2O_3中摻雜Cr，隨後1961年的氣體雷射（gas laser）和1962年間的GaAs雷射二極體卽蓬勃的發展。注入式的雷射二極體（injection laser diode）在發展的當初和其他雷射系統相比，其可用性是最慢被發現。其主要原因是由於注入式雷射二極體的低功率和低的工作溫度，就因上述

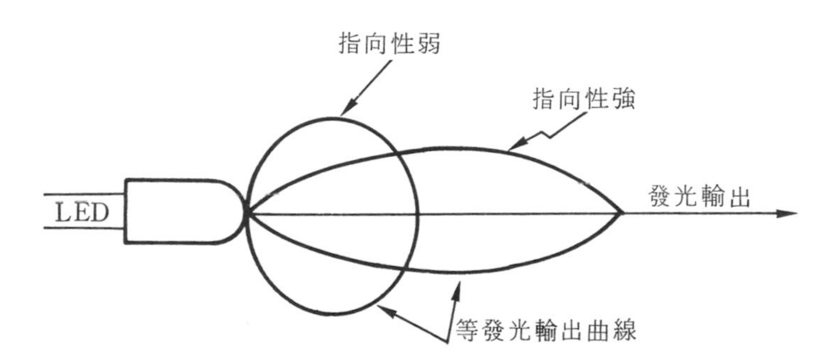

圖7.24　發光輸出之指向性

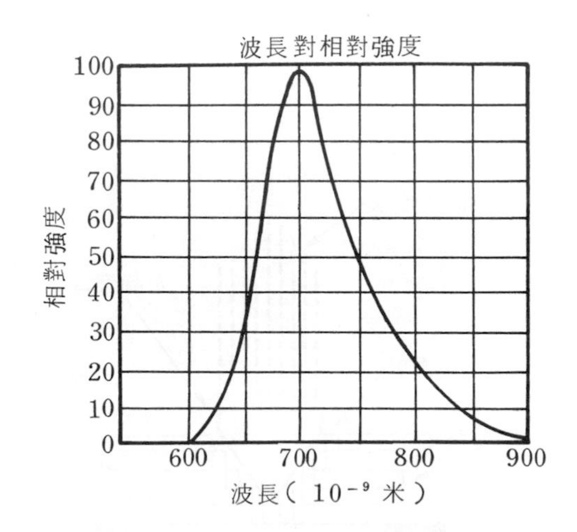

圖7.25　GaP固態燈（GE公司產品SSL-22）的光譜反應

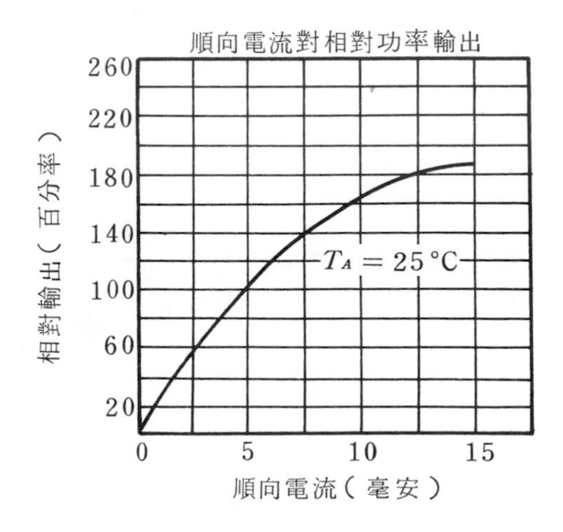

圖7.26　GaP SSL（GE公司產品SSL-12，212）的電流－功率輸出特性

兩種原因限制了注入雷射二極體的發展。但是，經日後所發展出的異接面（ hetro - junction ）方式，使得注入式雷射二極體能工作於室溫或較高的溫度且其臨界電流密度（ threshold current density ）也由原先 30 安培 / 瓦特的功率輸出降至 1.5 安培 1 瓦特，大大地下降爲原先的廿分之一（因爲很容易即可於再接合區得高載子密度和高光通之故）。

雷射二極體之所以會產生雷射光是藉著自透發射現象，連續激發發光者就是半導體雷射。所謂自透發射現象就是使半導體內部激發電子 - 電洞對，當再結合時所發出的光，藉著兩面鏡子反射則自光發出的光可再激發電子 - 電洞對，如此，發光的效率可更加顯著。請參閱圖 7.27 。

下列四種方式可形成激發狀態即

(1) 利用 PN 接合，以順向電壓注入載子。

(2) 加高電場，利用累增效應（ avalanche effect ）獲得電子 - 電洞對。

(3) 利用光照射。

(4) 利用電子照射。

以上四種方式中，以第一種方式最爲普遍。如圖 7.28 所示，即利用 PN 接合，以順向電壓注入載子。

其 PN 接合面結構特殊．如圖 7.29 所示。能使發射的光子聚合集中在一起。雷射

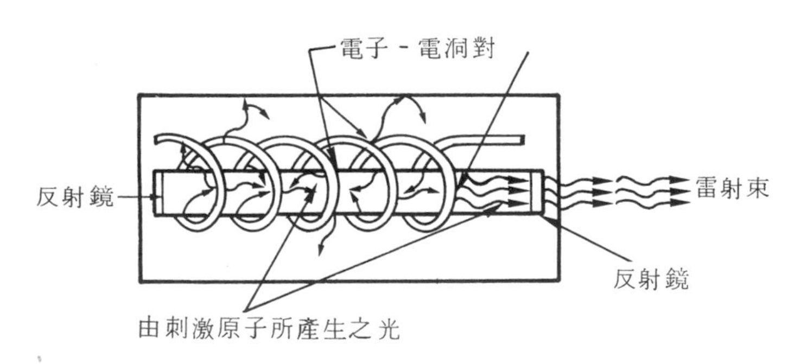

圖 7.27

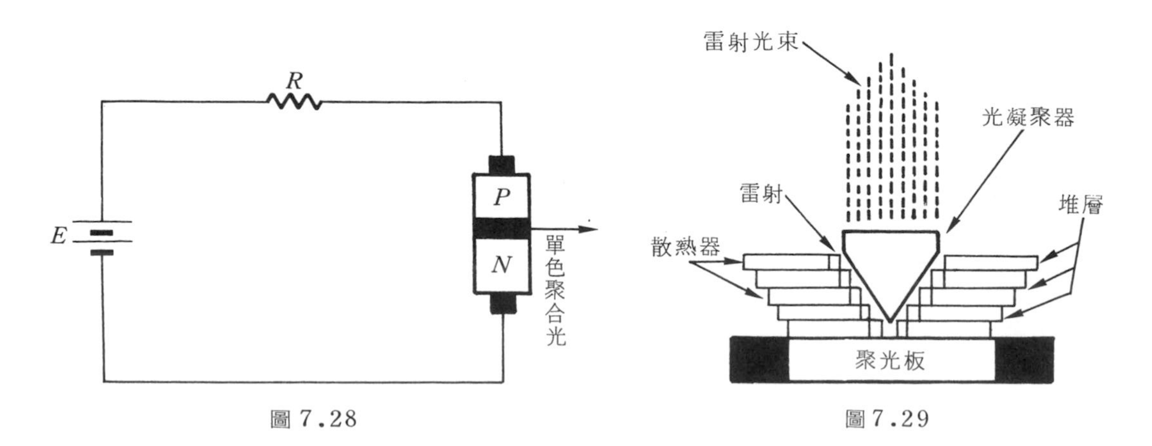

圖 7.28　　圖 7.29

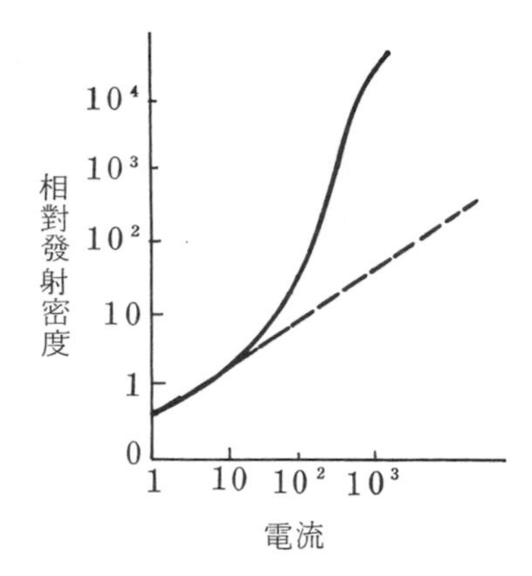

(a)典型GaAs雷射二極體發射強度與電流的關係

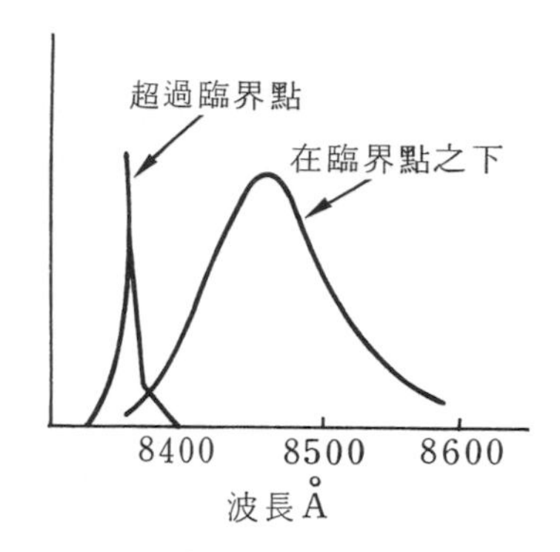

(b)雷射臨界反應曲線

圖 7.30

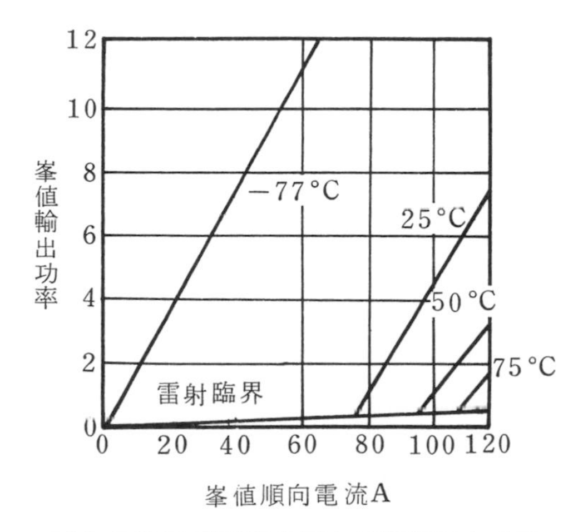

(a)在各種溫度下峯值順向電流與輸出功率

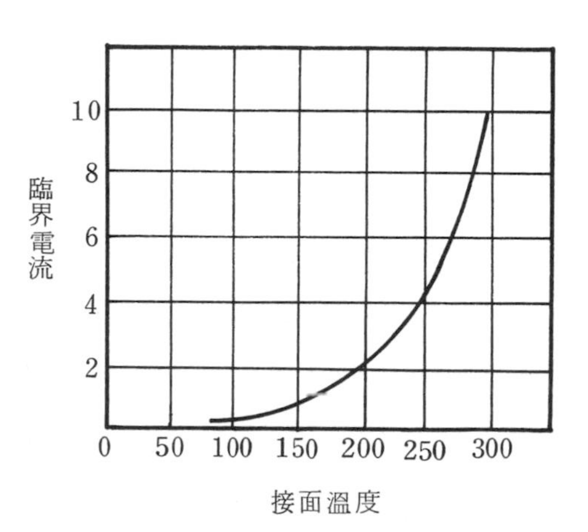

(b)雷射的臨界電流與溫度有關

圖 7.31　GaAs雷射二極體

二極體的電流（相對發射密度之特性曲線）和一般的二極體電流（電壓曲線）極爲相似。唯雷射二極體需要更高的順向電壓和電流。如圖 7.30 所示，雷射二極體在順向電流超過臨界點所放射的雷射光子都具有相同的頻率和相位，因此，其放射光密度急劇增加，由圖 7.30 (b)可知當雷射二極體的電流小於臨界電流時，其放射光的波長分佈於 8400 Å～ 8500 Å之間，可是，當電流超過臨界點時，其放射光的波長反而降低而集中於某一波長上，因而形成單色聚合光。

溫度對半導體所產生的效應，於雷射二極體同樣也難於避免，如圖 7.31 所示，可歸納出溫度對它的影響。由圖(a)不難發現於同樣的順向電流時（以110 A爲例），溫度愈高峯值輸出功率便越小，由(b)圖可看出接面溫度愈高，所需的臨界電流值也愈高，由以上各種現象和推論，可知溫度愈高，雷射二極體所放射的光波波長會降低。

雷射二極體的能量轉換可達 50 %，適用於通信設備和工業控制。

9.　光耦合器(optical Coupler)

在早期，兩電路間之電性隔離都是使用繼電器、絕緣變壓器或是其他設備來達成，但它們有許多缺點，如體積、重量、頻率響應或環境等條件的限制，爲了某些特殊應用的需要，光耦合器遂應運而生，因有了它不但可以解決上述諸問題，同時由於 IC 製造技術日新月異，大量生產使成本降低且使用方便，因此運用日趨普遍。

表7.5 具代表性光耦器特性之比較

光源(發光元件)	受光元件	電流轉移比 CTR	響應速度 t_r，t_f	特性
霓虹燈 鎢絲燈	光敏電阻 CdS		數ms～ 數百ms	△交直流兩用 △價廉 △消耗電力大 △壽命較半導體者爲短
可視光 LED	CdS		數ms～ 數百ms	△交直流兩用 △價廉 △CTR之劣化，經年變化較大
可視光 LED	光電晶體 PT	數%	2μs～ 5μs	△響應速度快，暗電流小 △價廉 △CTR之劣化，經年變化大 △CTR小
紅外光 LED	達靈頓 PT	100～ 1000%	50μs～ 700μs	△CTR高 △暗電流較大 △靈敏度之差別大
紅外光 LED	光二極體 PD(PT) ＋IC	100～ 600%	數10ns ～1μs	△響應速度快，CTR高 △可與TTL連接 △價昂
紅外光 LED	photo SCR			△可控制交流信號 △控制電力大 △價昂
紅外光 LED	PIN型 PD	0.2%	數10ms ～數百ns	△響應速度快 △輸出之線性良好 △CTR小
紅外光 LED	PT	7～30%	2μs～ 5μs	△響應速度快，暗電流小 △CTR之劣化小，壽命長 △價廉 △CTR較達靈頓方式者小

光耦合器也叫隔離器（ optical isolator ），它是由光發射器與光檢出器（ photo-detector ）組合在一個像 IC 形狀的封裝內，這個光檢出器可以是前面所介紹的任何一種元件皆可，它可以是光敏電阻，光二極體，光電晶體，LASCR 等，而光發射器可爲白熾燈、氖燈，LED 等，發射器與檢出器間之導光透明介質，可爲空氣、玻璃、塑膠或光纖維等，光耦合器元件，由於各組不同的組合，而構成不同的輸入 - 輸出特性，表7.5爲各種具代表性光耦合器特性之比較。

光耦合器開發時，因發光二極體之壽命（靈敏度劣化）較低，具電流轉移比（ current transfer ratio）僅數％，價格昂貴，故未能普及，但今日半導體技術不斷的進步，使發光二極體的製造技術也大大的提高，其半壽命期已可達 10 萬小時（所謂半壽命期 half life 是指發光二極體因靈敏度劣化，而使電流轉移比降到初期值的 50％時之時間）。其主要用途爲電子計算機之週邊機械外、計測儀器、自動販賣機等亦競相使用光耦合器。

圖 7.32 爲光耦合器的外型圖與內部電路，其結構如圖 7.33 所示。

光耦合器就其性能而言，其動作和一般的繼電器或脈衝變壓器相同，爲一種信號耦合器的製置，其主要特徵有下列幾項：

(1) 輸入和輸出之間呈完全絕緣。
(2) 信號傳遞爲單一方向，輸出信號並不影響輸入側，故無負載效應（ loading effect ）。
(3) 共模互斥比（ common mode rejection ratio ）大。
(4) 無接點式壽命長。
(5) 響應速度快。
(6) 易和邏輯電路相連接。

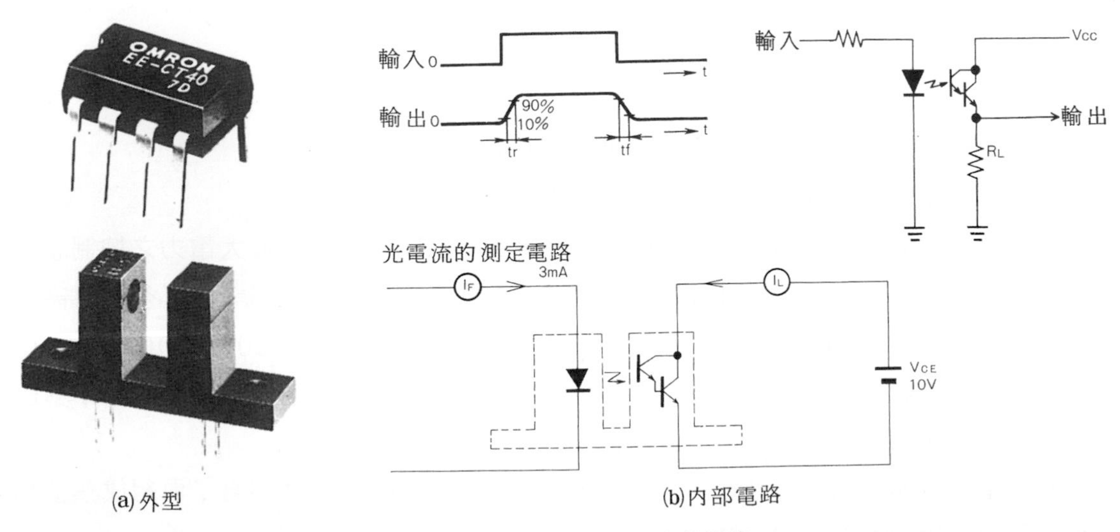

(a)外型　(b)內部電路

圖 7.32　光耦合器的外型及內部電路

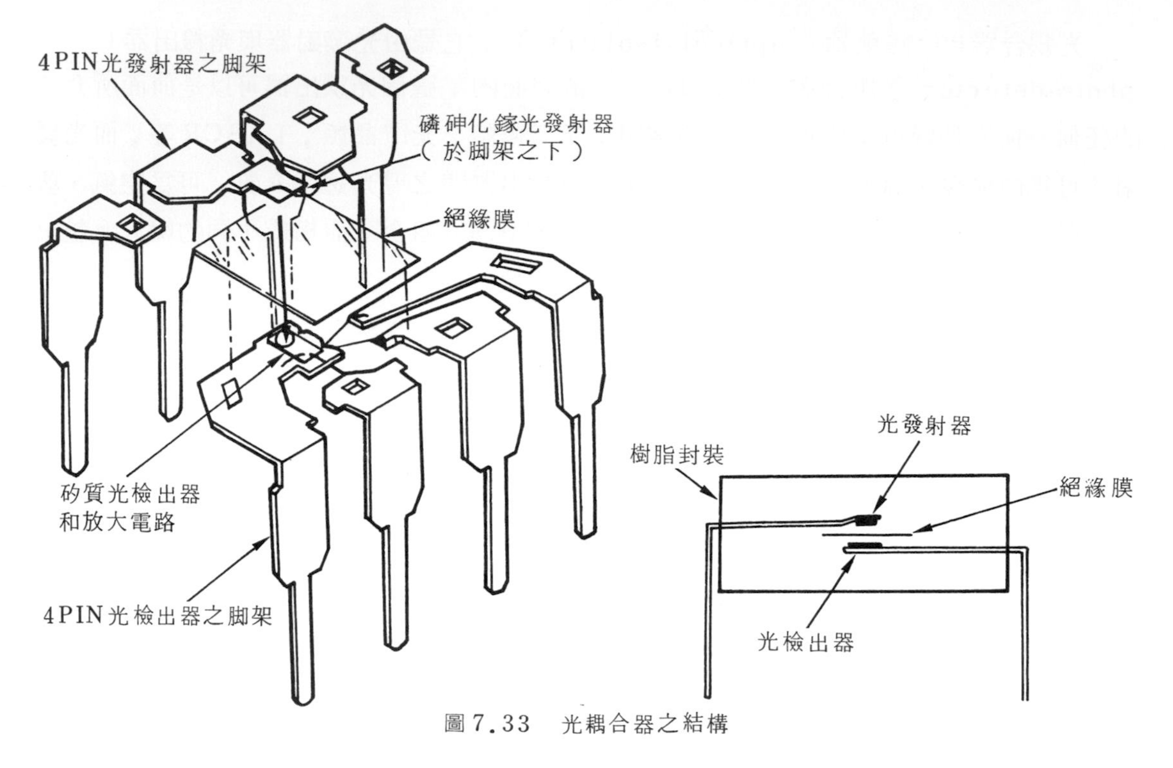

圖 7.33　光耦合器之結構

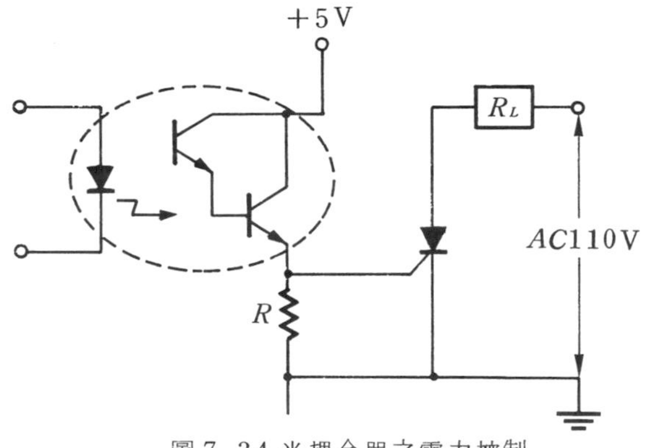

圖 7.34 光耦合器之電力控制

(7)　體積小、重量輕、耐衝擊力。

雖然光耦合器有上述優點，但是，仍然具有下列兩個缺點：

(1)　頻率特性僅達100kHz，較脈衝變壓器爲慢。

(2)　其所能通過之電流和其所加電壓有一定限度，故較不適合用於大電力之控制。

關於頻率特性，一般電子計算機週邊機械之I/O介面或通信機械等，必須使用高速動作之場合，可使用PIN型光二極體之高速受光元件，其速度可達20～100ns，但僅用PIN型光二極體時，因其電流轉移比甚低，約0.2%而已，故實用上仍有困難，雖已有附加放大之光耦合器問世，但價格甚昂，而未能普遍應用。

至於電力控制的問題，可應用光耦合器與SCR或TRIAC之組合，而組成無接點式繼電器用以控制電力，如圖7.34所示。

現今已有專用以控制交流電力之固態繼電器（ solid state relay ）SSR問世，其內部結構如圖7.35所示。

有關SSR與電磁繼電器之比較如表7.6所示。

10. 液晶顯示器(liquid Crystal Display-LCD)

液晶顯示器是一種藉著電場動作，而消耗功率非常小的元件。消耗功率則是液晶顯示器的一個明顯優點，一般只需幾個微瓦（microwatts），然而同類型的發光二極體却高到幾個毫瓦（milliwatts）。由於液晶顯示器本身無法發光，故工作時需借助於外來的光源，方能淸楚看出液晶顯示器上的顯示，同時光的工作溫度也只限於0°C到100°C。到目前一直提到液晶顯示器，但到底液晶（liquid crystal）是甚麼呢？所謂液晶，就是一種液態的物質，但它的分子結構却具有一些固體分子結構的特性，液晶在電場的作用下，分子將順著電場方向排列，液晶的結構也顯示規律性。於是，利用液晶分子受電場作用，改變其分子的排列現象和光線在液晶內部傳導的特性受分子排列影響，而製成液晶顯示器。

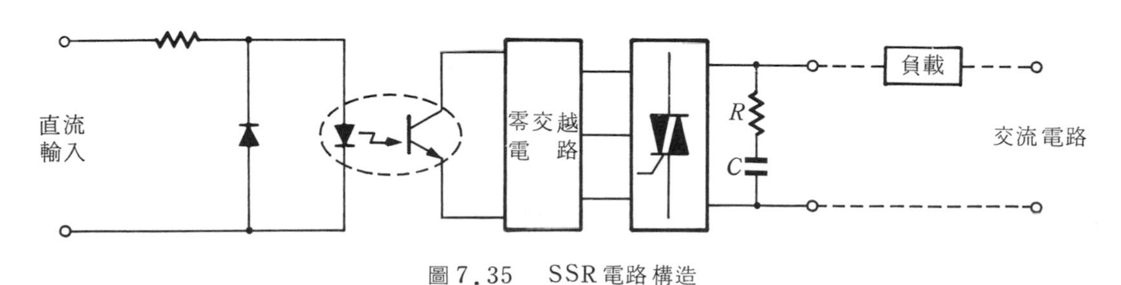

圖7.35　SSR電路構造

表7.6　SSR與電磁relay之比較

項　目	SSR	電磁relay
(1)輸出、輸入間之絕緣性		
絕緣電阻	min　10^{11} Ω	min　10^{8} Ω
絕緣電壓	AC　1500V	AC　500～200 V
(2)因外部之振動或衝擊而引起誤動作之可能性	無	有
(3)接點之障害	無	有
(4)接點部分之火花	無	有
(5)因接點不良而引起誤動作	不發生	可能發生
(6)動作速度	max. 1/2 cycle	約20ms
(7)驅動電力	小（數mW） 可用TTL，DTL予以動作	大（0.1～數W）
(8)壽命	10萬小時（與開關次數無關）	10萬～200萬次開關動作
(9)開路時之洩漏電流	有（6mA　rms）	無
(10)動作溫度範圍	－20～＋85°C	露出形－10～＋40°C 封入形－40～＋60°C

液晶顯示器於構造上加以區別可分爲兩種：

(一) 動力散射式液晶顯示器（dynamic scattering type LCD）

即加上電場時，液晶受電場的作用產生擾動，由於液晶的擾動對光線有反射作用，因此，數字便能於顯示器上顯示出來。

(二) 場效式液晶顯示器（field effect type LCD）

此種液晶顯示器是目前最被廣泛使用的液晶顯示器，其工作原理是當加電場時改變液態晶體分子的排列方向，因而改變了光的極化方向，所以將偏光器（light polarizer）置於面板和背板上，就能吸收光線，使數字顯示出來。場效式液晶顯示器的消耗功率僅爲動力散射式液晶顯示器的十分之一，而其轉換速度却較快，所以，目前所使用的液晶顯示器大部份多採用此類，但是，場效應式液晶顯示器仍存在一些缺點，諸如由於偏光器的使用，在高溫之下，偏光器會逐漸退化而失效，彌補之道是另加一層保護層，因此，使顯示器的厚度大大地增加，尙有液晶的轉換時間隨溫度的下降而增加，爲了加快其轉換速度，只有讓液晶工作時周圍溫度不要過低，其方法即可在液晶顯示器背板上附加一加熱器，使提升溫度，爲達此目的常使線路顯出過於複雜。

圖 7.36 所示爲動力散射型液晶顯示器是最被感到興趣的Nematic liquid crystal 的結構，圖中的氧化銦是一透明導電薄面，入射光能夠非常輕易地經過這層導電薄面，通過排列整齊可透光的液晶再經另一面導電薄面（氧化銦），當電壓（一般切入電壓在 6 V 到 12 V 之間）跨接於兩片氧化銦導電薄面之間，馬上建立一電場，液晶分子

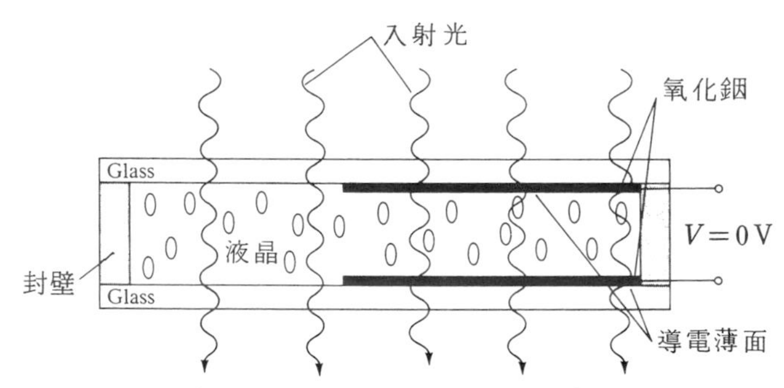

(a) Nematic 液晶未接上偏壓時

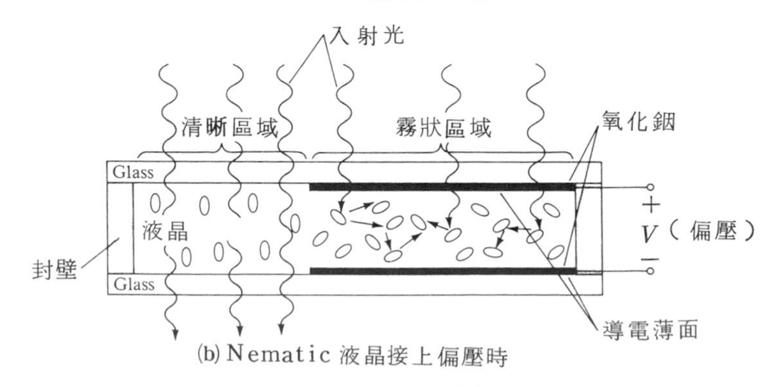

(b) Nematic 液晶接上偏壓時

圖 7.36　動力散射型液晶顯示器

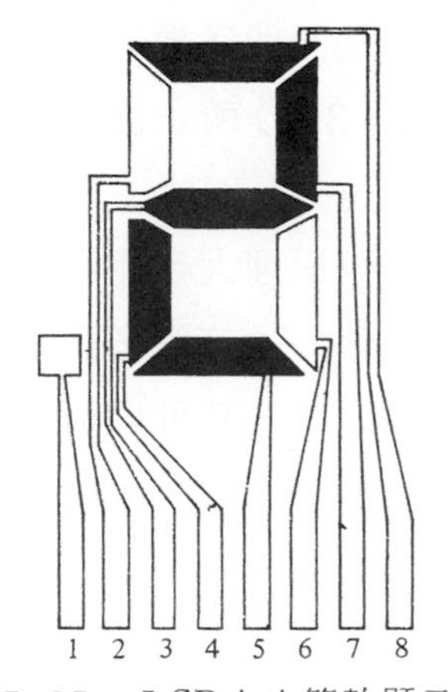

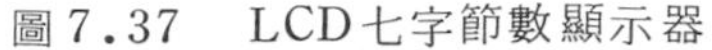
圖7.37　LCD七字節數顯示器

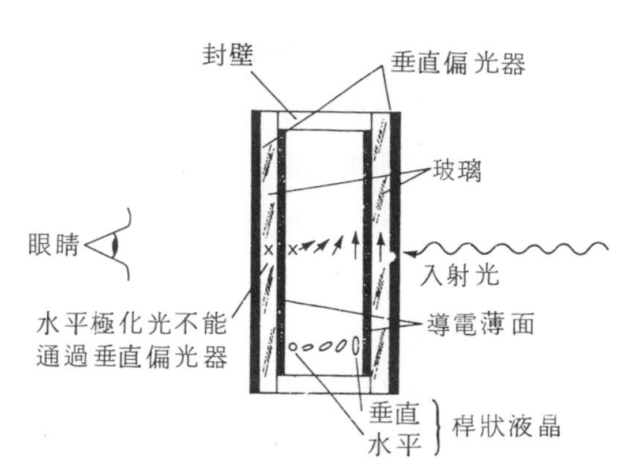

圖7.38　傳遞式場效LCD未接偏壓

的排列受到電場的擾動排列整齊的秩序爲之散亂，因此，對入射光線產生了折射現象，入射光受到折射，於玻璃表面便呈霧狀，此種現象僅在於有電場存在的區域，而無電場的區域，液晶仍然很有規律的排列，使得入射光非常容易通過，基於這種結果，液晶顯示器便可預先欲顯示的文字、數字或圖案製成導電薄面，而兩導電薄面間封裝液晶，將導電薄面用引線接出加以控制即可成爲一液晶顯示器，現以（圖7.37）所示說明如何使用液晶顯示器顯示所需的數字，例如欲顯示數字2，只需將第7、3、4、8和第5腳接上工作電壓，其他腳懸接，如此這些受電場擾動的區域便呈霧狀而使光線反射，其他區域仍然能使光線透過，因此，數字2便能顯現於液晶顯示器上。

場效型液晶顯示器，同樣和動力散射型液晶顯示器具有七段顯示的外貌，唯不同的是場效型液晶顯示器的外表多了兩層偏光器（light polarizer）場效型液晶顯示器依運作方式又能夠分成反射式（reflective mode）和傳遞式（transmissive mode）兩種。

傳遞式場效型液晶顯示器需附帶一內部光源，現以圖7.38所示來說明其工作原理，所需附帶的光源在右邊，目視者位於左邊，請注意本圖和動力散射型液晶顯示器的最顯著不同，即它多了兩種偏光器，光自顯示器的右邊射入，因爲右邊有一垂直偏光器，因此，入射光只有在垂直分量上的光能夠通過此偏光器，同時，左邊的偏光器也一樣只允許入射光於垂直分量上的光通過，對於場效型液晶顯示器而言，其右邊的透明導電薄面是經化學腐蝕成爲有機薄膜（organic film），它的方向是和液晶內垂直平面相同，請參閱圖最右邊的垂直桿狀液晶分子，而左邊的導電薄面則和液晶內垂直面相差90°。

(1)　假若導電薄面上沒有電壓時，入射光於垂直分量上的光進入到液晶的區域，並且順著液晶分子彎曲90°的結構，到了左邊的垂直偏光器，並不允許它成水平極化的光線通過，因此，觀察者只能看到整個顯示器是暗黑的一片，反之，當切入電壓被加至兩導電薄面時（一般是2～8V）桿狀液晶分子，將隨著電場的變化，而使原先偏差90°的現象消失，於是，入射光很輕易地便能通過液晶內部分子和左垂直偏光器，而使觀察者能看到顯示圖樣。（圖7.39）所示爲一傳遞式場效型液晶七字節顯示器。

(2) 反射式場效液晶顯示器和傳遞式場效液晶顯示器其運作原理大致相同，其不同的是反射式液晶顯示器結構上除了應有的液晶外，尚包含一垂直偏光器一水平偏光器和一反射器（reflector），其運作原理和結構由圖7.40可看出。

當兩導電薄面加上電壓時，入射光由圖右方射向垂直偏光器，只有入射光垂直分量上的光能穿過垂直偏光器，經液晶分子到達水平偏光器前，光的方向已經受晶體分子排列的影響轉了90°，因此，能非常順利地通過水平偏光器，直接照射於反射器上，再經反射回來，再度經過水平偏光器，液晶分子垂直偏光器，再到達觀察者的眼睛。

假若，於兩導電薄面上沒有電壓存在，則液晶顯示器上只是一片亮度極爲均匀的透明面，反之，兩導電薄面上有電壓存在，則顯示器是一片暗黑的面，這暗黑的區域大小、形狀和預先設計的圖樣相同。其圖樣可爲數字、文字或目前市面常見的迷你電動玩具圖案。圖7.41所示是一數字圖樣，請注意圖樣黑白對比和傳遞式場效液晶顯示器正好相反。

液晶顯示器的推動電壓和其它顯示器有所不同，正確的液晶顯示器推動電壓是不含直流成分的交流電壓，如果直流電壓的成份高於某一定值，將使液晶顯示器的壽命減少，甚至損壞而不能使用，至於推動電壓的振幅也非常重要，必須有大於額定電壓顯示器才能工作，但是振幅也不能過大，否則將有漏電現象產生而影響正常工作，此外，推動信號的頻率和工作週期也極爲重要，頻率必須選在 30 到 50Hz 之間，不宜過高，否則液晶分子的轉換速度無法跟上。工作週期期也必須爲 50％，否則會產生直流成份電壓，液晶顯示器的等效電路爲 RC 並聯電路，其等效電阻值至少有 100MΩ 以上，等效電容則於 170 pF 到 0.001 μF間，所以推動器的輸出漏電流要小，方足以關閉顯示器，同時輸出特性必須具有電阻性，使輸出之交流信號正負對稱，而不具直流成份，依照以上條件來選擇推動元件的話，則CMOS系列的元件正符合這些要求，使用CMOS元件來推

圖7.39 傳遞式場效型LCD數字顯示器

圖7.41 反射式場效LCD數字顯示器

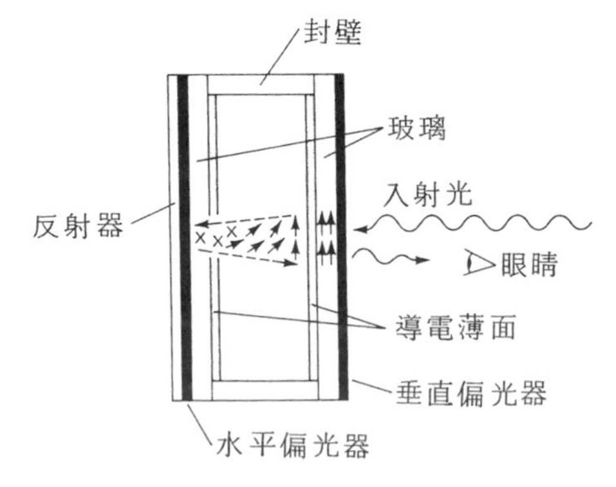

圖7.40 反射式場效LCD未接偏壓

動功率消耗極小的液晶顯示器是最適合的。

7.3 實習材料

100Ω × 1

220Ω × 1

470Ω × 1

1kΩ × 1

1.5kΩ × 1

2.2kΩ × 1

3.3kΩ × 1

4.7kΩ × 1

5.1kΩ × 3

10kΩ × 3

15kΩ × 1

68kΩ × 1

100kΩ × 1

180kΩ × 1

470kΩ × 1

0.1μF × 1

500μF × 1

VR 100k × 1

VR 200k × 1

Cds × 1

LED × 1

燈泡 × 1

光電晶體 × 1（特性與GEL 14A-502相近）

光伏打電池 × 1

npn(2SC1384) × 3

741 × 1

IN4001 × 2

pnp × 1

齊納12V × 1

SCR × 1

2SC372 × 1

SSR × 1

7.4 實習項目

工作一：LED特性測試

工作程序：

(1) 按圖7.42接妥電路。

(2) 將函數波產生器波形置於正弦波位置，並將輸出頻率設定在1kHz輸出振幅為5 V_{P-P}。

(3) 示波器置於外加同步且如圖所示接妥垂直與水平輸入。

(4) 將示波器之波形描繪出來，於表7.7紅、綠、黃三種顏色之導通電壓各為多少？

工作二：光敏電阻CdS實驗

工作程序：

(1) 按圖7.43接妥電路。

(2) 用手覆蓋於CdS，觀察燈泡是什麼情況？

(3) 將手移開讓光照射到CdS，此時燈泡處於何種狀況。

(4) 將電阻R和CdS互相對調，觀察電路工作情況變為如何？

（註：燈泡發出的光強度直接與燈泡電壓成比例）。

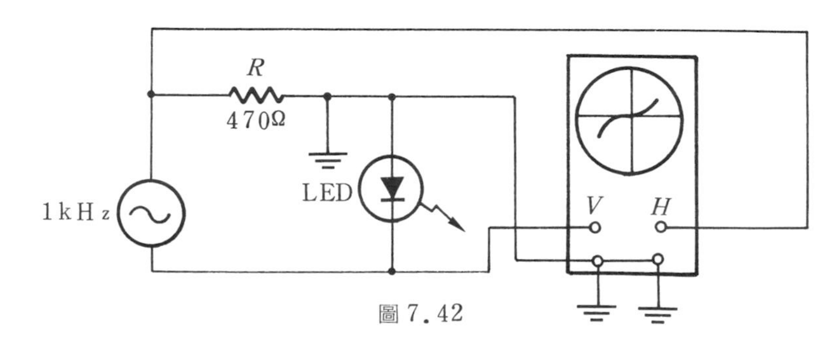

圖7.42

表7.7

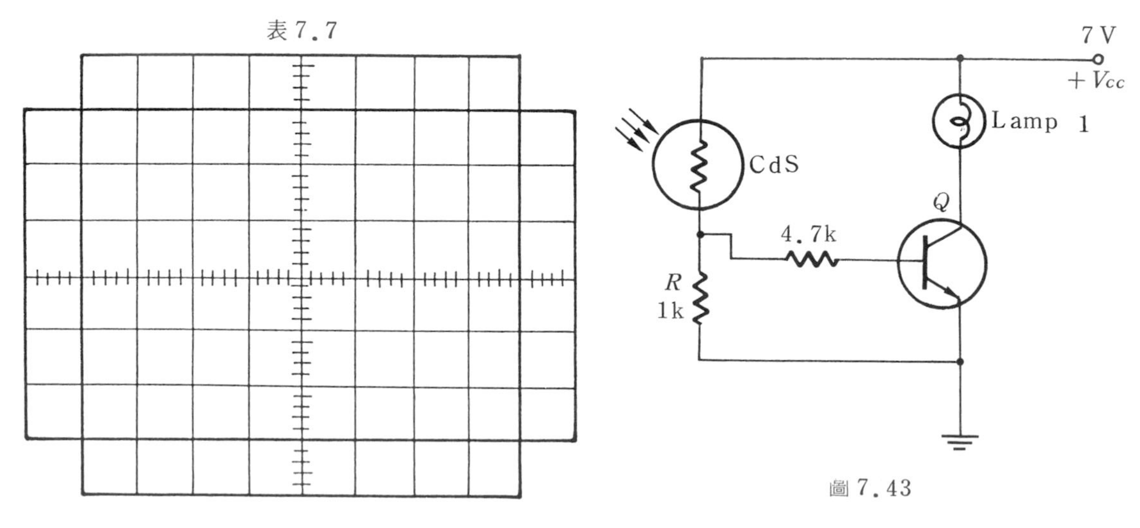

圖7.43

工作三：光電晶體特性實驗

工作程序：

(1) 將光晶體上的透明玻璃遮蓋，使光線無法照射到光電晶體的內部，利用 DVM 或三用表量出各極間的順向電阻和逆向電阻。

(2) 同步驟(1)測量光電晶體各極間的順向電阻和逆向電阻，唯此次讓光能射入光電晶體內部。

(3) 將(1)和(2)所得結果記於表 7.8 中。

(4) 按圖 7.44 將電路接妥，並檢查電路是否正確才接上電源。（請注意燈泡的光應能直接照射到光電晶體）

(5) 將光電晶體的透明玻璃遮蓋，利用 DVM 或三用表測量 R_2 上的電壓降為________V。並引用歐姆定律算出流經 R_2 的電流為________A。

(6) 讓光能照射到光電晶體內部（即將遮蓋於光電晶體玻璃的阻礙物移去），將 R_1 順時針調到最大，此時光電晶體受燈泡放射光的照射最強的時候，記下 R_2 上的電壓降________V。同時算出流過其上的電流為________A。

(7) 順時針調整 R_1 使 $V_L = 4$ V，同時順時針調整 V_{CC} 使之為 1 V，2 V，…… 15 V，記下各個 V_{CE} 和 I_C 值。

(8) 將各個 V_{CC} 下所得 V_{CE} 值和相對應之電壓值，描繪於方格紙上，即可得一光電晶體

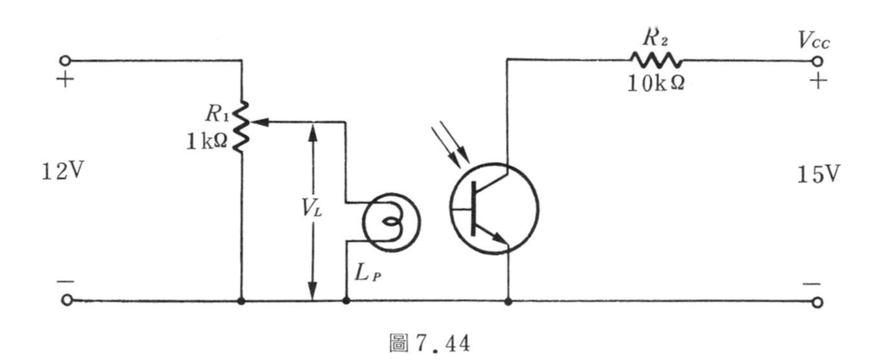

圖 7.44

表 7.8

		順向電阻	逆向電阻
E − B	×		
	○		
C − B	×		
	○		
E − C	×		
	○		

×：未受光照射　○：受光照射

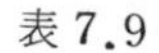

表7.9

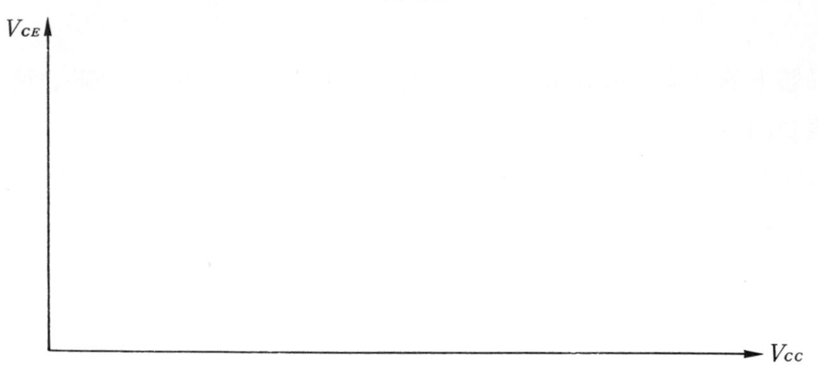

表7.10

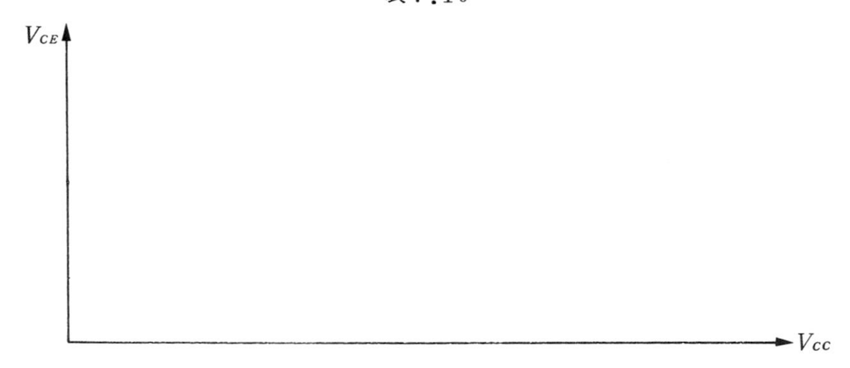

的輸出特性曲線，如表7.9。

(9) 調整R_1使$V_L = 8$ V，及調整R_1使$V_L = 12$V 重覆(7)及(8)步驟，而得之値繪於表7.9中。

工作四：光二極體特性實驗

工作程序：

(1) 利用工作三光電晶體的電路，將射極的引線移去，將基極引線接地（此時光電晶體已被接成光二極體）。

(2) 將光電晶體的玻璃遮蓋，測量R_2上的電壓降爲________V，流經R_2上的電流爲________A。

(3) 移去光電晶體玻璃的遮蓋物，測量R_2上的電壓降爲________V，流經R_2上的電流爲________A。

(4) 請參考光電晶體輸出特性曲線的描繪，自行描繪光二極體的特性曲線於表7.10中。

工作五：光電池開路電壓之測量

工作程序：

(1) 按圖7.45接妥電路。

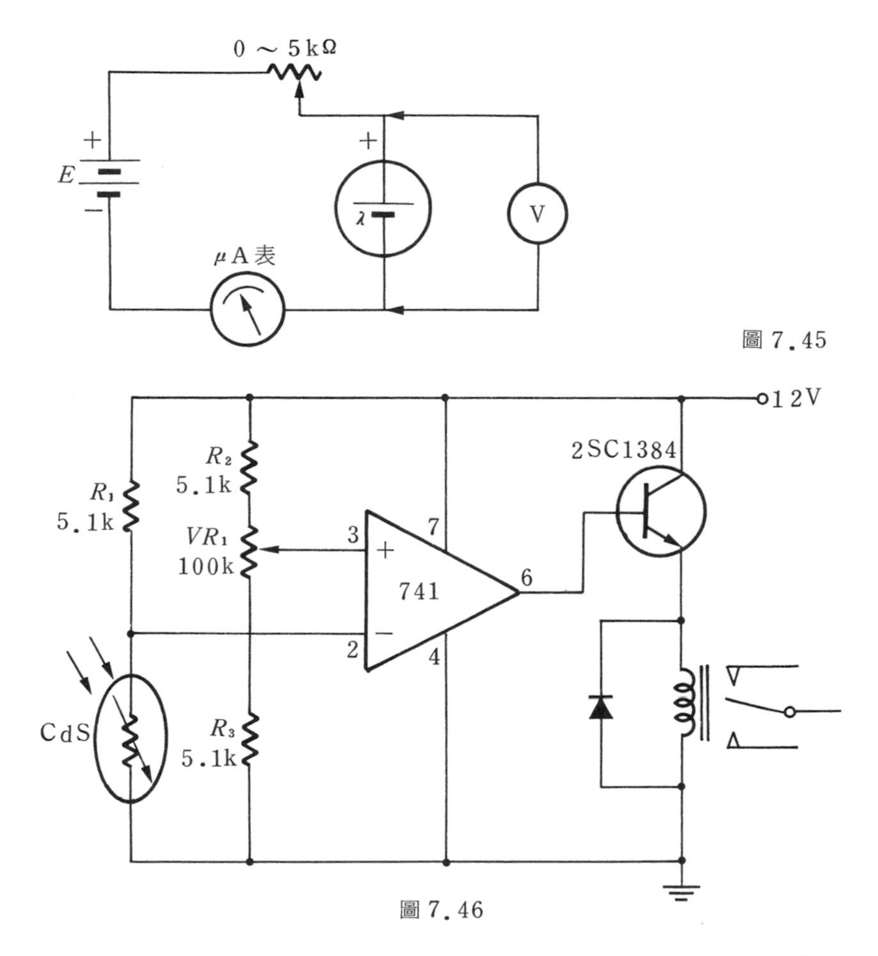

圖 7.45

圖 7.46

(2) 當電源電壓E所供給之電流與光伏打電池少數載子所產生之電流相等時，電路中之淨電流為0，此時電流表指針指在中間零位上。

(3) 此時光伏打電池上之電壓為________（開路電壓）。

(4) 利用E的調整可得到不同照光下光伏打電池之開路電壓值。

工作六：光敏電阻應用

工作程序：

(1) 按圖7.46接線。

(2) 調整VR_1，輸出有何變化。

(3) 遮住CdS，則輸出有何變化。

(4) 將CdS與R_1對調，其作用如何？

工作七：光電晶體之應用(照度計)

工作程序：

(1) 按圖7.47接線。

(2) 光電晶體Q_1受光照射之集極電流經由Q_2放大，電阻R_2、R_3有反饋作用，可藉以調整光電晶體之平衡。

(3) 測量儀表 I 之滿刻度電流為 100 μA 時，相當於 1000 Lx 的照度，此儀器最好再以勒克司計作校正。

工作八：利用光電晶體之燈光控制電路

工作程序：

(1) 按圖 7.48 接線。

(2) 遮住光電晶體則亮度有何變化。

(3) 調 VR_1 亮度有何變化。

(4) 調 VR_2 亮度有何變化。

工作九：光耦合器作為交流電力開關

工作程序：

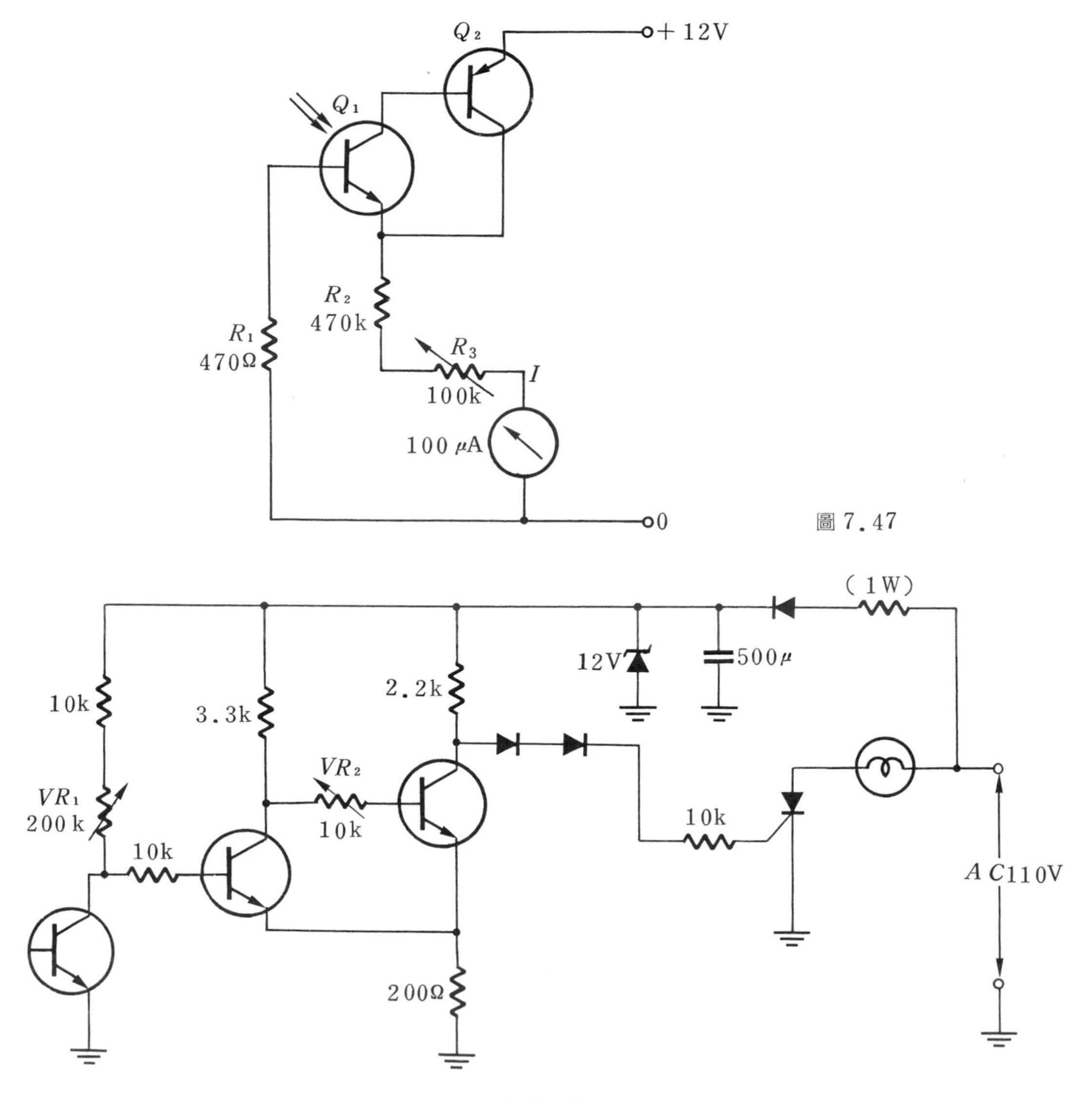

圖 7.47

圖 7.48

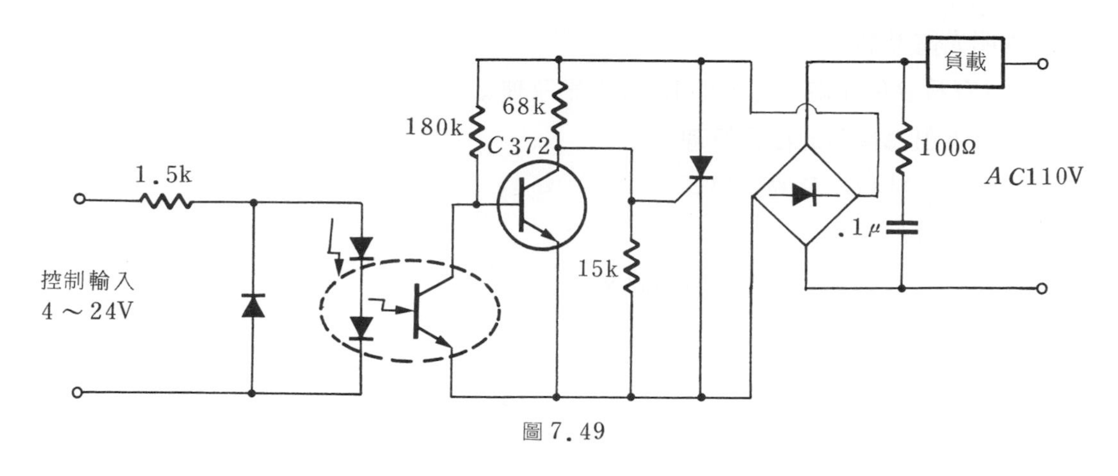

圖 7.49

表 7.11

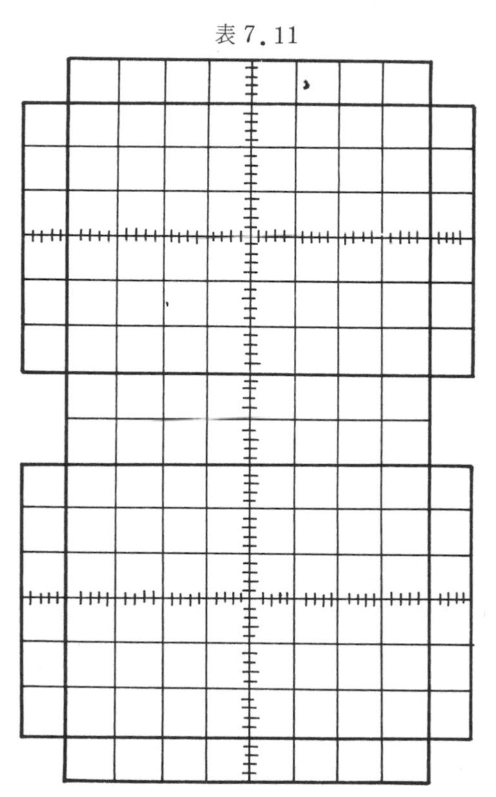

(1) 按圖 7.49 接線。

(2) 負載以燈泡代替。

(3) 輸入加上 4～24 V 間之直流電壓則負載有何變化。

(4) 試繪出直流輸入電流與負載兩端波形之關係於表 7.11 中。

7.5 問　題

1. 何謂光譜？它如何分佈。
2. 試說明光敏電阻的製作材料與光強度關係。

3. 試說明光電晶體的特性。
4. 試就 PN 接合能帶關係，說明 LED 發光原理。
5. 試說明雷射二極體的激發原理。
6. 試比較 LED 與 LCD 的差異。
7. 光敏元件有那些？
8. CdS 與 CdSe 之光譜響應有何不同？
9. 試簡述光伏打電池原理。
10. 說明光電晶體之構造與原理。
11. 發光二極體 LED 爲何流過順向電流會發光。
12. LED 與白熾燈比較各有何特點？
13. 何以 LED 常以脈衝電流工作？

實習 8

稽納、透納二極體及其它特殊裝置

8.1 實習目的

(1) 瞭解稽納二極體之穩壓特性與應用。
(2) 瞭解透納二極體之特性與應用。
(3) 瞭解變容二極體之特性與應用。
(4) 瞭解蕭基二極體之特性與應用。
(5) 瞭解壓電晶體的特性與應用。

8.2 相關知識

1. 稽納二極體(Zener diode)

(一) 稽納二極體的簡介

稽納二極體又稱爲崩潰二極體(breakdown diode)或參考二極體(reference diode)是一種經過特別處理，具有適當之功率消耗能力，而專門工作於逆向崩潰電壓區域的二極體，其主要功用是作爲電壓調整器(voltage regulator)、電壓參考(voltage reference)和截波網路(clipping network)，如圖 8.1 所示爲稽納二極體之電路符號與等效電路。

一般二極體在反向偏壓(reverse bias)時，只有很小的反向飽和電流(reverse saturation current)。如將反向偏壓增得足夠大，則 *PN* 接面將崩潰(breakdown)並產生一很大的反向電流。這反向電流大得足夠破壞 *PN* 接面。如用限流電阻器

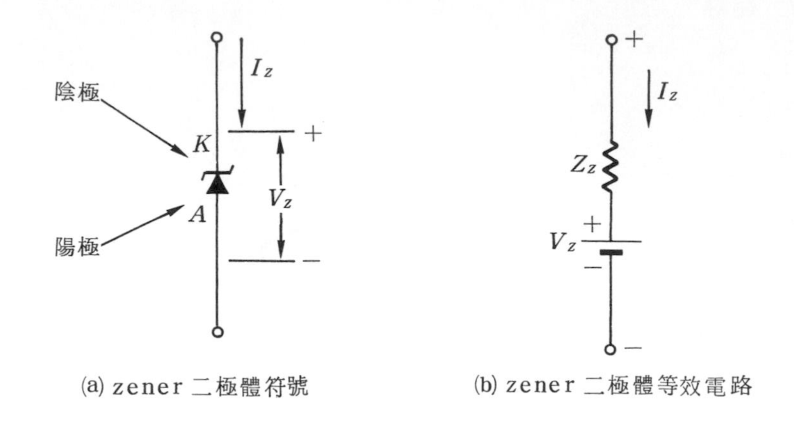

(a) zener 二極體符號　　(b) zener 二極體等效電路

限制住反向電流，使 PN 接面功率消耗在安全範圍內，則此二極體可連續在崩潰狀況下使用，當反向電壓降至其崩潰電壓以下，則反向電流又回復到正常反向飽和電流的大小，二極體在寬廣的反向電流下有很穩定的崩潰電壓。基於此一特性，崩潰電壓可當作一很好的參考電壓值。PN 接面的崩潰有累增崩潰（avalanche breakdown）和稽納崩潰（zener breakdown）兩種。

(1) 累增崩潰

當二極體兩端施加逆向偏壓時，熱能所產生之少數載子（爲逆向飽和電流之一部份），從所加的電壓吸取足夠的能量，使載子的移動速度增加，此移動的載子與原子發生碰撞而使原子的共價鍵破裂，因而產生更多的載子（電子與電洞），這些新載子又從電場中獲得足夠的能量，再與別的原子相撞，以產生更多的新載子。因此，每個新的載子都可能藉碰撞使共價鍵破裂，而產生更多新的電子一電洞對，如此累積下去，使逆向電流因而驟增，此現象稱爲累增效應（avalanche effect），其所產生的崩潰稱爲累增崩潰。

(2) 稽納崩潰

若二極體所加的逆向電壓不夠高，使得最初存在的載子沒有足夠的能量來拆散共價鍵，以產生新的載子，此時仍可因逆向電壓所形成的强電場，直接將受束縛的電子自共價鍵中拉出，而造成共價鍵破裂，這種作用稱爲稽納崩潰。

由上述之討論可知，稽納崩潰的過程中，並無涉及載子與原子的碰撞，故其逆向電流之突增，是由於少數載子的數量突然增加所造成，而在累增崩潰時逆向電流之突增，則是因爲自由電荷載子數量的急遽增加所造成。

一般而言，二極體的崩潰現象中，同時含有上述兩種作用，但是在逆向電壓低於 6 伏特時，主要是稽納崩潰，而在逆向電壓高於 6 伏特時，主要則是累增崩潰效應。

(二) Zener 二極體特性與參數

典型 Zener 二極體的特性，如圖 8.2 所示，順向特性與一般順向偏壓二極體一樣，逆向偏壓有下列各主要特點：

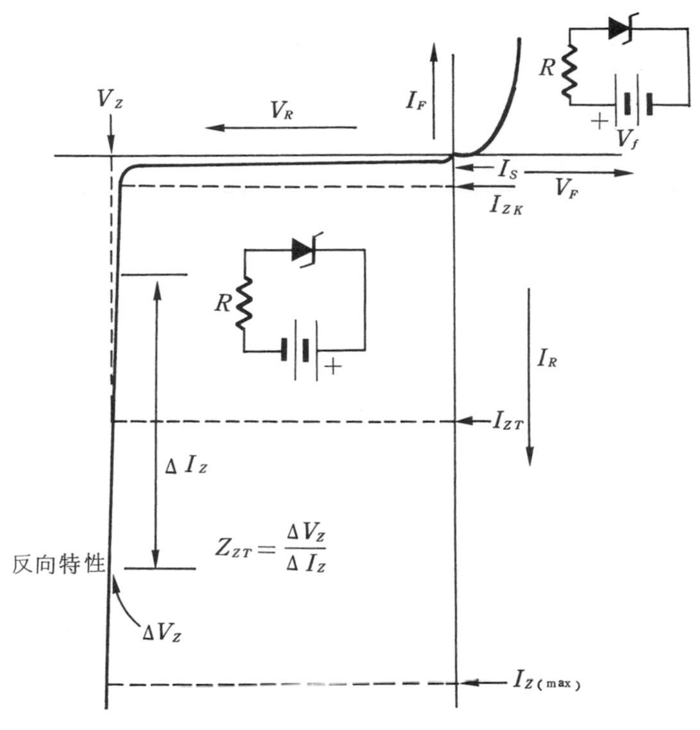

圖 8.2　zener 二極體特性圖

V_Z ： Zener 崩潰電壓

I_{ZT} ： 測量 Zener 電壓的測試電流，一般為 $I_{Z(max)}$ 的¼至½ 。

I_{ZK} ： 膝點電流 —— 能維持 Zener 電壓的最小電流。

$I_{Z(max)}$：最大 Zener 電流 —— 受 Zener 二極體最大容許功率消耗所限制 。

$$I_{Z(max)} = \frac{P_{D(max)}}{V_Z} \tag{8.1}$$

由Zener 特性圖導出非常重要的參數 —— Zener 動態阻抗Z_Z(zener dynamic impedance) ，Z_Z 被定義為：I_Z 變化量造成V_Z的變化量 $Z_{ZT} = \frac{\Delta V_Z\ (V_Z\ 變化量)}{\Delta I_Z\ (I_Z\ 變化量)}$ 參考表8.1和表8.2，可知低功率的zener 二極體(1N746～1N759)，一般Z_{ZT}為從 5 Ω～ 30 Ω ，高功率的 zener 二極體(1N3993～1N4000) Z_{ZT} 為從1 Ω～ 2 Ω (注意：Z_{ZT} 的測量為在測試電流 I_{ZT} 其值遠大於膝點電流 I_{ZK} ；zener 二極體的阻抗在膝點時 (Z_{ZK}) 遠大於 Z_{ZT}) 。

㈢　zener 二極體的工作

欲使 zener 二極體在崩潰區內工作時，應注意下列事項：

(1)　外加於zener 二極體的反向偏壓必須大於崩潰電壓，在此情況下跨於zener 二極體的兩端為一固定電壓 V_Z 。

表 8.1　小功率 zener 二極體規格

型　號	名義 zener 電壓 V_Z @ I_{ZT} volts	測試電流 I_{ZT} mA	最大 zener 阻抗 Z_{ZT} @ I_{ZT} Ω	最大直流 zener 電流 I_{ZM} mA	最大反向漏電電流	
					$T_A = 25°C$ I_Z @ $V_Z = 1V$ μA	$T_A = 150°C$ I_Z @ $V_Z = 1V$ μA
1N4370	2.4	20	30	150	100	200
1N4371	2.7	20	30	135	75	150
1N4372	3.0	20	29	120	50	100
1N746	3.3	20	28	110	10	30
1N747	3.6	20	24	100	10	30
1N748	3.9	20	23	95	10	30
1N749	4.3	20	22	85	2	30
1N750	4.7	20	19	75	2	30
1N751	5.1	20	17	70	1	20
1N752	5.6	20	11	65	1	20
1N753	6.2	20	7	60	0.1	20
1N754	6.8	20	5	55	0.1	20
1N755	7.5	20	6	50	0.1	20
1N756	8.2	20	8	45	0.1	20
1N757	9.1	20	10	40	0.1	20
1N758	10.0	20	17	35	0.1	20
1N759	12.0	20	30	30	0.1	20

表8.2　大功率zener二極體規格

型號	名義zener電壓 V_Z @ I_{ZT} volts	測試電流 I_{ZT} mA	最大zener阻抗		最大直流zener電流 I_Z mA	反向漏電電流	
			Z_{ZT} @ I_{ZT} Ohms	Z_{ZX} @ $I_{ZX}=1.0$ mA Ohms		I_Z μA	V_Z volts
1N3993	3.9	640	2.0	400	2380	100	0.5
1N3994	4.3	580	1.5	400	2130	100	0.5
1N3995	4.7	530	1.2	500	1940	50	1.0
1N3996	5.1	490	1.1	550	1780	10	1.0
1N3997	5.6	445	1.0	600	1620	10	1.0
1N3998	6.2	405	1.1	750	1460	10	2.0
1N3999	6.8	370	1.2	500	1330	10	2.0
1N4000	7.5	335	1.3	250	1210	10	3.0

(2) 流過 zener 二極體的電流必須小於 $I_{Z(\max)}$。

(3) 為了使zener二極體保持在崩潰區內，必須有足夠的電流流過zener二極體，亦即流過zener二極體的電流不能小於 I_{ZK}。對低電壓的 zener二極體而言，此電流值大約為 5mA 。

例 如圖 8.3 試求(a) $I_{Z(\max)}$，(b)流過 zener 二極體的電流，(c)試決定最小的 R 值，以確使 zener 二極體不被燒燬，(d)假設 zener 二極體的膝點電流 I_{ZK} 為 5 mA，試求 R 值。

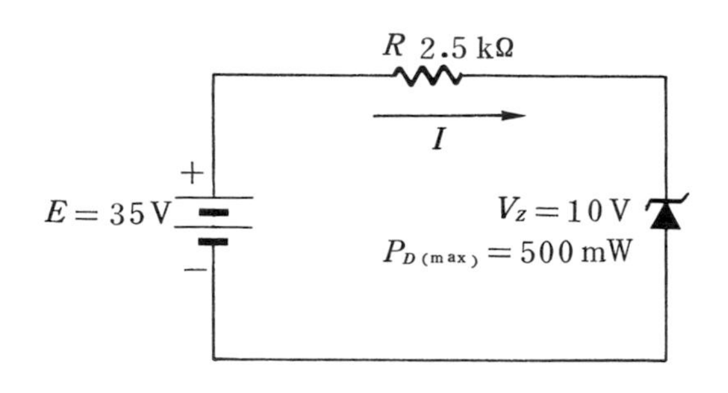

圖 8.3

解 (a) $I_{Z(\max)}=\dfrac{P_{D(\max)}}{V_Z}=\dfrac{500\,\text{mW}}{10\,\text{V}}=50\,\text{mA}$

(b)外加電壓（E）大於 V_Z，因 zener 二極體工作在崩潰區內，且跨於 zener 二極體兩端的電壓為 V_Z，所以跨於 2.5 kΩ 電阻器的電壓為 $E-V_Z=35\text{V}-10\text{V}=25\text{V}$。

故流過 zener 二極體的電流為 $I=\dfrac{25\,\text{V}}{2.5\,\text{k}\Omega}=10\,\text{mA}$

(c)為了避免zener二極體燒燬，流過zener二極體的電流必須小於 $I_{Z(\max)}$。

$$R_{(\min)}=\frac{35\,\text{V}-10\,\text{V}}{50\,\text{mA}}=0.5\,\text{k}\Omega=500\,\Omega$$

(d) $V_Z=10\,\text{V}$

$$R_{(\max)}=\frac{35\,\text{V}-10\,\text{V}}{5\,\text{mA}}=\frac{25\,\text{V}}{5\,\text{mA}}=5\,\text{k}\Omega$$

假如 R 大於 5 kΩ，則流過 zener 二極體的電流將小於 5 mA，從 zener 二極體特性曲線圖，可知zener二極體將不在崩潰區內工作，則跨於zener二極體的電壓將不再是 V_Z，而 zener 二極體亦失去了穩壓作用。

(四) 負載變動下的 zener 二極體穩壓情形

zener二極體的主要用途為在穩壓，在此情況下有負載電阻器接於zener二極體的兩端。zener二極體唯有在崩潰區內工作，才有能力使負載兩端的電壓穩定（注意：zener 二極體在崩潰區內工作時，必須確保流過 zener 二極體的電流大於 I_{ZK} 和小於

$I_{Z(max)}$，並儘可能不要讓 zener 二極體工作在 I_{ZK} 附近，以免造成 V_Z 電壓因電源電壓的降低而失去穩壓作用及造成很大的雜訊）。

例一　如圖 8.4，試求(a)總電流 I，(b)負載電流 I_L（假設 R_L：500Ω），(c)流過 zener 二極體的電流 I_Z。

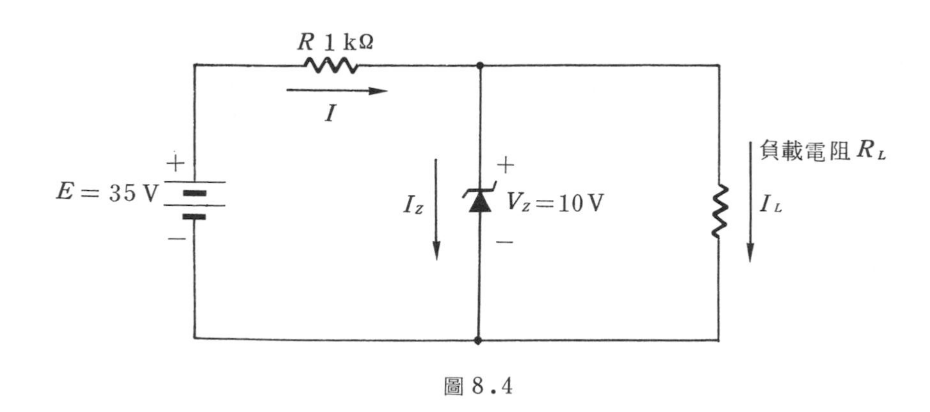

圖 8.4

解　(a) $I = \dfrac{E - V_Z}{R} = \dfrac{35\,\text{V} - 10\,\text{V}}{1\,\text{k}\Omega} = 25\,\text{mA}$

(b)因 zener 二極體和負載並聯，所以跨於 R_L 兩端的電壓即爲 V_Z，故

$$I_L = \frac{V_Z}{R_L} = \frac{10\,\text{V}}{500\,\Omega} = 20\,\text{mA}$$

(c)應用克希荷夫定律（Kirchhoff's Law）。

$$I_Z = I - I_L = 25\,\text{mA} - 20\,\text{mA} = 5\,\text{mA}$$

例二　如圖 8.4，並令 $R_L = 5\,\text{k}\Omega$，試求(a)總電流 I，(b)負載電流 I_L，(c) zener 電流 I_Z。

解　(a) $I = \dfrac{E - V_Z}{R} = \dfrac{35\,\text{V} - 10\,\text{V}}{1\,\text{k}\Omega} = 25\,\text{mA}$

(b) $I_L = \dfrac{V_Z}{R_L} = \dfrac{10\,\text{V}}{5\,\text{k}\Omega} = 2\,\text{mA}$

(c) $I_Z = I - I_L = 25\,\text{mA} - 2\,\text{mA} = 23\,\text{mA}$

比較例一和例二，可知總電流不變，跨於負載電阻器兩端的電壓亦維持在zener電壓 V_Z。流過 zener 二極體的電流爲 $I - I_L$，亦即流過zener二極體的電流爲負載所不需的電流，我們可作一結論，負載電阻器從 500Ω 變化到 5kΩ，但跨於其兩端的電壓仍保持不變（被穩壓了），維持在 V_Z，zener 二極體爲了維持固定的輸出電壓，吸收了負載電流的變化。

㈤　輸入電壓變化下的穩壓情形

在這種應用上，zener 二極體兩端並接一固定電阻器，輸入電壓可變，只要輸入電

壓高於 V_Z 及 zener 電流在 I_{ZK} 和 $I_{Z(max)}$ 之間，zener 二極體即工作在崩潰區內，而使得負載電壓維持在一固定值（V_Z）。

例一　如圖 8.5，試求(a)總電流 I，(b)負載電流 I_L，(c)流過 zener 二極體的電流 I_Z

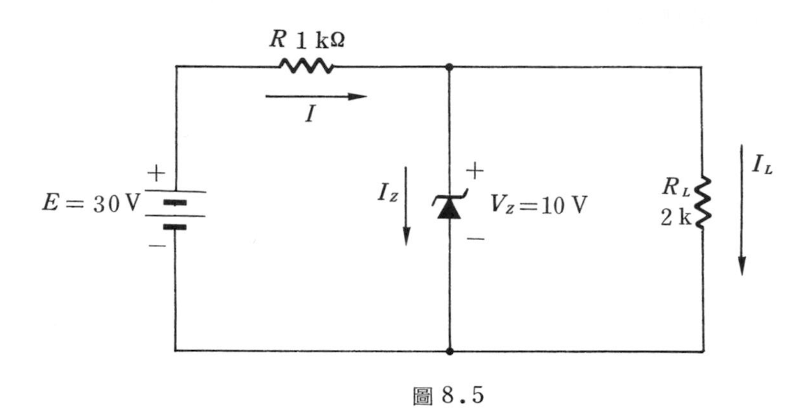

圖 8.5

解

$$\text{(a)}\ I=\frac{E-V_Z}{R}=\frac{30\,\text{V}-10\,\text{V}}{1\,\text{k}\Omega}=20\,\text{mA}$$

$$\text{(b)}\ I_L=\frac{V_Z}{R_L}=\frac{10\,\text{V}}{2\,\text{k}\Omega}=5\,\text{mA}$$

$$\text{(c)}\ I_Z=I-I_L=20\,\text{mA}-5\,\text{mA}=15\,\text{mA}$$

例二　參考圖 8.5，電源電壓 E 由 30V 改變為 40V，試求(a)總電流 I，(b)負載電流 I_L，(c)流過 zener 二極體的電流 I_Z。

解

$$\text{(a)}\ I=\frac{E-V_Z}{R}=\frac{40\,\text{V}-10\,\text{V}}{1\,\text{k}\Omega}=30\,\text{mA}$$

$$\text{(b)}\ I_L=\frac{V_Z}{R_L}=\frac{10\,\text{V}}{2\,\text{k}\Omega}=5\,\text{mA}$$

$$\text{(c)}\ I_Z=I-I_L=30\,\text{mA}-5\,\text{mA}=25\,\text{mA}$$

比較例一和例二，可知只要電源電壓改變，總電流亦改變，而負載電壓維持不變（V_Z），故負載電流亦維持不變，再次強調zener 二極體有吸收負載所不需電流的能力。

(六)　zener 二極體穩壓器的設計

由以上的敘述，可以歸納出限流電阻器 R 的最大值和最小值，R 的最大值在於最大負載電流時，即負載電阻 R_L 最小時

$$R_{(max)}=\frac{E_I(I_{L(max)})-V_Z}{I_{L(max)}+I_{Z(min)}} \tag{8.2}$$

使用式 8.2 必須考慮下列事項：

(1)　一般的 zener 二極體有 ±20％、±10％、±5％的容許誤差，精密 zener 二極

體只有±1%的容許誤差，當然容許誤差愈低，價格愈貴。

(2)　$I_{Z(\max)}$ 通常極小於 $I_{L(\max)}$，故在設計時，爲了方便起見，式 8.2 中的 $I_{Z(\min)}$ 通常可以略而不計。

(3)　在 $I_{L(\max)}$ 時，可能會有漣波電壓（ripple voltage）疊在 E_I 上，E_I 有瞬間最小值 $E_I - \Delta V_0/2$，假設我們選擇限流電阻器正好是 $R_{(\max)}$，則 zener 二極體會在每一半週的幾個毫秒（ms）失去穩壓效果所以在選擇 R 時，應小於 $R_{(\max)}$，並在 zener 二極體兩端並聯一個 1 μF 至 10 μF 的電容器，並在此電容器上再並聯一個 0.1 μF 的電容器，可以在 E_I 最小值時，維持 zener 電壓和消除 zener 所產生的雜訊。

當負載開路時（即不加負載時）有最大的電流 $I_{Z(\max)}$ 流過 zener 二極體

$$R_{(\min)} = \frac{E_I\ (I_{Z(\max)}) - V_Z}{I_{Z(\max)}} \tag{8.3}$$

zener 二極體的額定功率爲zener二極體穩壓器能夠供應多少電流至負載的先決條件。因此最大負載電流應爲⅓～½的 $I_{E(\max)}$。

(七)　zener 二極體的電阻

在此以前，我們假設zener二極體在崩潰區內工作時，zener電壓維持不變。這並非是絕對正確的，但此假設在精密度不很嚴格的要求下是可使用的，在zener電流緩慢增加下，zener 電壓亦隨而緩慢增加，如圖8.6所示，這是因爲zener二極體在崩潰區

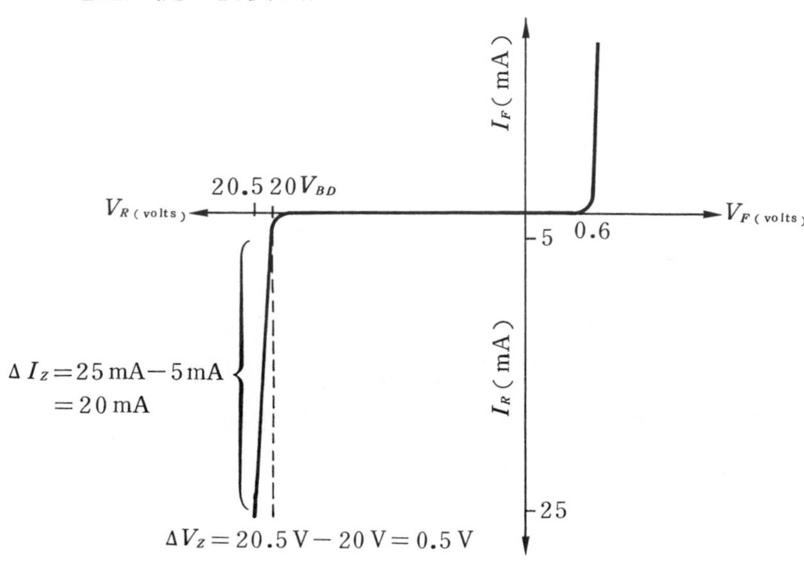

圖 8.6　在崩潰區內的斜率即代表 zener 二極體的電阻

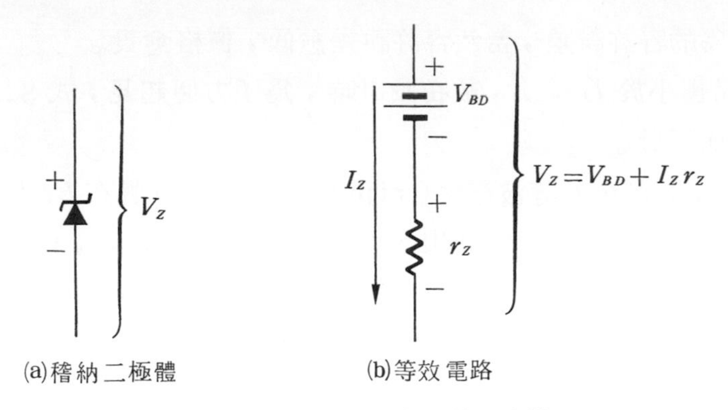

(a)稽納二極體　(b)等效電路

圖 8.7　zener 二極體的電路模式

內的 $V-I$ 曲線並非垂直，而是有一斜率的關係，這斜率即代表了zener 二極體的電阻值。

$$r_z=\frac{\Delta V_Z \text{ zener 電壓變化}}{\Delta I_Z \text{ zener 電流變化}} \tag{8.4}$$

如圖 8.6 所示，$\Delta V_Z=0.5\text{V}$；$\Delta I_Z=20\text{mA}$

則 $$r_Z=\frac{\Delta V_Z}{\Delta I_Z}=\frac{0.5\text{V}}{20\text{mA}}=25\Omega$$

典型的 r_Z 值爲 $2\Omega \sim 40\Omega$ 。

如圖 8.7 所示，告訴我們zener 二極體可用一電池（其電壓爲 V_{BD}）串聯一 zener 電阻（r_Z）來表示其等效電路，zener 電壓 V_Z 現在爲 V_{BD} 加上在 r_Z 上的電壓降。

$$V_Z=V_{BD}+I_Zr_Z \tag{8.5}$$

V_{BD}：崩潰電壓（breakdown voltage）

I_Z　：流過 zener 二極體的電流

I_Zr_Z 一般而言，爲非常的小，所以在一般應用上，我們可假設 $V_Z=V_{BD}$ 。注意：愈小值的 r_Z，則有愈小值的電壓降 I_Zr_Z，這告訴我們如果使用 zener 二極體當做穩壓器，則應選購低 r_Z 的 zener 二極體（即有較垂直特性曲線 zener 二極體），使得負載電壓不因流過 zener 二極體的電流而改變。

(八)　zener 電壓與溫度的關係

zener 電壓溫度係數（α_Z）爲溫度變化攝氏一度時，所造成參考電壓變化的百分比

$$\alpha_Z=\frac{\Delta V_Z/V_Z}{\Delta T} \tag{8.6}$$

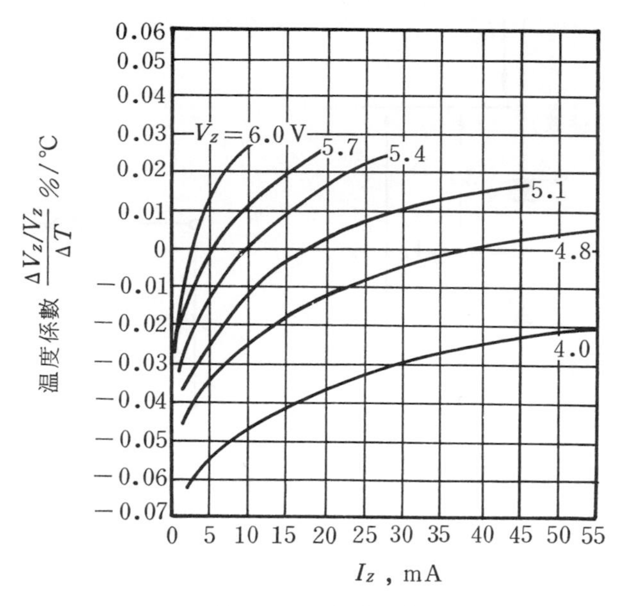

(a)爲工作電流的函數

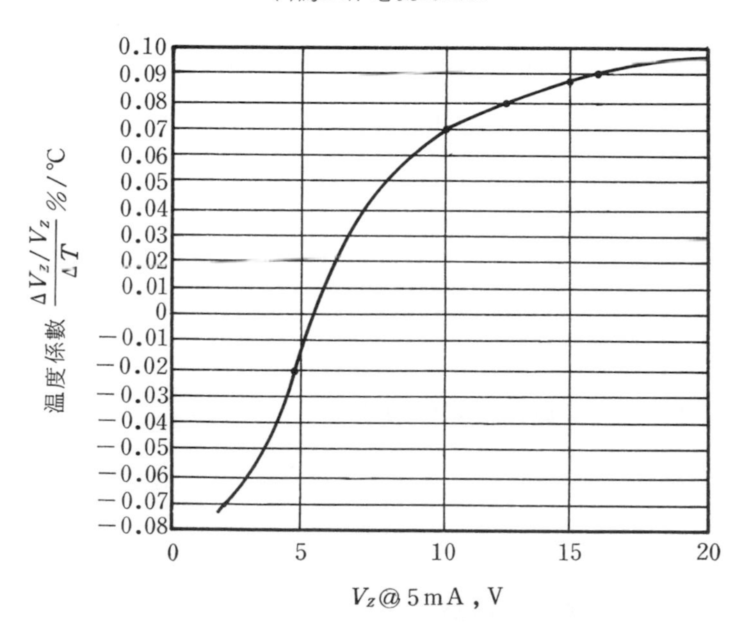

(b)爲工作電壓的函數

圖 8.8　具不同電壓的一些 zener 二極體的溫度係數 zener 電壓爲在 zener 電流 $I_z = 5$ mA時量得（從25°C至100°C）

zener 電壓在 6V 以下時，主要爲zener 崩潰，其溫度係數爲負，對一固定值的 I_Z ，V_Z 隨溫度的增加而下降，zener 電壓大於 6V 以上時，主要爲累增崩潰 ，其溫度係數爲正。對一固定值的 I_Z ，V_Z 隨溫度的增加而增加，圖 8.8 所示爲溫度與 V_Z 的關係圖。圖 8.8(a)爲不同Zener 二極體流過不同zener 電流時的溫度係數（V_Z 爲在 $I_Z = 5$ mA時測得），圖 8.8(b)爲不同zener 二極體流過相同電流 5 mA 時，溫度係數爲 V_Z 的函數。一般而言，V_Z 在 6V 左右時，有最小的溫度係數。

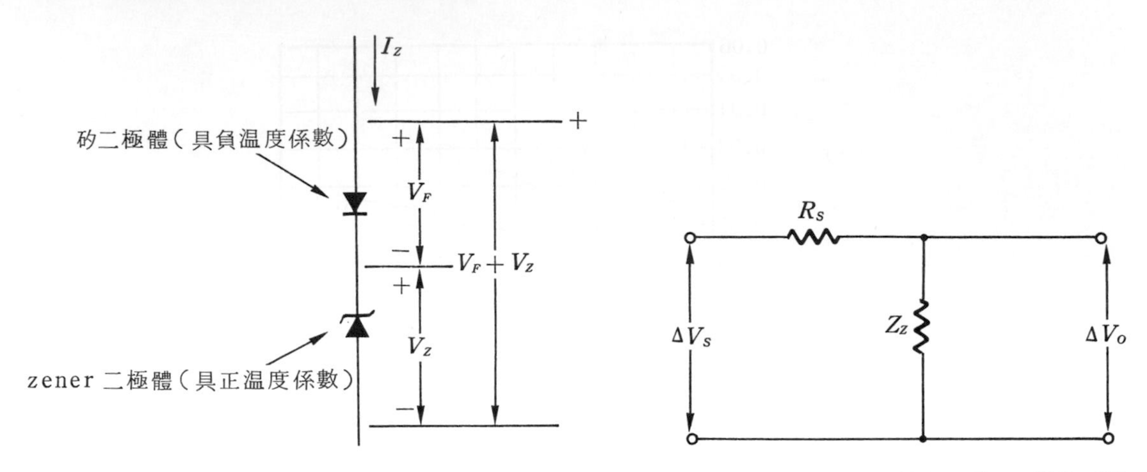

圖 8.9　溫度補償參考二極體的結構　　圖 8.10　zener 二極體穩壓器的 ac 等效電路

當確定所用的zener 二極體爲正溫度係數時，可用一負溫度係數的二極體和其串聯，使得整體的溫度係數減小，如圖 8.9 所示。

(九)　zener 二極體穩壓器的穩定度

一個穩壓器除了應注意輸出電壓與負載電流外，還應注意穩定比率（stabilization ratio：S_V）和輸出阻抗（output impedance，Z_O），S_V 爲輸出電壓變化對輸入電壓變化的比值。

$$S_V=\frac{\Delta V_O}{\Delta V_S} \tag{8.7}$$

理想的 S_V 應爲 0 。

Z_O 爲輸出電壓變化對負載電流變化的比值：

$$Z_O=\frac{\Delta V_O}{\Delta I_L} \tag{8.8}$$

如圖 8.10 所示，穩壓器 ac 等效電路。

當 V_S 變化 ΔV_S ，V_O 亦有變化量 ΔV_O 。

$$\Delta V_O=\frac{Z_Z}{R_S+Z_Z}\,\Delta V_S$$

$$S_V=\frac{\Delta V_O}{\Delta V_S}=\frac{Z_Z}{R_S+Z_Z}$$

穩壓器的輸出阻抗爲從輸出端看進電路的阻抗，因爲電壓源 V_S 的阻抗非常小於 R_S，故輸出阻抗 Z_O 爲

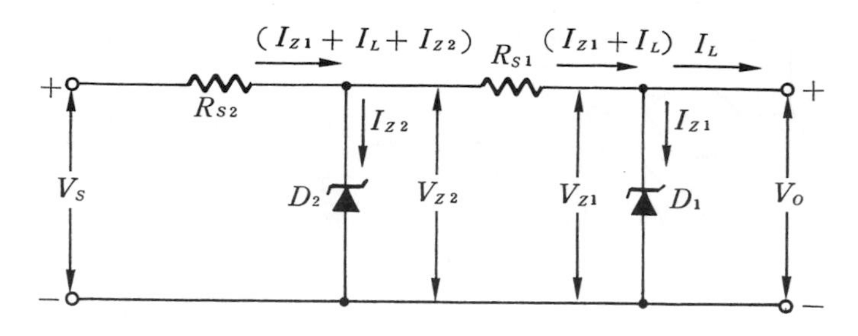

圖 8.11　兩級 zener 二極體穩壓器

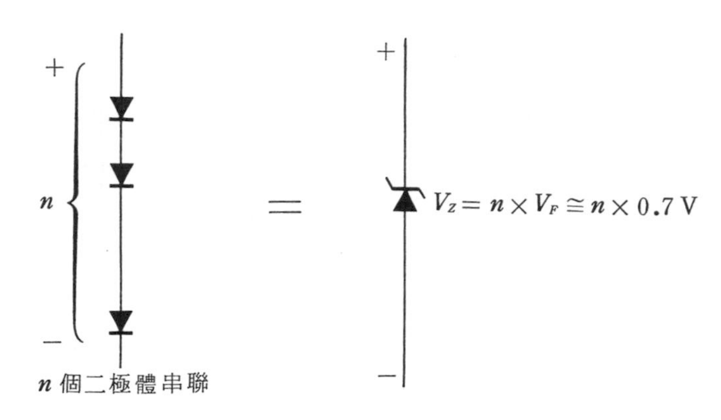

圖 8.12　以矽二極體作爲 zener 二極體

$$Z_O \cong Z_Z // R_S = \frac{Z_Z R_S}{Z_Z + R_S}$$

㈩　兩級穩壓器

為了使穩壓器的輸出更加穩定，我們多增加了一級穩壓器，如圖 8.11 所示，兩級穩壓時：

$$S_V = \frac{Z_{Z1}}{R_{S1}+Z_{Z1}} \times \frac{Z_{Z2}}{R_{S2}+Z_{Z2}}$$

顯然地，兩級穩壓器的穩壓情形比一級好多了（因為 S_V 減小），輸出阻抗 Z_O 並沒有改善，同樣還是維持在大約為 Z_{Z1} 和 R_{S1} 並聯的總並聯阻抗。

㈩㈠　以矽二極體作為 zener 二極體

矽二極體在順向偏壓時，其順向壓降 V_F 大約在 0.7V 左右，利用此一特性，我們可將數個二極體串聯而形成一個 zener 二極體，如圖 8.12 所示。在此時由於二極體的順向 $V-I$ 曲線為一指數形曲線，而非像 zener 二極體的特性曲線為趨近於垂直，所以二極體的 $\gamma_d = \dfrac{\Delta V}{\Delta I}$ 較 zener 二極體的 $\gamma_Z = \dfrac{\Delta V}{\Delta I}$ 高，是故利用二極體串聯而得的 zener 二極體的穩壓效果不甚良好。

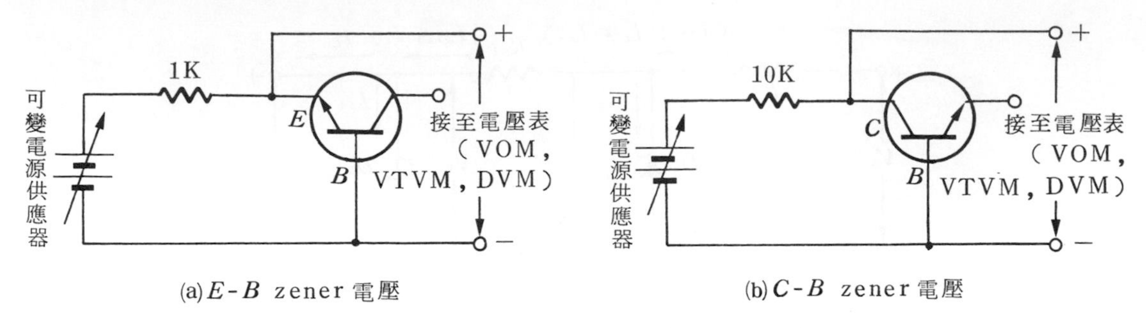

圖 8.13　*NPN*型電晶體*E*-*B*和*C*-*B* zener電壓測量圖

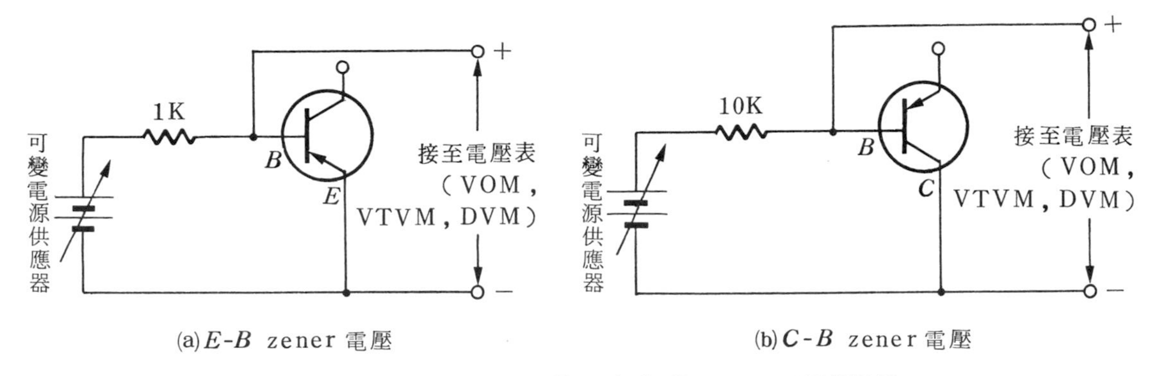

圖 8.14　*PNP*型電晶體*E*-*B*和*C*-*B* zener電壓測量圖

㈯　以矽電晶體的$B-E$或$B-C$作為zener 二極體

矽電晶體當$E-B$或$C-B$在反向偏壓時，呈現有zener二極體的效應（逆向偏壓使得*PN*接面崩潰）。一般而言，*NPN* 型電晶體的$E-B$間大約在6V上下，但亦有低至1V左右，$C-B$間大約是在15V以上，有些甚至高達數百伏特，*PNP*型電晶體的$E-B$間大約是在6V上下，但有些低至1V左右，同時亦有些高至幾拾伏特，$C-B$間大約在15V以上，有些甚至高達數百伏特，電晶體$E-B$和$C-B$，zener 電壓的判斷方法如下：

利用該型電晶體的參考資料，查參數V_{eb0}和V_{cb0}，可判斷出該電晶體$E-B$和$C-B$的最小zener電壓值（即最小反向偏壓崩潰值），實際上的V_{eb0}和V_{cb0}均大於參數資料所列的數值。接著並依圖8.13所示，即可測得*NPN*型電晶體的$E-B$和C－B的zener 電壓，依圖8.14可測得*PNP*型電晶體的$E-B$和$C-B$的zener電壓。

在測試時，首先將可變電源供應器轉至最低輸出電壓，等待測電路接妥後，可變電源器的輸出電壓，再緩慢增加，同時一面注意電壓表的讀數，在開始時電壓表的讀數隨可變電源器輸出電壓的上昇而上昇，到了某一點時，不管可變電源器輸出電壓的繼續上升，電壓表讀數仍然保持不變，這一點電壓便是該電晶體的$E-B$和$C-B$的zener電壓。

在一般使用上，我們大都只利用$E-B$的zener特性而甚少利用$C-B$的zener特

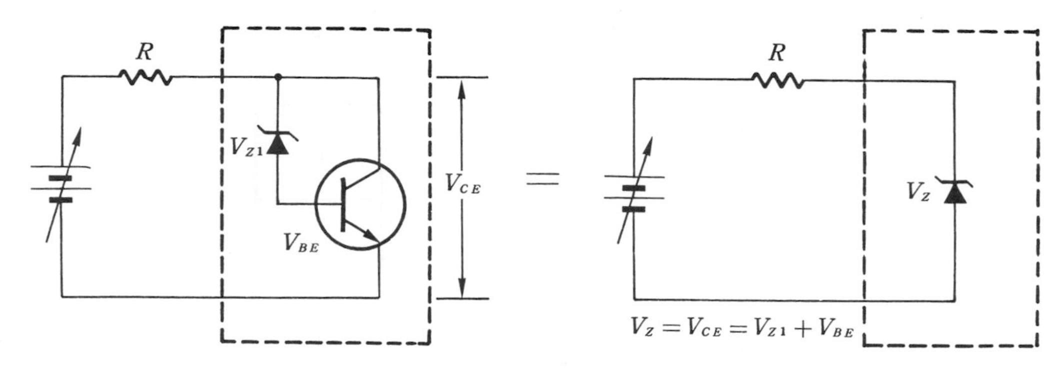

圖8.15　分路電壓調整器

性，因爲$E-B$的zener電壓值大約在5V～10V之間，正好可作爲一般電路的參考電壓，而$C-B$的zener電壓則高至數十伏甚至到數百伏，且同一型的電晶體$C-B$的zener電壓又相差很遠，所以除非在特殊狀況下（如需要高電壓參考源時），我們不使用$C-B$的zener特性。

㈢ 分路電壓調整器

在市面上，大功率zener二極體價格不僅貴而且不易買，在此時我們可用如圖8.15所示之以一低功率zener二極體和一大功率矽電晶體組成一大功率zener二極體，此種組合我們叫他爲分路電壓調整器。

當可變電源器輸出電壓未達到V_Z+V_{BE}時，V_{CE}隨可變電源器輸出電壓的增加而增加，此時流經電晶體的電流爲集極漏電流I_{CO}，I_{CO}在室溫時，大約在幾μA可以略而不計。當可變電源器的輸出電壓高於V_Z+V_{BE}且流經zener二極體電流大於I_{ZK}時，zener二極體進入工作崩潰區內。一旦zener二極體進入工作崩潰區，zener電流流入電晶體的基極，電晶體亦導通，於是有I_B的電流流入電晶體至地，此時V_{CE}保持在$V_{Z1}+V_{BE}$（注意：只要可變電源器的輸出達$V_{Z1}+V_{BE}$時，電晶體即開始導流，但由於此時zener電流未到達I_{ZK}輸出電壓V_{CE}不穩定，所以我們要求流經zener二極體的電流要大於I_{ZK}，輸出電壓V_{CE}才會穩定）。

由於流經zener二極體的電流I_Z即爲流經電晶體的基極電流I_B，$I_Z=I_B$且$I_C=\beta I_B$，故在電晶體的功率消耗$P_{D(TR)}=V_{CE}I_C=V_{CE}\beta I_B=(V_{Z1}+V_{BE})\beta I_B$，而在zener二極體的功率消耗$P_{D(zener)}=V_Z I_Z=(V_{Z1}+V_{BE})I_B$，故

$$\frac{P_{D(zener)}}{P_{D(TR)}}=\frac{(V_{Z1}+V_{BE})I_B}{(V_{Z1}+V_{BE})I_B\beta}=\frac{1}{\beta} \tag{8.9}$$

由式8.9可知在zener二極體的功率消耗爲電晶體功率消耗的$1/\beta$。若使用一6.2V 400mW的zener二極體與一NPN矽電晶體作成分路調整器，則當電晶體功率消耗爲4W時，zener二極體的消耗爲40mW（假設該電晶體的β爲100）。若在此分路電

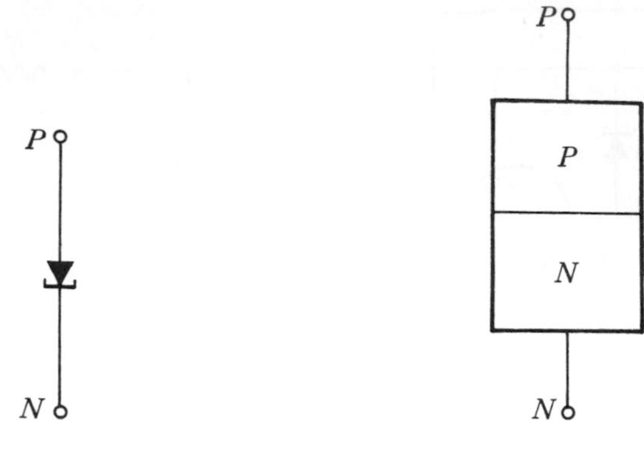

圖8.16 透納二極體之符號　　圖8.17 透納二極體的結構

壓調整器的輸出端有雜訊時，可用前述的方法在zener二極體的兩端跨接上一 1 μF 至 10 μF 的電容器，並在此電容器上並聯一0.1 μF 的電容器，將可控制雜訊。

2. 透納二極體(tunnel diode)

(一) 透納二極體的構造與符號

透納二極體(tunnel diode)是美國商業機器(IBM)公司的一位科學家江崎博士(Dr. Leo Esaki)所發現，因此又稱爲江崎二極體，如圖8.16所示，爲透納二極體之電路符號。

圖8.17爲透納二極體的基本結構。

圖中我們很清楚了解它是一個兩端子之元件，而且與普通二極體頗爲相似，但是在實質上却有很大之差別，因爲透納二極體的P型與N型材料，是由高濃度之雜質(impurity)所摻入而成，使P-N接面的崩潰電壓(breakdown voltage)減少到零，也就是說在零偏壓(zero bias)時，接面有如短路，在所有逆向偏壓時亦如此，直到有一順向偏壓時，才會變成正常的特性。

透納二極體的動作原理爲電子力學及穿孔效應，與一般的半導體元件有所不同。

(二) 透納二極體的特性

如圖8.18所示爲典型鍺透納二極體電流——電壓特性曲線，透納二極體在順向偏壓區具有負電阻(negative resistance)之特性，在此區域內，端點電壓(terminal voltage)增高時反而會使二極體電流降低，此特性與任何二極體均不相同，其參數如下：

I_P ： 峯值電流，峯值電流在較高之峯值電壓(V_P)時，隨溫度之增加而增加，當V_P下降時，I_P亦隨之下降。

V_P ： 峯值電壓，該電壓值與製造材料及接合情形有關，就鍺而言，V_P約55 mV。

V_V ： 谷點電壓，數值大約在350 mV。

I_V ： 谷點電流，鍺質二極體約0.1～0.2 mA。

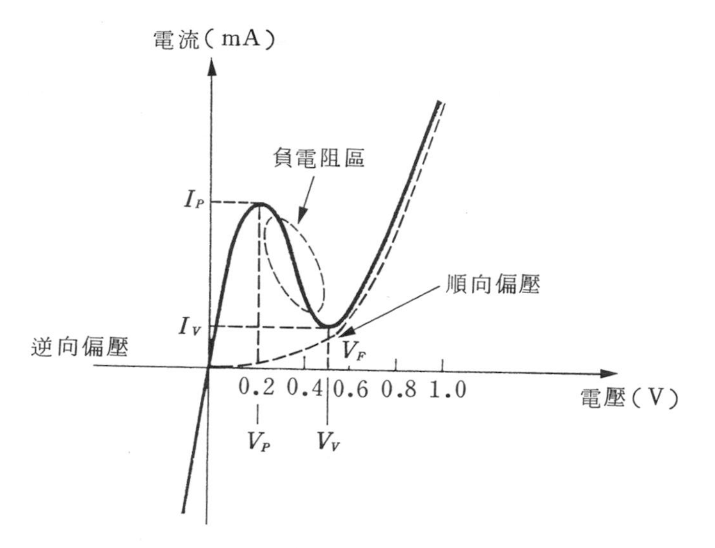

圖 8.18　透納二極體電流－電壓特性曲線

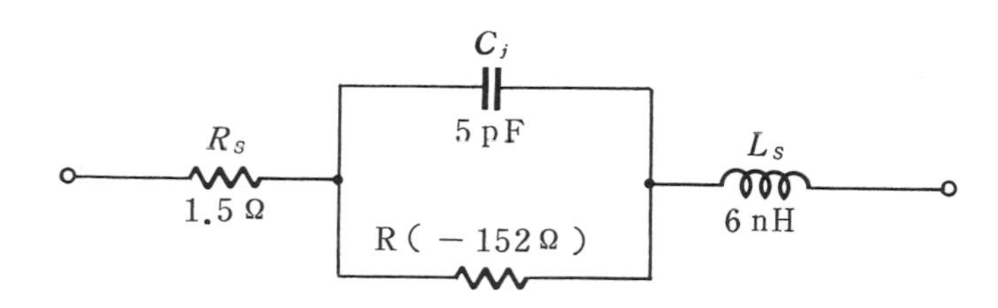

圖 8.19　透納二極體負電阻區內的小訊號等效電路

V_F ：順向峯值電壓，其值約爲 500 mV 。

注意：透納二極體之電流 ── 電壓特性曲線的峯點（ V_P 、I_P ）對溫度不太敏感，但谷點（ V_V 、I_V ）對溫度却相當敏感，此乃因在峯點與谷點間之負電阻區內之透納效應對溫度不太敏感，而外加電壓超過 V_V 後之正電阻區內，注入之擴散電流對溫度相當敏感。

如圖 8.19 所示，爲透納二極體在負電阻區內工作的小訊號等效電路，其中：

(1)　串聯電阻 R_S ：代表引線，引線與半導體的歐姆接觸及半導體材料本身的電阻 。

(2)　串聯電感 L_S ：代表引線及包裝的寄生電感 。

(3)　接面電容 C_j ：代表固定偏壓下的接面電容值 。

(4)　負電阻（ $-R$ ）：代表 I_P 及 I_V 間負電阻的最小值，亦即反曲點上的負電阻值 。

表 8.3 所示爲各種材料製成的透納二極體之典型參數，由此表所列參數可知，要以矽材料製造一個很高 I_P/I_V 比的透納二極體十分困難，所以大部分的商用透納二極體均是以鍺或砷化鎵（ gallium arsenide；GaAs）製成。由表 8.3 可知砷化鎵的 I_P/I_V 比最大，而且電壓的擺幅 $V_F - V_P = 0.95$ 也最大 。

通常透納二極體的 I_P 是由雜質濃度及接面的面積來決定，可從數微安培至幾百安培，而峯值電壓 V_P 則限制在 600 毫伏以下，因此若是使用不當，一個內部裝有 1.5 伏特直流電池的簡單 VOM ，便會將透納二極體燒燬 。

表8.3 各種材料的透納二極體參數

參數＼材料	鍺	砷化鎵	矽
I_P / I_V	8	15	3.5
V_P （伏）	0.055	0.15	0.065
V_V （伏）	0.35	0.50	0.42
V_F （伏）	0.50	1.10	0.70

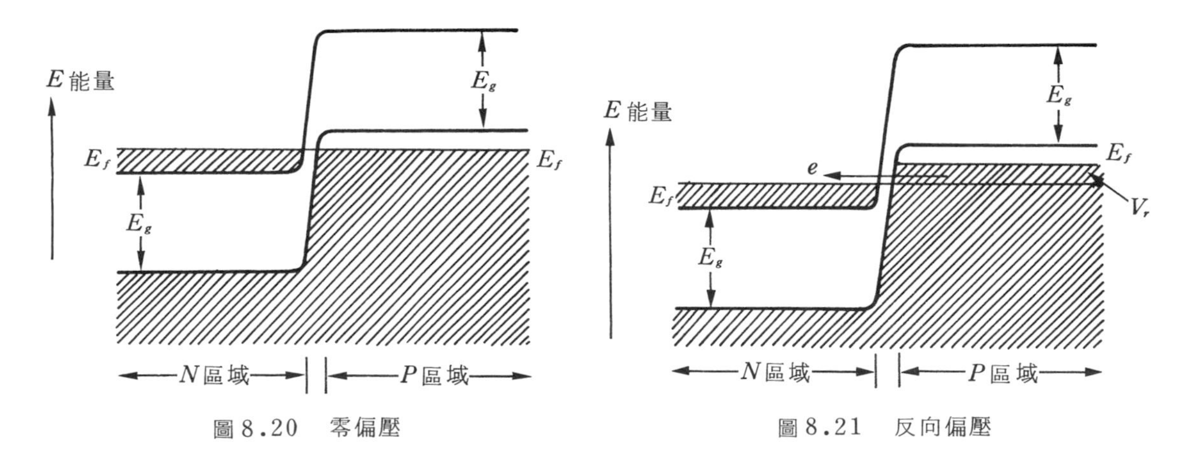

圖8.20 零偏壓　　圖8.21 反向偏壓

㈢ 穿孔效應（tunneling effect）

爲了使穿孔（tunneling）發生，N型區的導電帶（conduction band），必須比P型區的價電帶（valence band）爲低，這種情況稱爲重疊帶（overlapping band），結果N型區的電子直接穿越接面障壁而到達P型區，此時電子可自由移動，而不會改變它的能量，通常障壁區域很薄，小於 100Å （10^{-10} m），PN接合面的逆向偏壓約爲0.1V 。

在零偏壓時，費米能階在N型區之導電帶內及在P型之價電帶內，如圖 8.20 所示，此時淨接面電流等於零。

在反向偏壓時，費米能階在P型區往下移相對於N型區，如圖 8.21 所示。結果，P型區價電帶之電子穿透障壁到達N型區沒有電子之導電帶內，因此有電流流動，而此電流受$P-N$接合面之接觸電阻限制。

在順向偏壓時（通常很小）N型區的費米能階往上移相對於P型的費米能階，如圖8.22所示。因此，N型區導電帶內之電子穿透障壁而到達P型區之價電帶內，此時接合面有如短路，但是N型區導電帶高能量的電子，却不能夠穿透障壁到達P型區，乃由

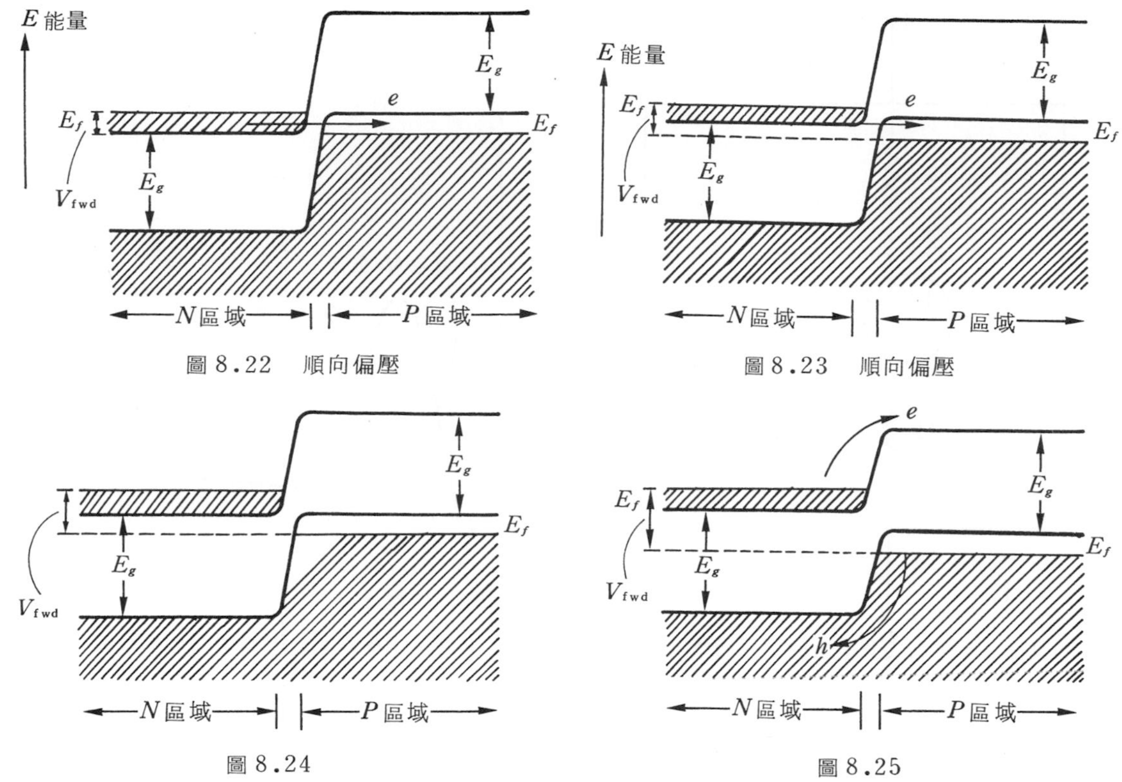

圖 8.22　順向偏壓

圖 8.23　順向偏壓

圖 8.24

圖 8.25

於P型區能量隙（ energy gap ）所致，因此再增加順向電壓時，穿透的電子數目反而比原先還少，所以雖然順向電壓一再增加，但是電流却下降，結果造成到達最大值後急速下降，而形成了電阻區的特性，這種現象之能階圖如圖 8.23 所示，由圖上我們得知N型區的導電帶與P型區的價電帶的重覆（ overlapping ）部份，幾乎不存在，所以順向電流會變得非常小，終至穿透現象被完全抑制。當順向電壓增加，而由於高濃度摻雜之P型區和N型區的障壁繼續增高，使得很少量之N型區的電子和P型區的電洞，能夠跨越此障礙，所以順向電流很低，電流低至最小值稱爲谷點電流，此特性可由圖 8.18 觀察出來。

如果順向電壓繼續增加而超過谷點值，則障壁電壓將變得很低，致使多數載子跨過接合面，使電流急速上升，與正常順向偏壓特性區的電流特性相同，其能階圖如圖 8.24 及圖 8.25 所示。

(四)　透納二極體的用途

透納二極體（又稱江崎二極體）較適用於高頻的工作，且在極寬的溫度範圍內，具有良好的穩定度，因此它的主要功用有：

(1)　無穩態多諧振盪器。
(2)　單穩態多諧振盪器。
(3)　雙穩態多諧振盪器。
(4)　邏輯閘電路。

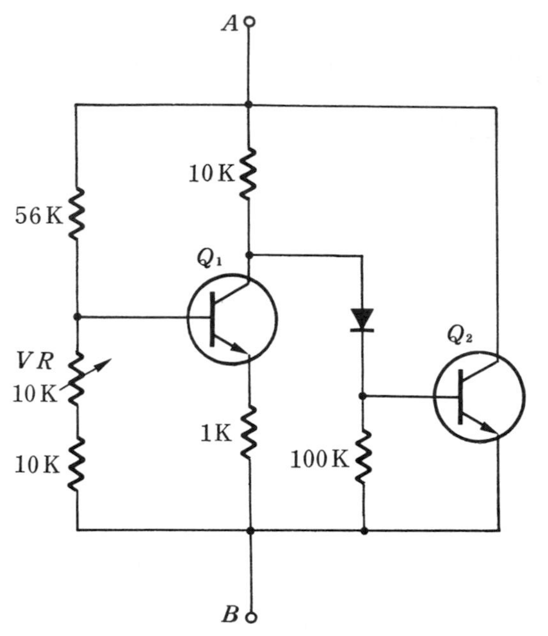

(a)具有電壓控制式負電阻的電晶體電路

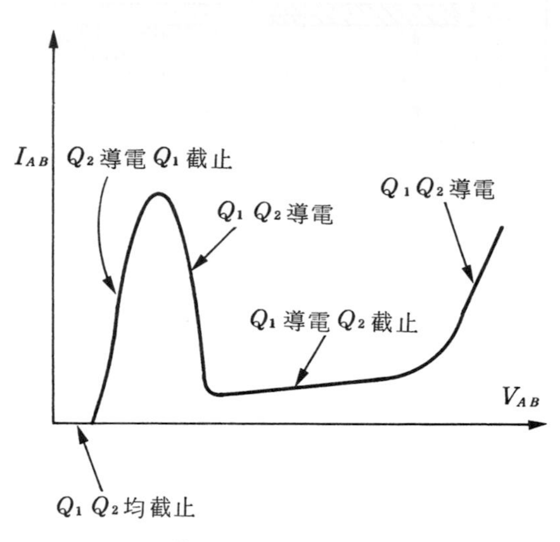

(b)電路 AB 兩端之電壓電流特性曲線

圖 8.26

(5) 可作交換開關。

(6) 可作放大器使用等。

優點：

(1) 交換（switching）速度快。

(2) 功率消耗低。

(3) 線路簡單。

缺點：

(1) 它是兩端子的元件，因此須要較特殊電路的連接，而且很難串連放大器，因爲它的輸出電壓很小，約爲 0.1V，僅能用於低功率的元件。

(2) 須具有一適當低電壓電源，所以供給電源必須是內阻很小，才能使它工作在負電阻區。

(3) 容易受電路元件參數之影響。

(4) 雜音免除力小。

(五) 透納二極體的代用品

目前在國內電子材料市場中，透納二極體不易購得，故若你手中沒有它，我們可以利用電晶體組成的等效電壓控制式負電阻電路代之。雖然較不方便，但是若適當的調整等效電路特性，亦可得極相近的透納二極體的特性。

以兩 NPN 電晶體組成如圖 8.26(a)電路，電路 A、B 兩端之間的 $V-I$ 特性曲線如圖(b)所示，在電壓低於 1V 以下，兩電晶體均不導電，曲線近於水平。電壓高到 1V

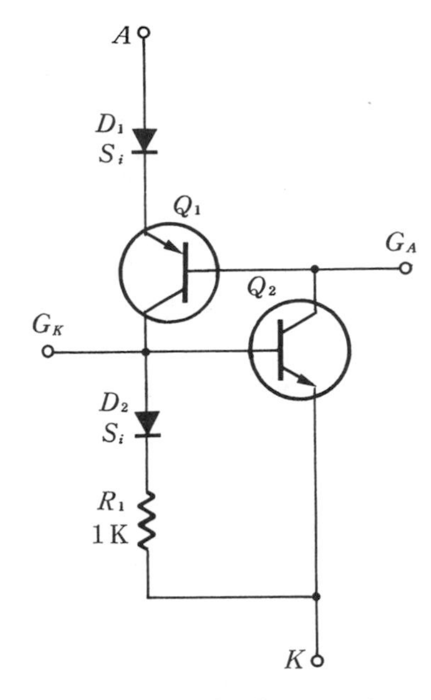

圖 8.27　SCS 等效電路

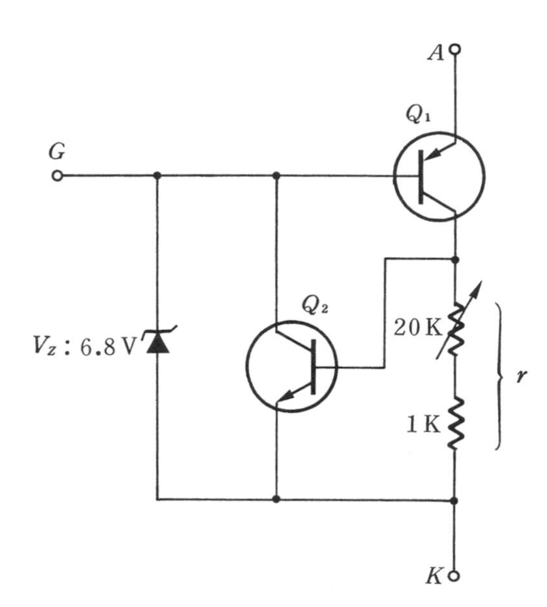

圖 8.28　SUS 等效電路

以上，則Q_2開始導電，電流隨電壓而快速上升，到峯點電壓以後Q_1飽和而 Q_2 無基極電流，Q_2 截止，所以電流不大，依電壓上升而慢慢上升。

Q_1的飽和集極電流隨A、B之間的電壓上升，使Q_1射極上的 1 kΩ 電阻壓降上升，到某值則其壓降供給 Q_2 基極順向偏壓，Q_2 隨之流過電流，所以總電流隨 A、B 間所加電壓之增大而快速上升。

圖 8.27 是以SCS的電晶體代替電路，圖中D_1的作用爲用來增加耐壓。D_2、R_1則用來降低靈敏度以防未觸發即導通。

圖 8.28 是以SUS的電晶體代替電路，圖中的VR 20k 和 1k 構成之γ，用來作爲降低靈敏度之用，以防未觸發即導通。

(六)　透納二極體的各種工作型態與偏壓

(1)　放大器

如圖 8.29(a)所示，透納做爲放大器工作應使直流負載線交 $V-I$ 特性曲線於負電阻區之一點，而且負載電阻（包括線路上的其他直流電阻之和）應小於負電阻值。即負載線的斜率大於負電阻區之斜率。$|R_L|<|R_d|$（R_d 表負電阻），如果 R_L 愈接近 R_d 的值，則增益愈大。但如果 $|R_L|=|R_d|$ 則會因過大的增益造成工作的不穩定。

如圖 8.29(b)所示，負載線交 $V-I$ 特性曲線於負電阻區之Q點，輸入信號使電壓有 $\pm\Delta V$ 之變動則負載線依電壓之變量平行移動，則工作點可因 $\pm\Delta V$ 而在 A、Q、B 之間來回移動，在透納二極體兩端有 V_{out} 的電壓變化，由圖上可看出 $V_{out}>V_{in}$，可見輸入信號被放大了。

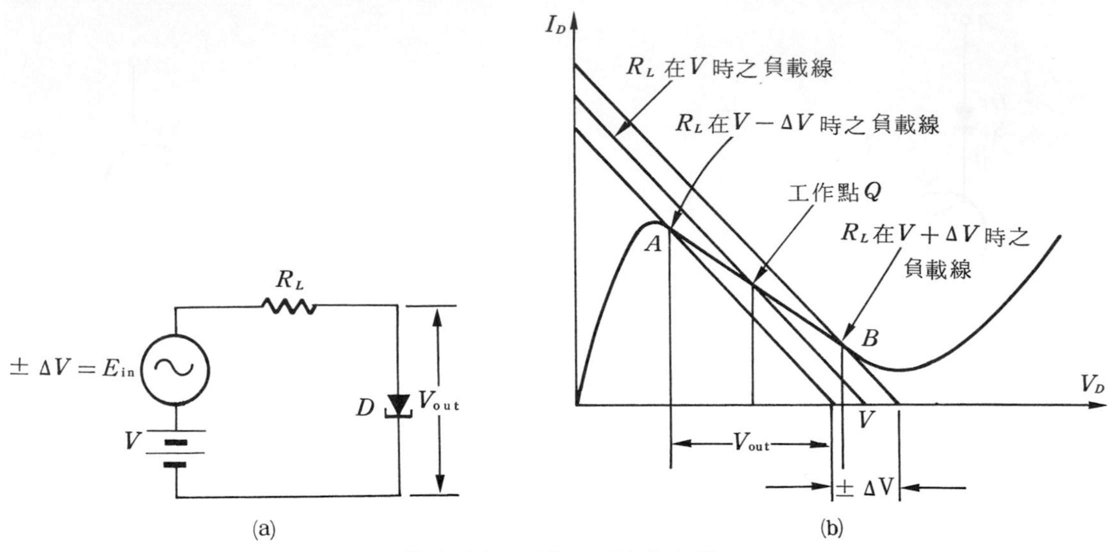

圖 8.29　透納二極體放大器

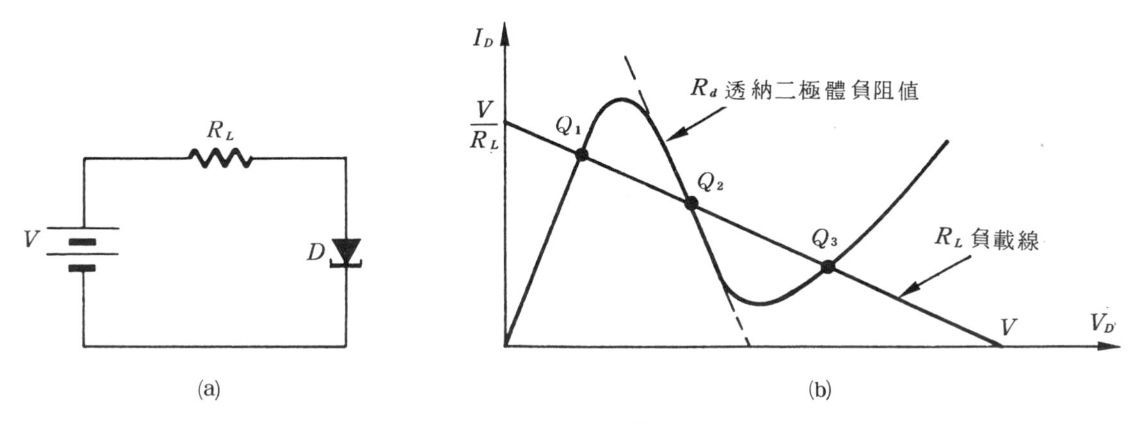

圖 8.30　透納二極體雙穩態電路

(2)　正反器（雙穩態電路）

如圖 8.30(a)所示，透納二極體担任正反器的工作時，負載線的斜率小於負電阻斜率，使負載線交 $V-I$ 曲線於 Q_1、Q_3 兩穩定點和 Q_2，如圖 8.30(b)所示，由於 $|R_L|>|R_d|$ 所以在 Q_2 點時有極高的增益使 Q_2 成為一不穩定點，電路上透納無法停留於 Q_2，只停於 Q_1 或 Q_3。若在 Q_1 時對透納施以正觸發脈衝，則由 Q_1 跳到 Q_3，而停於 Q_3，若再施以負觸發脈衝，則由 Q_3 跳回 Q_1 而停於 Q_1，如此依觸發信號而停留於高電位或低電位。

(3)　無穩態多諧振盪（或弛緩振盪）

如圖 8.31(a)所示，透納二極體担任多諧振盪工作時，電路上需串聯電感，而直流負載線應交負電阻區於一點 Q，如圖 8.31(b)所示，與放大器有相同的偏壓即 $|R|\leq|R_d|$。若無電感，則透納二極體可停留於 Q 點，但由於電感的作用使透納的狀態，

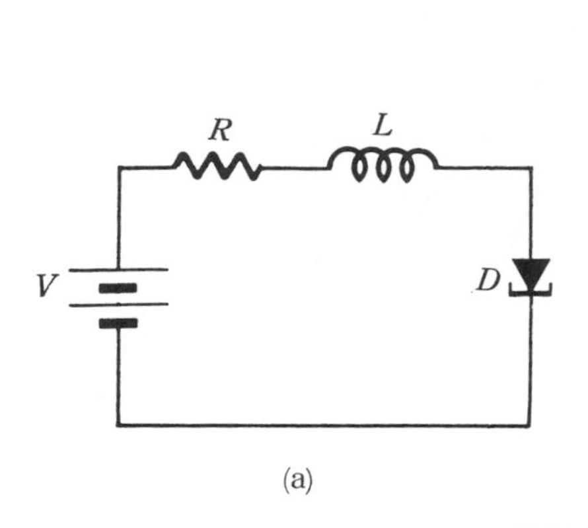

(a)

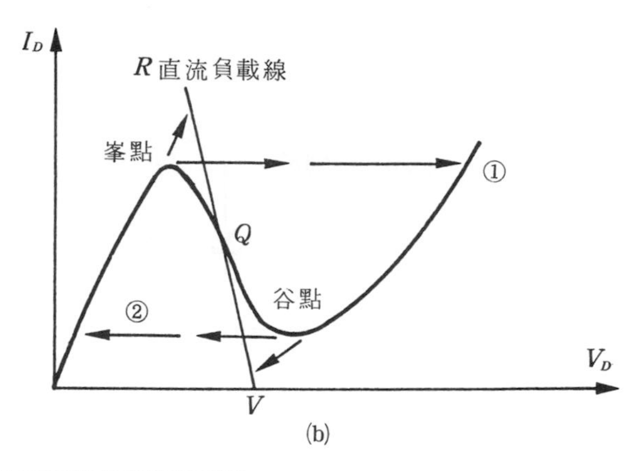

(b)

圖 8.31　透納二極體多諧振盪電路

由原點到峯點再跳到①點→谷點→②點→峯點，如此往返不息振盪。

電源接上後，電流由零逐漸增加，到峯點將進入負電阻區時，由於電流的折返使電感產生應電勢，結果跳到①點，由①點電流逐漸減小，到谷點將進入負電阻區時，由於電流之上升使電感產生應電勢，結果跳到②點，再由②點升到峯點。

(4)　正弦振盪

正弦振盪時直流偏壓情形與放大器工作時相同，但是由透納二極體視出之交流阻抗應等於負電阻值。則透納之工作點可在交流負載線與 $V-I$ 特性曲線重疊部分來回移動，產生正弦波，移動之頻率則由 L、C 決定。

$$f=\frac{1}{2\pi\sqrt{LC}}$$（透納的極際電容忽略不計）

如圖 8.32 所示。

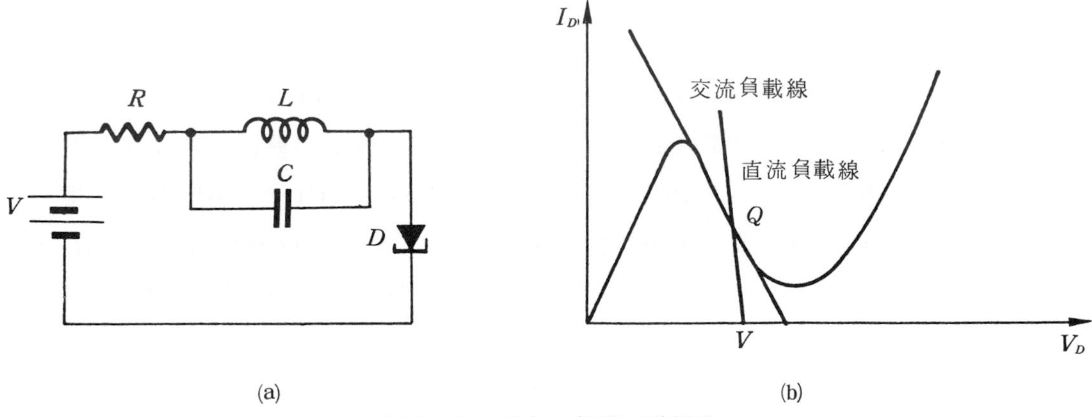

(a)　(b)

圖 8.32　透納二極體正弦振盪

(5)　單穩態多諧振盪

透納做單穩態工作電路需串聯電感與多諧振盪相似，但電源電壓較低或較高使負

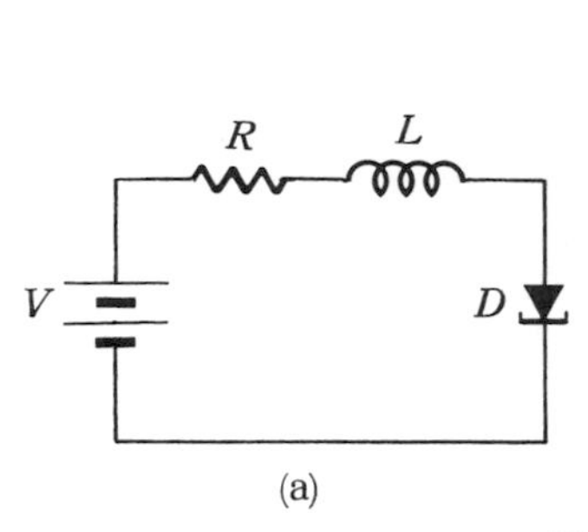

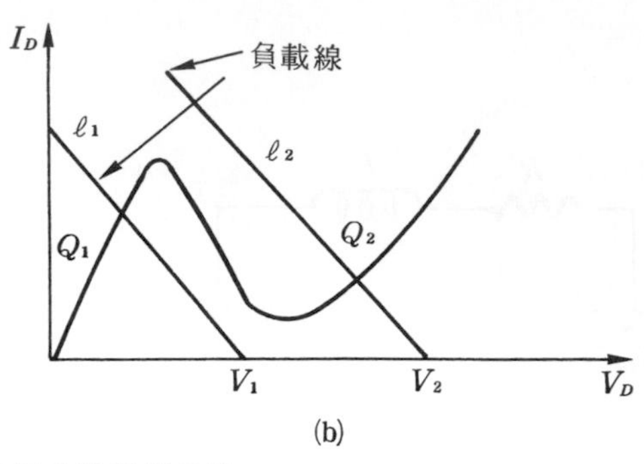

圖 8.33　透納二極體單穩態電路

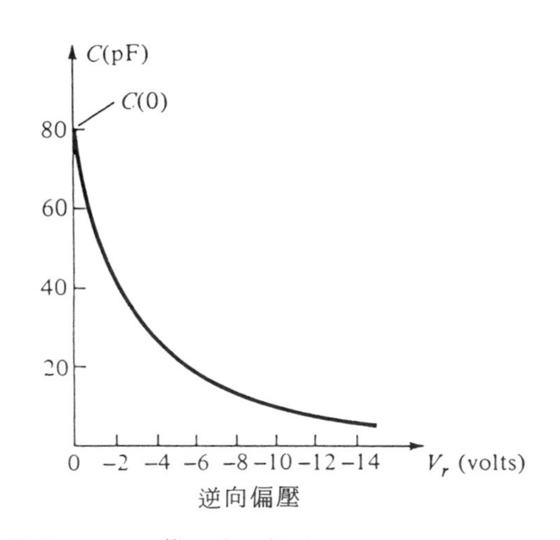

圖 8.34　可變電容二極體之符號　圖 8.35　可變電容二極體電容－電壓關係曲線

載相交$V-I$曲線於一負電阻區外之穩定點，如圖 8.33(b)負載線ℓ_1的偏壓使透納常處於低電位，以正觸發脈衝可以使之升到高電位，一段時間後再回到Q_1點，負載線ℓ_2其偏壓使透納常處於高電位，以負脈衝可以使之降到低電位，一段時間之後再回到Q_2點。

3.　**可變電容二極體(variable capacitance-diode)之特性及應用**

可變電容二極體（variable capacitance diode 或 voltacap diode）是一種利用逆向偏壓而改變其PN接合電容量的二極體，可以代替普通可變電容器，應用於調頻調制器（FM modulator）、可調帶通濾波器（bandpass filter）、參數放大器（parametric amplifier）及自動頻率控制裝置（automatic frequency control devices），如圖 8.34 所示，為可變電容二極體之電路符號，其電容量變化依規格而異，通常自 1 pF 至 200 pF 。

二極體之接合並非常數，而是加於其上之逆向電壓的函數，如圖 8.35 所示。

在PN接合之兩端，施加反方向電壓（即在P側為⊖電壓，在N側為⊕電壓）時，接合部附近之載子（在P側為電洞，在N側為電子），即被吸引至各其電極側，而在接合部附近形成沒有載子（carrier）之空乏層（depletion layer），而且隨着施加電壓的增加，空乏層也愈來愈擴大。此空乏層可視為一種平板電容器，通常稱為空乏層電容（depletion capacitance）或接合電容（junction capacitance），其電容值隨着施加電壓之增加而減少，接合面電容量與空乏區寬度之關係，可用下列方程式表示。

$$C_j = \frac{\epsilon A}{W_d} \tag{8.10}$$

其中　C_j：接合面電容量

ϵ：半導體材料的導電係數（permittivity）

A：PN 接合面積

W_d：空乏區寬度

可變電容二極體比普通機械動作的可變電容器，具有下列優點：體積小，不怕震動，可靠性高，沒有移動性的零件，工作的頻率範圍大，頻率響應快，適合遙控等。普通逆向偏壓接合面二極體的接合面電容與偏壓的關係可以為：

$$C_j = \frac{1}{K(V_O + V_R)^n} \tag{8.11}$$

其中　K：依半導體材料而定之常數

V_O：膝點電壓（knee potential），通常約為0.6～0.7V

V_R：所施加的逆向偏壓

n：常數。合金型接合面（alloy junction）為½，擴散型接合面（diffused junction）為⅓。

由（8.11）式亦可看出，可變電容二極體的接合面電容量 C_j 與所加的逆向偏壓 V_R 成反比。

如圖8.36所示為可變電容二極體的等效電路，其中：

L：代表引線的電感量，典型值約為5 nH。

C_S：代表二極體的分佈電容量，典型值約為0.5 pF。

C_j：代表二極體可變的接合面電容量，其大小與逆向偏壓成反比。

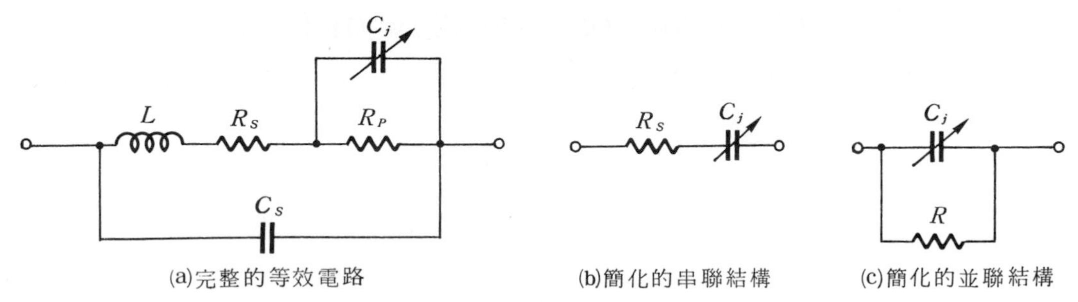

圖 8.36　變容二極體的等效電路

R_S：代表引線、歐姆接觸及半導體材料本身的電阻，典型值約爲10Ω。

R_P：代表二極體內部的漏電電阻，因二極體是在逆向偏壓工作，故 R_P 值甚大，典型值約爲1MΩ以上。

由於矽半導體材料對溫度具有較佳的特性，而且有較高的逆向電阻，可以使可變電容二極體的漏電流減至最小，所以大多數的變容二極體都用矽製成。

由於可變電容二極體常用於射頻的 LC 調諧電路，所以品質因數 Q（quality factor）是一個相當重要的參數，Q 值是指可變電容二極體的內部串聯電阻 R_S 與電容抗之比，由圖8.36(b)所示 Q 值可寫爲：

$$Q=\frac{1}{2\pi f R_S C_1}=\frac{f_c}{f} \qquad (8.12)$$

其中，$f_c=\dfrac{1}{2\pi R_S C_1}$。由（8.12）式可知

(1) 變容二極體的 Q 值與頻率 f 的大小成反比。

(2) 因爲變容二極體的接合電容量 C_j 與逆向偏壓成反比，由（8.12）式，Q 值也和 C_j 成反比，故 Q 值和逆向偏壓成正比。

(3) 當 $f=f_c$ 時，$Q=1$，此時之 f_c 就是變容二極體在固定逆向偏壓下所能工作的最高頻率，通常稱之爲截止頻率 f_c（cutoff frequency）。

4. 蕭基二極體(schottky diode)

蕭基二極體（schottky diode）的基本電流──電壓特性與普通 PN 接合二極體相似，但基本結構並不相同，一般 PN 接合二極體有一 P 型半導體與 N 型半導體之接合面，而蕭基二極體則爲一金屬與半導體之接合面，金屬一半導體接合在半導體元件與積體電路中有兩種不同的用法：一爲金屬接脚與半導體之熔接，此熔接稱爲歐姆接點或非暫流接點（ohmic or nonrectifying connection），另一爲蕭基障壁二極體（schottky-barrier diode），其接點具有與 PN 接合二極體類似之暫流性質。

蕭基二極體與接點型二極體一樣，是屬於多數載子工作的半導體元件，其電荷傳輸僅利用半導體中的多數載子，通常要使 PN 二極體變爲斷路(off)狀態，必須將接合處之少數載子移去，因此 PN 二極體由"ON"狀態轉變爲"OFF"狀態時，必有一時間延遲，此延遲時間由少數載子之壽命來決定。蕭基二極體因沒有少數載子聚集在接合處，不會產生 PN 二極體的少數載子儲存現象，所以蕭基二極體由"ON"轉變爲"OFF"的交換時間極短，較 PN 接合二極體快得多，並且能工作於較高的頻率範圍。

通常一順向偏壓之蕭基二極體上所跨之電壓大約爲矽 PN 接合二極體的一半，所以蕭基二極體更接近於理想二極體。

蕭基二極體之兩大特點爲：速度快與低電壓，它除了可以作微波訊號的檢波及混波

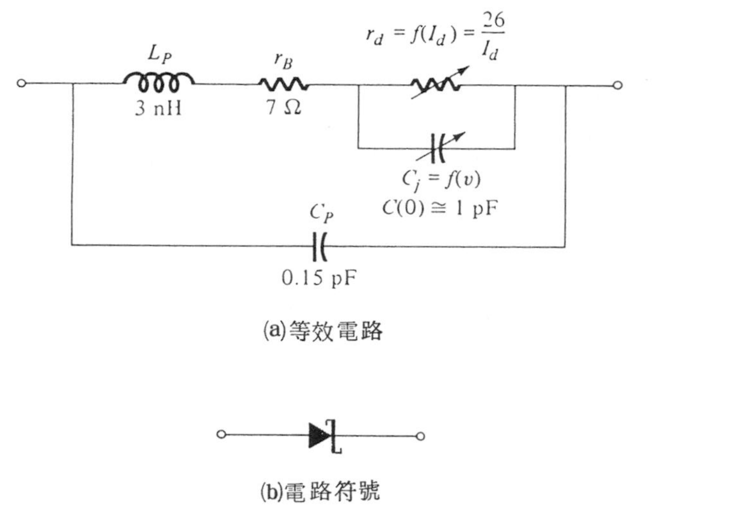

(a)等效電路

(b)電路符號

(c)外觀圖

圖 8.37　蕭基二極體

之用外，在參數放大器（parametric amplifer）及高速度邏輯等應用方面，亦佔相當重要的地位。

蕭基二極體又可稱爲熱載子二極體（hot carrier diode），其電路符號與等效電路如圖 8.37 中所示。

圖 8.37(b)所示的蕭基二極體等效電路中，並聯的 r_d 及 C_j 分別代表二極體在固定偏壓工作點下的接面電阻及電容，r_B 代表半導體的串聯電阻及接觸電阻，C_P 代表包裝所產生的寄生電容，通常蕭基二極體的金屬一半導體接觸面積比點接型二極體大，所以蕭基二極體的接觸電阻較小，因而雜訊亦小。

5.　水晶振動器(quartz crystal unit)

水晶振動器是依照使用之目的，從水晶之單結晶中施行精密切削加工，而以加工所得之加工品作爲振盪體，利用其固有的機械振動及水晶所具有之壓電效應，反壓電效應與電氣電路組合，以便將水晶單結晶之穩定的機械振動應用於電氣之基準頻率的發生及頻率的選擇之電子零件。

水晶振動器是一般的總稱，但依照用途，有時稱爲水晶振盪器（作爲振盪器使用時），簡稱(cry-stal，又稱石英晶體元件、石英晶體振子）。

(一)　依照使用目的之分類：

水晶振動器
- 水晶諧振器（被動電路元件）
- 水晶振盪器（主動電路元件）

(二)　依內部構造之分類（參照外觀構造圖），如圖 8.39 所示。

水晶振動器
- 壓力支持型
- 夾子裝定型（clip mounted type）
- 隙縫裝定型（slit mounted type）

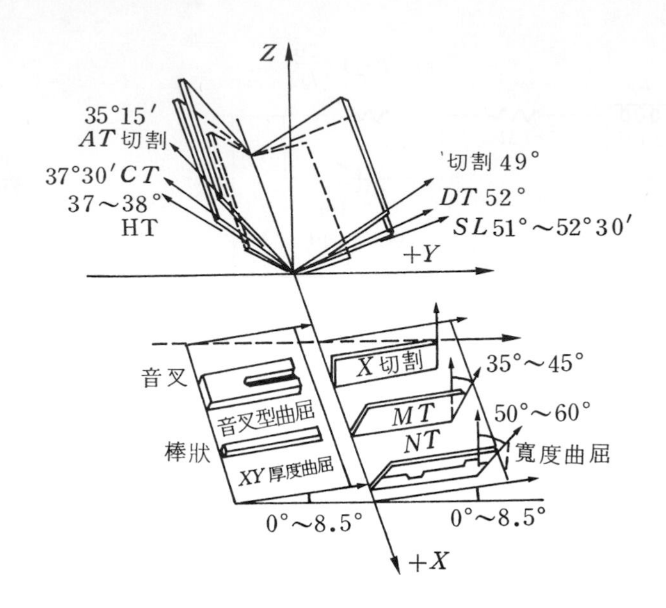

圖 8.38　各種切割之結晶軸切割方位

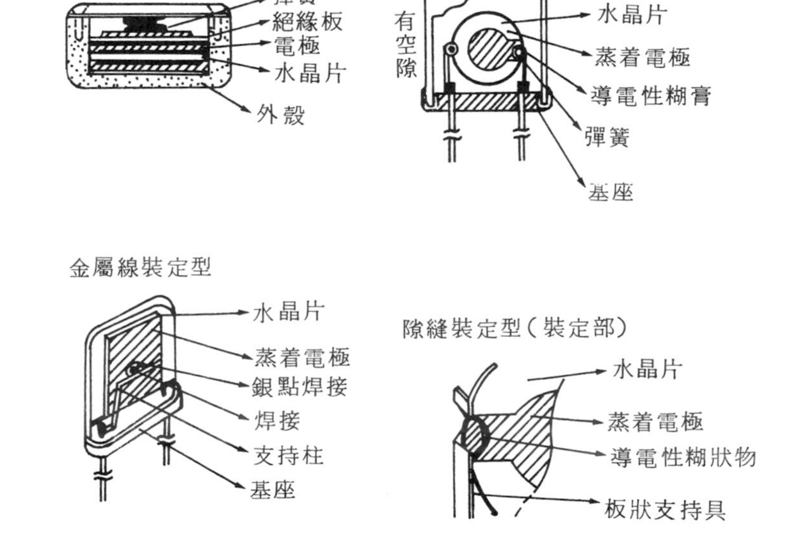

圖 8.39　水晶振動器之構造圖

金屬線裝定型（wire mounted type）

而其外形則以美軍規格之 *HC* 型（即密閉型：hermetic seal 型）佔絕對多數。

水晶振動器以切割的名稱稱呼的情形相當多，這是因爲構成安定性之根本之頻率溫度特性，因振動型態及從水晶結晶軸切割之方位而有相當大之變化，因此針對在常溫附近具有零溫度係數之水晶振動器，賦予固有的切割名稱。

圖 8.38 爲各種切割之結晶軸切割方位。

圖 8.39 爲其構造圖，表 8.4 爲水晶振動器之型式名稱與頻率之關係圖。

表 8.4　水晶振動器之型式與頻率之關係

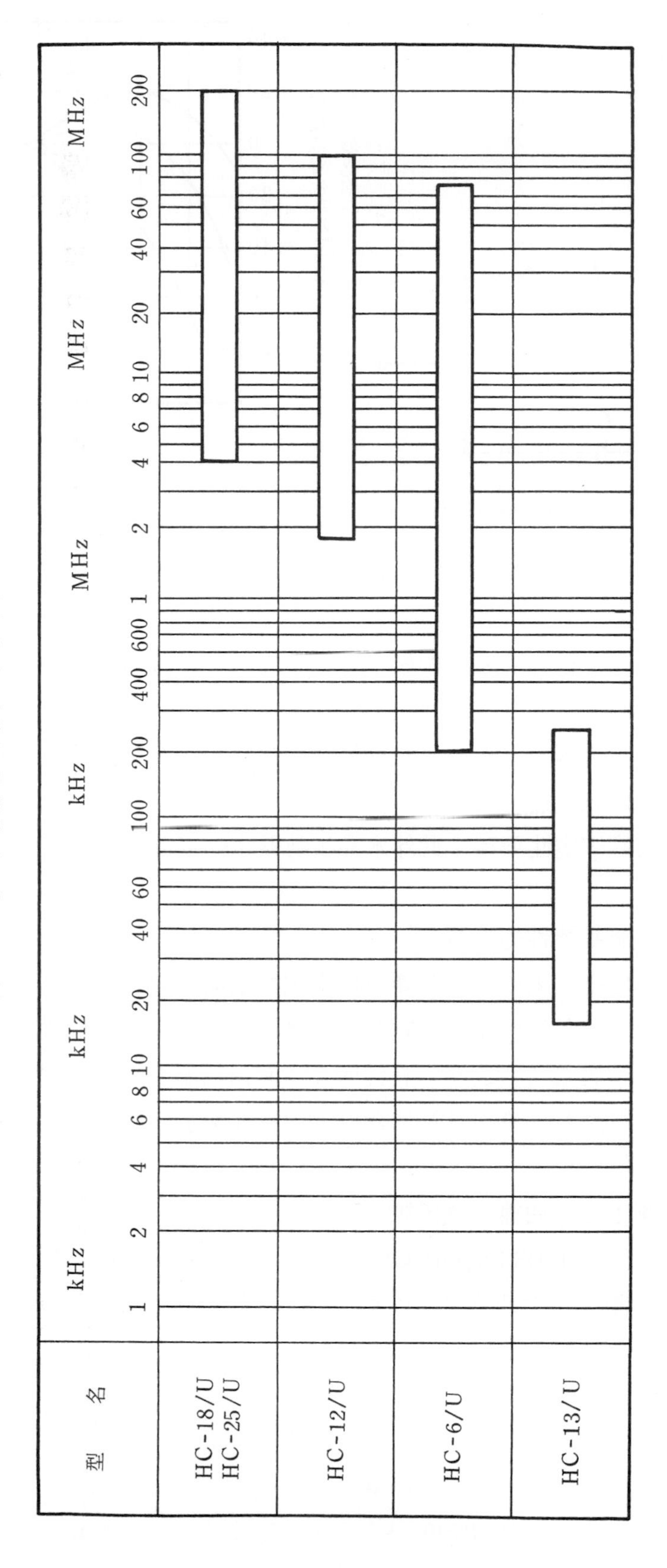

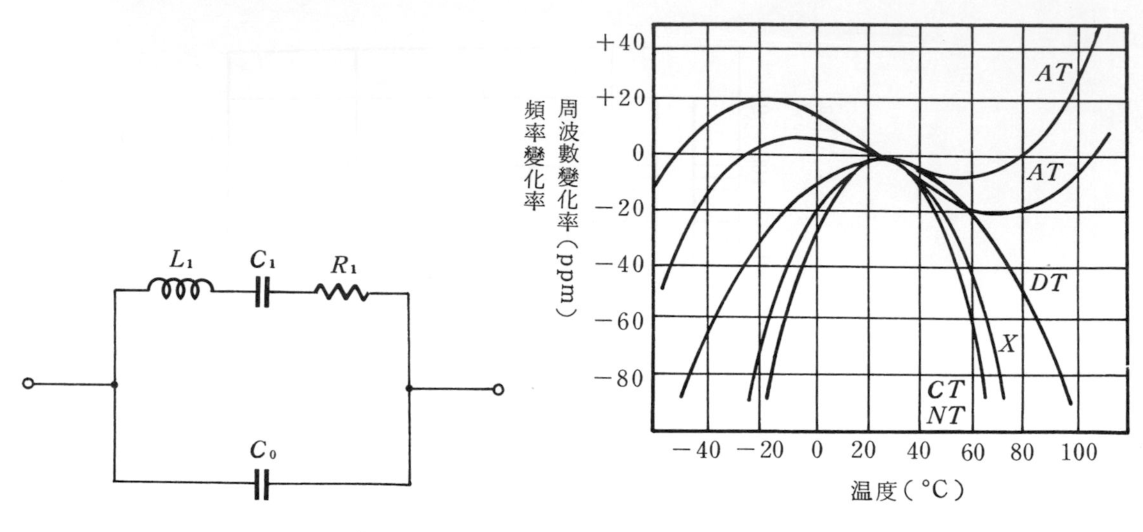

圖 8.40　水晶振動器之等效電路

圖 8.41　各種切割方法之頻率溫度特性

水晶振動器之電氣的等效電路，如圖 8.40 所示。水晶振動器所具有之其他振動器，所沒有的特徵如下：

(1) 並聯電容與串聯電容之比率較大，串聯諧振與並聯諧振之頻率間隔非常窄，通常在 0.2 %以下。

(2) 振動損失非常低，通常的水晶振動器之 Q 值為二萬～二十萬，具有高安全性之振動器的 Q 值有高達二百萬～五百萬者。

以上兩點為高安定性要素，此外水晶振動器也因構造、振動形態、切割、封定方法等而具有特徵。

(一) 切割之頻率溫度特性的特徵

水晶振動器是從人工或天然生產之極安定的水晶單結晶切下之棒狀或板狀元件，而利用此棒狀或板狀元件的機械性振動原理所構成，其頻率溫度特性是其最大的不安定要素。圖 8.41 所示者為其代表性之特性曲線，其頂點溫度可以移動，而此頂點溫度可藉切割角度而獲得零溫度係數，AT 切割方式之特性屬於三次曲線，可在寬濶的溫度範圍獲得高的性能。

X 切割：二次曲線二次係數
$-0.034\ \text{ppm}/{}^\circ\text{C}^2$

NT 切割：二次曲線二次係數
$-0.047\ \text{ppm}/{}^\circ\text{C}^2$

DT 切割：二次曲線二次係數
$-0.016\ \text{ppm}/{}^\circ\text{C}^2$

CT 切割：二次曲線二次係數
$-0.05\ \text{ppm}/{}^\circ\text{C}^2$

AT 切割：三次曲線三次係數

$-11.65\times10^{-11}/°C^2$

(二) 封閉方法之特徵

現階段對水晶振動器之要求是小型化與安定化，尤其時間變化性能的改善，是水晶振動器長期的目標，對於隔離於外界環境的封閉方法，已有許多方法，其中最具代表性之封閉方法所引起之特徵，如表8.5所示，在使用時必須針對要求之性能，選擇適合的

表8.5　封閉方法下之特徵

封閉方法	優點	缺點	時間變化性
焊接封閉	製造容易	焊接時難以避免混入焊劑，無法獲得時間變化性良好之產品。	5×10^{-6}/年以內
電阻熔接封閉	幾乎不會因封閉而發生污染最適於小型化，氣密性良好。	不可能施行高眞空封閉，不適於大型產品之封閉。	2×10^{-6}/年以內
冷焊	封閉時所發生之污染最小、可施行高眞空之封閉、一次可封閉數個元件。	封閉處之尺寸難以縮小。	1×10^{-6}/年以內

表8.6　水晶振動器之主要用途

種別／應用範圍	基準頻率發生用	濾波器用
計測器	一般計測用 基準頻率發生用	一般計測用
各種通訊機器	一般無線電用、廣播用、衛星通訊用、載波用、微波中繼用、業餘無線電用、傳眞同步用	載波用 中頻濾波器 （SSB用、FM用） 天線用
消費機器	時鐘用 錶　用 彩色電視機用	立體音響用

方法。

水晶振動器一般使用於發生10～4以內之高安定度之基準頻率之用途，及作為利用振動器之高Q值，而要求高度之頻率選擇性的濾波器元件使用，其主要的應用範圍如表8.6所示。

8.3 實習材料

10Ω×1

250Ω×1

500Ω×1

1kΩ×1

1MΩ×1

500pF×1

齊納6.2V×1

齊納5.1V×1

(電晶體)SC9013×1

8.4 實習項目

工作一：Zener二極體特性曲線測試

工作程序：

(1) 按圖8.42接妥電路，選擇崩潰電壓大約6V上下的zener二極體。

(2) 所選用的zener二極體的$P_{D(\max)}=$ ______ W。$I_{Z(\max)}=$ ______ mA。$I_{ZT} \cong \frac{1}{4} I_{Z(\max)}=$ ______ mA。

(3) 依表8.7所標示的I_Z電流量調整可變電阻器R_1（I_Z在1 mA以上時，R_1用2 kΩ，電源電壓E固定在20 V；I_Z在1 mA以下時，R_1用1 MΩ，電源電壓E固定在10 V）。記錄下相對應的電壓V_Z及在示波器上所顯示出的雜訊（示波器的垂直輸入刻度為5mV/cm）。

(4) 利用表8.7的數據，繪出zener二極體在崩潰區內的$V-I$特性曲線於表8.8之中。

(5) 利用表8.7的數據，求出zener二極體的動態阻抗$r_Z=\frac{\Delta V_Z}{\Delta I_Z}$並填於表8.9。

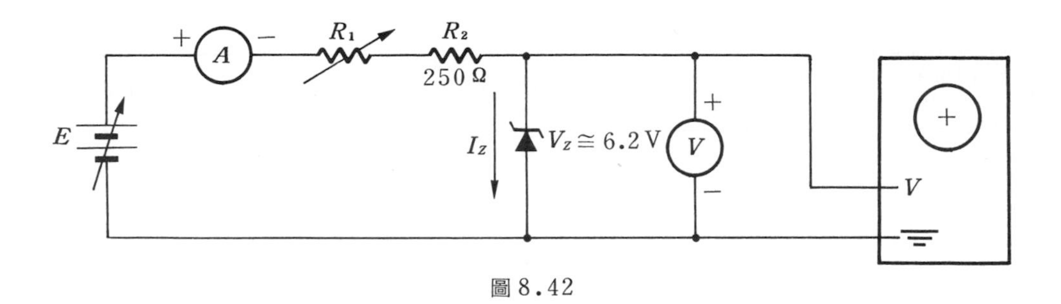

圖 8.42

表 8.7

I_Z (mA)	20	10	8	6	4	2	1	0.6	0.4	0.2	0.1	0.05	0.02	0.01	0.005
V_Z (V) (DC)															
在示波器上顯示出的雜訊 未跨接 10 μF 電容器															
在示波器上顯示出的雜訊 跨接一個 10 μF 電容器															

表 8.8

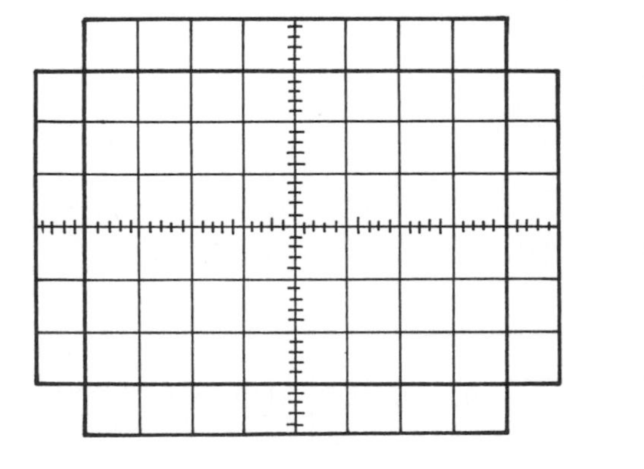

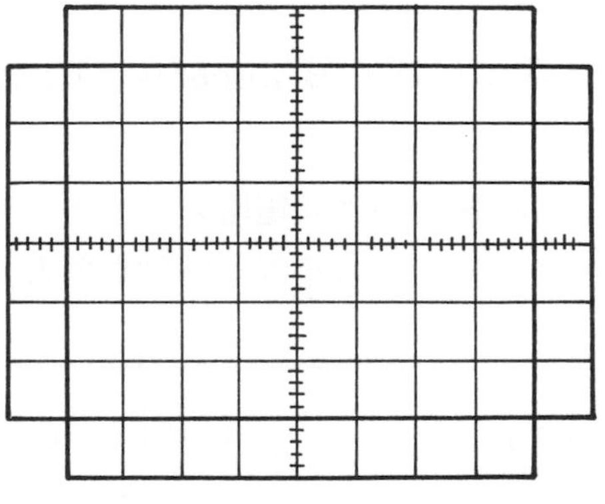

表 8.9

ΔI_z	20mA-10mA	10mA-8mA	8mA-6mA	6mA-4mA	4mA-2mA	2mA-1mA	1mA-0.6mA
ΔV_z							
r_z							
ΔI_z	0.6mA-0.4mA	0.4mA-0.2mA	0.2mA-0.1mA	0.1mA-0.05mA	0.05mA-0.02mA	0.02mA-0.01mA	0.01mA-0.005mA
ΔV_z							
r_z							

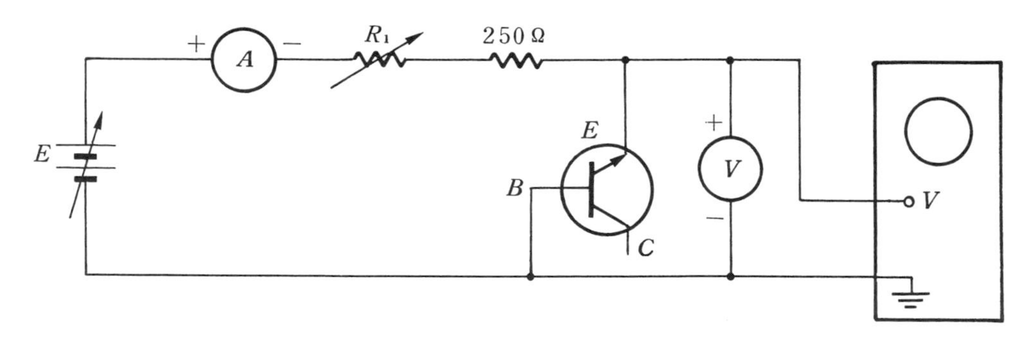

圖8.43

工作二：CS9013 E-B Zener特性曲線測試

工作程序：

(1) 按圖 8.43 接妥電路。

(2) 如工作一之步驟(3)，將結果填入於表 8.10。

表 8.10

I_z (mA)	20	10	8	6	4	2	1	0.6	0.4	0.2	0.1	0.05	0.02	0.01	0.005
V_z (V) (DC)															
在示波器上顯示出的雜訊未跨接 10μF 電容器															
在示波器上顯示出的雜訊跨接一個 10μF 電容器															

表8.11

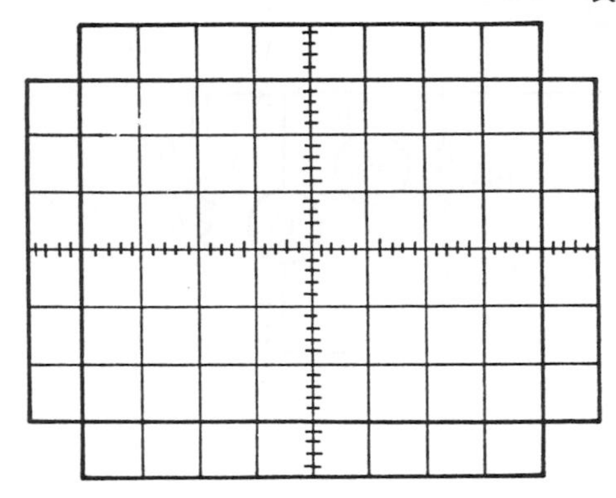

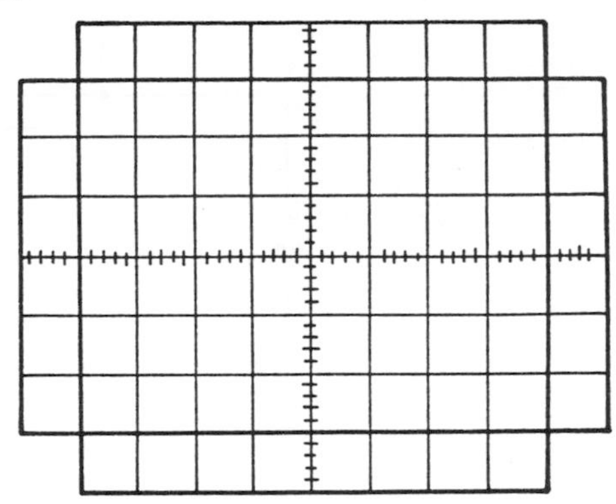

表8.12

ΔI_z	20mA-10mA	10mA-8mA	8mA-6mA	6mA-4mA	4mA-2mA	2mA-1mA	1mA-0.6mA
ΔV_z							
r_z							
ΔI_z	0.6mA-0.4mA	0.4mA-0.2mA	0.2mA-0.1mA	0.1mA-0.05mA	0.05mA-0.02mA	0.02mA-0.01mA	0.01mA-0.005mA
ΔV_z							
r_z							

(3) 利用表8.10的數據，繪出CS 9013 E-B在崩潰區工作的$V-I$特性曲線於表8.11中。

(4) 利用表8.10的數據，求出CS 9013 E-B在崩潰區工作的動態阻抗，並填入於表8.12中。

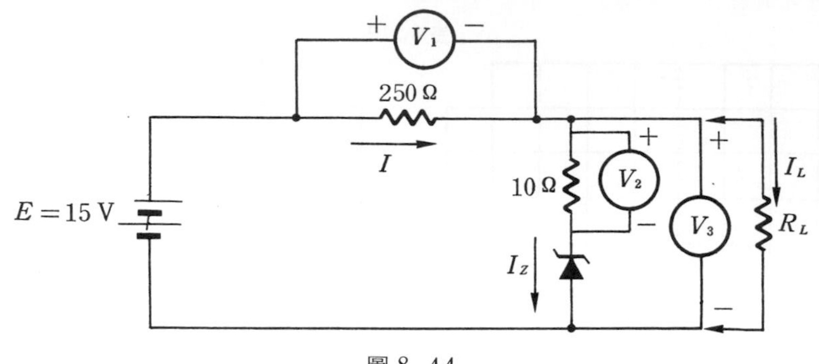

圖 8.44

表8.13

負載電阻器 R_L	47kΩ	10kΩ	1kΩ	470Ω	100Ω	47Ω
$I=\frac{V_1}{250\,\Omega}$ (mA)						
$I_Z=\frac{V_2}{10\,\Omega}$ (mA)						
$I_L=\frac{V_3}{R_L}$ (mA)						

工作三：負載變動下的Zener二極體穩壓器

工作程序

(1) 按圖 8.44 接妥電路。

(2) 依表8.13加上所列出的負載電阻器，並記錄下總電流 I ($I=\frac{V_1}{250\,\Omega}$)，流經 zener 二極體的電流 I_Z ($I_Z=\frac{V_2}{10\,\Omega}$) 及流過負載電阻器的電流 I_L ($I_L=\frac{V_3}{R_L}$)

工作四：輸入電壓變化下的Zener二極體穩壓器

工作程序

(1) 按圖 8.45 接妥電路。

(2) 依表 8.14改變輸入電壓，並記下總電流 I ($I=\frac{V_1}{250\,\Omega}$)，流經zener二極體的電流 I_Z ($I_Z=\frac{V_2}{10\,\Omega}$) 及流經負載的電流 I_L ($I_L=\frac{V_3}{1\,\text{k}\Omega}$)。

工作五：Zener二極體動態阻抗的測量

zener 二極體的動態阻抗為在 zener 二極體流過電流 I_{ZT} 時，外加 60 Hz 的交流電流信號為1/10 I_{ZT} 時所測得。

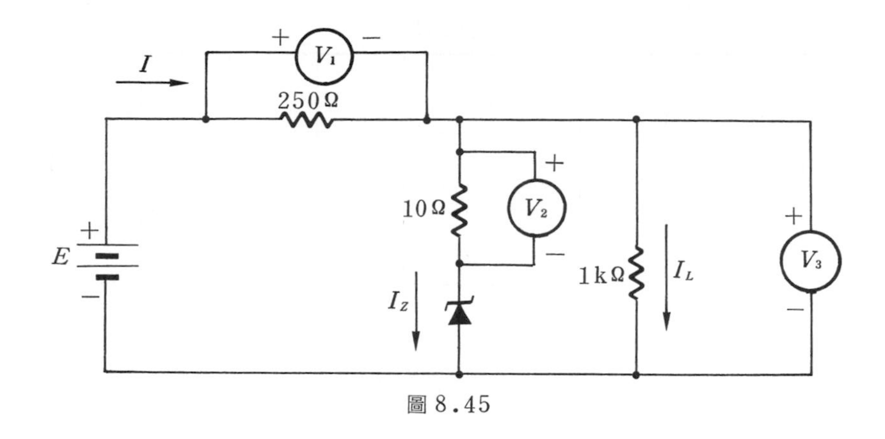

圖 8.45

表 8.14

輸入電壓 E	10 V	15 V
$I=\dfrac{V_1}{250\ \Omega}$ (mA)		
$I_Z=\dfrac{V_2}{10\ \Omega}$ (mA)		
$I_L=\dfrac{V_3}{1\ \mathrm{k}\Omega}$ (mA)		

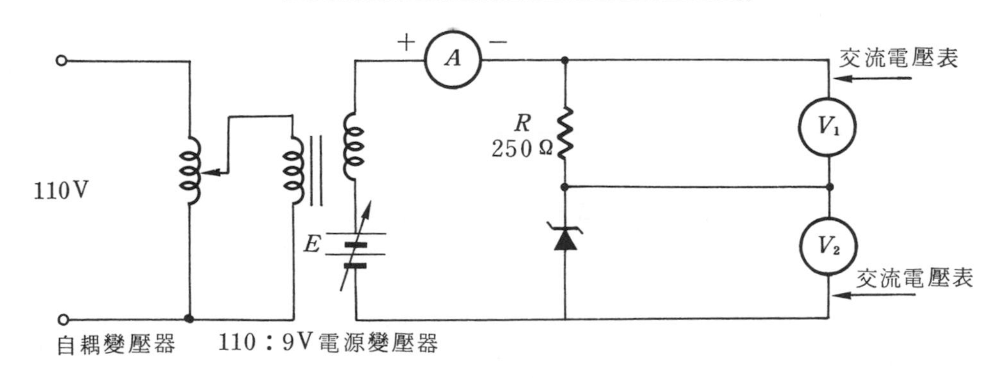

圖 8.46

工作程序

(1) 所選用的 zener 二極體的 $I_{ZT}=$ ______ mA（大約為 $I_{Z(\max)}$ 的¼）。

(2) 按圖 8.46 接妥電路。

(3) 增加電源供應器的輸出電壓，使電流表的讀數為 I_{ZT} 。

(4) 交流電壓表的讀數為流經 zener 二極體的均方根（RMS）值電流在 250Ω 上所產生的電壓降。RMS 電流應為 0.1 I_{ZT} 。調自耦變壓器使得 V_1 的讀數為 $0.1\times I_{ZT}\times 250\Omega$（若 $I_{ZT}=20$ mA，則 RMS 的電流應為 $20\text{mA}\times 0.1=2$ mA，在 250Ω 電阻器上的壓降應為 $0.1\times 20\text{ mA}\times 250\Omega=0.5\text{V}$）。

表 8.15

V_1								
V_2								
r_Z								

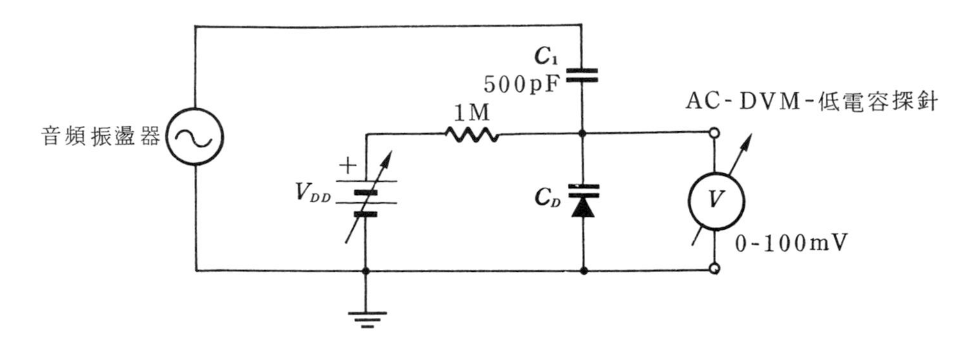

圖 8.47

表 8.16

V_{DD} (V)	0	1	2	3	4	6	8	10	15	20
V_o (mA)										
C_D*										

$$I_{Z(RMS)}=\frac{V_1}{R}=\frac{V_1}{250\,\Omega}=\Delta I_Z$$

(5) 交流電壓表 V_2 的讀數爲 ΔV_Z 。

(6) $r_Z=\frac{\Delta V_2}{\Delta I_2}=\frac{V_2}{V_1/R}=\frac{V_2}{V_1}R=250\ \frac{V_2}{V_1}$

(7) 將所測量的數據填入表 8.15 中，並求出 r_Z（改變自耦變壓器的輸出電壓）。

工作六：可變電容二極體之特性測試

工作程序

(1) 按圖 8.47 接妥電路。

(2) 調 AF 信號產生器於 100KHz 、100mV rms 值。

(3) 按表 8.16 中所列之數值，依次改變控制電壓 V_{DD}，測量輸出端之交流電壓輸出並記入該表中。

(4) 以同樣的方法，分別就控制電壓爲 2V、4V、10V，以電烙鐵隔空對二極體加熱

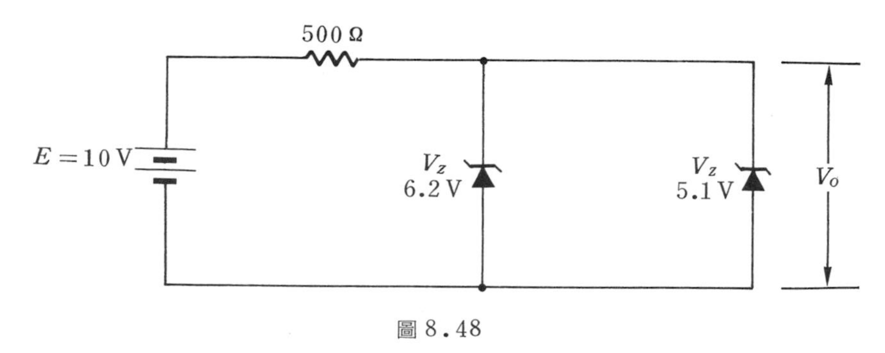

圖 8.48

（不可觸及塑膠包裝），並觀察那一偏壓時，輸出端之變化最小？

8.5　問　題

1. 試解釋①累增崩潰，② zener 崩潰並比較其相異之處。
2. 試繪出zener 二極體的特性曲線並說明在崩潰區內的各主要參數。
3. 試說明 zener 二極體在崩潰區工作時，所應注意的事項。
4. 試說明 zener 二極體的 zener 電壓溫度係數的意義。
5. 試定義 zener 二極體穩壓器的穩定度及輸出阻抗。
6. 試就①穩定度，②輸出阻抗兩點比較zener 二極體單級穩壓器和兩級穩壓器的優劣點。
7. 試說明分路穩壓器的工作原理。
8. 如圖 8.48 所示，求輸出電壓 V_o 。
9. 試述透納二極體放大電路的偏壓及放大原理。
10. 試述透納二極體做為雙穩態電路時之偏壓方法。
11. 試述以電晶體電路代替透納二極體電路之工作原理。
12. 試說明可變電容二極體之電容值與電壓之關係。
13. 試說明可變電容二極體之 Q 值與截止頻率 f_c 。
14. 試述可變電容二極體之主要用途。
15. 試述蕭基二極體之特點。
16. 試述水晶振動器依內部構造之分類。
17. 試述水晶振動器之主要特徵。

實習 9

溫度控制

9.1 實習目的

(1) 瞭解各種溫度感測元件。

(2) 認識溫度感測元件之應用。

9.2 相關知識

溫度控制，其用途甚為廣泛，諸如工業器械上的溫度測量，溫度調節尤其在我們日常所接觸到的電器用具中，諸如冷氣機、自動保溫電鍋、暖氣機及一些保暖器具、電熱水器，大都裝有自動溫度控制設備，要達成溫度控制，當然需要一個對溫度敏感的換能元件，將溫度之變化轉換為電氣特性之變化。這類元件較常看到的是：

(1) 熱敏開關

(2) 熱敏電阻

(3) 熱電耦

1. 熱敏開關

熱敏開關是一種雙金屬片式的溫度檢知器，當它感受的溫度達到動作臨界點時，其產生的機械動作會使開關接點接合或分離，從而去控制電器的工作狀態，其構造如圖 9.1 所示。當溫度高到某一程度，雙金屬片彎曲的程度將接點頂開，將電路中斷。當溫度降低雙金屬恢復至原有形狀時，接點閉合而使電路再次接通，如此反覆開閉之結果，可維持溫度於一定，此類開關尚有利用液體或氣體膨脹，再接以機械接合來將開關點閉合或分

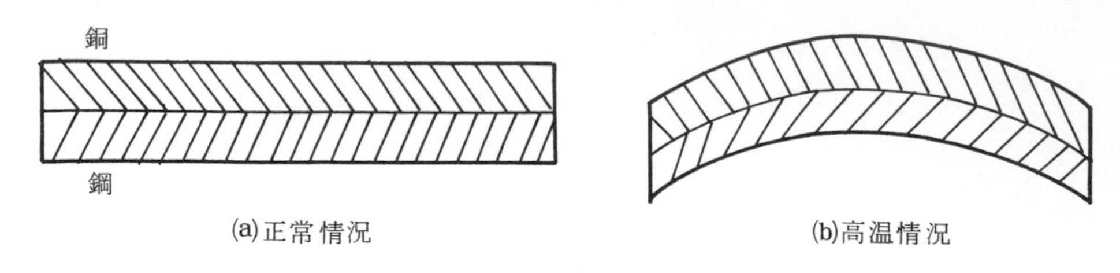

圖 9.1 雙金屬熱敏開關

開，也有利用磁性體的，這是利用某種磁性體之溫度高至某一程度，磁性變弱，或強磁鐵在某一定溫度，會失去磁性之特性，以致無法繼續吸引鐵片而使接點分開或閉合。

此類熱敏開關，其優點是不用電源供給便能產生動作、安裝便利，缺點是控制溫度範圍誤差較大，動作較遲鈍。

2. 熱敏電阻(thermistor)和電阻性溫度檢出器(RTD)

thermistor 是 thermally sensitive resistor（熱感電阻器）之略稱，係對溫度之變化具有極大之電阻值變化之特殊電阻器的總稱。電阻值隨溫度而變化的元件稱爲熱敏電阻，有的具有正溫度係數，即溫度上升時電阻值上升，有的具有負溫度係數，即溫度上升時電阻值下降，以後者最爲普遍，一般所稱熱敏電阻即指具有負溫度係數者。

電阻性溫度檢知器（resistive temperature detector）即RTD使用純金屬如白金、銅或鎳等靈敏度元件，這些物質在其溫度範圍內，每個溫度都有固定之電阻值，在接近0°C時，溫度和導體之電阻關係可用下式表示。

$$R_t = R_{ref}(1 + \alpha \Delta t) \qquad (10.1)$$

式中 R_t：溫度在 t °C時導體之電阻

R_{ref}：在參考溫度之電阻，通常爲0°C

α：導體材料之溫度係數

Δt：工作和參考溫度間的溫度差

幾乎所有的金屬都是正溫度係數，因此溫度增加，它們的電阻值隨之增加，有些材料像碳和鍺等是負的溫度係數，即其電阻隨溫度上升而下降，溫度感測元件都希望有大的 α 值，以使小的溫度變化即可產生相當大的電阻變化，電阻的變化（ΔR）可用惠斯登電橋測量，再將電阻的變化量轉換成溫度指示刻度。

圖 9.2 所示爲幾種通用材料電阻隨溫度變化之情形，圖中指出白金和銅幾乎隨溫度做線性增加，而鎳的特性可說是非線性的，RTD 是依其應用而需要適當的選擇，表 9.1 是三種最常見電阻材料特性摘要，白金線用於實驗室以及高精密度範圍的工業應用

使用氧化金屬材料測試溫度時，這些外型類似小電容的氧化金屬就稱爲熱敏電阻（thermistor），熱敏電阻是個具有負電阻溫度係數之元件，熱敏電阻在室溫下，每升高溫度1°C電阻將減少6％，這種對溫度變化高靈敏度之熱敏電阻很適合做精確的溫度

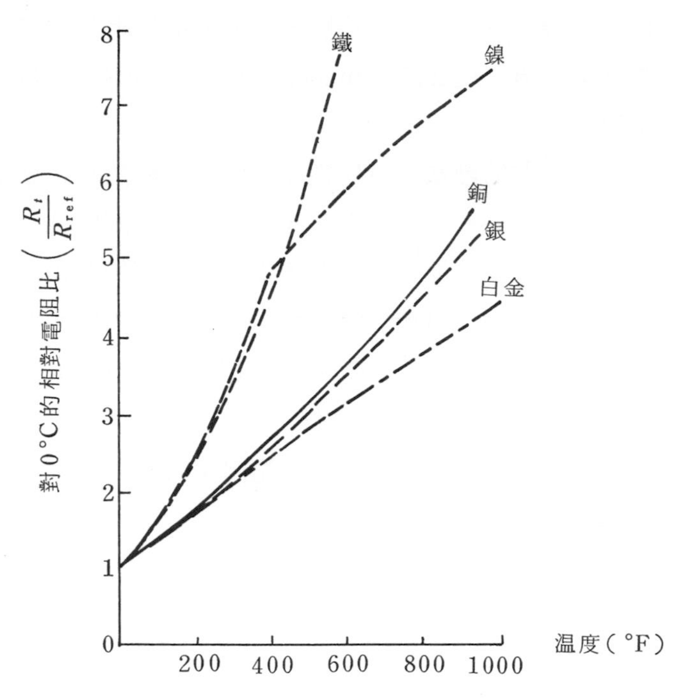

圖 9.2　幾種純金屬之相對電阻 $\left(\frac{R_t}{R_{ref}}\right)$ 隨溫度變化之曲線

表 9.1　電阻性溫度感測計元件

種類	溫度範圍	準確度	優點	缺點
白金	−300°F 至 +1500°F	±0.5°F	高準確度 高穩定度 寬工作範圍	響應時間慢 (15s) 價格貴
銅	−325°F 至 +250°F	±0.5°F	高線性度 高準確度(在溫度範圍內) 高穩定度	溫度範圍受限制 (至250°F)
鎳	+32°F 至 +150°F	±0.5°F	壽命長 高靈敏度 高溫度係數	線性度比銅差 溫度範圍受限制 (至150°F)

測量，控制和補償。因此熱敏電阻應用廣泛，特別適用在−100°C到300°C較低的溫度範圍。

熱敏電阻由金屬氧化物的燒結混合物(sintered mixture)組成，像錳、鎳、鈷、銅、鐵和鈾等。它們的電阻範圍從0.5Ω到75MΩ，可廣泛的使用不同形狀和大小，最小的尺寸是直徑0.15mm到1.25mm的珠狀體，珠狀體可封在固體玻璃棒頂端，形成探棒，這樣比珠狀體容易裝定。在高壓力下將熱敏電阻材料壓入扁平的圓柱形模型以裝成碟狀和墊圈狀，其直徑從2.5mm到25mm，墊圈狀之熱敏電阻可堆疊成串聯或並聯以增加功率散逸。

圖9.3所示為三種重要的熱敏元件特性，使它們在測量和控制的應用中，極為有用即①電阻溫度特性，②電壓——電流特性，③電流——時間特性。

圖9.3(a)的電阻——溫度特性，顯示熱敏電阻有很高的負溫度係數，使它成為理想的溫度轉換器，兩種工業用之熱敏電阻材料與白金（廣泛用於電阻性溫度檢出器RTD）的特性做比較，在溫度－100°C到＋400°C，*A*型熱敏電阻從10^7變到10^0 Ω－cm，而白金電阻在同樣範圍僅變化10倍左右。

圖9.3(b)之電壓——電流特性，顯示熱敏電阻兩端壓降，隨電流增加而增加，一直

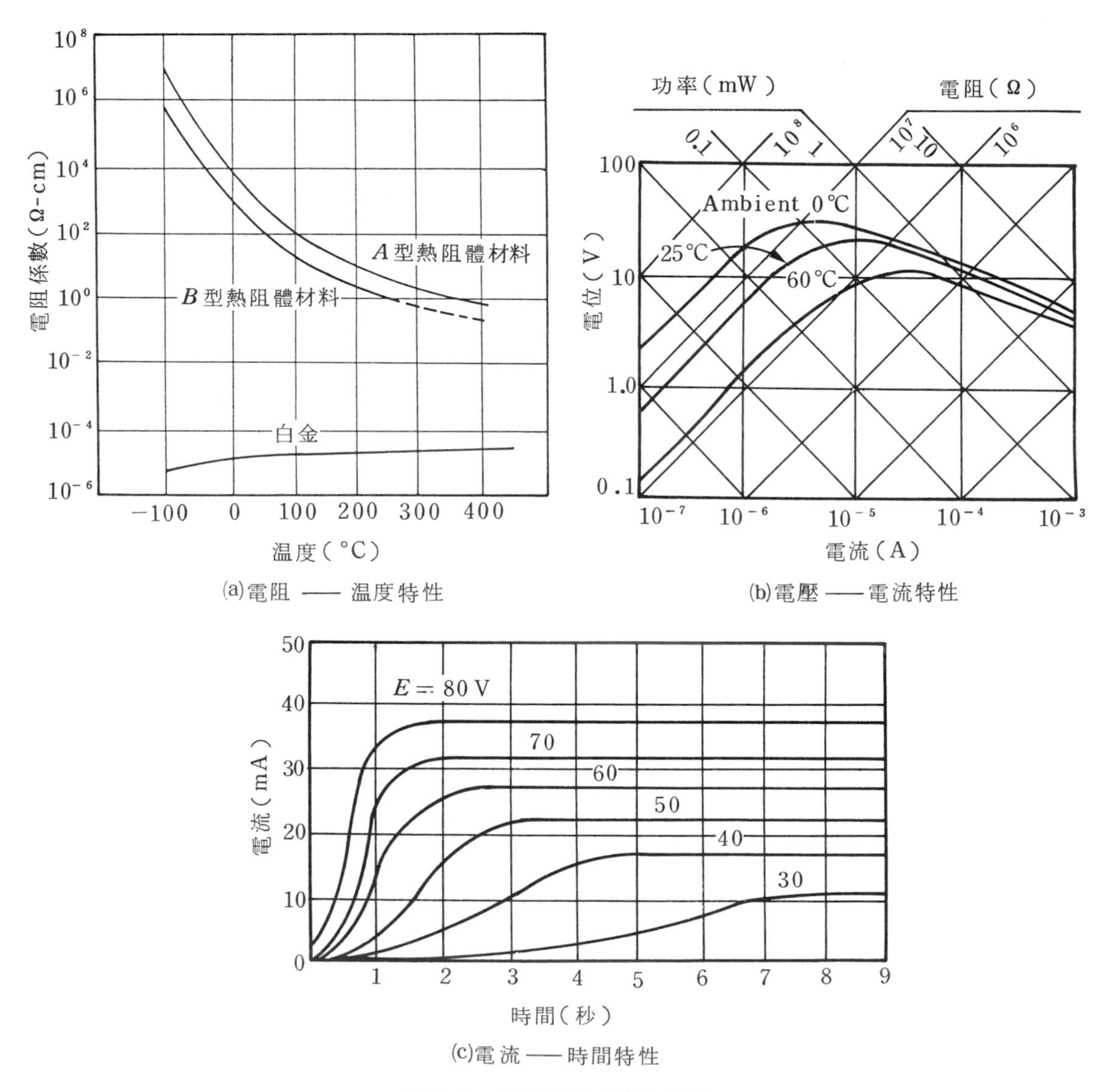

(a)電阻——溫度特性

(b)電壓——電流特性

(c)電流——時間特性

圖9.3　熱敏電阻之特性曲線

到一峯值，過此峯值，電壓隨電流增加而下降，在此部分，熱敏電阻呈負電阻特性，假設一很小電壓加到熱敏電阻，結果小電流不能產生足夠的熱，使熱敏電阻的溫度上升到周圍溫度之上，在這條件下，歐姆定律成立，電流與所加電壓成正比，在大的電壓下，大的電流產生足夠的熱，使熱敏電阻比周圍溫度高，使其電阻下降，結果電流更大，而電阻也減少，電流繼續增加，一直到熱敏電阻熱量散逸等於加到它的功率爲止。因此，假如有足夠的功率可用來升高溫度到周圍環境溫度之上的話，則在任何固定的環境之下，熱敏電阻的電阻值是它本身散逸功率的函數。在這樣的工作條件下，熱敏電阻的溫度可上升到100°C或200°C，且它的電阻可降到低電流時的千分之一。

這種自熱的特性，提供熱敏電阻應用嶄新的領域，在自熱狀態的熱敏電阻對任何改變其散熱速率的情況都很靈敏，它也可用來測量流量，壓力液體位準等，然而假設熱量的散逸固定，則熱敏電阻對輸入功率很靈敏，而可用做電壓或功率水準控制。

圖9.3(c)的電流——時間特性曲線，指出達到最大電流之時間延遲，是所加電壓的函數，當上述的自熱效應發生在熱敏電阻網路時，則熱敏電阻需要某一固定時間加熱，使電流建立到某一最大穩定值。雖然這段時間對已固定的電路參數是固定的，但是可以利用改變所加的電壓或電路的串聯電阻來改變，這種時間——電流的效應提供一簡單且精確，達到毫秒到幾分鐘的時間延遲方法，此可保護脆弱零件避免受湧浪電流（surge current）而燒燬，且可偵測熱導體材料之存在等。不過熱敏電阻作爲外界溫度測試應用時，一定要使電流相當小，以去除自熱效應。

熱敏電阻依其在常溫時（25°C）電阻的大小分成三種，如表9.2所示。

圖9.4所示爲兩種低電阻型熱敏電阻的溫度特性，由曲線上可看出隨著溫度的上升電阻值下降，但非成直線性關係，在低溫時15°C以下曲線較直。

表9.3所示爲熱敏電阻依形狀構造之分類。

通常熱敏電阻都指上述之負溫度係數的電阻，圖9.5所示爲熱敏電阻之符號及其外觀圖，然而亦有正溫度係數的溫度敏感元件，其阻值隨著溫度的上升而增加，這類敏感元件又可分爲 *A*、*B* 兩類。*A* 類特性是用於一般溫度補償，*B* 類則是利用在某一特定溫度以上時，電阻值急速上升的特性，可當作開關使用，其溫度——電阻值關係如圖9.6所示。

表9.2　三種類型的熱敏電阻

熱敏電阻種類	在25°C時電阻範圍	應用的溫度範圍
低電阻型	100Ω～2kΩ	−100°F～150°F
中電阻型	2kΩ～75kΩ	150°F～300°F
高電阻型	75kΩ～500kΩ	300°F～600°F

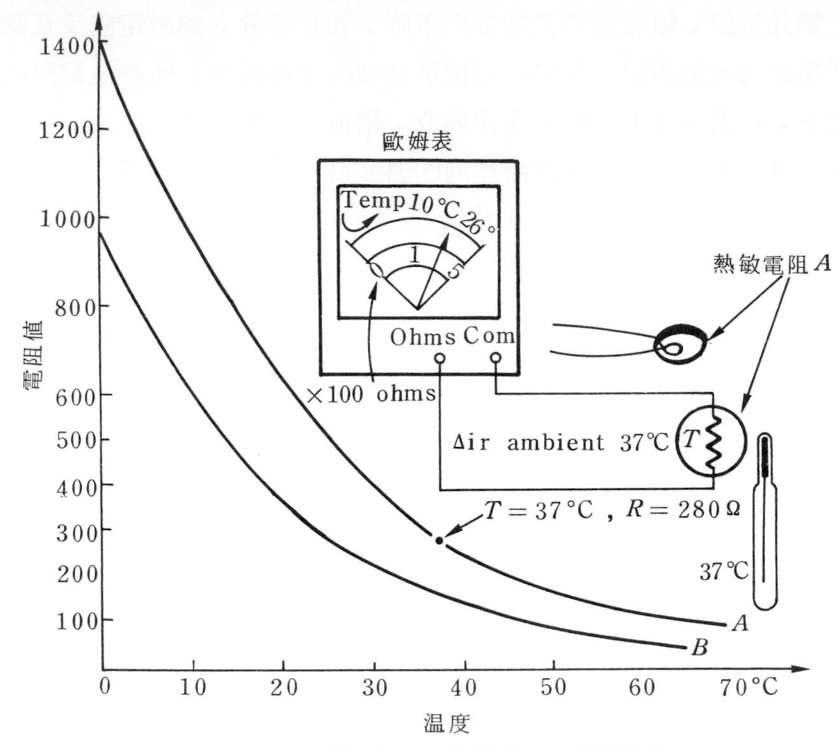

圖 9.4　兩種熱敏電阻的溫度——電阻特性

表 9.3　依形狀構造之分類

種　類	元件之形狀	元件尺寸（mm）	特徵及用途
串珠型		0.1～2φ 白金導線 0.02～0.2φ	穩定度最高，適用於計測用及通訊機電路元件等，功率輸出小。
圓板型		2～100φ 厚度爲直徑之 1/10～1/2	適於大量生產。最適於作爲溫度補償元件使用。在高溫高濕下，性能不穩定，不適作精密計測。功率輸出大。
墊圈型		5～50φ 厚度爲直徑之 1/10～1/2	便於螺絲之固定。可利用散熱板改變散熱狀態。可構成小型而大功率之構造。
桿管型		0.5～20φ 長度爲直徑之 2～10 倍	桿型爲高電阻，管型因內面電極的關係而屬於低電阻。管內置入加熱器可構成傍熱型。
晶方型		0.5～2 見方×0.2t	可利用大量生產降低成本，並封閉以玻璃，以保持性能的穩定，足可匹敵串珠型。適於家電產品之溫度的檢出等。
薄板型		0.5～1×2～10 0.001～0.1t	熱容量小，熱的時間常數也小。適於作爲紅外線檢出器使用。

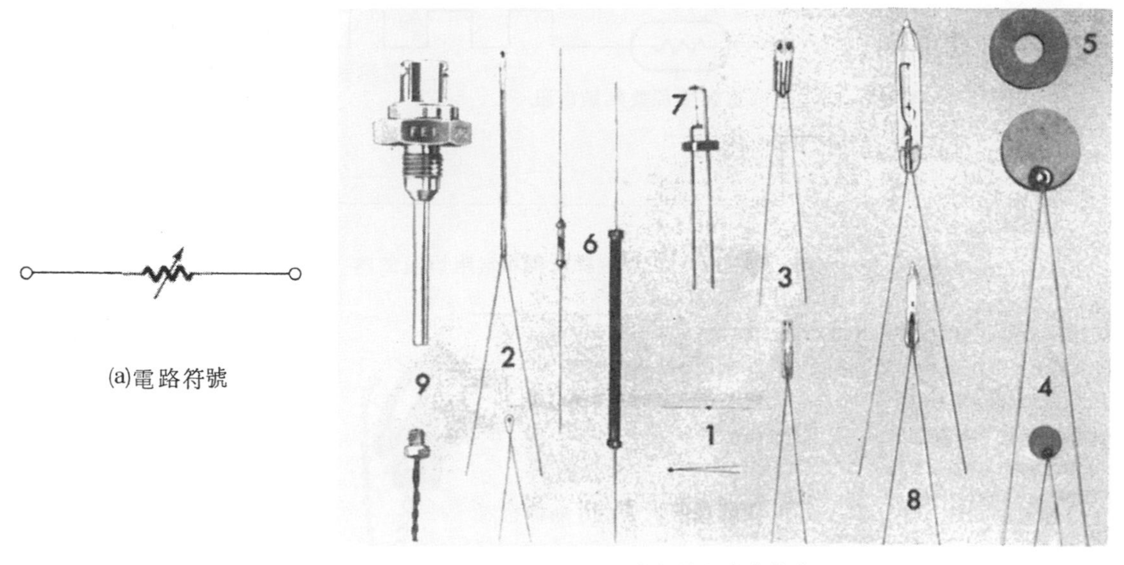

(a)電路符號

(b)各種型式之外觀圖

圖 9.5　熱敏電阻

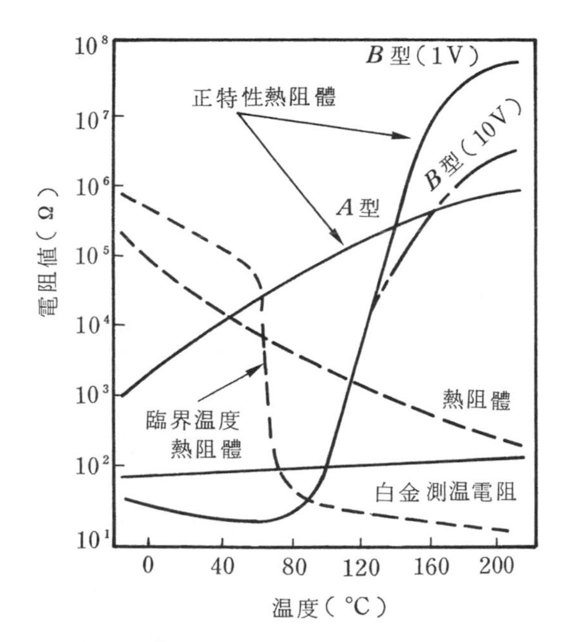

圖 9.6　正溫度係數元件的溫度——電阻值關係曲線

圖 9.7 爲其應用的一個例子，我們將正溫度係數的電阻與電熱器串聯，並靠近置放，當電熱器溫度上昇時，熱敏電阻值上昇，電流即被限制變小，電熱器溫度即可下降，如此可以維持恒溫。

3. 熱耦合器(thermocouple)

熱耦合器（thermocouple）是目前工業控制中溫度控制上最常用的元件，其外形圖如圖 9.8 所示，設計用於熱處理和其他感溫應用的熱耦器，*T*-96 能使用高到 2000 °F，*T*-5900 熱耦器可到 3000°F。

熱耦合器係由兩種不同金屬線，依圖 9.9 (a)所示接在一起，以構成一環路，不同金

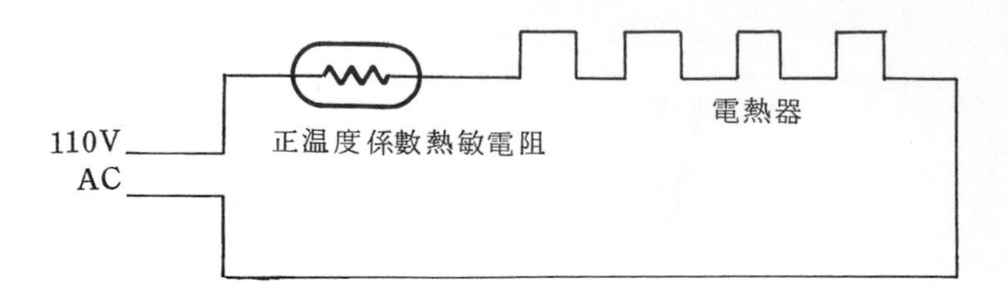

圖 9.7　正溫度係數熱敏電阻恒溫電路

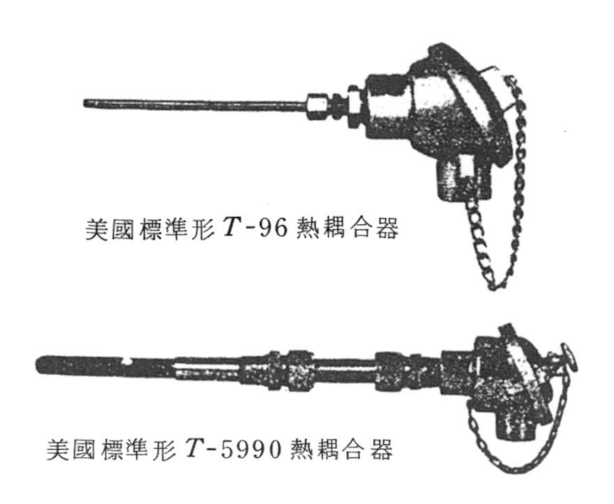

美國標準形 T-96 熱耦合器
美國標準形 T-5990 熱耦合器

圖 9.8　熱耦合器之外觀圖

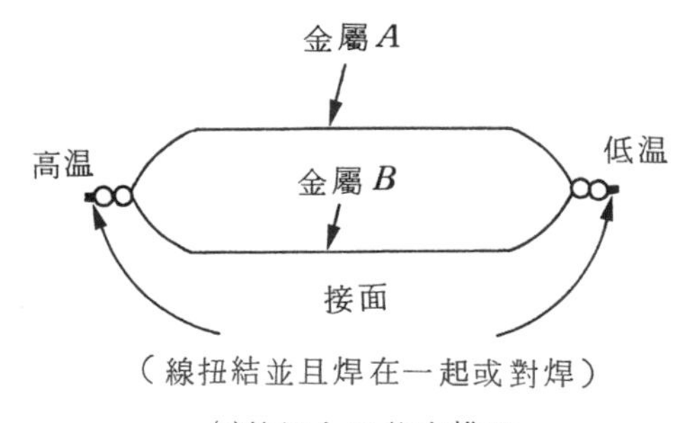

(a)熱耦合器基本構造

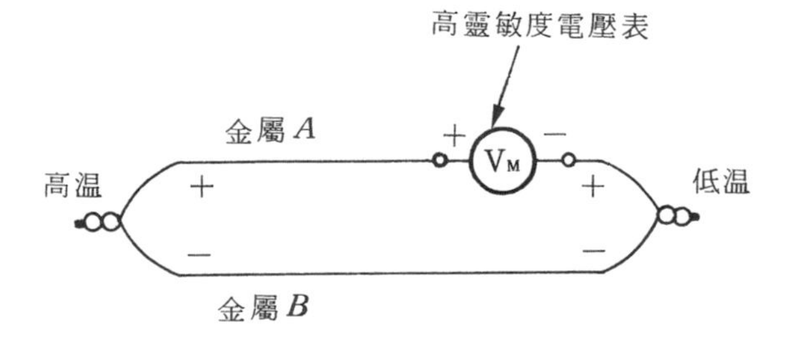

(b)加電壓表到熱耦合器上

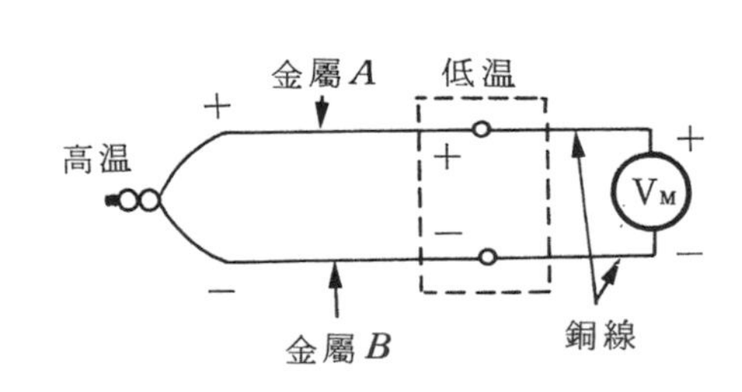

(c) A 與 B 金屬間無冷接點之耦合器

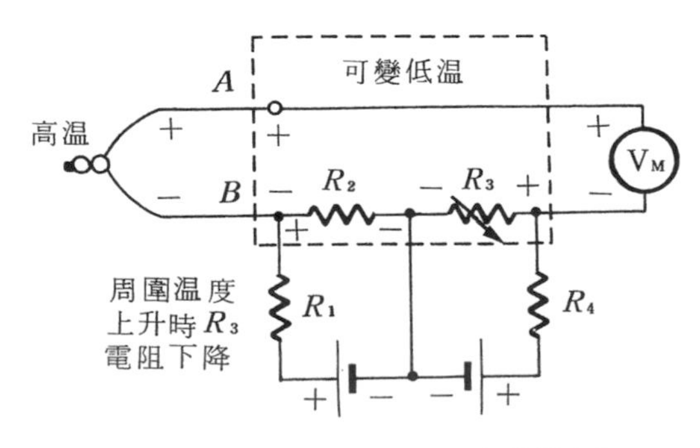

(d)補償冷接點溫度變化之熱耦合器

圖 9.9　熱耦合器

屬在環路上造成兩個接合點，其中一個接點稱爲熱接點（hot junction），係接到高溫處，另一接點稱爲冷接點（ cold junction ）接到低溫處，當兩個接合點都接到適當位置時，就會在環路上產生一淨電壓，此電壓正比例於兩接面之溫度差。

在兩不同金屬之接面上會因溫度差而造成環路電壓，即爲有名的席貝克效應（see-back effect）熱耦合器就是根據該效應工作的，當接面溫度愈高時，接面電壓就愈高，同時電壓與溫度關係是線性的，也就是只要溫度上升，電壓與溫度間之比例數由兩接面所用之金屬決定，由於完整的環路上定有兩接面，所以有兩個電壓，此電壓方向相反如圖9.9(b)所示，因此由該兩獨立接面電壓差所產生的淨電壓就能推動環路電流，由於淨電壓之影響環路電流之大小與溫度差亦成正比例關係。

欲測試溫差時，只需將環路之某一處切斷（在冷端），並加入一電壓表卽可，由於熱耦合器產生之電壓只有數毫伏（～mV），所以需用靈敏度高的電壓表將電壓表讀數，對照熱耦合器之標準表或圖，就可換成相對之溫度，圖9.10就是工業上較常用的熱耦合器電壓對溫度差之關係圖。每一條曲線的第一個金屬或合金卽爲熱耦合器的正接脚，而第二個金屬或合金就是負接脚。

電壓表最好如圖9.9(c)方式插入熱耦合器內，卽在冷接點上，金屬A和金屬B並不直接互相接觸，如此似乎會破壞淨電壓之關係，其實不然，這時整個環路上有兩個冷接點，一爲金屬A與電表銅線，一爲金屬B與電表銅線，此二冷接點之電壓和恰爲金屬A與金屬B直接接合之電壓，當然該兩個冷接點必須維持在相同溫度，以便和單一個冷接點時有相同之電壓，而這在工業上不成問題，因銅線和各金屬端都密封起來，且有熱絕緣，因此由圖9.9(c)測得之電壓，結果一定和圖9.9(b)之結果相同。

使用熱耦合器時，必須注意的卽冷接點會隨周圍環境而產生變化，圖9.9(d)爲補償冷接點溫度之變化，假如我們事先知道冷接點之溫度時，就可由電壓表讀出溫度差，直

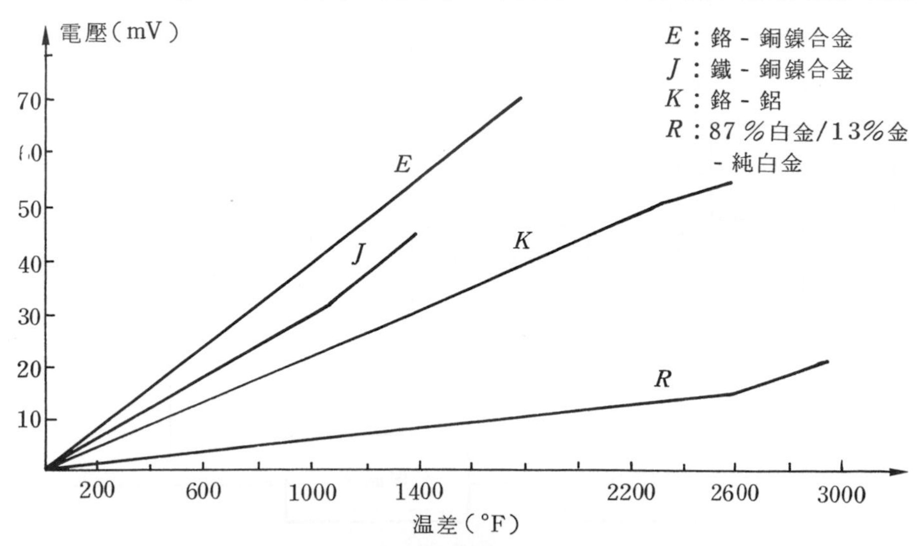

圖9.10 E、J、K和R型熱耦合器之電壓對溫度差之關係圖

接換成高溫度，由此即可將冷接面溫度當作參考溫度，而直接繪出溫度與電壓關係之表或圖。

4. 溫度控制之原理

溫度控制電路應用於空氣調節、電冰箱、孵蛋器或育嬰保溫箱等，以半導體裝置作為溫度控制具有很多優點，例如可靠性高、準確、易調以及體積小。

溫度控制原理如圖9.11所示。

熱敏電阻將溫度變成電的訊號送往比較器以判斷溫度比設定值高或低，如果溫度低於設定值，則驅動加熱器的開關電路，使加熱器動作，令保溫室溫度上升，反之如果溫度高於設定值，則驅動冷却器的開關電路使冷却器動作，令保溫室的溫度下降。

溫度控制電路依其開關電路之不同可分通斷式(on-off)和比例式(proportional)兩種，通斷式是以比較器的輸出信號，使冷却器或加熱器工作或停止，比例式是以比較器的輸出信號之大小，使加熱器或冷却器的電力做類比的增減變化，例如使用SCR或TRIAC的相位控制電路。

(一) 通斷式溫度控制電路

圖9.12所示為一典型的通斷式電路，溫度上升時水銀溫度開關內的水銀膨脹而上升，到開關內的兩接點相通，則SCR閘極，陰極之間短路不能觸發SCR，負載(加熱器)停止工作。

在溫度降低時水銀縮收，到開關內兩接點斷路，則電源經 R_1 觸發SCR，加熱器工作。如此可使加熱器斷續工作，令水銀溫度開關所在的空間保持在水銀開關所設的溫度附近。

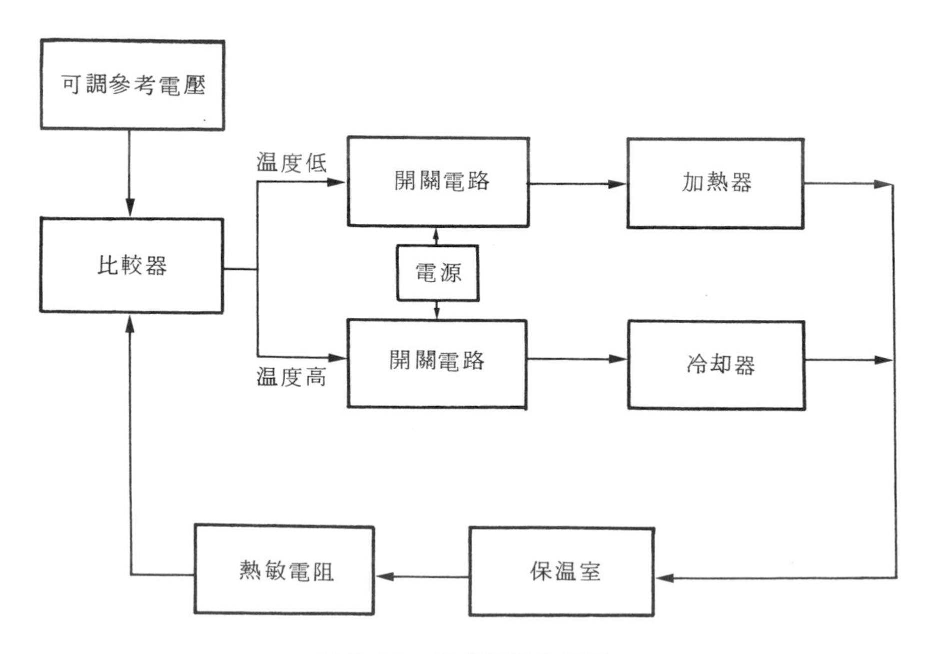

圖9.11 溫度控制的原理

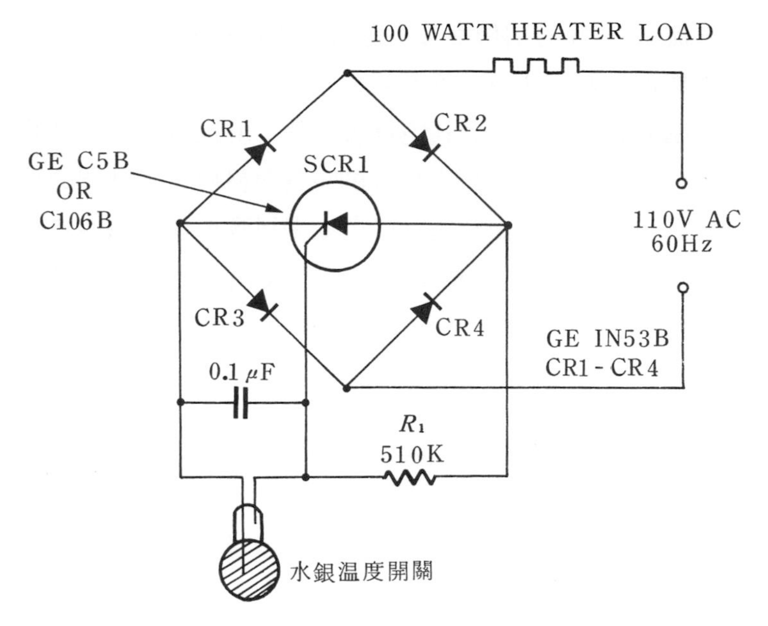

圖 9.12　通斷式溫度控制之例

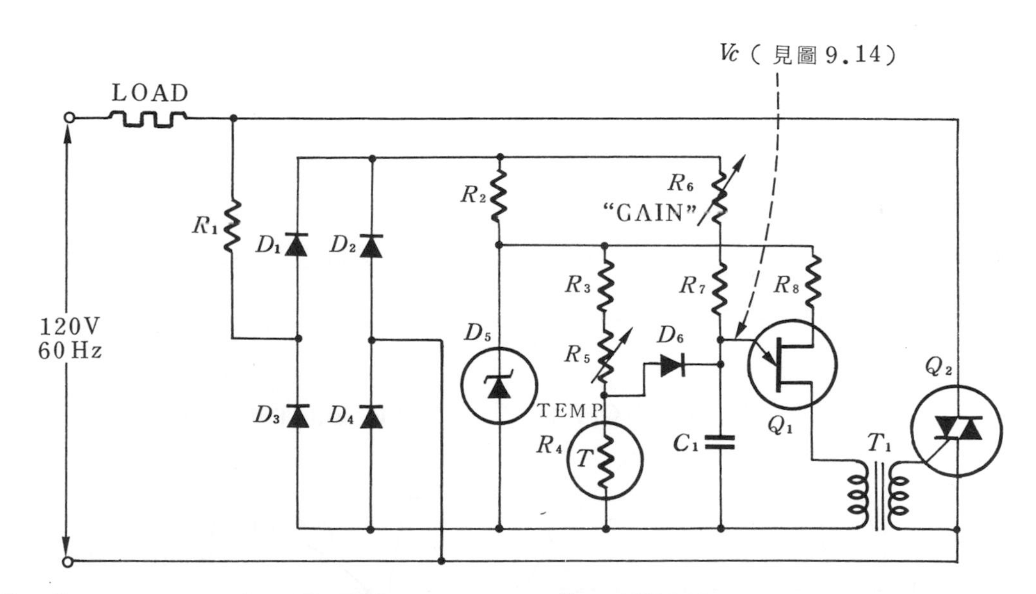

R_1、R_2 : 2200 OHMS 2 WATTS
R_3 : 2200 OHMS 1/2 WATTS
R_4 : THERMISTOR APPROX 5,000 OHMS AT OPERATING TEMPERATURE
R_5 : 10,000 OHMS ½ W POTENTIOMETER
R_6 : 5 MEGOHM POTENTIOMETER
R_7 : 100 kΩ 1/2W
R_8 : 1000 OHMS 1/2W

Q_1 : 2N2646
Q_2 : TRIAC AS REQUIRED
T_1 : SPRAGUE HZ12 OR EQUIVALENT
D_{1-4} : GEA 14 B OR GEB102
D_5 : 24XL 22
D_6 : GEA14 A
C_1 : 0.1 μF

圖 9.13　相位控制電路用於比例式溫度控制

(二)　比例式溫度控制電路

圖 9.13 電路是以UJT觸發TRIAC的比例式電路，若溫度降低則熱敏電阻阻值上升

，所以 R_3 、 R_5 的電流流入 C_1 的部份增加，電容充電較爲迅速，故TRIAC的激發再移前，使加熱器的功率增加，如圖9.14所示。

如果熱敏電阻周圍的溫度上升，則其電阻值下降，所以 R_3 、 R_5 的電流流入 C_1 的部份減少，電容器的充電速度較慢，使TRIAC的激發角移後，加熱器的功率逐漸減少。

當溫度上升到所設定的溫度，由於電容充電太慢以致於在半週內無法充電到峯值，C_1 不能放電，TRIAC便不能觸發，加熱器功率爲零，所以加熱器的功率是依熱敏電阻所受的溫度而變化。調 R_5 的大小可令溫度設定在一個定值，如果 R_5 減少，則設定的溫度較高。

由圖9.14可看出 $\frac{R_3+R_5}{R_T}$ 較小的時候，C_1 之充電由 V_1 開始很快達到 V_P 而觸發TRIAC，若 $\frac{R_3+R_5}{R_T}$ 增大，C_1 之電壓由 V_2 開始，須較久的時間才達到峯值，若到峯值而 V_2 已開始下降，UJT不能導通，TRIAC不被觸發，充電之起點由 $\frac{R_3+R_5}{R_T}$ 決定，而充電之斜率則由（R_6+R_7）決定之。

㈢ 通斷式與比例式溫度控制的比較

通斷式溫度控制，當溫度低於設定溫度時，加熱器以全功率工作，直到超出設定溫度，加熱器才停止工作，等溫度降到設定溫度，加熱器又開始工作，保溫室內的溫度是一種波動變化的情形，在設定點上下波動，如圖9.15尤其是加熱器與熱敏電阻（或其他熱電元件）有相當距離時波動更爲利害。

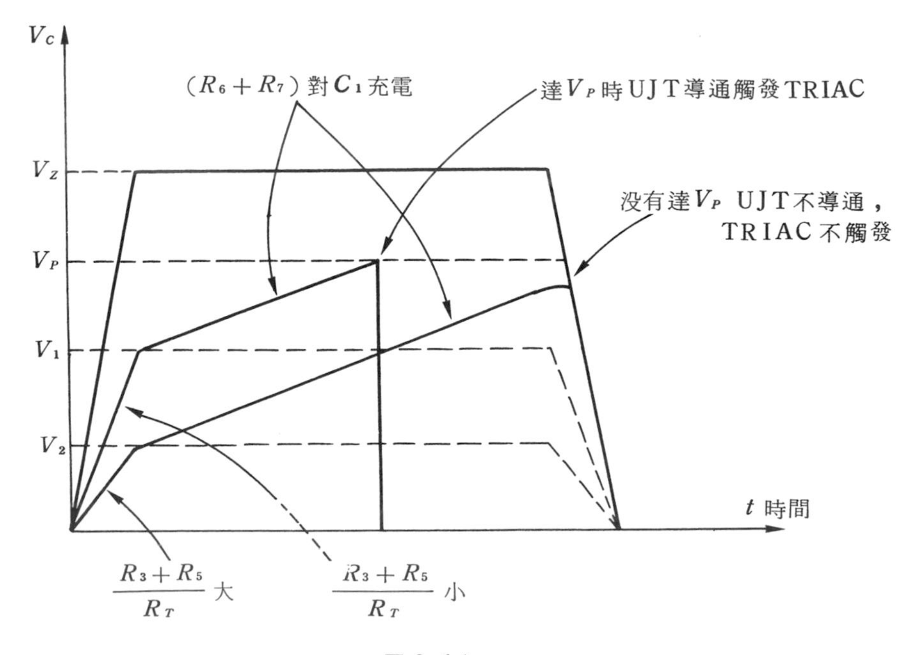

圖9.14

比例式電路，當溫度低於設定溫度時加熱器動作，但是隨着溫度的上升逐漸減小加熱器的功率，到設定溫度時功率為 0 ，所以波動的情形很小 。

㈣ 零壓開關比例式溫度控制

相位控制電路可以用簡單電路達到電力控制的目的，但是在閘流體激發瞬間電流，由零很快上升到很大值，尤其在激發角 90° 時電流變化率很大，這種電流的徒峭上升產生多次諧波之電磁輻射由空間發射出去，使長波波段的無線電通訊或廣播受到干擾，這是相位控制的缺點 。

零電壓開關使閘流體只在每半週之始電源電壓尚低的時候閘流體才會導通，如此可避免太大的電流變化率 。

圖 9.16 是零電壓開關溫度控制的例子，可控制 3 仟瓦的加熱器，當電源正半週之

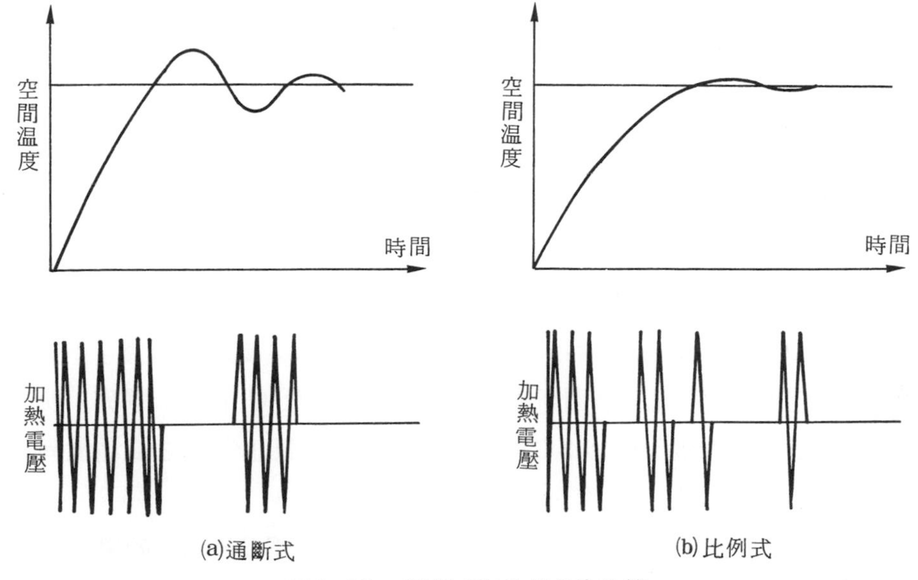

圖 9.15 通斷式和比例式的比較

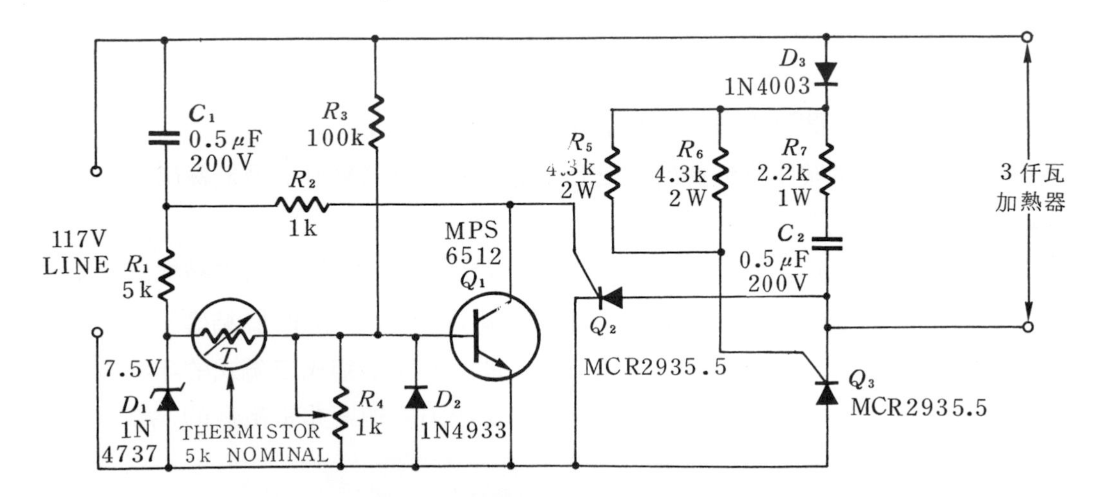

圖 9.16 零壓開關比例式溫度控制電路

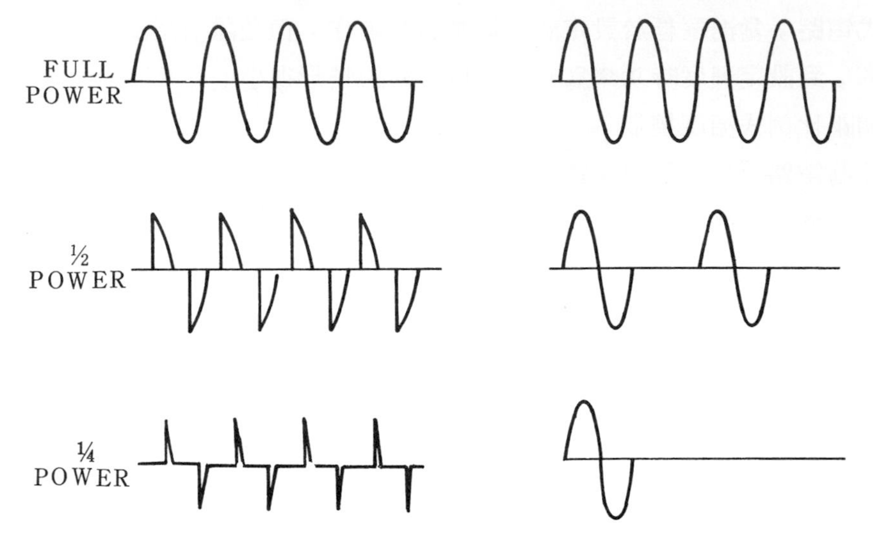

圖 9.17 零壓開關(b)與相位控制(a)之比較

始，C_1 流過之電流相位超前，C_1 的電流流入 R_1 和 R_2，R_1 的電流經由熱敏電阻 R_T 供應 Q_1 的基極電流 I_B，如果在溫度低時 R_T 較大，所以 I_B 太小，Q_1C-E 之間相當於大電阻。由 R_2 流入之電流則達到SCR　Q_2 的閘極，Q_2 因之導通使負載工作。

如果溫度高時 R_T 小，在電源正半週之始，由 C_1、R_1 經 R_T 到 Q_1 基極的電流大，Q_1 集極和射極之間如同短路，所以SCR　Q_2 的閘極到陰極之間短路，SCR　Q_2 不能觸發，負載不工作。在電流正半週電壓較高期間 R_3 供應 Q_1 的 I_B 電流，使 Q_1 保持 CE 短路，SCR不能被觸發，所以SCR的觸發只限於電源正半週之初電壓尚低之時，SCR 之觸發與否視熱敏電阻的溫度而定。

第二個SCR　Q_3 工作於電源的負半週，當正半週期間SCR　Q_2 如果導電，則二極體 D_3 對 C_2 充正電荷，在電源負半週時 C_2 經 R_5、R_6 對 SCR　Q_3 之閘放電使之觸發。

如果正半週期間SCR　Q_2 不導通，則 D_3 不能對 C_2 充電，在電源負半週時無法觸發SCR　Q_3。

相位控制與零電壓開關工作之比較，如圖 9.17 所示。

零壓開關電路，負載電流無徒峭的變化，不會產生電磁輻射干擾無線電長波波段。

5.　**熱敏SCR**

特殊用途的SCR越來越多，繼光電SCR之後，熱敏SCR亦已經被推出了，熱敏SCR的結構如圖 9.18和普通SCR相似，都是屬於 $PNPN$ 的四層結構，最外側的 P 區域上有陽極，而 N 區域上有陰極。閘極設於中間的 P 區，組成三端式的半導體元件。它與普通 SCR 不同的，就是在中間的 N、P 區域中有對溫度非常敏感的高濃度雜質區域存在。這是該種新元件研製的關鍵。

熱敏SCR工作的陽極接"＋"，陰極接"－"。在閘極開路狀態時，溫度由低向上

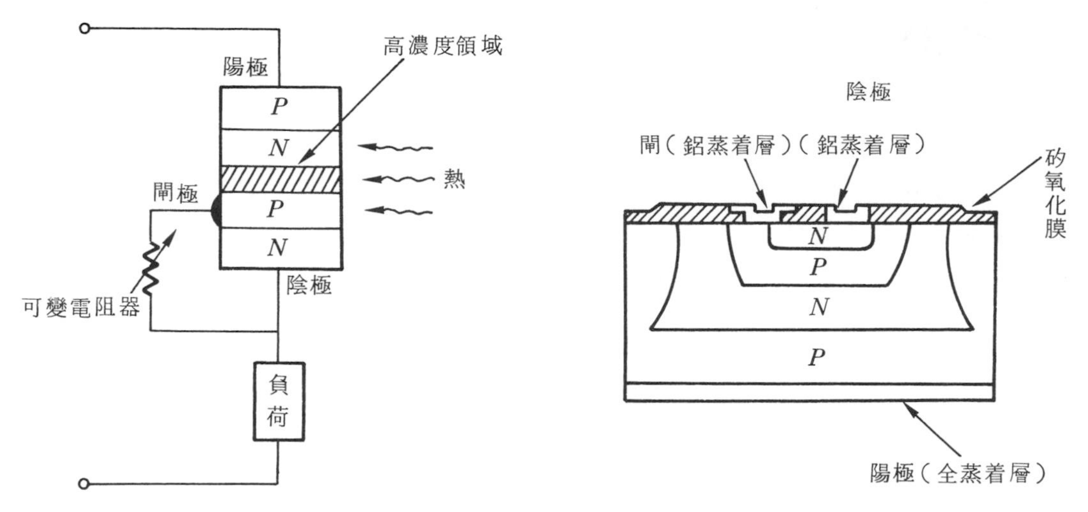

圖 9.18 熱敏SCR的結構

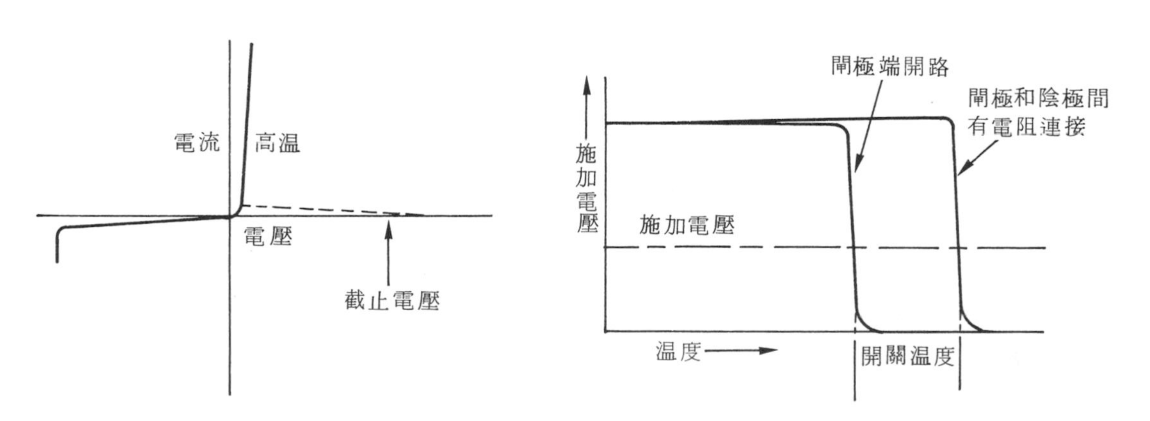

圖 9.19 熱敏SCR的特性曲線

圖 9.20 熱敏SCR的溫度——截止電壓曲線

增加，當達到一定溫度時，熱敏SCR的正向壓降會驟然下跌，SCR就由OFF變成ON。如果在閘極和陰極間接入100K～1M的可調電阻，那熱敏SCR的OFF/ON感溫工作點可由此而得到調整控制，在應用上靈活很多，圖9.19是熱敏SCR的電流——電壓特性曲線，圖9.20是溫度和截止電壓的關係。

該種熱敏SCR歸納起來有下列特點：

(1) 開關溫度，即熱敏SCR的ON/OFF工作點容易實施電子式的控制，只要在閘陰極間加入可變電阻或者是光、熱、壓力、聲等訊號敏感元件，就可把各種物理量的控制訊號變成電阻性的控制訊號，作ON/OFF工作點溫度的自動調整。

(2) 導通後的ON狀態保持如普通SCR的性質，所以當高溫使熱敏SCR由OFF變成ON後，如溫度回復下跌，但通過SCR的電流大於其維持電流時，它仍保持導通，只有小於維持電流時，它會自動回復OFF狀態。

(3) 可使電路結構簡單，它集訊號檢拾和開閉的功能於一身。

9.3 實習材料

200Ω × 1

300Ω × 1

500Ω × 2

560Ω × 1

1kΩ × 3

2kΩ × 1

2.2kΩ × 3

3kΩ × 1

3.9kΩ × 1

4kΩ × 1

5kΩ × 1

10kΩ × 1

0.047 μF × 1

0.1 μF × 1

47 μF × 1

220 μF × 1

500 μF × 1

1000 μF × 1

熱敏電阻 $\begin{cases} 2k \\ 1k \end{cases}$ × 1

VR 5k

VR 10k

VR 1M

npn(9013) × 5

2SC458 × 1

pnp(9012) × 1

IN4001 × 1

SSR × 1

燈泡(100W) × 1

CA3130 × 1

9.4　實習項目

工作一：熱敏開關應用

工作程序：

(1)　按圖9.21接妥電路。

(2)　IC_1用LM380低頻功率IC作振盪。由電容C_2～C_4，電阻R_2～R_4組成180°反相正回授振盪電路。

(3)　在室溫之下喇叭應該不響。

(4)　以鉻鐵、銲槍靠近或接觸熱敏開關，直到喇叭發生聲音，然後移去鉻鐵、銲槍，觀察喇叭響聲是否消失。

工作二：熱敏電阻之測量

工作程序：

(1)　取一熱敏電阻，以VOM測熱敏電阻有多少歐姆？

(2)　以大姆指和食指揑住熱敏電阻，使其稍受加溫，電阻值變化情形如何？

(3)　以銲槍對熱敏電阻的引線加熱，看其電阻值變化情形如何？

(4)　比較(2)、(3)兩項之結果爲何？

工作三：熱敏電阻之應用

工作程序：

(1)　按圖9.22接妥電路。

(2)　熱敏電阻可以以溫度補償用的熱敏電阻加以串聯達到約1 kΩ即可。

(3)　於室溫下調整VR5k，使V_{AC}爲負壓或接近於0 V。

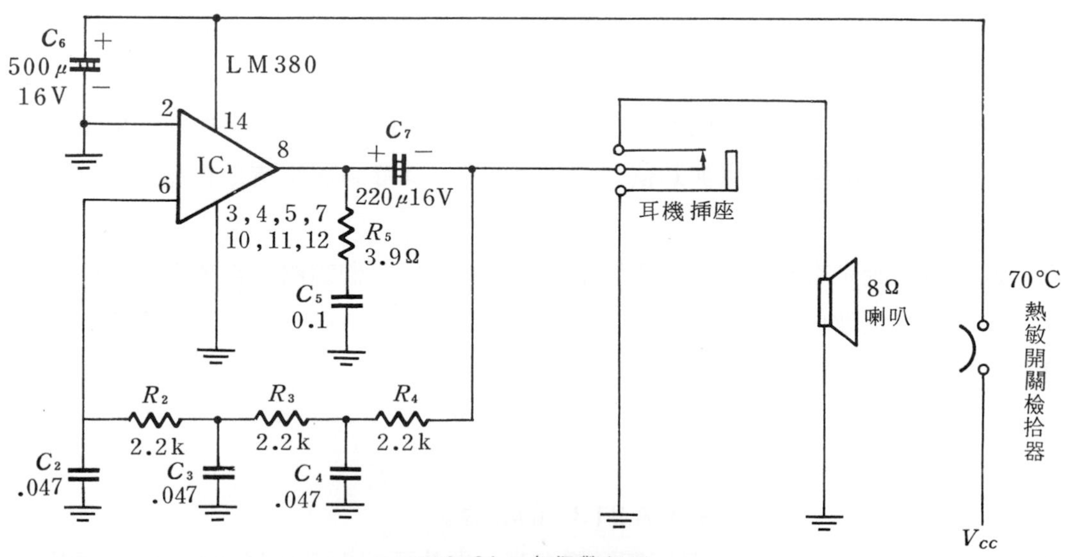

圖9.21　超溫警報器

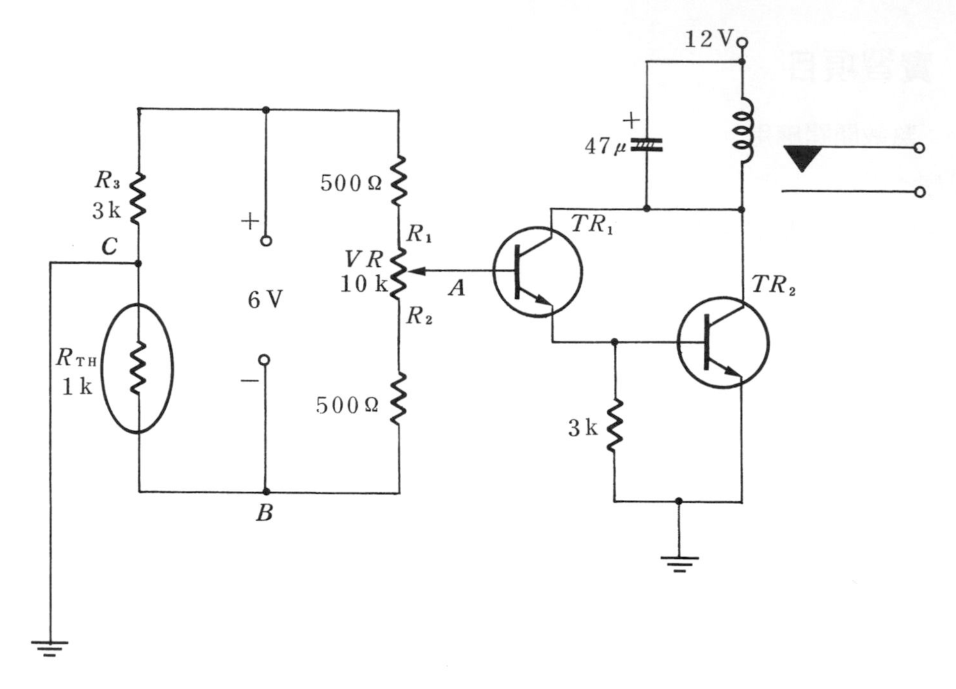

圖 9.22　溫度警報電路

(4) 以鉻鐵靠近熱敏電阻，直到繼電器工作。

工作四：溫度控制電路

工作程序

(1) 按圖 9.23 接妥電路。

(2) 調 VR 使 $R_1 : R_2 = R_3 : R_4$，$\frac{R_1}{R_2}$ 的比值在 $\frac{3}{1}$ 到 $\frac{2}{1}$ 之間，輸出可用 6V 指示燈或 VOM 的 DC mA 表代替負載，各電晶體使用 β 值較高的矽電晶體。

(3) 裝置完成之後接上負載（6伏指示燈或串接 100Ω 之電流表），調 VR 看負載電流之變化情形。VR 減小或增大會使負載動作？何故？

(4) 將 VR 由大慢慢旋小，則到某值負載電流停止。此時以兩手指捏住熱敏電阻或以銲槍對熱敏電阻的引線加熱使其溫度稍上升，此時負載電流是否流動？試述其原因？

(5) 此電路可說是冷却裝置（如電風扇或冷氣機）的控制電路，當溫度上升時負載動作，如果欲改成保溫裝置的控制電路，即溫度下降負載動作應如何更改？

工作五：熱耦溫度控制

工作程序

(1) 按圖 9.24 接妥電路。

(2) 以燈泡 100W 當負載調整 CA3130 的增益。

(3) 將熱電耦加熱到 100°C 溫度時，燈泡亮，由此可控制 100°C溫度以上負載動作。

(4) 觀察CA 3130輸出與2SC458集極之電壓。

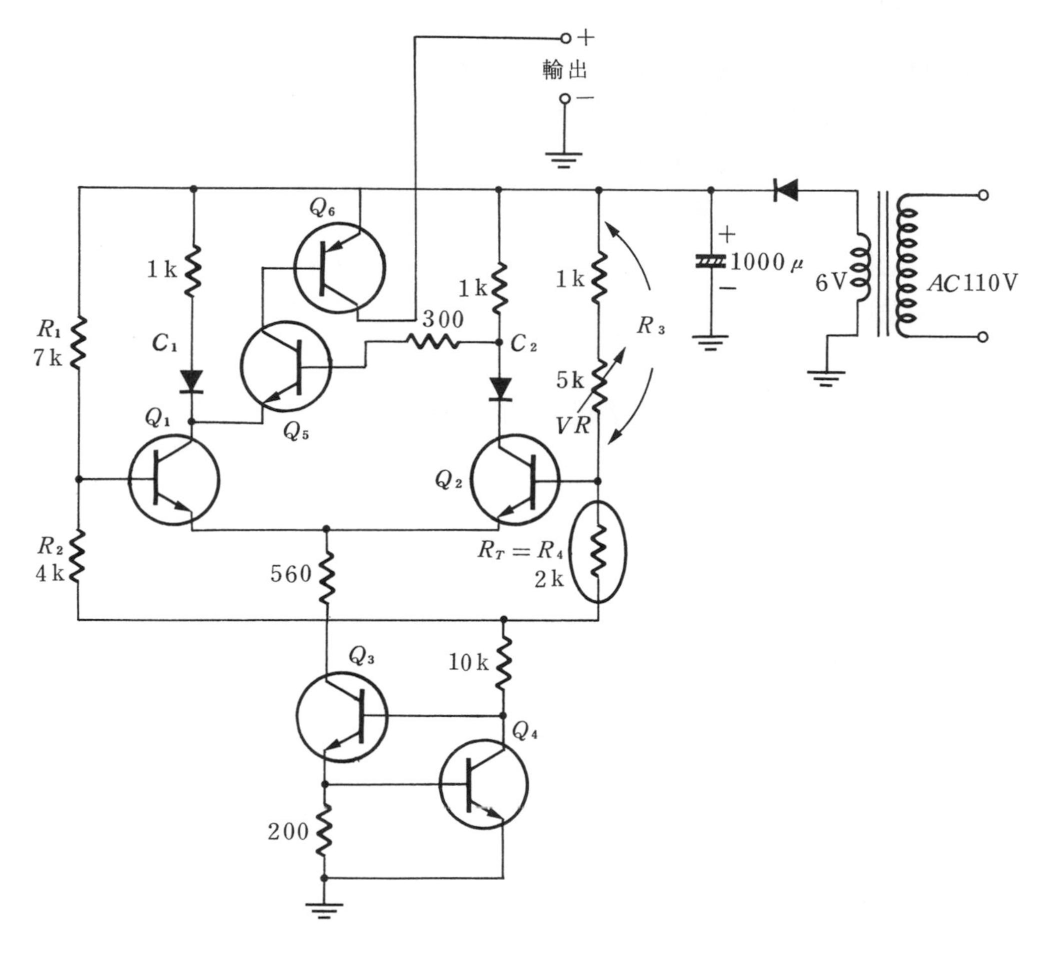

圖 9.23　溫度控制電路

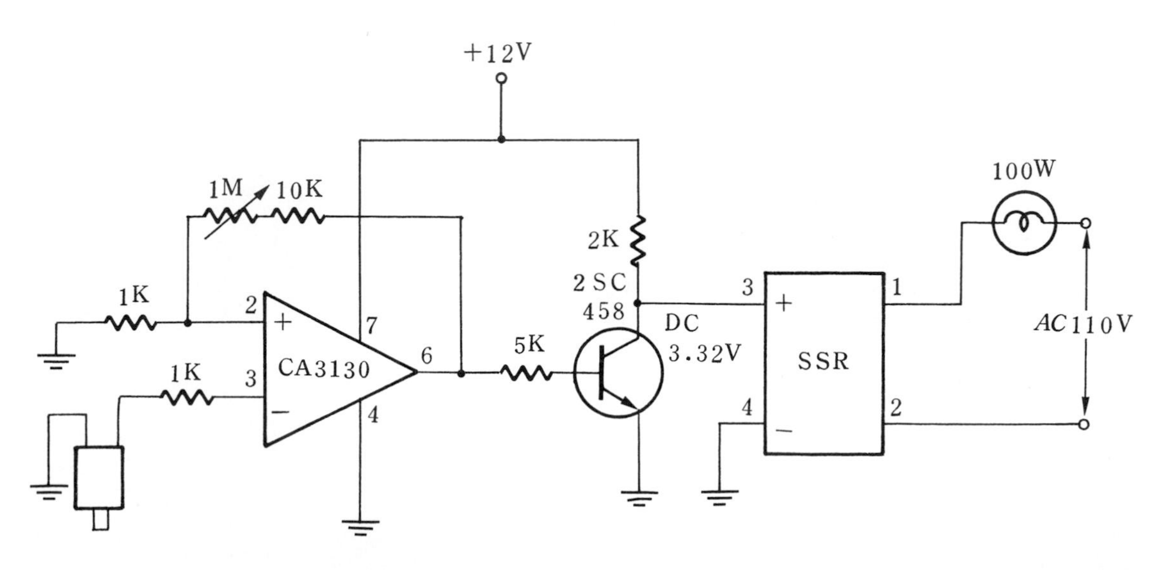

圖 9.24

9.5 問 題

1. 熱敏電阻依其常溫時的電阻值，可分那幾種？
2. 試解釋通斷式溫度控制和比例式溫度控制的意義。
3. 比例式溫度控制比通斷式有何優點？
4. 比例式溫度控制電路分爲那兩類？
5. 相位控制電路有何缺點？
6. 熱敏電阻構成之物爲何？
7. 熱敏電阻對溫度之特性爲何？
8. 正溫度係數熱敏電阻與負溫度係數熱敏電阻有何區別？
9. 說明熱耦合器之構造及對溫度之影響。
10. 說明溫度控制的基本原理。
11. 熱敏 SCR 與普通 SCR 有何差別？
12. 熱敏 SCR 有何特點。

實習 10

液面控制

10.1 實習目的

瞭解液面感測裝置控制的方法。

10.2 電路圖及原理說明

1. 電晶體式水位檢出器

圖 10.1 是使用兩晶體之水位檢知器，使用軸型插棒爲水位檢出器之兩電極，當

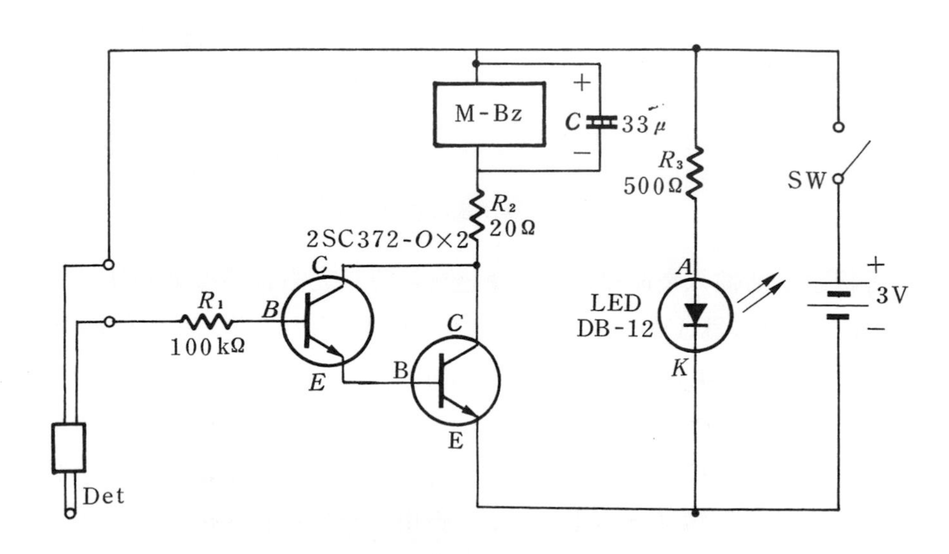

圖 10.1 電晶體水位檢出器

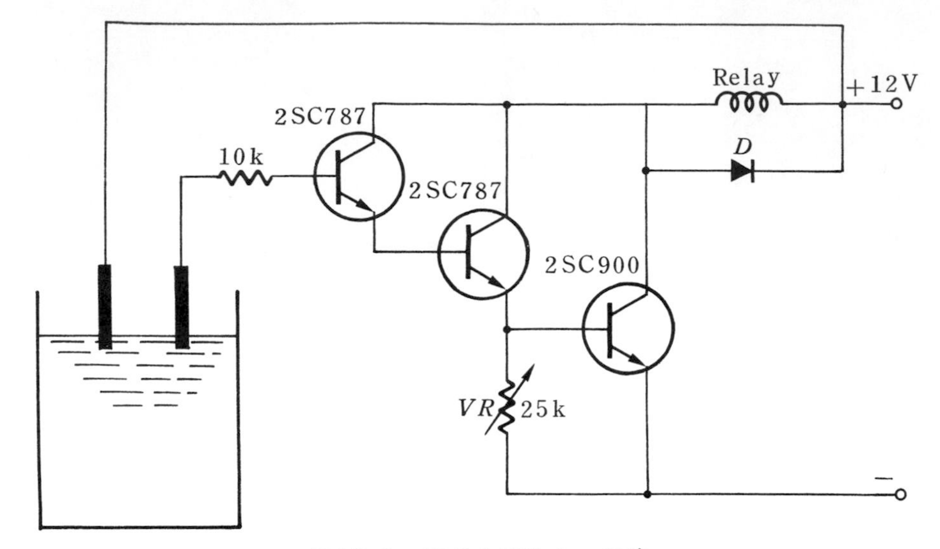

圖10.2　高放大率Relay電路

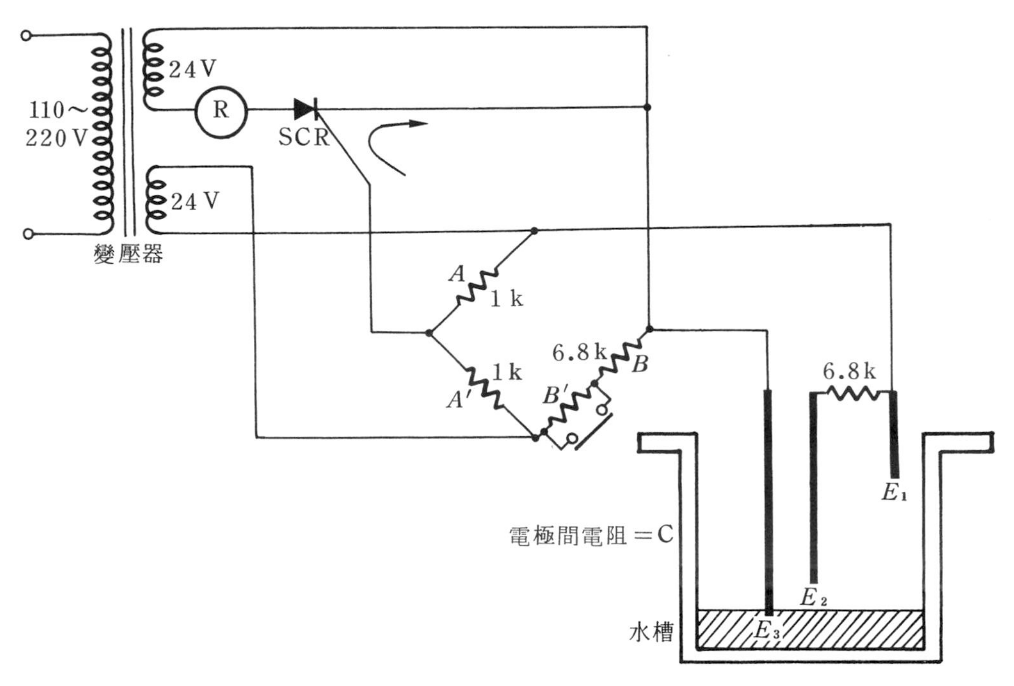

圖10.3　無浮球式之液位控制

兩極爲水所接通，則輸入電晶體之電流使達靈頓連接之電晶體導通ON，微小蜂鳴器(mini buzzer之規格爲3V紅線→＋黑線→－)通電發音。R_3 500 Ω電阻爲LED發光二極體之限流電阻。LED作爲電源指示燈用。

2. 電晶體液位控制繼電器

圖10.2電路使用簡單達靈頓放大電路之高放大率作用，不使極小之漏電流被放大(約40000以上)而驅動繼電器動作，可應用於液量調節、濕度測定等，輸入阻抗80MΩ即可使電路動作。電極間之電阻約爲80Ω，輸入電阻10kΩ爲防止電極短路現

象產生過大之輸入電流，可調整 VR 25 kΩ 電阻作靈敏度調整。

3. **液位控制**

圖10.3電路爲無浮球式（floatless type）之液位控制，當水位降到 E_2 以下，則電極間阻抗 C 無限大，電橋電路爲不平衡狀態供給 SCR 觸發電流，繼電器Ⓡ動作（繼電器兩端並聯一電容器）。水位上升到 E_2 則因 E_1 及 E_2 間串聯之電阻加上水之電阻，電極電阻仍然大於 B 之電阻，故而仍使繼電器動作，水位上升到 E_1 則電極平衡，SCR 陽極爲 AC 電壓且在無閘極電壓之下爲 OFF，繼電器斷電。

4. **TRIAC液位控制**

圖10.4電路僅供一般水位、液位檢測控制指示達滿位之用，使用小形 SCR 接於變壓器 10V 端，當水位滿時SCR經1MΩ電阻觸發，使10V線圈通過瞬間大電流，在變壓器一次側所流過電流在 50Ω 產生壓降觸發 TRIAC，使指示裝置如燈泡、蜂鳴器等動作或控制 AC110V 電力電驛（power relay）轉接控制大功率。

5. **液位控制電路**（圖10.5及圖10.6）

(1) 設計一 PUT 脈波振盪電路，利用陰極之正脈波輸出作爲 SCR 閘極 G 之觸發而控制 SCR 導電。

(2) 在SCR陽極 A 端接上電驛⊗，在電驛兩端接上二極體作爲保護 SCR，並聯接電解電容 100 μ/25V，增加電驛動作之穩定性。

(3) 設計液面自動控制部份，讓馬達 M 串聯電驛⊗之NC，高水位與低水位棒極串聯電驛⊗之NO。

(4) 當AC110V ON時，馬達 M 運轉開始抽水，此時 PUT　SCR 均不導電，當水位達到 HIGH LEVEL時，PUT 脈波振盪電路工作，SCR 之閘極受觸發而導電，電驛動作、原狀態NC變爲NO，而使馬達 M 電源被切掉而停止抽水，原狀態NO變爲NC，當水位低於 LOW LEVEL時，PUT與SCR又不導電，電驛又恢復原狀態，馬達 M 恢復運轉又開始抽水，而後週而復始。

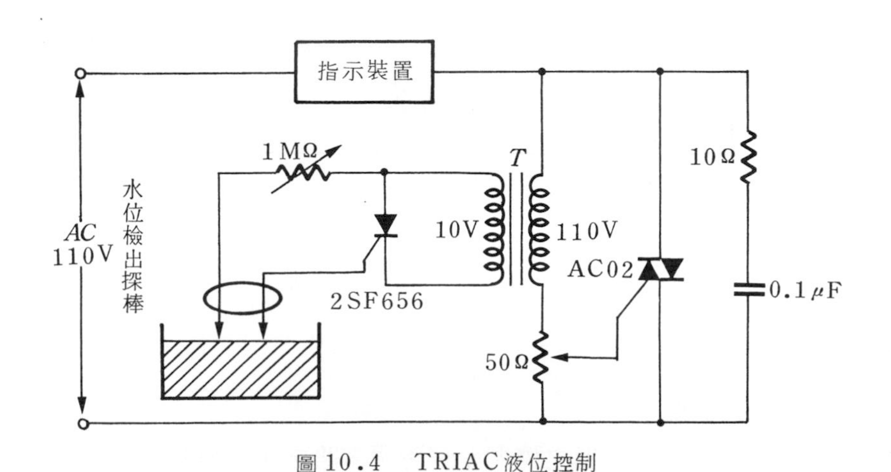

圖10.4　TRIAC液位控制

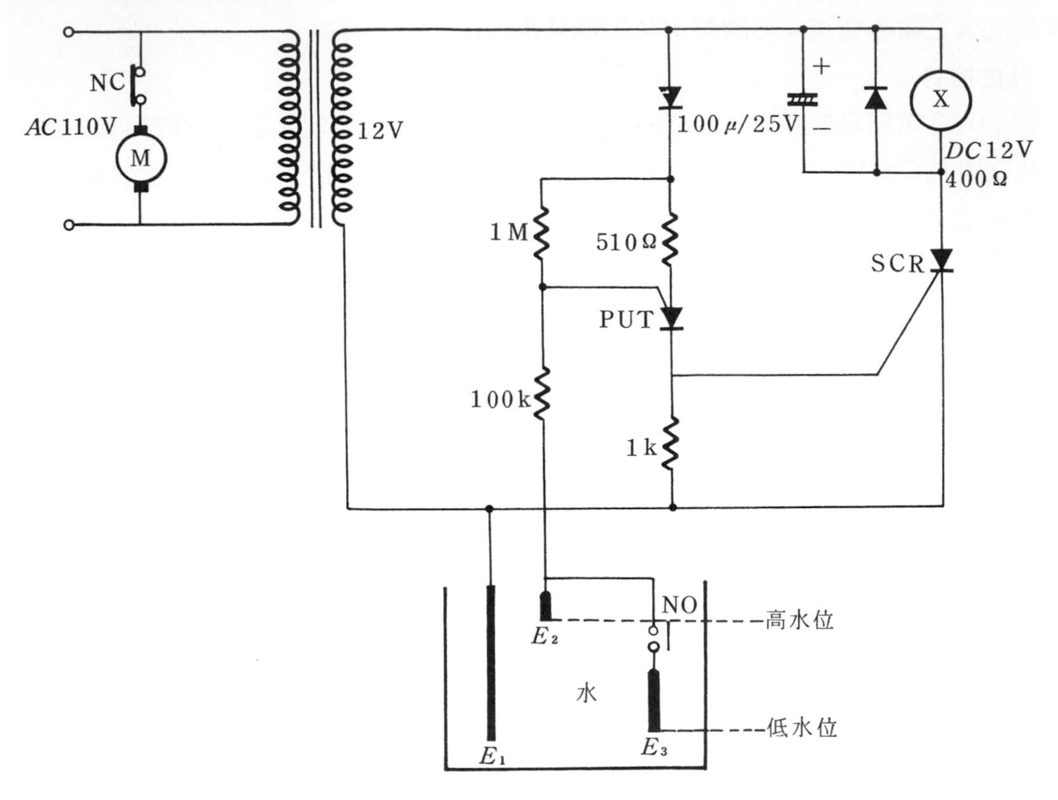

圖10.5　PUT液位控制(1)

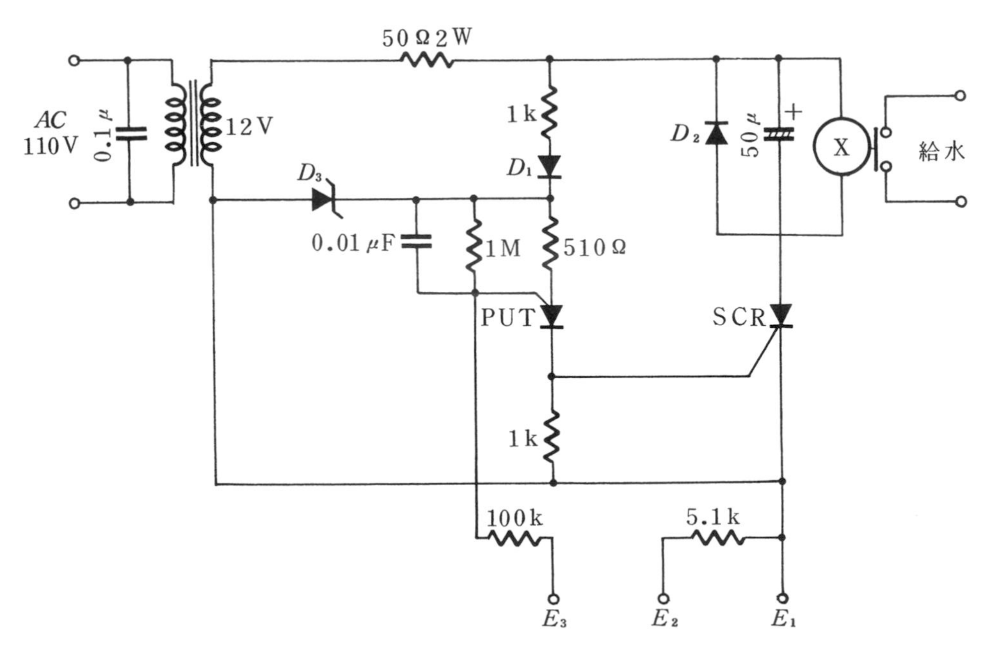

圖10.6　PUT液位控制(2)

6. 液面控制系統電路裝配

圖10.7爲液面控制系統電路之控制。茲說明電路之工作原理：

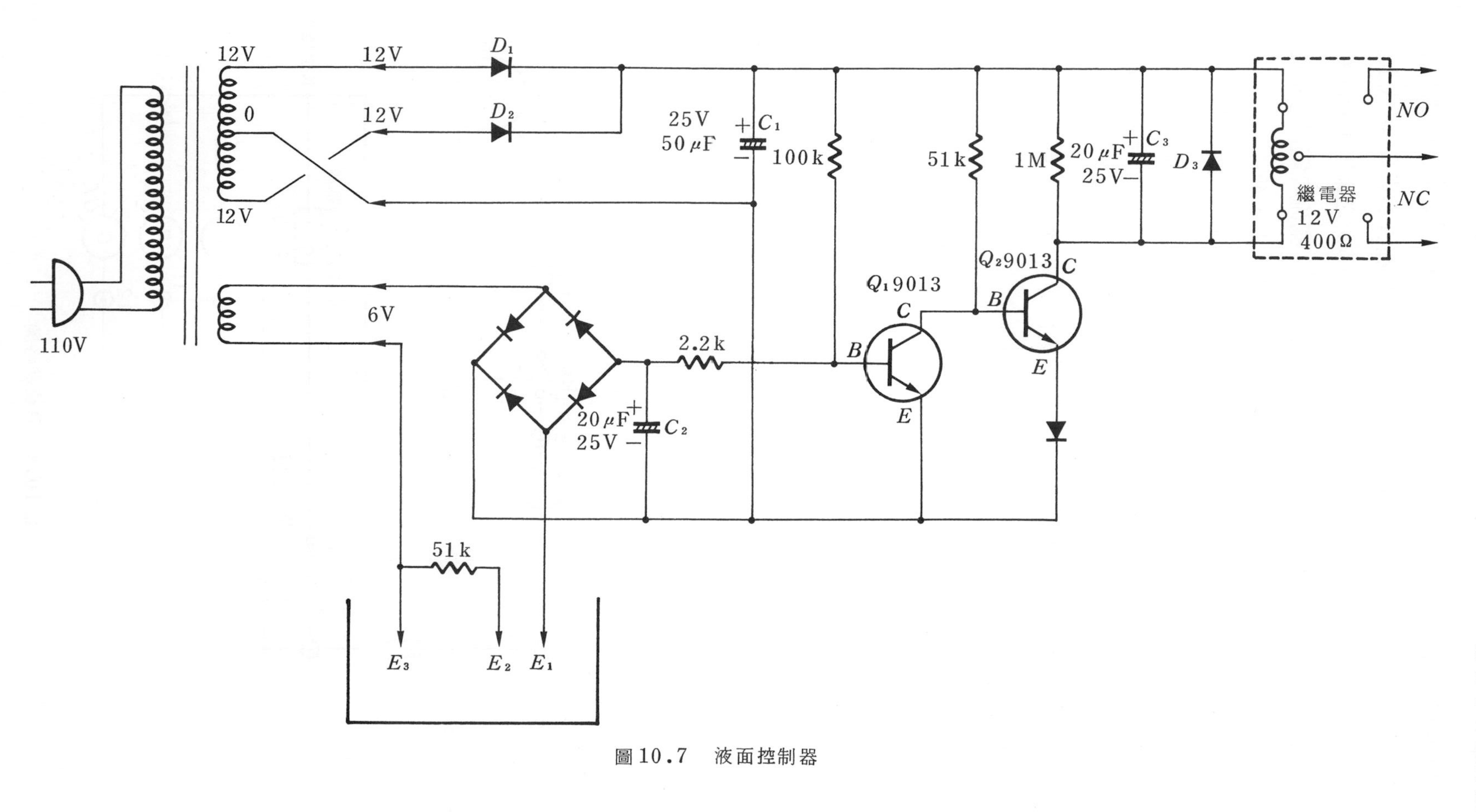
12V
12V
D_1
0
12V
D_2
12V
110V
6V
25V
50μF
C_1
100k
51k
1M
20μF
C_3
25V
D_3
NO
繼電器
12V
400Ω
NC
$Q_2$9013
$Q_1$9013
C
B
E
2.2k
20μF
C_2
25V
51k
E_3
E_2
E_1

圖10.7　液面控制器

(1) 交流低壓輸出電源供給有兩組整流電路，一組爲 $D_1 D_2$ 與 C_1 組成全波整流輸出爲直流電壓，另一組爲接在變壓器次級6V 之橋式整流器與C_2 組成全波整流。

(2) 平時低水位，E_1 和 E_2 均未與 E_3 電極連接，Q_1 與 Q_2 之偏壓由D_1、D_2 與 C_1組成全波整流後之直流正電源供給，致使Q_1 飽和，Q_2 截流繼電器⊗不動作，C 與NC 爲常閉點。此接點再控制磁開關使馬達開始抽水入水池。

(3) 當水位上升到E_3與 E_2 電極相接，橋式電路未通，仍與2狀況一樣，⊗不動作。

(4) 水位上升當 E_3 和 E_1 連接時，電路除正電源外，還有橋式整流體和 C_2 組成全波整流後之直流負電源供給，致使 Q_1 之基極爲逆向偏壓，Q_1 截流，Q_2 飽和，繼電器⊗動作，C 與NC變成開路，馬達停止。

(5) 水位上升將 E_3 與 E_1 連接後，E_3 拿開，電路保持 Q_1 截流，Q_2 飽和。

(6) 當 E_2與 E_1 接線分開後水位降低，直流負電源消失，電路又變成 Q_1 飽和 Q_2 截流，T_1-T_2 又恢復close 。

(7) C_3 爲使繼電器穩定，D_3 爲保護電晶體用。

① 系統電路圖，如圖10.8所示。

② 自動控制電路，如圖10.9所示。

7. 液位感測裝置控制電路

(1) 由圖10.10及圖10.11所示得知。我們先瞭解液位控制電路之動作的要求：

① 水槽甲之水位不滿及 E_2 棒時，馬達M及抽水機P均不動作，即甲槽不滿水時

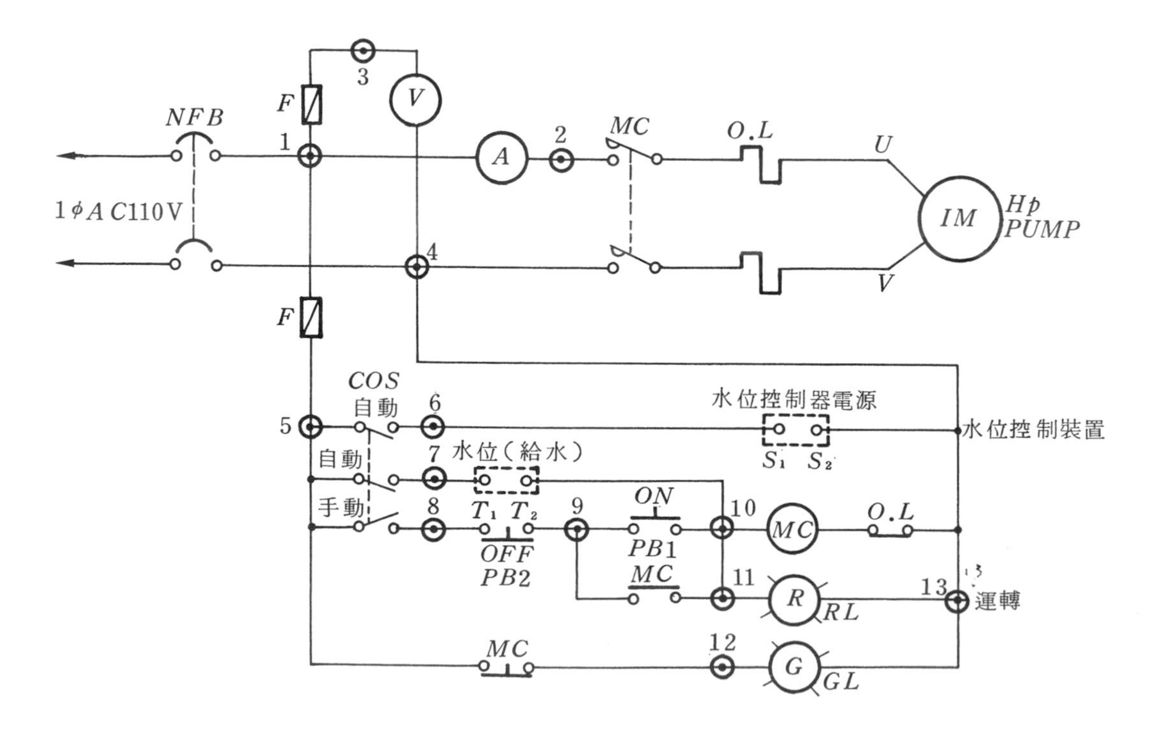

圖10.8　系統電路圖

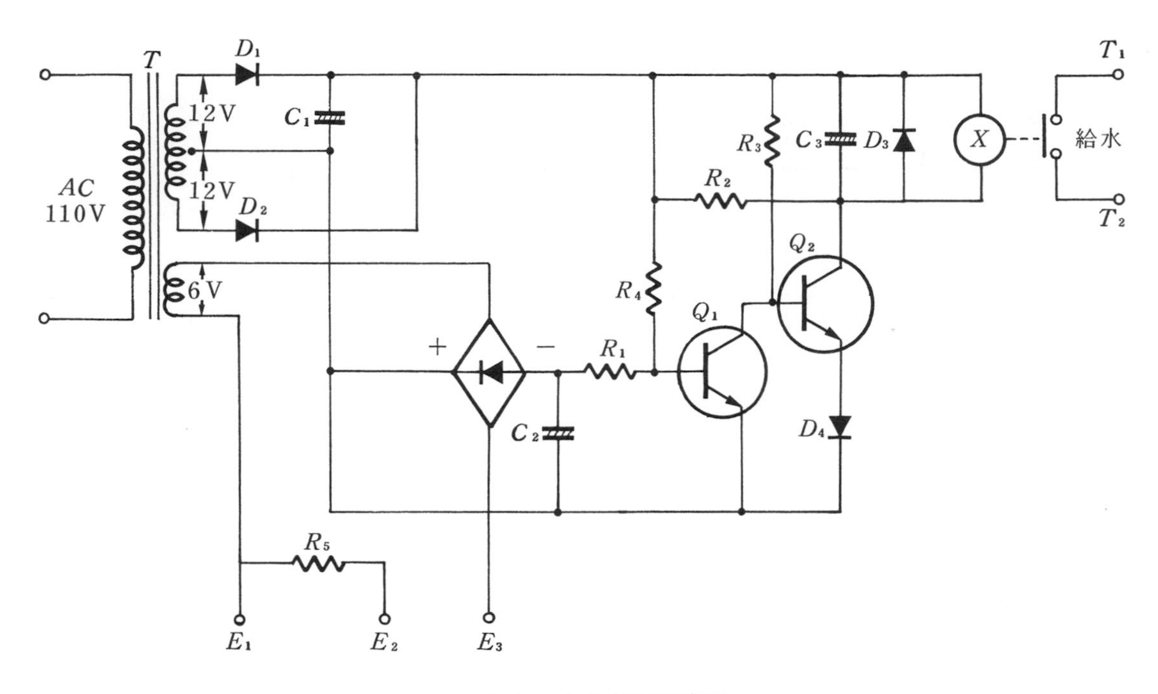

圖 10.9　自動控制電路圖

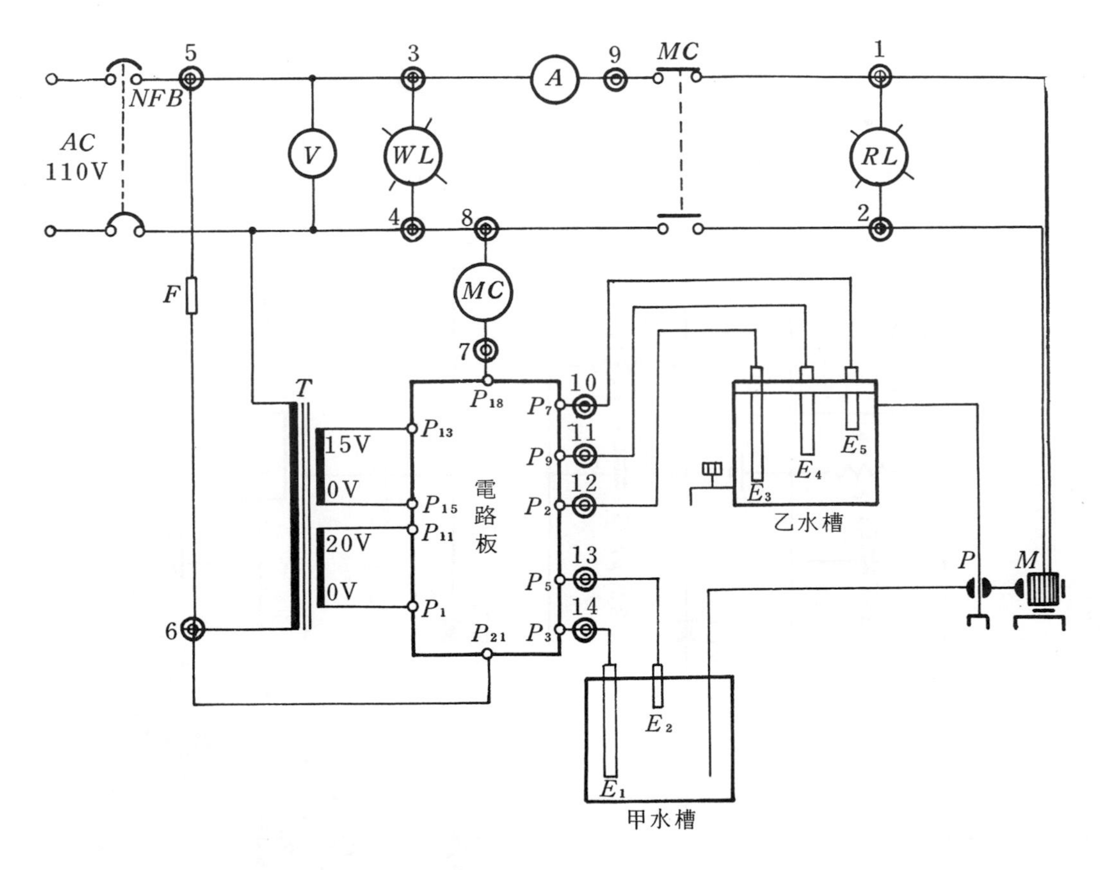

圖 10.10　電工控制圖

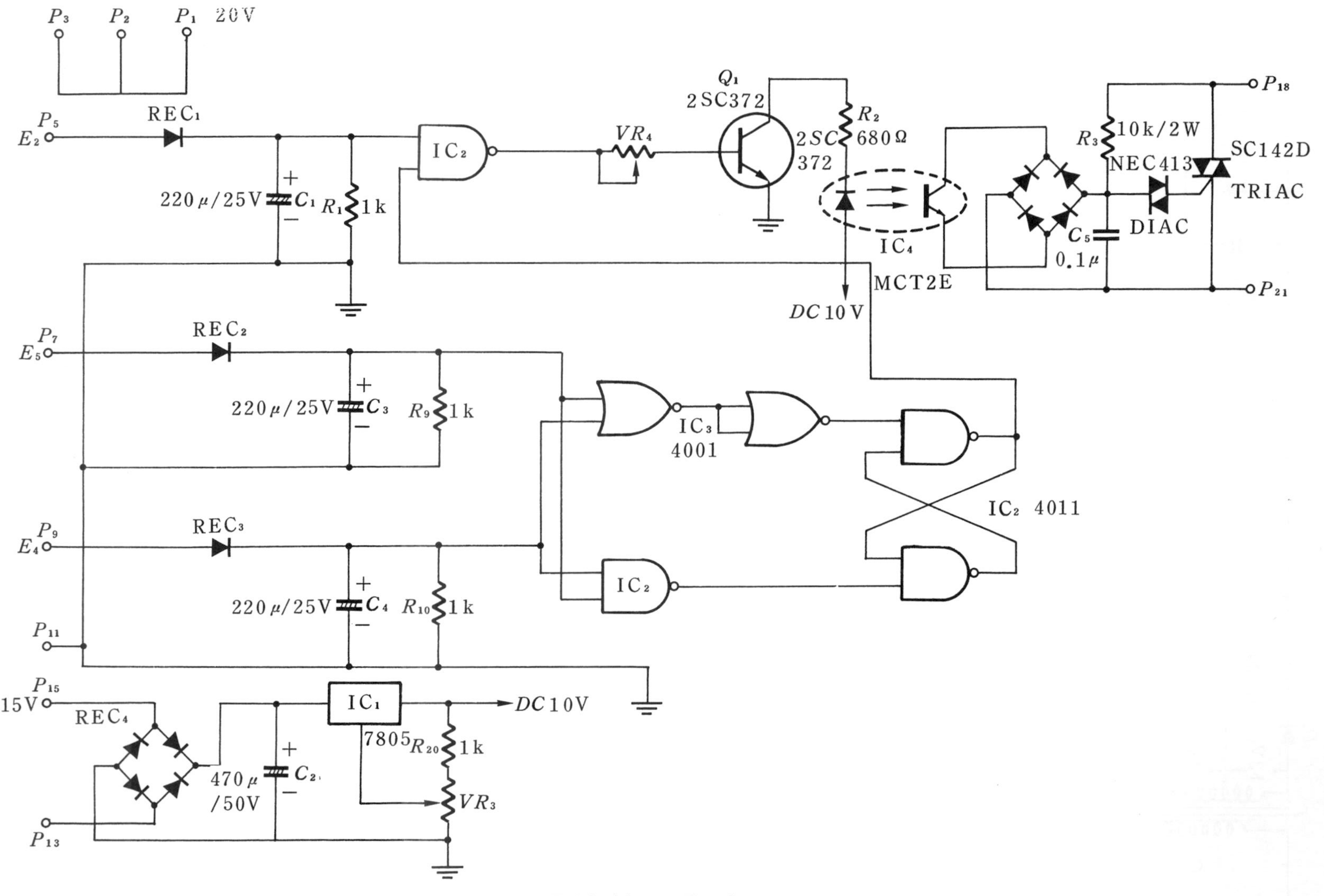
P3
P2
P1 20V
P5
E2
REC1
220μ/25V
C1
R1
1k
IC2
VR4
Q1
2SC372
2SC
372
R2
680Ω
IC4
MCT2E
DC 10V
R3
10k/2W
NEC413
DIAC
C5
0.1μ
SC142D
TRIAC
P18
P21
P7
E5
REC2
220μ/25V
C3
R9
1k
IC3
4001
IC2 4011
P9
E4
REC3
220μ/25V
C4
R10
1k
IC2
P11
P15
15V
REC4
470μ
/50V
C2
IC1
7805
R20
1k
VR3
DC10V
P13

圖10.11 電子電路圖

，不能把甲槽的水抽水至乙槽。

② 當甲水槽滿及E_2水位時，而乙槽水滿至E_5時，馬達M及抽水機P就不動作，將甲槽的水抽至乙槽，當乙槽水滿至E_5時，馬達M及抽水機P就不動作，等到乙水槽水位低至E_4以下時，馬達M又動作，又把甲槽水抽至乙槽。

(2) 由電路之動作要求，可得知

① $E_2=0$時，M不動作。

② $E_2=1$，$E_4=1$，$E_5=0$時，M動作。

③ $E_2=1$，$E_4=1$，$E_5=1$時，M不動作。

④ $E_2=1$，$E_4=0$，$E_5=0$時，M復動作。

(3) 分析圖10.10及圖10.11可得此控制電路之方塊圖如圖10.12所示。

(4) 綜合上述來說明邏輯分析比較電路：

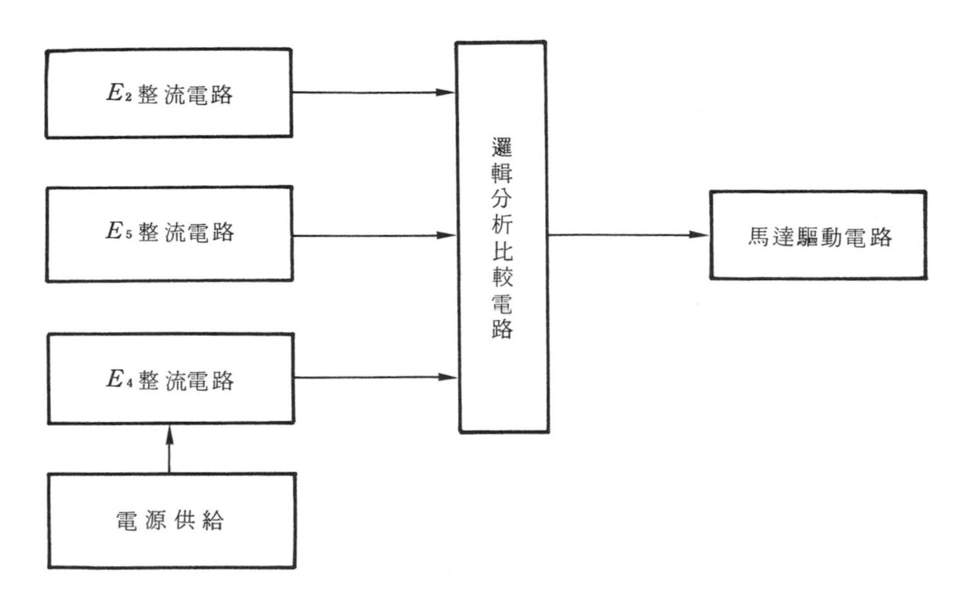

圖10.12　控制方塊圖

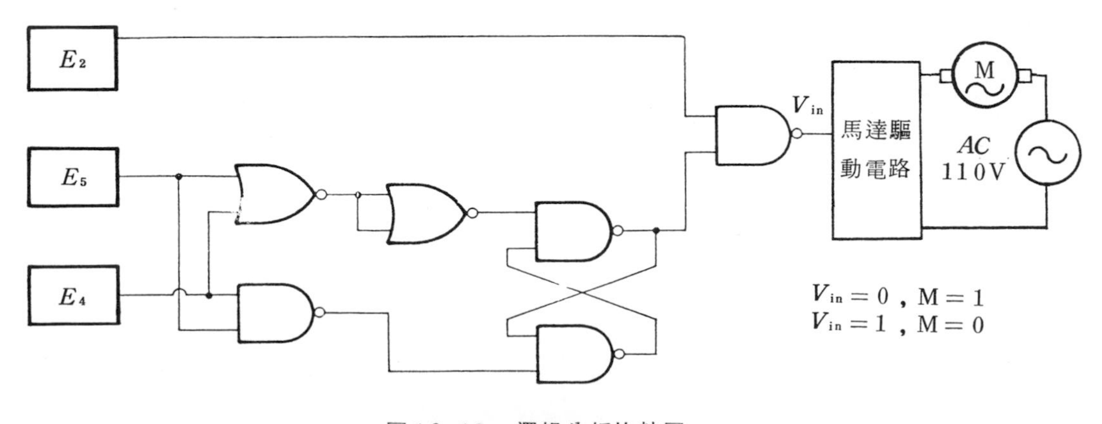

圖10.13　邏輯分析比較圖

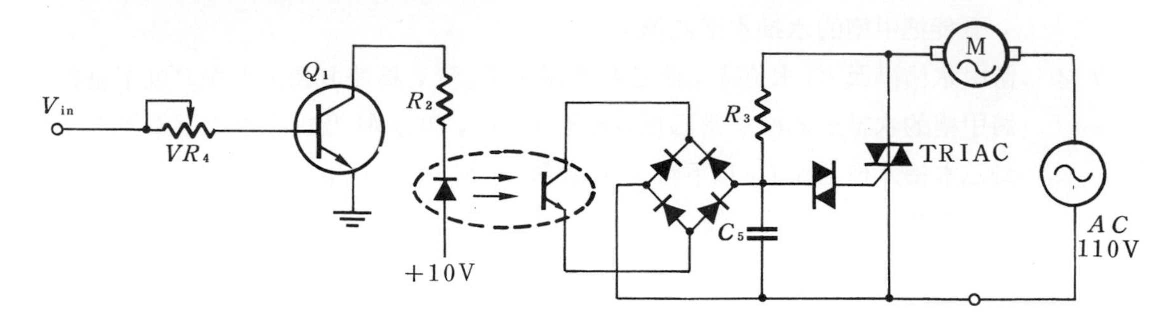

圖10.14　馬達驅動電路

① $E_2=0 \rightarrow M=0$

② $E_2=1$，$E_4=0$，$E_5=0 \rightarrow M=1$

③ $E_2=1$，$E_4=1$，$E_5=0 \rightarrow M=1$

④ $E_2=1$，$E_4=1$，$E_5=1 \rightarrow M=0$

繪出邏輯分析比較電路圖，如圖 10.13 所示。

(5) E_2、E_4、E_5 整流電路：當 E_2 滿水時，P_5 與 P_2 接通，E_2 輸入 20V，經半波整流後 V_{E2} 輸出為Hi。

(6) 馬達驅動電路：如圖 10.14 所示。

V_{in} 控制TRIAC是利用光耦合器，當 V_{in} = Hi 時，Q_1 導通，LED發光，光電晶體導通，C_5 不充電，TRIAC不激發是OFF狀態，馬達 M 不動作，C_5 充電TRIAC受激發，馬達 M 動作，因此得 V_{in} = Hi 時馬達不動作，V_{in} = Low 時馬達動作。

附錄一　應用電路集

一、UJT作斷續警報器

1. 如圖1所示，使用一個單接合電晶體UJT及兩個電晶體NPN、PNP 組成斷續警器，喇叭即能發生斷續的鳴響。
2. 當開關S爲ON時，由於C_1之充放電而使UJT產生低頻振盪Q_2之基極偏壓隨着C_1之充放電而作高低電位轉換，使Q_2與Q_3工作在截止OFF或飽和sat狀態，C_2爲正回授電容，C_2調大時，音調低，C_2範圍在$0.01\,\mu F \sim 0.1\,\mu F$ 。
3. 當正回授電容C_2固定時，則低頻振盪頻率決定於 UJT 振盪電路，所以調整VR 100 kΩ時，可改變C_1充電速率，即改變振盪頻率，故VR100 kΩ調小時，音調較高，調大時音調較低。
4. C_1充電期間，喇叭發出響聲，C_1放電期間，喇叭響聲中斷，而C_1充電時間大於放電時間，喇叭響聲長，中斷短。

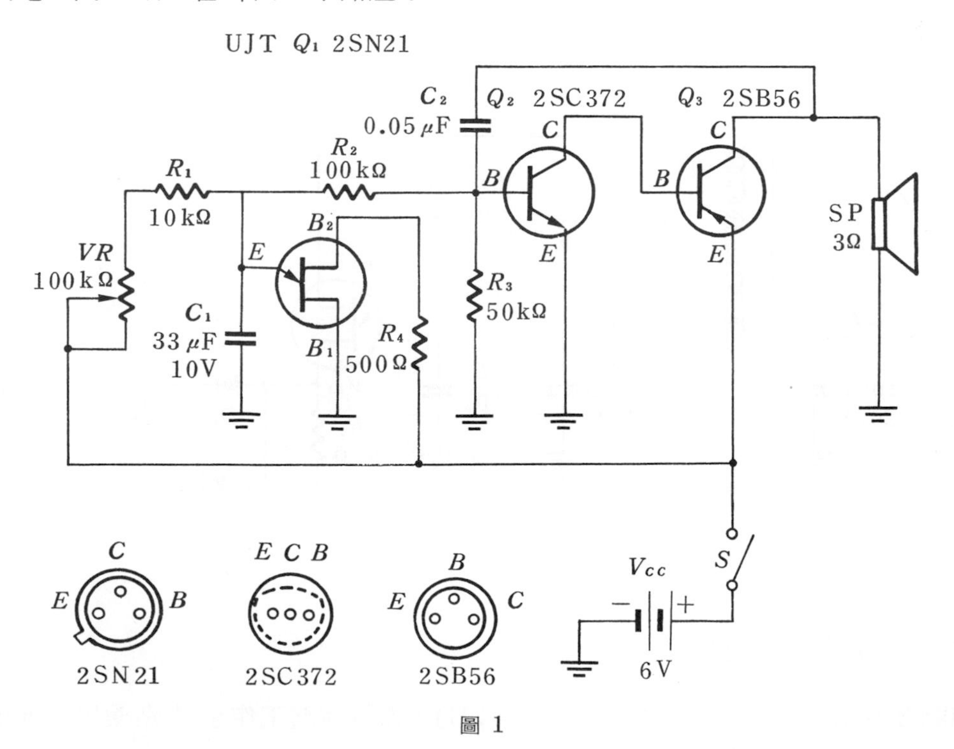

圖 1

二、UJT與SCR組成相位控制警示燈電路

1. 如圖2所示，使用一個 UJT 和兩個 SCR 作爲警示燈電路，UJT被連接成馳緩振盪電路，在 V_{B1} 端產生正脈波作爲 SCR 閘極的觸發信號。
2. 當電源爲ON時，開關S暫時打開，UJT電路產生馳緩振盪，V_E 端爲鋸齒波波形，V_{B1} 端正脈波信號，其週期由 $R_E C_E$ 來控制，因此SCR_1之閘極受正脈波信號觸發而導通，燈泡 L_1 點亮。
3. 當開關S關閉，下一個觸發正脈波還未達到SCR_2之閘極時，電容 C_3 由 V_{AA} 經 L_2、R_1、SCR_1 而迅速地充電，左方爲負極性，右方爲正極性，當SCR_2 之閘極受 V_{B1} 正脈波信號觸發時，SCR_2 導通，瞬間SCR_1陽極電位 V_{A1} 爲負電位，SCR_1 截流，因此燈泡L_1 滅，L_2 亮。
4. 當SCR_1截流，SCR_2導通時，電容C_1經L_1，R_1、SCR_2先由負電位很快地放電至零電位，再迅速地往 V_{AA} 方向充電，當下一個觸發正脈波來臨時，SCR_1導通瞬間SCR_2陽極電位V_{A2}爲負電位，SCR_2截流，因此燈泡L_1亮，L_2滅。
5. 如此週而復始，燈泡L_1與L_2輪流閃爍，燈泡之亮與滅的時間決定於 UJT 電路之振盪週期T，而振盪週期T又決定於 $R_E C_E$，故改變 R_E 大小可改變L_1與L_2之亮與滅的時間。

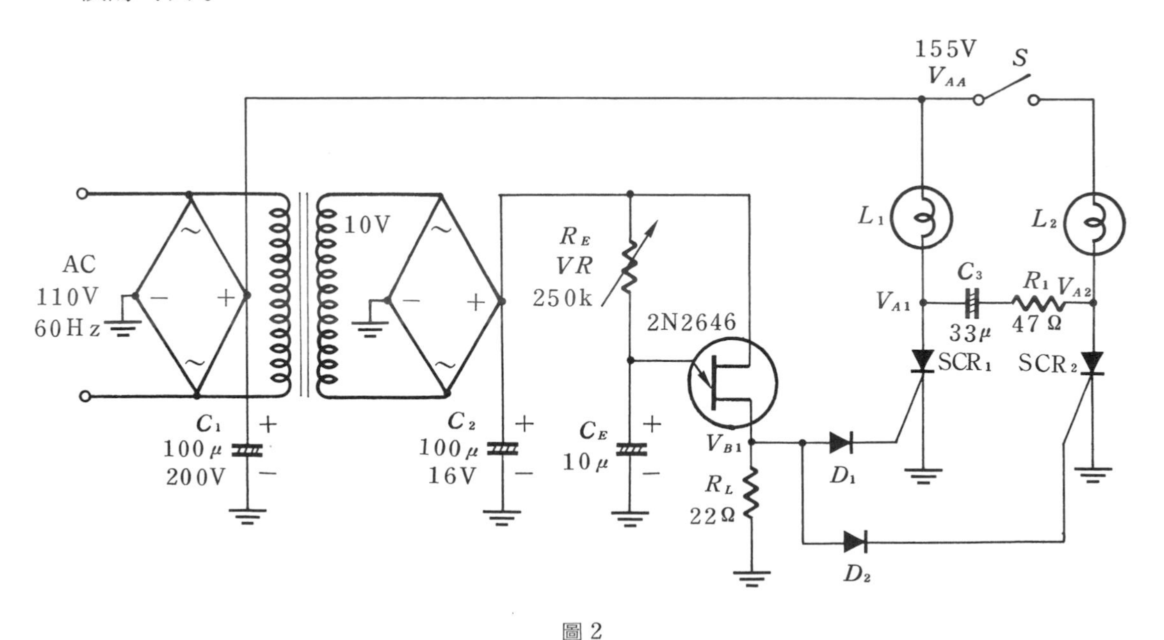

圖2

三、SCR組成時序控制電路

1. 如圖3所示，當電源供給12V ON時，UJT振盪電路工作。P點輸出一連串正尖波，當起動開關未按下之前，三個SCR均OFF，三個SCR陽極 A_1、A_2、A_3 均

爲電源電壓 12V，即二極體 D_1、D_2、D_3 之陰極端爲 12V，而其陽極端雖加有正尖波觸發信號，但其振幅只有 6V 左右，故 D_1、D_2、D_3 均OFF，三個 SCR 閘極 G_1、G_2、G_3 均爲零電位，三個指示燈LED_1、LED_2、LED_3 均保持熄滅。

2. 當起動開關 S 向下按一下時，SCR_1 的閘極 G 瞬間由零電位上升至 6V 而受觸發，陽極 A_1 幾乎爲零電位（因SCR 受觸發而導通後，陽極 A 與陰極 K 之間變爲很低的順向電位），D_2 陰極端也轉爲零電位，C_5 經SCR_2充電爲左方負極性，右方正極性。SCR_1 導電期間，LED_1 亮。
3. 當觸發正尖波來臨時，D_2 ON正尖波通過C_2至SCR_2 的閘極 G_2，SCR_2 受觸發而導通ON，陽極 A_2 幾乎爲零電位，D_3 陰極端轉爲零電位，此時SCR_1 因 C_5 負電壓加上而轉爲 OFF，LED_1 熄滅，C_6 經 SCR_2 充電左方負極性，右方正極性。SCR_2 導電期間，LED_2 亮。
4. 當下一個觸發正尖波來臨時，D_3 ON正尖波通過C_3至SCR_3 的閘極G_3，SCR_3 受觸發而導通 ON，陽極 A_3 幾乎爲零電位，D_1 陰極端轉爲零電位，此時 SCR_2 因 C_6 負電壓加上而轉爲 OFF，LED_2 熄滅。C_4 經SCR_3 充電爲左方負極性，右方正極性，SCR_3 導電期間LED_3 亮。
5. 當再一個觸發正尖波來臨時，D_1 ON 正尖波通過 C_1 至SCR_1 的閘極 G_1，SCR_1 受觸發而導電 ON，LED_1 亮，而後週而復始，而完成一時序控制電路。
6. LED_1、LED_2、LED_3 亮的時間均爲相等，且等於 UJT 振盪週期 T。

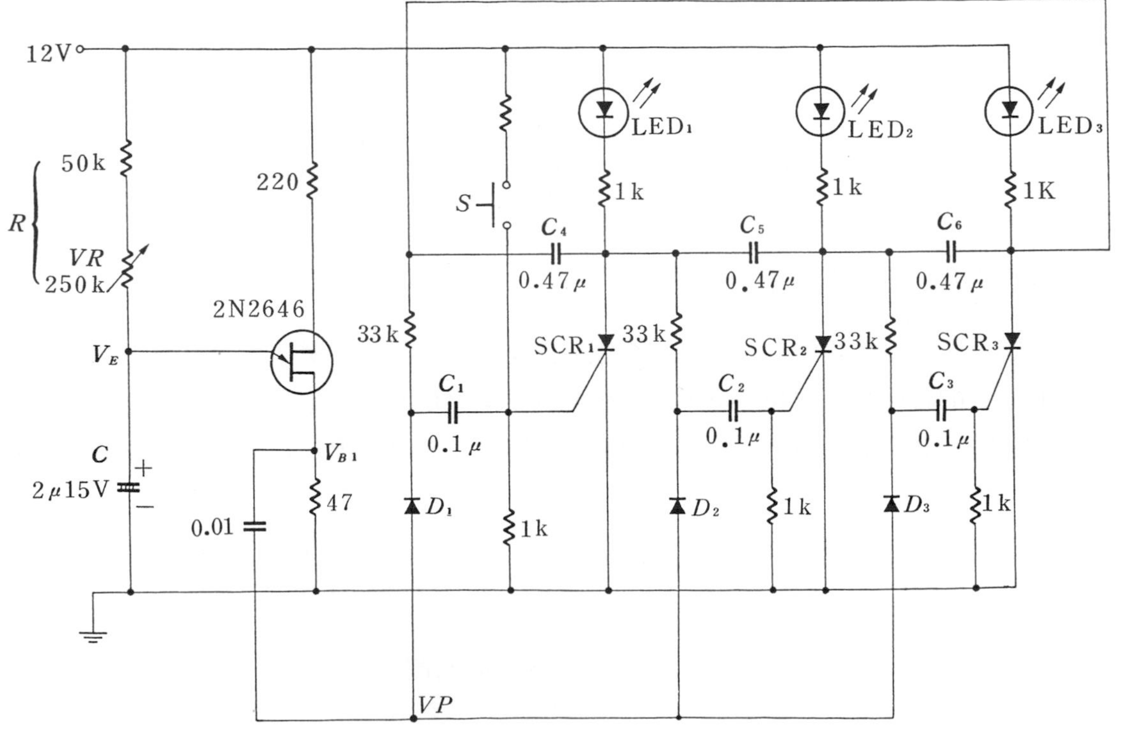

圖3

四、低阻抗梯階波產生器

1. 如圖4所示，Q_1與Q_2組成一不穩態多諧振盪電路產生一極短上升時間 t_r 之對稱方波形，Q_3為射極隨耦器，具有高輸入阻抗，避免對 Q_2 產生負載效應。Q_3作為開關ON-OFF用，Q_5產生一定電源I，Q_7與Q_8被接成達靈頓（darling-ton）電路，作射極隨耦器，提供梯階波作低阻抗的輸出。
2. 當振盪方波於正半週時，Q_4 ON、Q_5產生定電流I向C充電，當負半週時，Q_4 OFF電容C的充電之梯階電壓，經過幾週之後，當電容C所充電的梯階電壓大於PUT閘極電位V_G時，PUT導通電容C迅速經PUT放電至零電位，PUT又恢復OFF狀態，電容C又重新從零電位作梯階般的充電，而後週而復始。
3. 因此C兩端為梯階波波形，經Q_7、Q_8射極隨耦器，在輸出端V_{out}可得到一低阻抗梯階波波形。

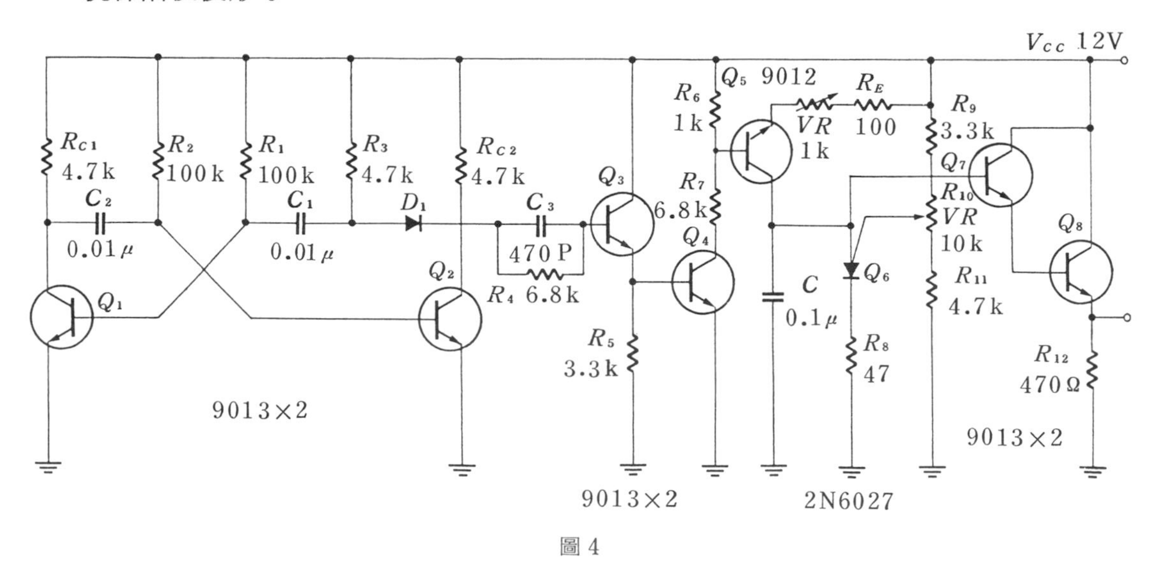

圖4

五、PUT組成不穩態、多諧振盪器

1. 如圖5所示，使用兩個程序單接合電晶體PUT，組成不穩態多諧振盪電路，而PUT的特性是當陽極電位大於閘極電位時，PUT為導電，當陽極電位小於閘極電位時，PUT為截流。本電路即利用此特性，使兩個PUT作交互的導電與截流而產生振盪。
2. 當電源V_{CC}加至電路時，兩個PUT會有一個先導電，設Q_1先導電，Q_2為截流，則V_{G1}為零電位，V_{A1}為谷點電壓V_V，V_{G2}為R_4與R_6之分壓，即$V_{G2}=V_{CC}\dfrac{R_6}{R_4+R_6}$，而電容$C$開始由$V_{CC}$經$R_2$、$Q_1$而充電，電容$C$充電電壓即$V_{A2}$之電壓。

3. 當電容 C 充電電壓達到 Q_2 之峯點電壓 V_P 時，Q_2 導電電容 C 原充電電壓使 Q_1 陽極爲負電位，Q_1 截流，則 V_{G2} 降爲零電位，V_{A2} 爲谷點電壓 V_V，而 V_{G1} 上升爲 R_3 與 R_5 之分壓，即 $V_{G1}=V_{CC}\cdot\dfrac{R_5}{R_3+R_5}$，電容 C 經 R_1、Q_2 放電至零後，再往 V_{CC} 方向充電，當 C 充電至 Q_1 之峯點電壓 V_P 時，Q_1 又導電，電容 C 原充電電壓使 Q_2 陽極爲負電位，Q_2 又爲截流，而後週而復始，電路因此產生振盪。

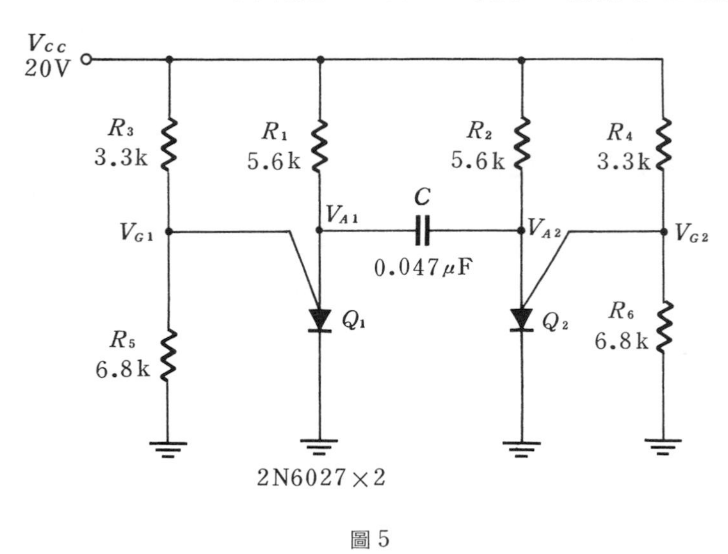

圖 5

六、PUT組成史密特觸發電路

1. 如圖 6 所示，使用一個程序單接合電晶體 PUT 和三個電阻 R_1、R_2、R_3 組成史密特觸發電路。
2. 當輸入信號 V_{in} 由零電位慢慢上升至峯點電壓 V_P 點時，PUT　ON輸出 V_{out} 瞬間由 V_G 電位降至零電位，此狀態繼續保持下去，當輸入信號 V_{in} 由峯值電位慢慢下降至谷點電壓 V_V 點時，PUT　OFF 輸出 V_{out} 瞬間由零電位上升至 V_G 電位，此狀態又繼續保持下去，直至輸入信號 V_{in} 又上升至 V_P 點時，電路再轉態一次。而後週而復始。

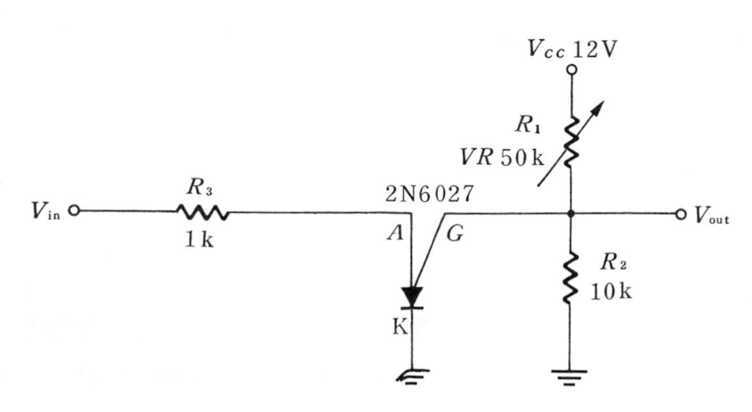

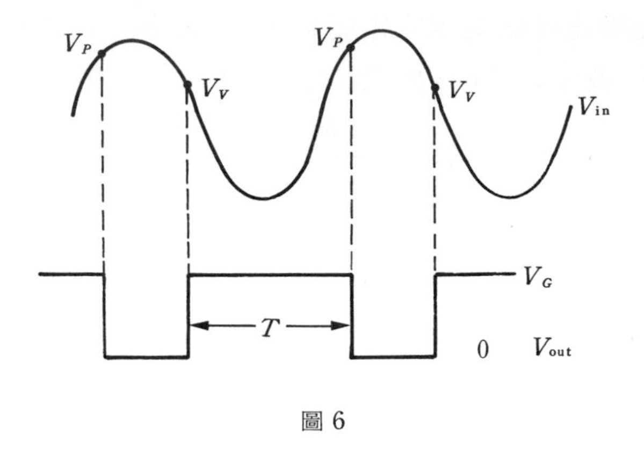

圖 6

七、電壓控制線性鋸齒波產生器

1. 如圖 7 所示，使用程序單接合電晶體 PUT 與電晶體 PNP 組成一電壓控制鋸齒波產生器，電晶體 Q 組成定電流源電路，供給電容 C 定電流充電。
2. 當電源為 ON 時，輸入端 V_{in} 輸入一直流控制電壓，PUT 之閘極呈現一正電位 V_G。同時電容 C 開始以定電流 I 充電，當 C 充電到 PUT 峯點電壓 V_P 時，PUT 導通，電容 C 迅速地經 PUT 之陽 - 陰極放電至谷點電壓 V_V，PUT 又恢復截流 OFF，電容 C 又重新以定電流 I 充電，而後週而復始。

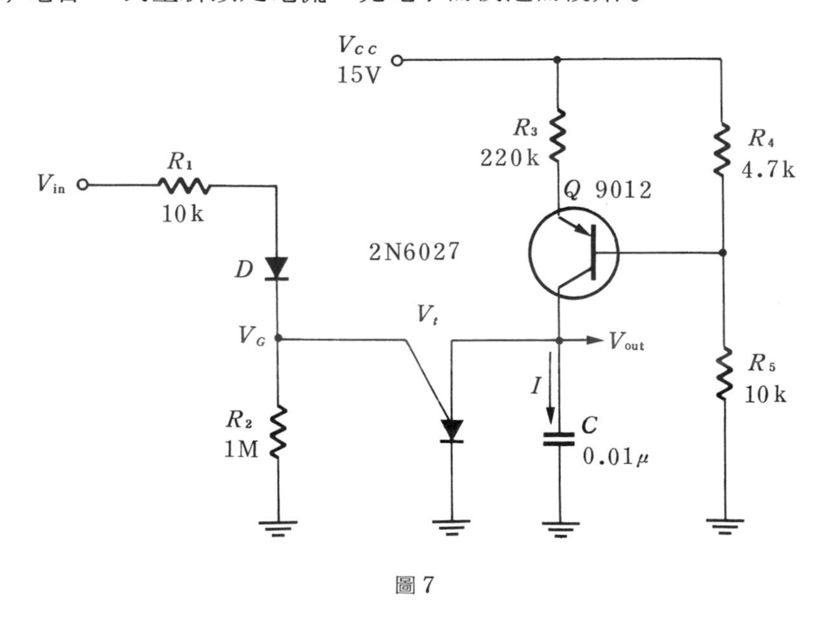

圖 7

八、UJT 定時器電路

1. 如圖 8 所示，利用UJT 振盪作短時間的延遲來觸發SCR 導通，才有電流通過負載
2. 當人手按下接觸點 S 時，初級圈上繼電器因得到一脈動直流而動作，因此其常開接點，NO 被接通，固當人手離開 S 點時，電源 110 V 可由繼電器之接點通過，此時於次級圈之脈動直流由正電源經電阻 R_1、R_2 向電容器 C 充電，因此電容器上的電

壓慢慢上升，經過一段時間的充電，當電容器上的電壓高於UJT的導通電壓 V_P 時，UJT 導通，SCR 即被觸發導通，此時繼電器兩端的電壓爲 SCR 所短路，因此繼電器不動作其接點又回復到開路的狀況，而整個線路又恢復原來之狀態（定時完畢）。

3. 其中二極體 D_2 之用途在於使繼電器確實的跳開，如果讀者認爲本線路的定時時間太短，可在本線路後面加上除頻IC即可延長定時之時間。

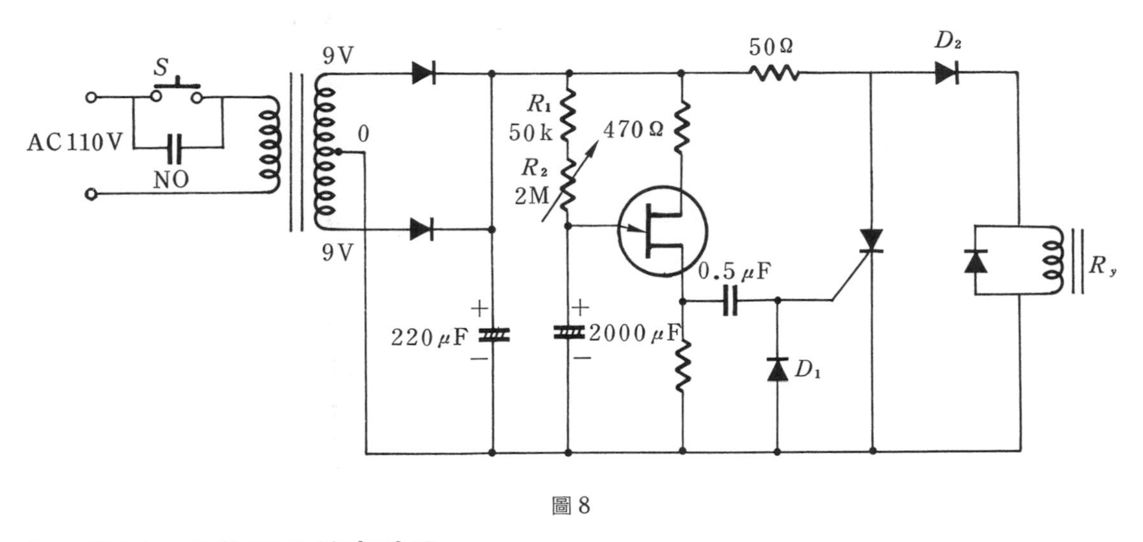

圖 8

九、使用PUT作五分鐘定時器

1. 如圖 9 所示，當開關 SW_1 ON時，電流通過500Ω，LED 點亮，LED 作爲指示燈 P、L，同時電容 C 由電源電壓6V 經二極體 D 及電阻 4.7 kΩ而充電至6V 。

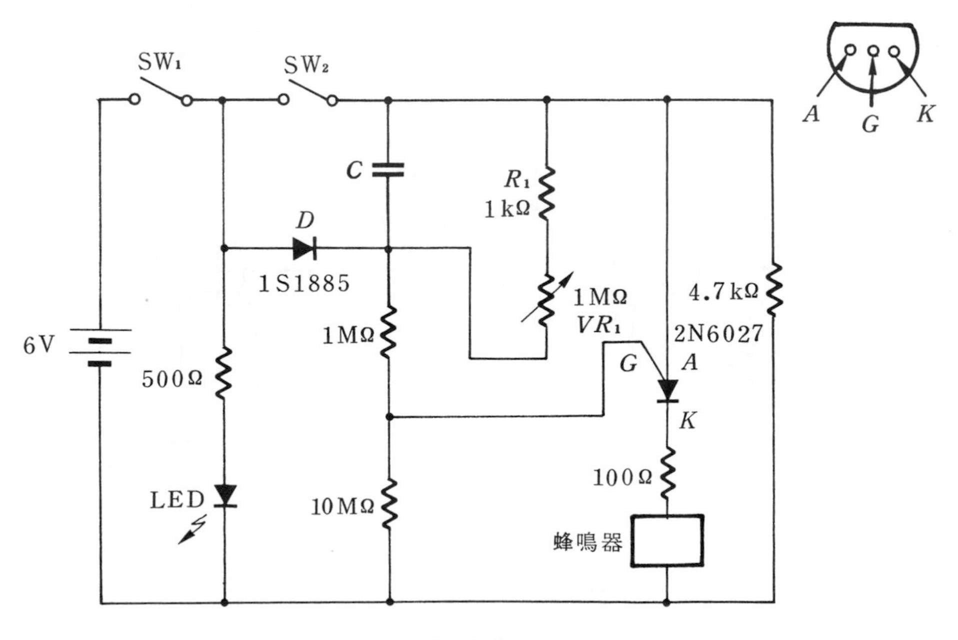

圖 9

2. 當開關SW_2 ON時，D之陰極端電位爲電容C充電電壓加上電源電壓，大約有12V，因此二極體D爲逆向偏壓，D OFF而PUT之陽極A電位爲6V，閘極G電位爲12V，PUT OFF。
3. 電容C經R_1、VR_1放電，當C之充電電壓全部放電完之後，陰極端大約爲6V，經1MΩ與10MΩ分壓，即爲PUT閘極電位V_G，此時陽極電位V_A大於閘極電位V_G，所以PUT導通1.5V之小型蜂鳴器鳴響。
4. 從SW_2 ON至PUT ON時，即爲定時時間，由電容C、電阻VR_1來決定，當C爲100μF，VR_1爲10MΩ時，定時時間可至數十分鐘之多。

十、FET觸控電路

1. 如圖10所示，Q_1爲N通道FET，提高輸入阻抗即可提高觸控靈敏度，Q_2與Q_3組成達靈頓(darlington)電路，增大輸出電流，提高Relay動作靈敏度，D_1爲防止觸發信號進入電源，D_2爲抑止Relay線圈產生反向電壓破壞Q_2、Q_3電晶體。
2. 調VR 5kΩ至Relay欲動作處，大約調至3.5kΩ左右，當手指碰及T.P時，Relay即動作，手指一離開時，Relay恢復。Relay可接至其他控制電路作爲控制。

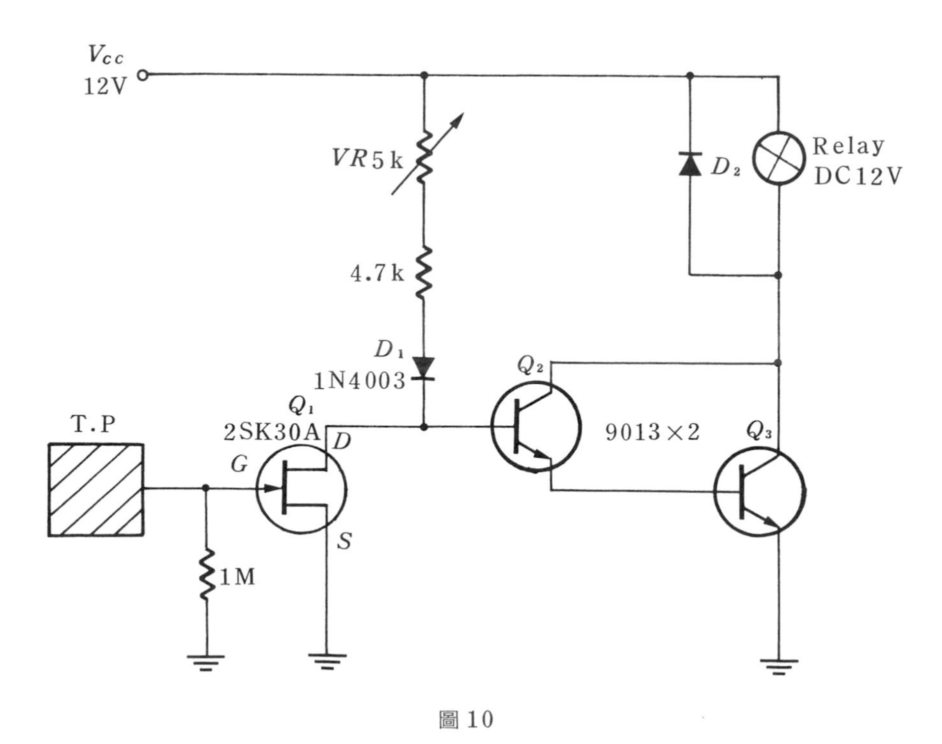

圖10

十一、FET與正反器組成觸控電路

1. 如圖11所示，Q_1作高阻抗輸入，提高觸發靈敏度，Q_2與Q_3組成史密特觸發電路，SN7473只有使用一組J-K正反器，作為雙工穩態控制電路，此電路可靠度高，不會因雜波、突發脈波接觸太輕或振動觸摸而產生錯誤之動作。

2. 電源ON時，Q_1 OFF、Q_2 OFF、Q_3飽和sat，第一脚為Low，第13脚為High、Q_4 ON Relay動作。

3. 當手碰及接觸點時，人體之雜散電壓進入FET之閘極G，FET如同阻抗緩衝器，在洩極D(drain)產生一交流電壓，經D_1半波整流，供應到C_1兩端。C_1應仔細選擇，使得由碰及接觸點至正反器轉態之間，得到適當的延遲，如此可防止錯誤的激發。

4. C_1兩端的正電位加至Q_2基極，使Q_2由OFF轉為sat狀態，Q_3由sat變為OFF狀態，第1脚由Low→High，經一段時間延遲後，Q_2又變為OFF，Q_3恢復sat，第1脚轉為由High→Low，此一瞬間觸發正反器，第13脚轉為Low，Relay恢復，此狀態一直保持下去，直至接觸點再受手碰及一次，再變化一次。

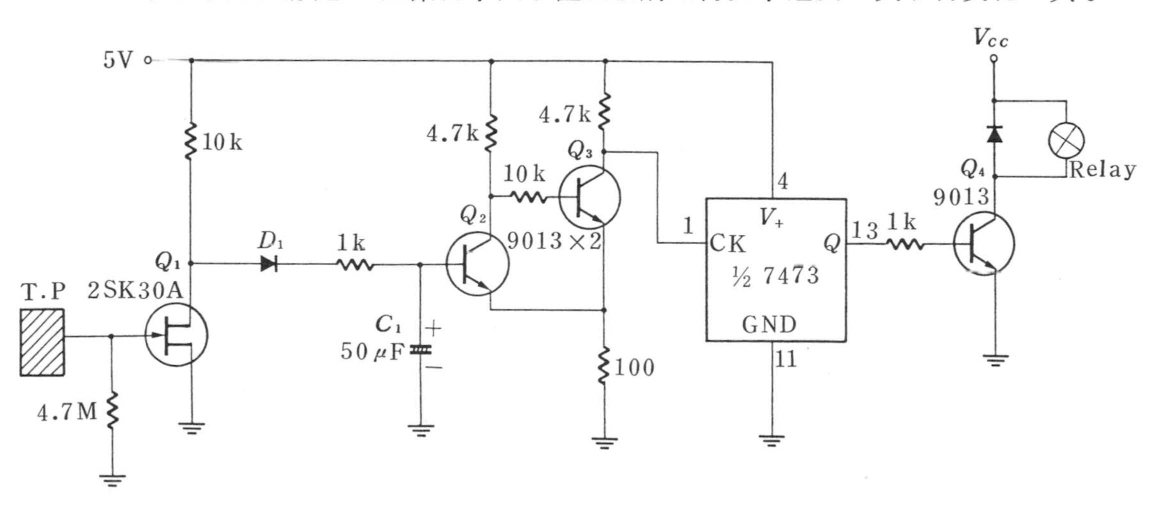

圖11

十二、光控電路

1. 如圖12所示，使用5個電晶體Q_1～Q_5和一些被動元件組成一光控電路，利用光敏電阻cds對光的傳導特性，而來控制繼電器Relay動作。

2. Q_1、Q_2與Q_3、Q_4各自連接成達靈頓對(darlington pair)，然後兩者再組成差動放大電路。電晶體Q_5當作開關用，當cds受光線照射時，cds電阻很小，調整VR100 kΩ，使差動放大電路達到平衡，因此在電晶體Q_4的集極負載電阻33 kΩ兩端的電壓降很高，此高電壓供給Q_5之基-射極偏壓，Q_5為ON，其集極電流通過繼電器Relay，Relay動作。當cds不受光線照射時，cds電阻變大，而使電路失去平衡，Q_4的集極電流下降，集極負載電阻33 kΩ兩端的電壓降很低，此低電壓不足以推動Q_5，Q_5為OFF繼電器Relay停止動作。

3. 注意電阻 3.3 kΩ 是被連接在 Q_5 集極與 Q_4 基極電路之間，其目的在提高電路控制作用的靈敏度。當 Q_5 爲 ON 時，由於 3.3 kΩ 的關係，使 Q_4 的基極受到更大的正向偏壓所驅動，以致 Q_4 集極電流更大，因此 Relay 動作靈敏度大大地提高。此種接法即爲正回授放大作用，有人稱爲再生放大器。
4. 二極體 D 在防止 Relay 線圈於瞬間變化所產生的反電動勢而損壞電晶體，而電容 16 μF/125 V 則作爲穩定 Relay 動作。

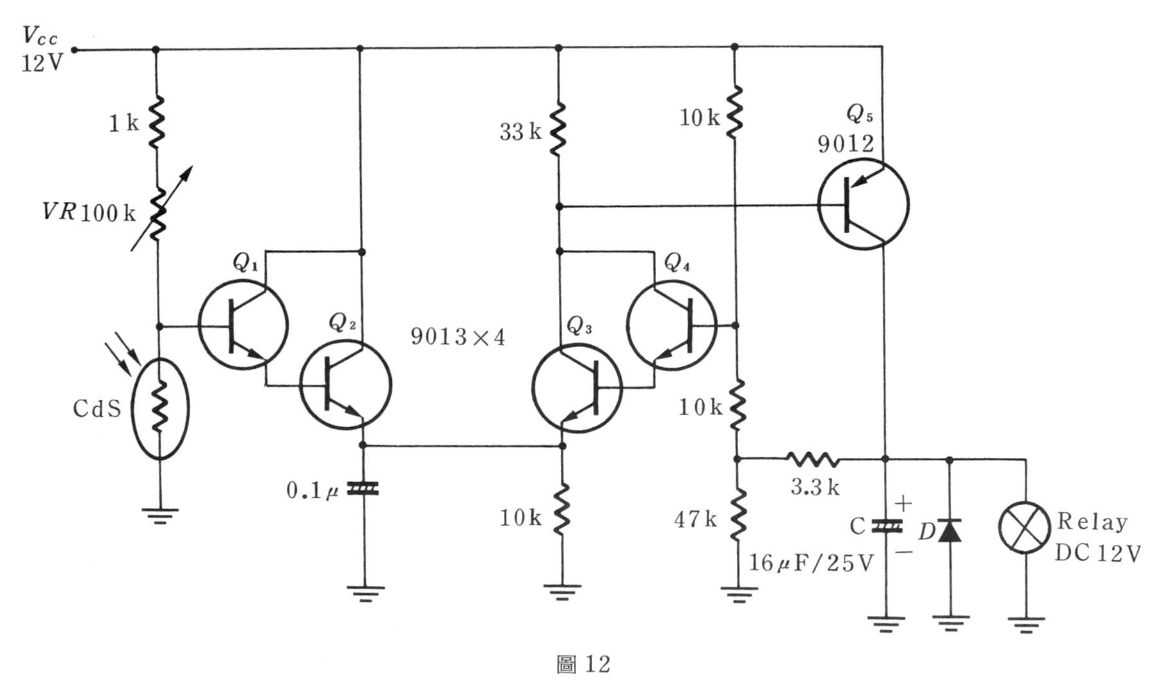

圖 12

十三、光控TRIAC調光電路

1. 如圖 13 所示，使用交流控制閘流體 TRIAC，交流觸發二極體DIAC和幾個被動

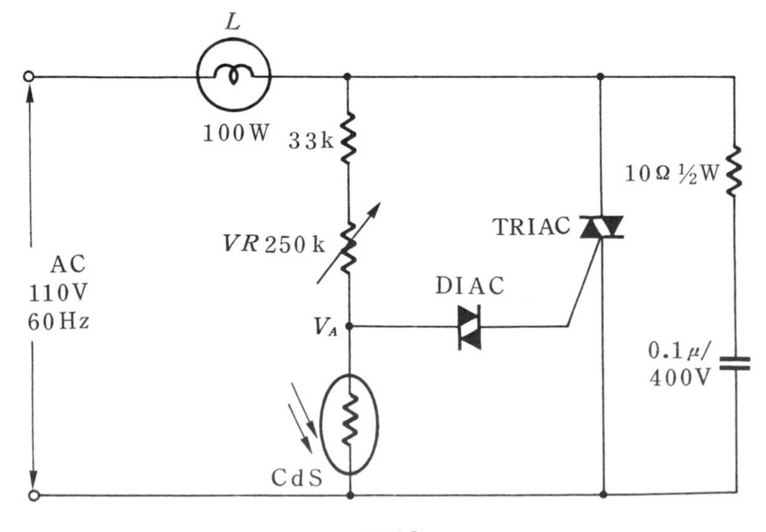

圖 13

元件，組成一光控電路。

2. 當cds受光照射時，cds電阻降低V_A點電位降低DIAC爲OFF，TRIAC也爲OFF，燈泡L不亮。當cds不受光照射時，cds電阻上升，V_A點電位上升，且大於DIAC轉態電壓V_{BR}，因此DIAC爲ON，進而觸發TRIAC之閘極G，TRIAC也爲ON，燈泡L點亮，直至光線離開cds，且AC電源正負半週交界，加在TRIAC兩個陽極電壓爲零電位時，TRIAC爲OFF，燈泡L才熄滅。
3. 電阻10Ω和電容0.1 μF/400V是當TRIAC在ON與OFF間轉態時，防止瞬間的大量流通過TRIAC而作爲保護用。

十四、溫度感測電路

1. 如圖14所示，IC_1爲一運算放大器OPA，在反相端(－)與非反相端(＋)，所接的零件大約一致，D_2與D_3爲對溫度十分敏感之同類二極體，D_4爲供給參考電壓，D_1爲保護裝置，以防止二極體D_2未參與線路工作時，可能帶來的影響，如此可使放大器的工作維持正常。
2. Q_1與Q_2組成史密特觸發器(schmitt trigger)，平時Q_1截止OFF狀態，Q_2飽和sat狀態，而Q_3爲推動器，平時由於Q_2 sat狀態而使Q_3 OFF Relay不動作。
3. IC_1之輸出取決於D_2與D_3上的電壓降，而二極體之電壓降取決於二極體之電流量，同時也取決於二極體周圍的溫度。IC_1之放大增益爲回授電阻R_7與輸入電阻R_5之比，$A_{vf}=\frac{R_7}{R_5}=\frac{1M}{1k}=1000$，可見電路靈敏度很高。
4. 將D_2置於室外，D_3置於室內，當室外溫度等於室內溫度時，調整VR_1大小，使通過D_2與D_3之電流量相同，即$V_A=V_B$，IC_1輸出爲零，Q_1 OFF、Q_2 sat、Q_3 OFF Relay不動作。
5. 當室外溫度高於室內溫度時，通過D_2電流大於D_3電流，$V_A<V_B$，兩者之電位差V_A-V_B爲負電位，經IC_1高增益放大，其輸出端爲正電位，Q_1進入飽和sat，Q_2轉爲截止OFF，Q_3也進入飽和sat，Relay動作，如將Relay控制器接至抽風機時，則抽風機開始轉動，將冷空氣送至室外，室內溫度漸漸升高，當升高至室外溫度時，又達到溫度平衡狀態，IC_1輸出爲零，Q_1 OFF、Q_2 sat、Q_3 OFF、Relay恢復，抽風機停止運轉。
6. 當室內溫度高於室外溫度時，通過D_3電流大於D_2電流，$V_A>V_B$兩者之差V_A-V_B爲正電位，經IC_1放大後，輸出端爲負電位，因此無法觸發史密特觸發器，Q_1 OFF、Q_2 sat、Q_3 OFF、Relay維持不動作，抽風機維持不運轉。
7. VR_2也能調整其靈敏度，其特性較VR_1更靈敏，平時將VR_2調至Relay將產生動作之處。

8. 綜合上述，本電路只對室內溫度低於室外溫度時，抽風機才運轉將冷空氣抽至室外，提高室內溫度，避免室內濕氣太重，黴菌繁殖，造成不對勁的味道，尤其對於地下室溫度控制，本電路更是適合。

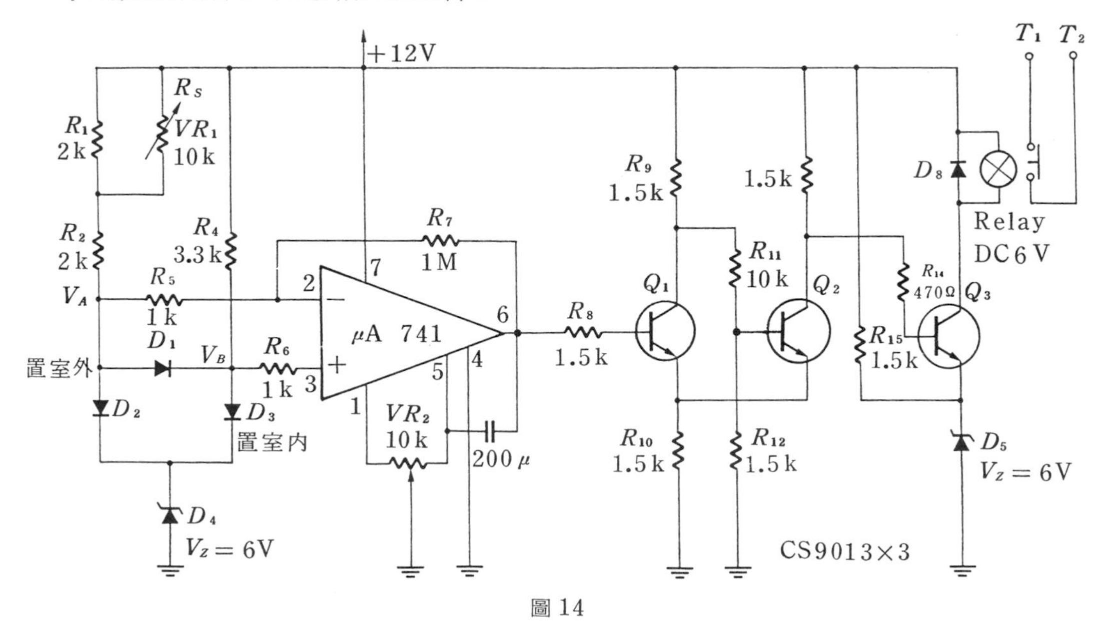

圖 14

十五、電話三分鐘計時電路附警報器

1. 如圖 15 所示，當按鈕式開關 SW_2 向下按時，Q_1、Q_2、Q_3、Q_4 均 ON、LED_1、LED_2、LED_3 均亮，繼電器 Relay ①②③④ 動作，LED_4 及警報器雖 Relay ④ 動作，但 Relay ③ 也動作，而使其電源供給被切斷，LED_4 滅，喇叭無聲音。
2. 當手鬆後，SW_2 恢復，由於 C_1、C_2、C_3 分別經 VR_1、VR_2、VR_3 而放電，使 Q_1、Q_2、Q_3 順序地進入 OFF 狀態，Relay ①②③ 順序地恢復，LED_1、LED_2、LED_3 順序地熄滅，適當地調整 VR_1、VR_2、VR_3 可使電路工作計時三分鐘。
3. 當 Q_3 OFF 後，Relay ③恢復，LED_3 滅，三分鐘計時終了，此時由於 Relay③ 的恢復，而使 LED_4 及警報器電源供給被加上，LED_4 亮喇叭發出警報聲，提醒您三分鐘已到。當 C_4 向 VR_4 放電，經過一段時間，Q_4 OFF，Relay ④ 恢復，LED_4 滅喇叭的警報聲消失，電路又恢復狀態，注意 Relay ④爲雙控制器。
4. 警報器電路由 Q_5、Q_6、Q_7 所組成，當電源 ON 時，由於 C_5 之充放電而使 UJT 產生低頻振盪，而 Q_6 基極偏壓隨着 C_5 之充放電而作高低電位轉換，使 Q_6 與 Q_7 工作在截止或飽和狀態。C_6 爲正回授電容，改變 C_6 電容量大小，可變化其音調高低 C_6 小時音調高，C_6 大時音調低，當 C_6 固定時，則低頻振盪頻率決定於 UJT 振盪電路，調整 VR_5 100 kΩ 時，可改變低頻振盪頻率，即改變警報聲音高，VR_5 大時音調低，VR_5 小時音調高，隨個人的喜歡而調至適當位置。

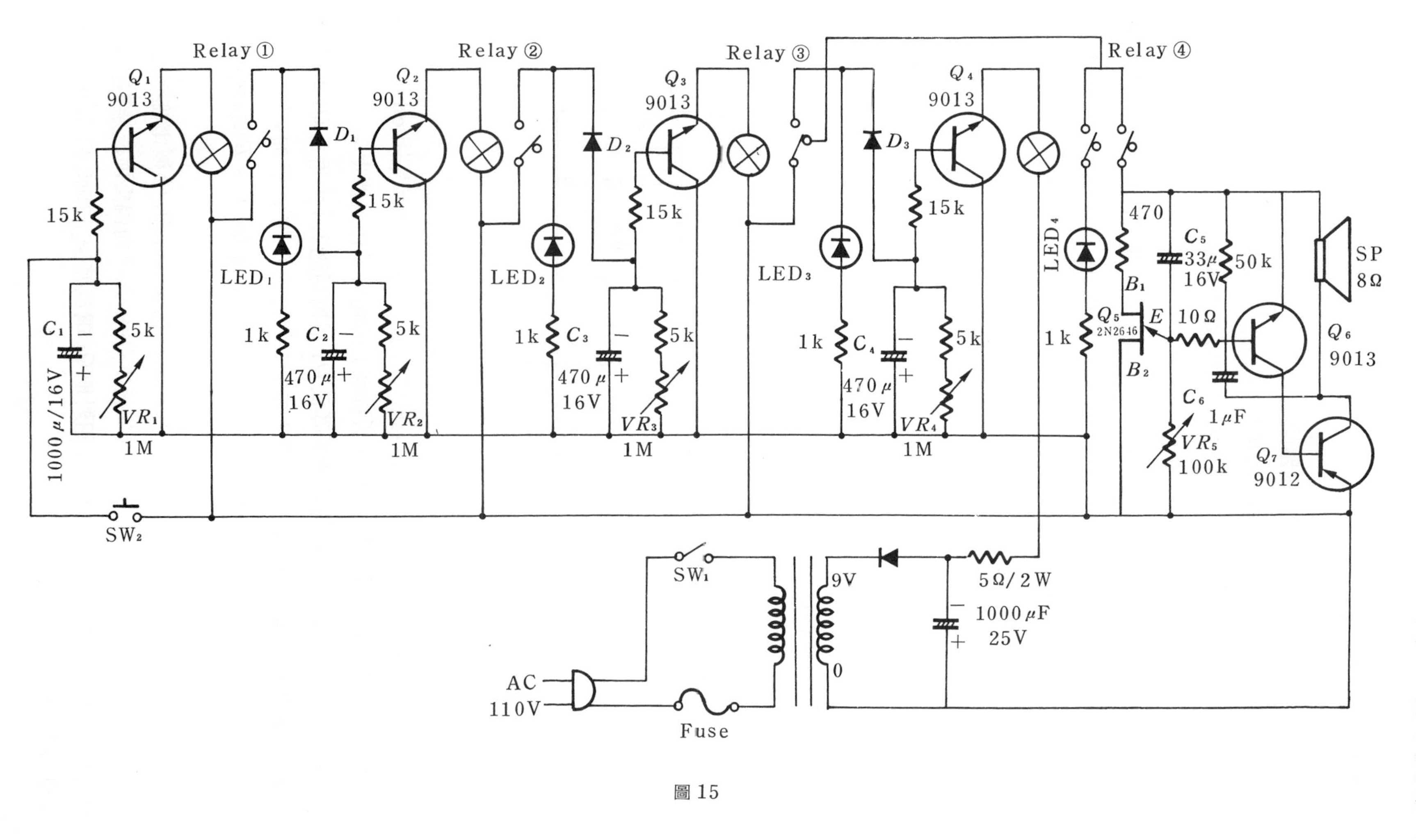

Relay ①
Relay ②
Relay ③
Relay ④
Q1 9013
Q2 9013
Q3 9013
Q4 9013
15k
D1
D2
D3
LED1
LED2
LED3
LED4
1k
5k
C1
1000μ/16V
VR1
1M
C2 470μ 16V
VR2
C3 470μ 16V
VR3
C4 470μ 16V
VR4
SW2
470
B1
Q5 2N2646
E
B2
C5 33μ 16V
50k
10Ω
SP 8Ω
Q6 9013
C6 1μF
VR5 100k
Q7 9012
SW1
9V
0
5Ω/2W
1000μF 25V
AC 110V
Fuse

圖15

十六、蓄電池之充電器

1. 如圖 16 所示爲蓄電池充電器之電路圖。
   當電池耗盡後其兩端之電壓低於 V_Z 的電壓，此時 SCR_2 因其閘極沒有觸發信號而截止，故 P 點之電壓上升，因此 SCR_1 之閘極 G 得到一觸發電壓 SCR_1 導通，此時電流由電源之正端經 SCR_1 向電池 12V 充電。
2. 當電池 12V 充滿時，因其兩端之電壓較 V_Z 爲大，因此 SCR_2 之閘極得到一觸發電壓而導通，SCR_2 導通後，P 點之電位下降，故 SCR_1 因其閘極沒有觸發電壓，而在其陽極的電壓降到 0 時，將 SCR_1 切斷。
3. V_{R1} 及 D_3 之作用在於防止過度連續充電，以使電池達完全充滿狀態。
4. V_{R2} 是在校正觸發靈敏度（準位）。
5. 於 D_1、D_2 之輸出端爲一脈動的直流。

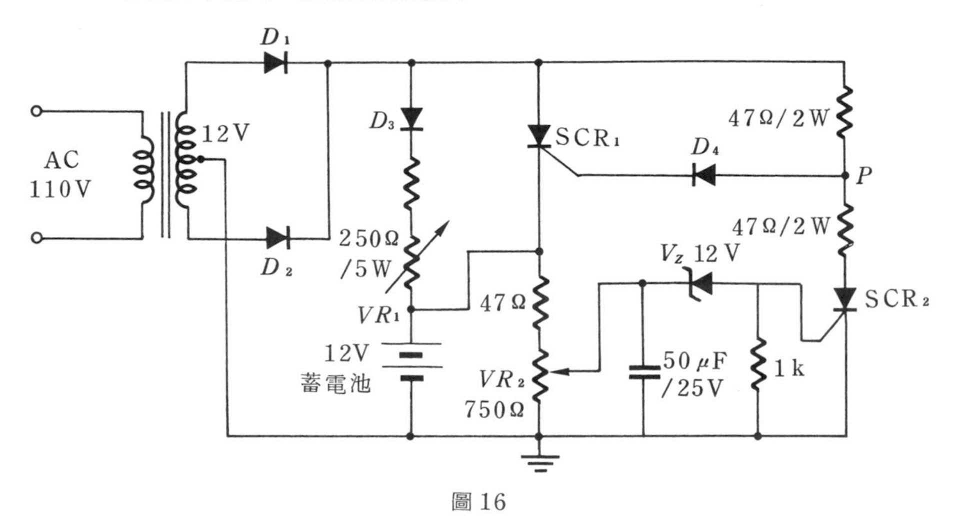

圖 16

十七、光遙控電路

1. 圖 17 電路是以光線動作的遙控電路，只要以手電筒照射光敏電阻 cds_1 則 SCR 截止，若照射 cds_2 則 SCR 導通，使接於插座上的電器動作或停止。
2. 若 cds_2 受光照射，則 cds_2 電阻值下降使 Q_1 基極電流 I_{B1} 大增，Q_1 集極電位上升，Q_2 的偏壓逆方向增加，Q_2 集極電流減少，相對使 Q_1 電流增加，如此正回授使 Q_1 達到最大電流（Q_1 飽和之 C、E 間接近短路），當 Q_1 C、E 間短路時 Q_2 基極電壓在較高電位使 Q_2 截止。
3. 若 cds_1 受光照則其電阻下降，使 Q_1 基極電流 I_B 減少，Q_1 集極電流因之減少相當於 Q_1 CE 間電阻增大，R_4 上端電位降低使 Q_2 成爲順向偏壓而流過電流，因 Q_1、Q_2 共用射極電阻 R_7，Q_2 電流增大相對地 Q_1 電流減少，如此正回授直到 Q_1 截止，Q_2 導通。

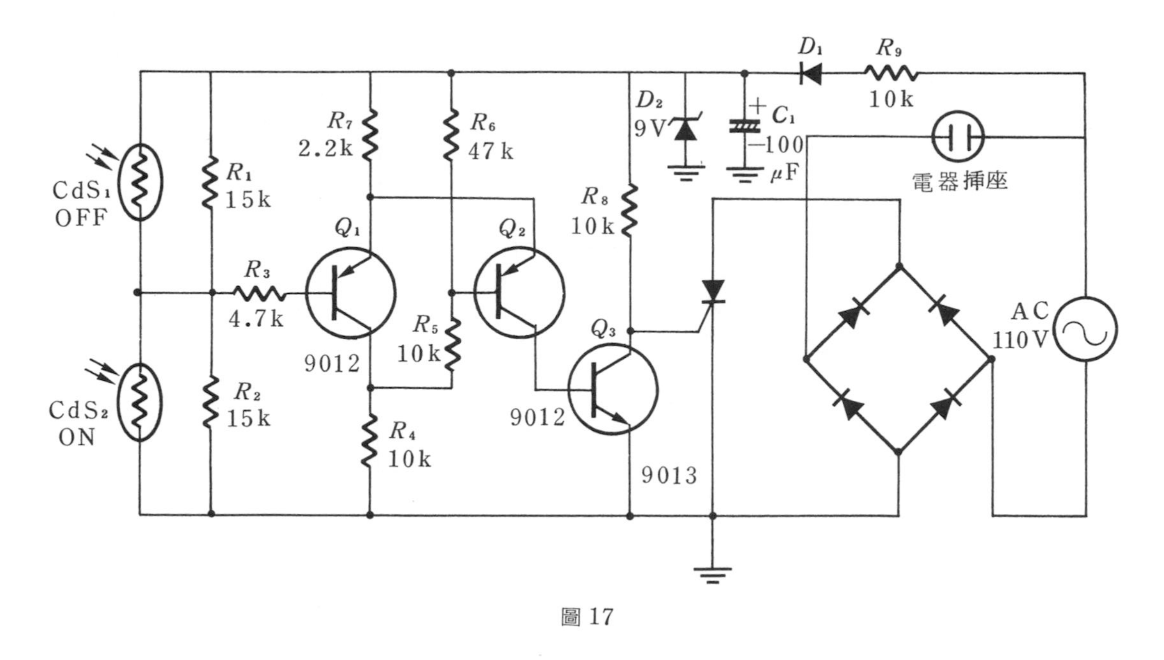

圖 17

4. Q_2 截止時，Q_3 亦截止，R_8 電流流入SCR的閘極使SCR導通。
   Q_2 導通時，Q_3 飽和，R_8 電流由 Q_3 旁路到 SCR 閘極無觸發電流，SCR 截止。故以手電筒照射CdS_1之後SCR截止，照射CdS_2之後SCR導通。

十八、音樂燈電路

1. 如圖 18 所示，為一音樂燈的電路，此電路採用三枚晶體管將高、中、低三個音頻分別放大，再用三個變壓器分別將三枚TRIAC觸發，從而將燈泡點燃。
2. 此電路結構基本上是一分音網路，當訊號輸入時分三路分流，第一路經由 R_2、C_1 和 VR_1 所組成的低通濾波器，輸入 TR_1 放大，利用變壓器 T_1 交連到 TRIAC 的閘極與 A_1 間，同時將 TRIAC 觸發，繼而令LP_1燈泡閃爍，第二路經 C_2、R_5、C_3 和 VR_2 所組成的中通濾波器，TR_2 為中音頻訊號放大器，由 T_2 感應一訊號電壓去觸發TRIAC的閘極，繼而令LP_2燈泡隨着訊號的大小而發出强弱的燈光。第三路則流經 C_4、VR_3 所組成的高通濾波器，其工作原理也和前兩個一樣，利用輸入訊號去控制TRIAC的開關，令LP_3燈光有所變動。

十九、光電晶體控制電路

1. 圖 19 為一光電晶體的控制電路。電晶體 Q_3、Q_4 組成一單穩態多諧振盪器 。平常 Q_3 截流，Q_4 飽和，因為 Q_4 處於飽和狀態，所以其集極電壓為 $V_{CE(sat)}$，只有大約十分之九伏特而已，如此低的電壓當作 Q_5 的順向偏壓，以致無法使 Q_5、Q_6 導通，K_1 繼電器不工作。
2. 當光電晶體突然受光源照射時，阻抗下降，以致接於光電晶體射極的 50 kΩ 電阻上

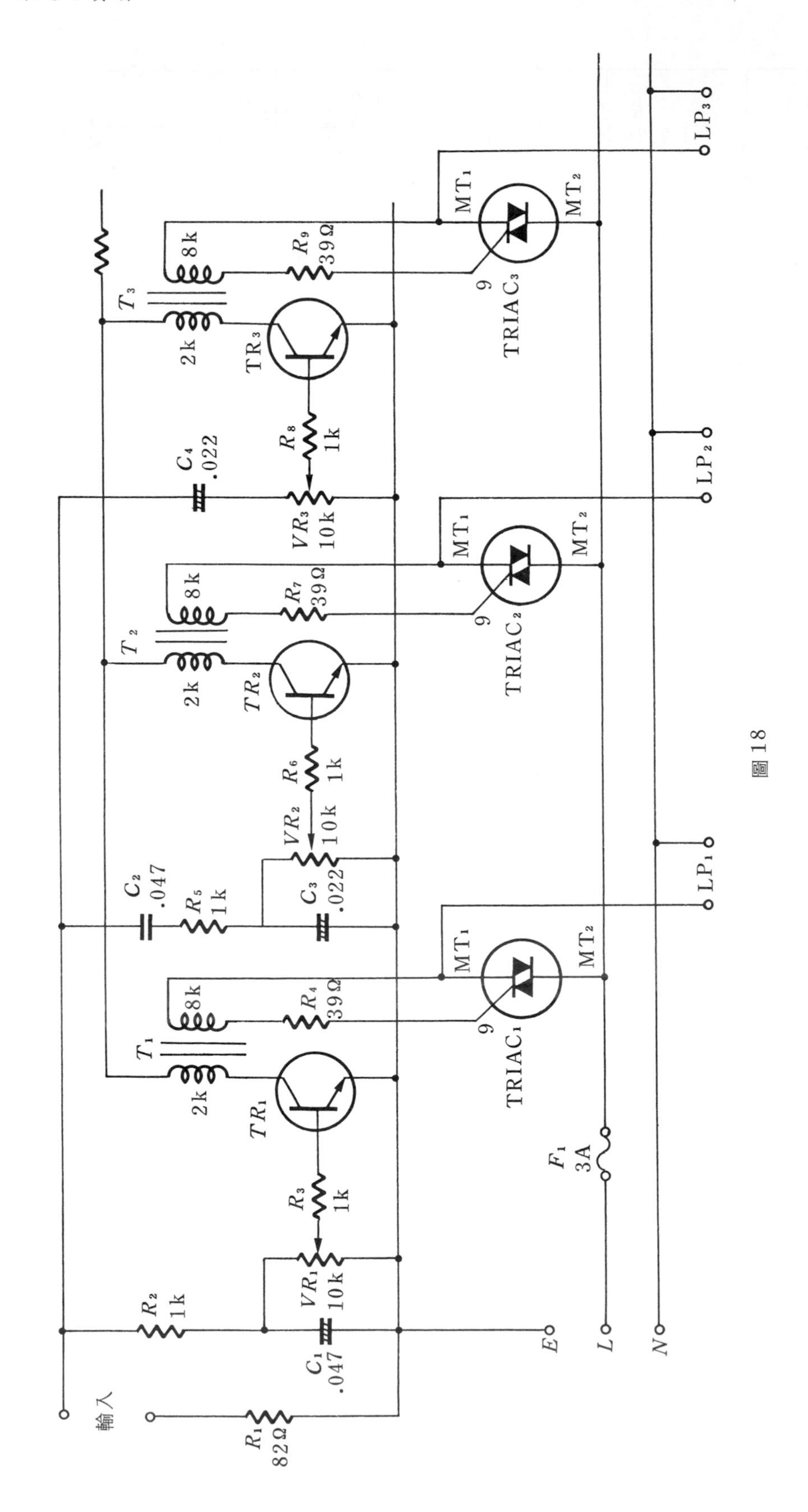
輸入
R1
82Ω
R2
1k
C1
.047
VR1
10k
R3
1k
TR1
2k
T1
8k
R4
39Ω
9
TRIAC1
MT1
MT2
LP1
C2
.047
R5
1k
C3
.022
VR2
10k
R6
1k
TR2
2k
T2
8k
R7
39Ω
9
TRIAC2
MT1
MT2
LP2
C4
.022
VR3
10k
R8
1k
TR3
2k
T3
8k
R9
39Ω
9
TRIAC3
MT1
MT2
LP3
F1
3A
E
L
N

圖18

的壓降突然提高，50 kΩ 上的壓降當作 Q_2 的順向偏壓，以致 Q_2 導電增加，集極電壓下降，經 R、C 微分電路得一負向脈衝，此脈衝經過二極體觸發單穩態多諧振盪器，使 Q_3 飽和而 Q_4 截流，Q_4 截流，集極呈現高壓，此高壓當 Q_5 順向偏壓，使 Q_5、Q_6 導通，驅動 K_1，K_1 就工作了，而且 Q_3 飽和，Q_4 截流將延續一段時間，然後 Q_4 回 Q_6 導通，驅動 K_1、K_1 就工作了，而且 Q_3 飽和，Q_4 截流將延續一段時間，然後 Q_4 回復導通，Q_3 截流，Q_3 截流這時間由 $R_1\times C_1$ 時間常數決定。

3. 綜合上述，當光電晶體一受到光源照射，K_1 即時工作，且將延續一段時間，K_1 才回復原狀。

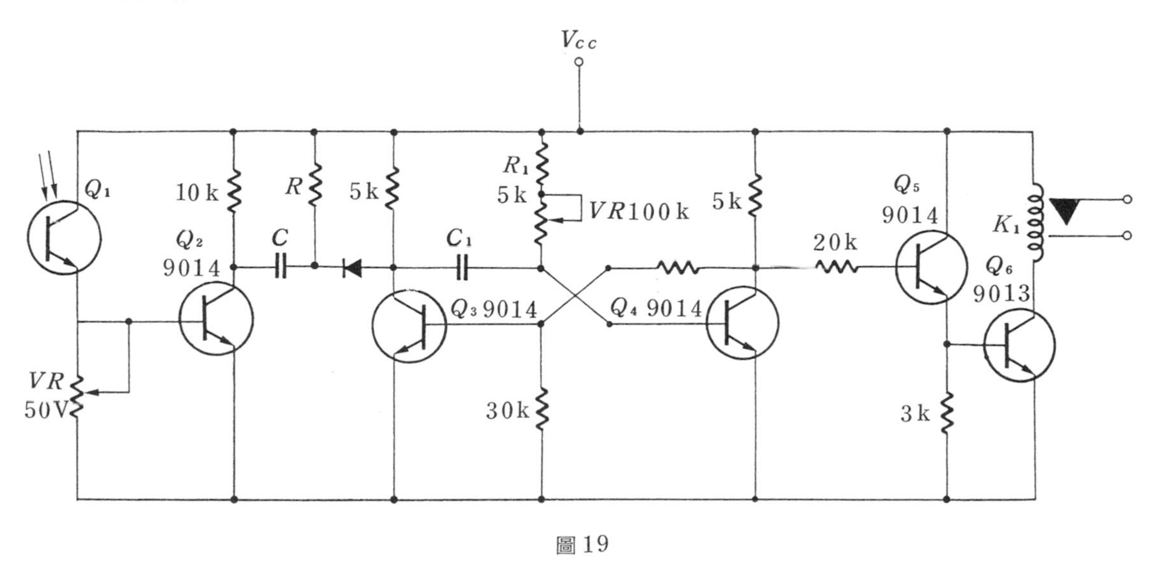

圖 19

二十、通用馬達的轉速控制

1. 通用馬達（universal motor）爲串激式馬達，在家庭用具中使用很廣，諸如果汁機、縫級機、吸塵器等馬達均串激式馬達，它的特點是轉矩大，且交流電源、直流電源或交流的半波電源均可使用，圖 20 爲通用馬達的轉速控制。

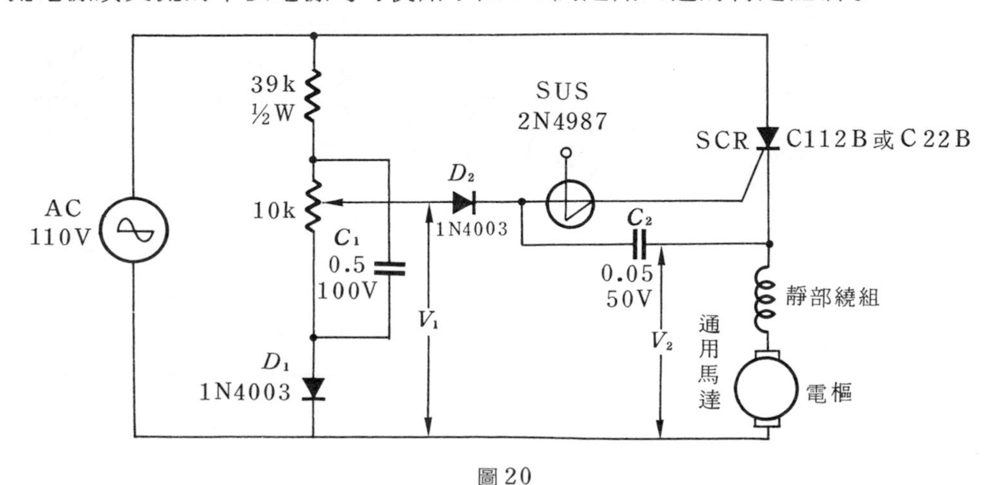

圖 20

2. 圖中 V_2 爲反電勢電壓（back EMF）此電壓與馬達的轉速成正比，馬達速度快 V_2 電壓高反之當馬達速度降低時，V_2 電壓減小（此電壓爲回授電壓）。V_1 爲設定的參考電壓，當希望轉速高時，V_1 電壓應調高。
3. 當 V_1 參考電壓（由電位器設定）高於馬達反電勢電壓 V_2 差爲 SUS 之崩潰電壓約 8 到 10 伏時 SUS 才可導通，C_2 經由 SUS 放電產生一大的脈衝而觸發 SCR，電源供給電流馬達啓動，當馬達負載加大時，馬達轉速降低，V_2 電壓亦下降，使 SUS 提早導通，SCR 亦提早被觸發，可以使馬達轉矩增大而提高速度，彌補因負載加大而減低的速度，使馬達轉速保持一定。

二十一、精密溫度調整器

1. 圖 21 爲 600 W 電熱器負載之溫度調整電路，交流電壓 AC 110V 經 R_1 電阻降壓 CR_1～CR_4 作全波全整流，CR_5 爲二個 11 V 齊納二極體接爲串聯，使全波電壓被剪截爲台型波。CR_5 兩端電壓加到 UJT Q_1 作爲同步激發 TRIAC 之電源。
2. C_1 電容器於每一半波電壓之始端開始充電（充電電壓之最高值由熱敏電阻 R_5 與電阻 R_4 之分壓電路決定），充電達 UJT 之激發電壓則開始導電，使脈衝變壓器之輸出電壓激發 TRIAC 導電。
3. 交流電力由 TRIAC 控制，電熱器之溫度變化由熱敏電阻予以檢測，當溫度上升則熱敏電阻降低，因而可調整 A 點之電壓對時間之延遲變化，可檢出 2°C 變化之溫度，由 R_3 及 R_4 可變電阻予以調整。

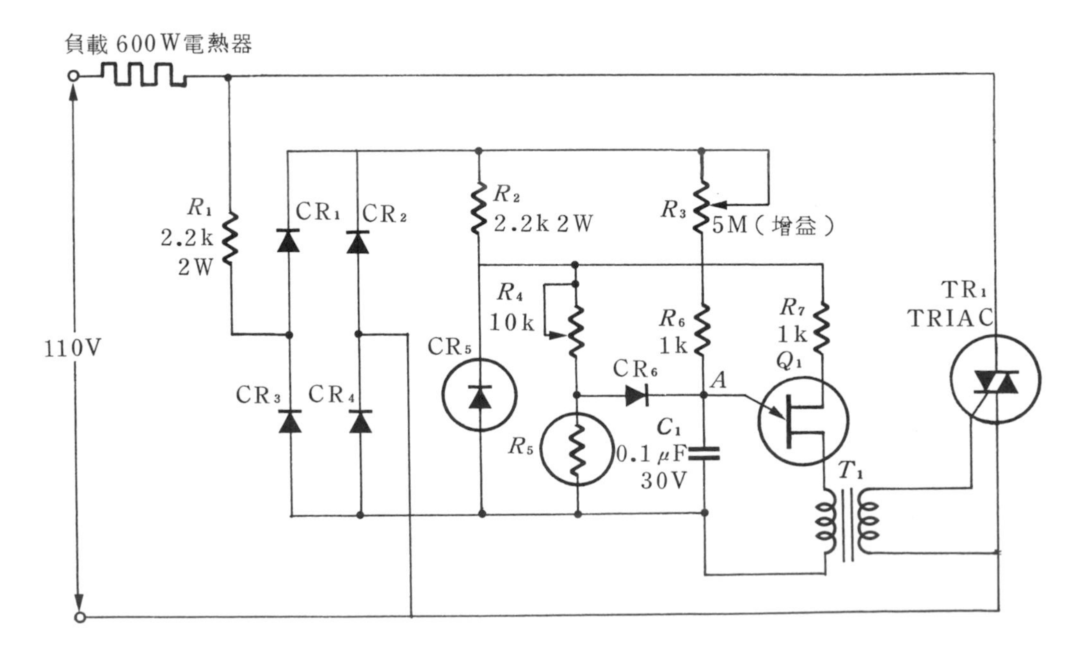

圖 21

二十二、IC 光電控制開關

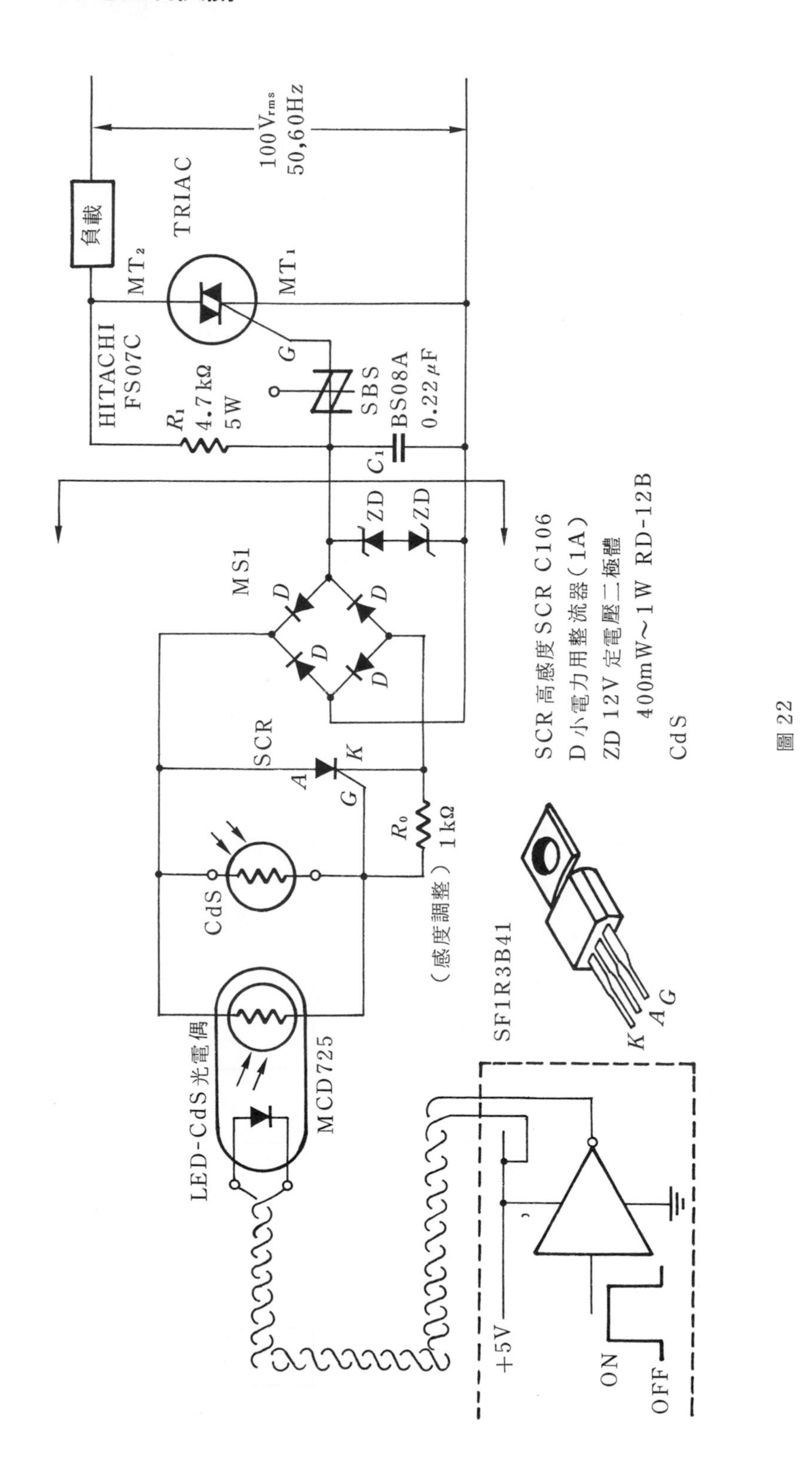

圖 22

1. 圖22電路，光電二極體CdS光電對(photo couple)，激發TRIAC控制電阻性負載電路。TTL IC緩衝反相器(buffer inverter)之輸出驅動LED。當輸入爲高電位，輸出爲低電位時，LED此時可導通，但應加上330Ω-390電阻於發光二極體之陽極，作限流之用。
2. LED導電發光，CdS光電阻降下，SCR之閘極可接受到由橋式整流器送出到CdS來控制閘極激發SCR之光電流，使SCR導通。SCR導通使得橋式整流器與電容器並聯爲低阻抗，所以C_1電容器無法充電激SBS(可以DIAC代之)，而使TRIAC不導通。
3. 另一只CdS可作爲開放式控制，若將Cds與R_0 1kΩ電阻位置互換，可使TTL IC輸入爲高電位時，LED發光，CdS爲低電阻，SCR斷電(OFF) C_1充電使SBS激發TRIAC。

二十三、直流馬達正逆轉及速率控制

1. 圖23(a)電路爲完整之電路，圖23(b)爲分激式馬達之接法，場繞組接全波整流，

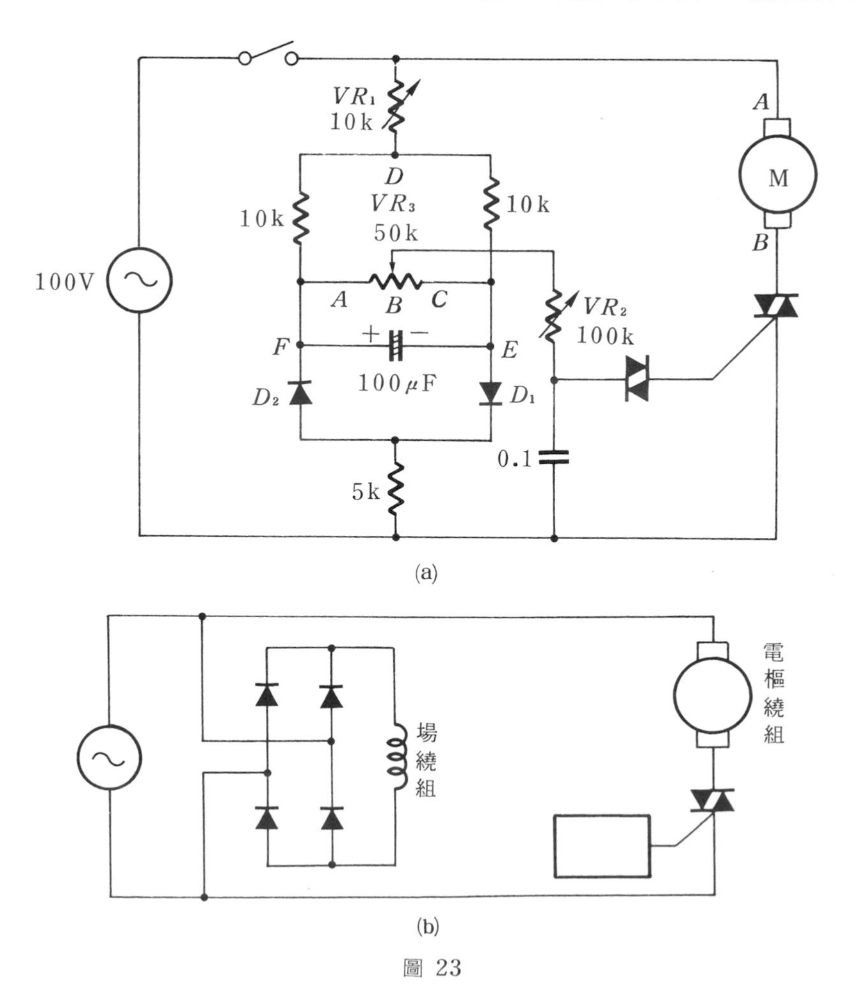

圖 23

電樞繞組與TRIAC串聯。

2. 控制TRIAC之激發情形，若只在正半週時才激發，則馬達電流由A點往B點流，產生正轉若控制只在負半週時才激發，則馬達電流由B點往A點流，產生逆轉，又控制其θ角之大小，又可控制馬達之速率。

3. 當VR 50 kΩ調在A點時，只有在電源半週時才能激發TRIAC，負半週時不能激發TRIAC，所以電流只能由A點流經馬達到B點，產生正轉，又調VR 50 k，由A點到B點調整時，V_T之電壓會降低，激發角θ會增加，驅動功率變小，因此馬達速度變小，調至中間B點時，馬達應該是停止。如果馬達靜止，如果VR 50 k還不到中間就停止時，把VR 10 k調小，則V_T電壓會增加，使馬達繼續轉，所以好好的調VR 10 k與VR 100 k，可得最佳之效果，這VR均用半可調之電阻。

4. 再把VR 50 k繼續往C點調時，此時會發現馬達逆轉，越往C點調，速度會越快，如果在A點正轉時可以調在激發角$\approx 0°$，此時C點逆轉就可以不用調了，因爲兩者是對稱性的。在C點時是負半週激發，馬達之電流是由B點往A點流。VR 50 k調在C時，只有負半週會導通，越往中間B點逆轉速度越慢。

附錄二　UJT 2N2646、2647特性規格

2N2646　2N2647 之特性規格：

2N2646 (SILICON)
2N2647

V_{BB} = 35 V
I_e = 50 mA
P_D = 300 mW

Silicon annular PN unijunction transistors designed for use in pulse and timing circuits, sensing circuits and thyristor trigger circuits.

CASE 22A (Lead 3 connected to case)

MAXIMUM RATINGS (T_A = 25°C unless otherwise noted)

Rating	Symbol	Value	Unit
RMS Power Dissipation*	P_D	300*	mW
RMS Emitter Current	I_e	50	mA
Peak Pulse Emitter Current**	i_e	2**	Amp
Emitter Reverse Voltage	V_{B2E}	30	Volts
Interbase Voltage	V_{B2B1}	35	Volts
Operating Junction Temperature Range	T_J	−65 to +125	°C
Storage Temperature Range	T_{stg}	−65 to +150	°C

*Derate 3.0 mW/°C increase in ambient temperature. The total power dissipation (available power to Emitter and Base-Two) must be limited by the external circuitry.
**Capacitor discharge − 10 μF or less, 30 volts or less.

Unijunction transistor characteristics.

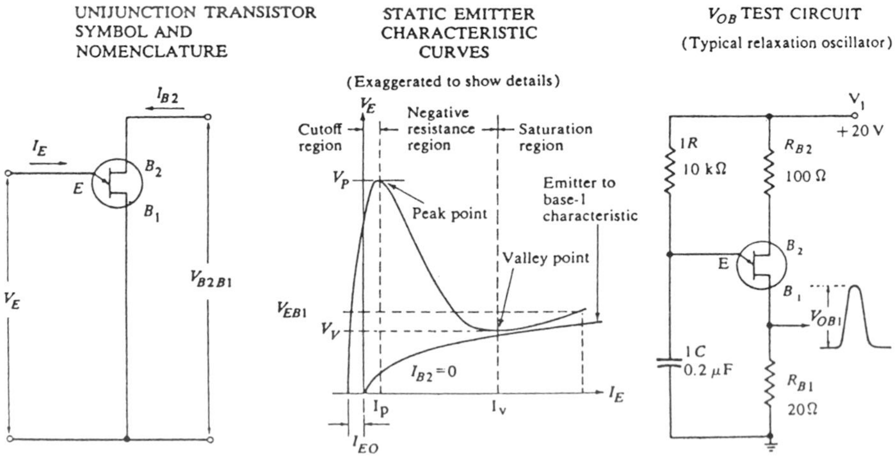

UNIJUNCTION TRANSISTOR SYMBOL AND NOMENCLATURE

STATIC EMITTER CHARACTERISTIC CURVES

(Exaggerated to show details)

V_{OB} TEST CIRCUIT

(Typical relaxation oscillator)

Unijunction transistor characteristics (continued).

2N2646, 2N2647 *(continued)*

ELECTRICAL CHARACTERISTICS (T_A = 25°C unless otherwise noted)

Characteristics		Symbol	Min	Typ	Max	Unit
Intrinsic Standoff Ratio (V_{B2B1} = 10 V) (Note 1)	 2N2646 2N2647	η	 0.56 0.68	 — —	 0.75 0.82	—
Interbase Resistance (V_{B2B1} = 3 V, I_E = 0)		R_{BB}	4.7	7.0	9.1	K ohms
Interbase Resistance Temperature Coefficient (V_{B2B1} = 3 V, I_E = 0, T_A = −55°C to +125°C)		αR_{BB}	0.1	—	0.9	%/°C
Emitter Saturation Voltage (V_{B2B1} = 10 V, I_E = 50 mA) (Note 2)		$V_{EB1(sat)}$	—	3.5	—	Volts
Modulated Interbase Current (V_{B2B1} = 10 V, I_E = 50 mA)		$I_{B2(mod)}$	—	15	—	mA
Emitter Reverse Current (V_{B2E} = 30 V, I_{B1} = 0)	2N2646 2N2647	I_{EO}	— —	0.005 0.005	12 0.2	μA
Peak Point Emitter Current (V_{B2B1} = 25 V)	2N2646 2N2647	I_P	— —	1.0 1.0	5.0 2.0	μA
Valley Point Current (V_{B2B1} = 20 V, R_{B2} = 100 ohms) (Note 2)	2N2646 2N2647	I_V	4.0 8.0	6.0 10	— 18	mA
Base-One Peak Pulse Voltage (Note 3, Figure 3)	2N2646 2N2647	V_{OB1}	3.0 6.0	5.0 7.0	— —	Volts

NOTES

1. Intrinsic standoff ratio, η is defined by equation:

$$\eta = \frac{V_P - V_{(EB1)}}{V_{B2B1}}$$

Where V_P = Peak Point Emitter Voltage
V_{B2B1} = Interbase Voltage
$V_{(EB1)}$ = Emitter to Base-One Junction Diode Drop (≈ 0.5 V @ 10 μA)

2. Use pulse techniques: PW ≈ 300 μs duty cycle ≤2% to avoid internal heating due to interbase modulation which may result in erroneous readings.

3. Base-One Peak Pulse Voltage is measured in circuit of Fig. 3. This specification is used to ensure minimum pulse amplitude for applications in SCR firing circuits and other types of pulse circuits.

Unijunction transistor characteristics (continued).

附錄三　SCR C106、C107、C108之特性規格

C106, C107, C108 Series

4-A Sensitive-Gate Silicon Controlled Rectifiers

For Power-Switching and Control Applications

The RCA C106, C107, and C108 series of sensitive-gate silicon controlled rectifiers are designed for switching ac and dc currents. These SCR's are divided into the three different series according to gate sensitivity. The types within each series differ in their voltage ratings; the voltage ratings are identified by suffix letters in the type designations.

These SCR's have microampere gate-current requirements which permit operation with low-level logic circuits. They can be used for lighting, power-switching, and motor-speed controls, and for gate-current amplification for driving larger SCR's.

All types in each series utilize the JEDEC-TO-202AB (RCA VERSATAB) plastic package.

MAXIMUM RATINGS, *Absolute-Maximum Values:*

	C160Q C107Q C108Q	C106Y C107Y C108Y	C106F C107F C108F	C106A C107A C108A	C106B C107B C108B	C106C C107C C108C	C106D C107D C108D	C106E C107E C108E	C106M C107M C108M	
V_{RSXM} R_{GK} = 1000 Ω, T_C = −40 to 110°C V_{DSXM} R_{GK} = 1000 Ω, T_C = −40 to 110°C	25	50	75	125	250	400	500	600	700	V
V_{RRXM} R_{GK} = 1000 Ω, T_C = −40 to 110°C V_{DRXM} R_{GK} = 1000 Ω, T_C = −40 to 110°C	15	30	50	100	200	300	400	500	600	V

	C106 Series	C107 Series	C108 Series	
$I_{T(AV)}$ (T_C = 45°C, θ = 180°)	2.2	2	3.3	A
$I_{T(RMS)}$ (T_C = 45°C, θ = 180°)	3.5	3.14	5	A
$I_{T(DC)}$ (T_C = 70°C)	2.6	2.4	4	A
I_{TSM}				
For one cycle of applied principal voltage, T_C = 45°C				
60 Hz (sinusoidal)	20	15	30	A
50 Hz (sinusoidal)	18.5	14	28	A
For more than one cycle of applied principal voltage		See Fig. 11		
I_{GM} (t = 10 μs)		0.2		A
V_{GRM}		6		V
di/dt				
V_{DM} = V_{DROM}, I_{GT} = 1 mA, t_r = 0.5 μs, T_C = 110°C		100		A/μs
I^2t [At T_C shown for $I_{T(RMS)}$]:				
t = 10 ms	1.77	1	4	A^2s
8.33 ms	1.67	0.94	3.75	A^2s
1 ms	0.82	0.46	1.85	A^2s
P_{GM} (For 10 μs max.)		0.5		W
$P_{G(AV)}$ (Averaging time = 10 ms max.)		0.1		W
T_{stg}		−40 to +150		°C
T_C		−40 to +110		°C
T_T (During soldering for 10 s max.		250		°C

Features:

- Microampere gate sensitivity
- 600-V capability
- 5-A (rms) on-state current ratings
- 30-A peak surge capability
- Glass-passivated chip for stability
- Low thermal resistances
- Surge capability curve
- Package and formed-lead options available

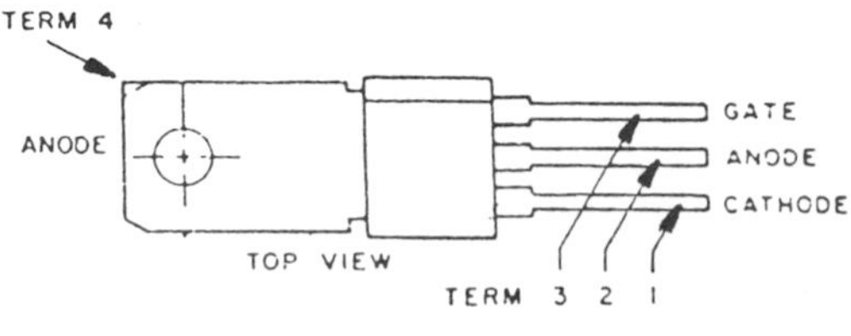

ELECTRICAL CHARACTERISTICS

CHARACTERISTIC	LIMITS FOR ALL TYPES UNLESS OTHERWISE SPECIFIED			UNITS
	Min.	Typ.	Max.	
I_{DRXM} or I_{RRXM}: $V_D = V_{DRXM}$ or $V_R = V_{RRXM}$, $R_{GK} = 1000\ \Omega$				
$T_C = 25^oC$	–	0.1	10	μA
$T_C = 110^oC$	–	10	100	μA
v_T: For $i_T = 4$ A and $T_C = 25^oC$ (See Fig. 13) C106 Series	–	1.25	2.2	V
C107 Series	–	–	2.5	V
For $i_T = 5$ A and $T_C = 25^oC$ (See Fig. 13) C108 Series	–	–	1.35	V
i_{HX}: $R_{GK}=1000\ \Omega$, $V_D=12$ V, $I_{T(INITIAL)}=50$ mA, $T_C=25^oC$: All Series	–	1.7	3	mA
I_{LX}: $R_{GK} = 1000\ \Omega$, $V_D = 12$ V, $T_C = 25^oC$:				
C106, C108 Series ($I_{GT} = 200\ \mu A$)	–	1.8	4	mA
C107 Series ($I_{GT} = 500\ \mu A$)	–	–	4	mA
dv/dt: $V_D=V_{DRXM}$, $R_{GK}=1000\ \Omega$, Exponential rise, $T_C=110^oC$	–	8	–	V/μs
I_{GT}: $V_D=12$ V dc, $R_L=30\ \Omega$, $T_C=25^oC$:				
C106, C108 Series	–	30	200	μA
C107 Series	–	–	500	μA
For other case temperatures	See Figs. 18,19			
V_{GT}: $V_D = 12$ V dc, $R_L = 30\ \Omega$, $T_C = 25^oC$	–	0.5	0.8	V
For other case temperatures	See Fig. 20			
t_{gt}: $V_D = V_{DRXM}$, $i_T = 1$ A, $R_{GK} = 1000\ \Omega$, $I_{GT} = 1$ mA, Rise Time = 0.1 μs, $T_C = 25^oC$	–	1.7	2.5	μs
t_q: $V_D = V_{DRXM}$, $i_T = 1$ A, $R_{GK} = 1000\ \Omega$, Pulse Duration = 50 μs, dv/dt = 5 V/μs, di/dt = −10 A/μs, $I_{GT} = 1$ mA at turn-on, $T_C = 110^oC$	–	30	100	μs
$R_{\theta JC}$	–	–	8	$^oC/W$
$R_{\theta JA}$	–	–	60	$^oC/W$

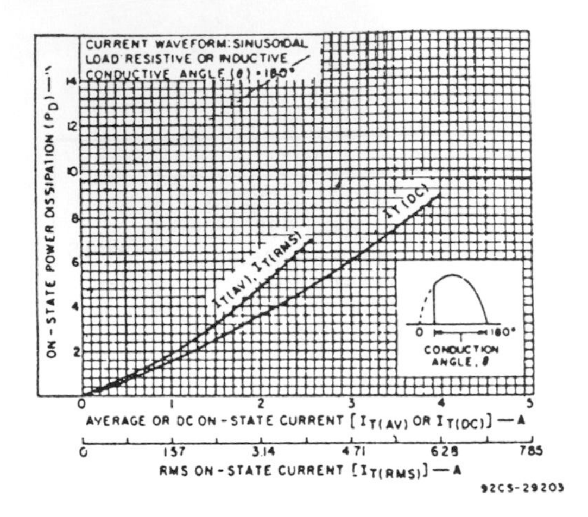

Fig. 1 — Power dissipation as a function of average dc, or rms on-state current for C106 series.

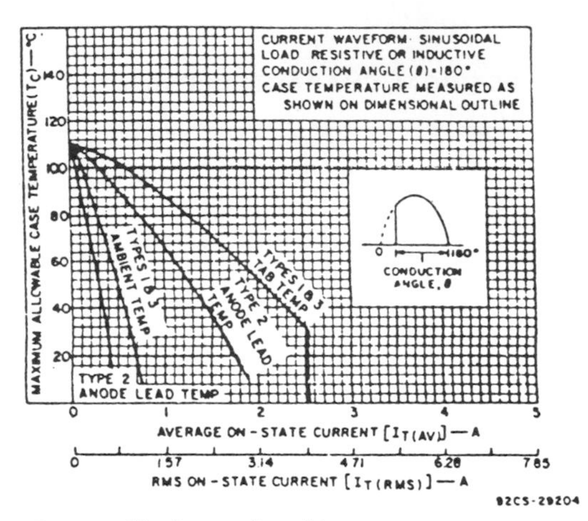

Fig. 2 — Maximum allowable case temperature as a function of average or rms on-state current for C106 series.

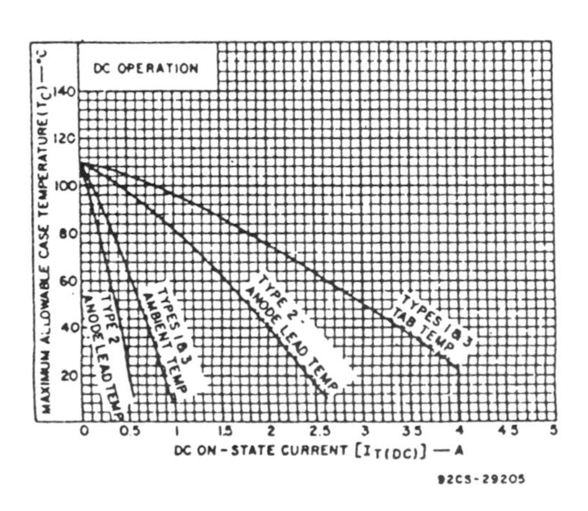

Fig. 3 — Maximum allowable case temperature as a function of dc on-state current for C106 series.

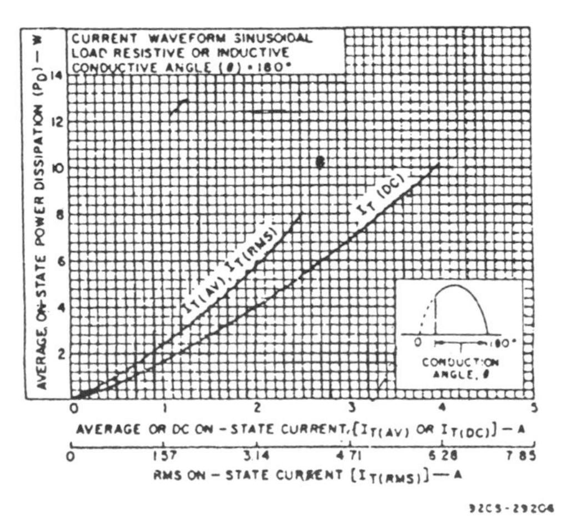

Fig. 4 — Power dissipation as a function of average, dc, or rms on-state current for C107 series.

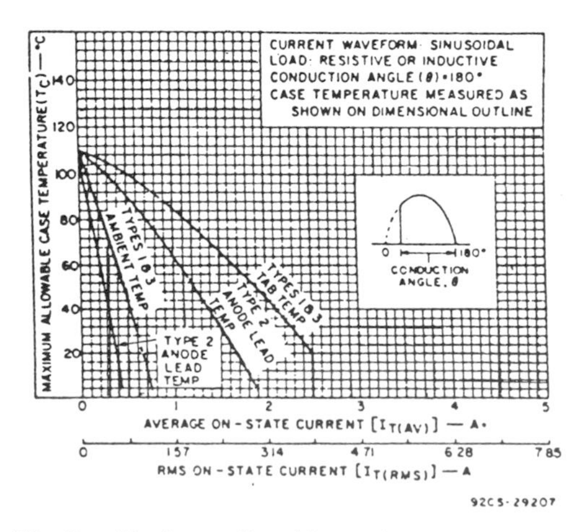

Fig. 5 — Maximum allowable case temperature as a function of average or rms on-state current for C107 series.

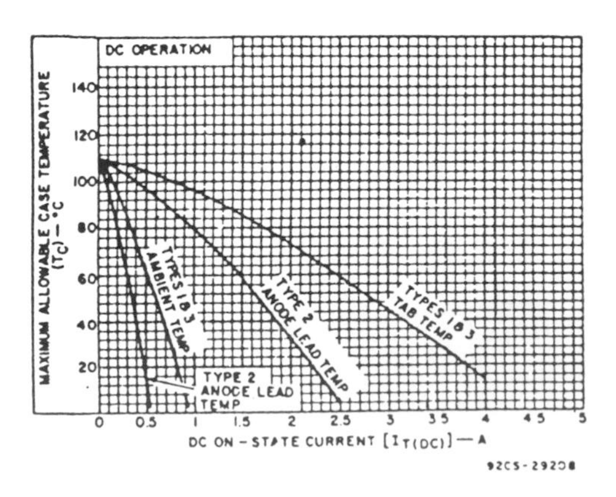

Fig. 6 — Maximum allowable case temperature as a function of dc on-state current for C107 series.

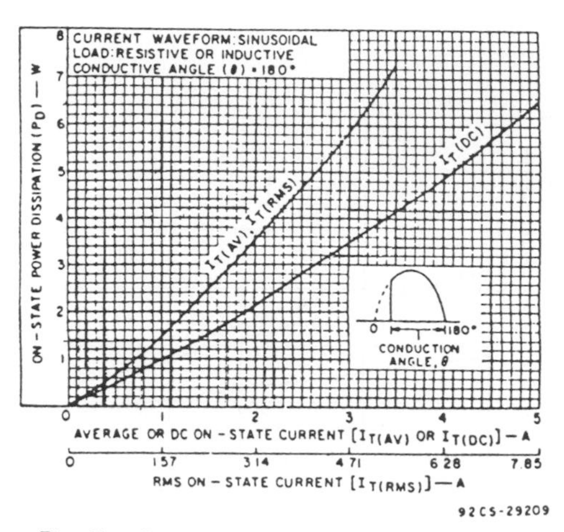

Fig. 7 — Power dissipation as a function of average, dc, or rms on-state current for C108 series.

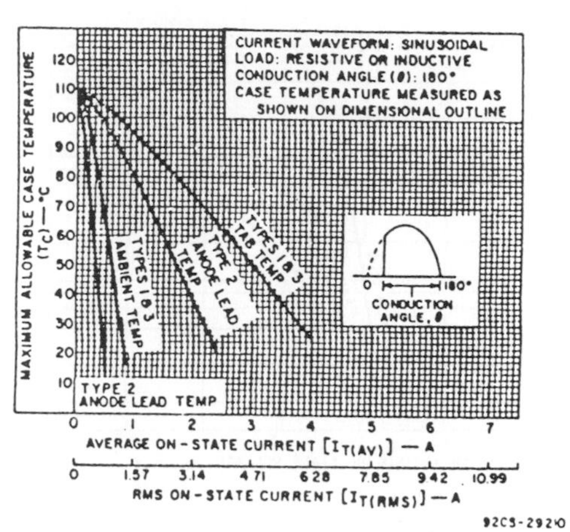

Fig. 8 — Maximum allowable case temperature as a function of average or rms on-state current for C108 series.

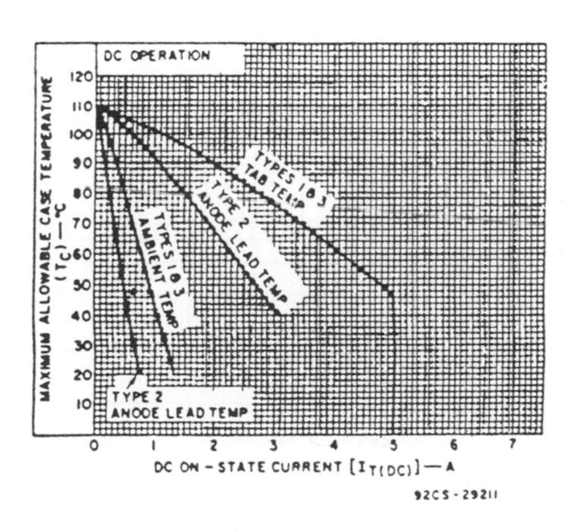

Fig. 9 — Maximum allowable case temperature as a function of dc on-state current for C108 series.

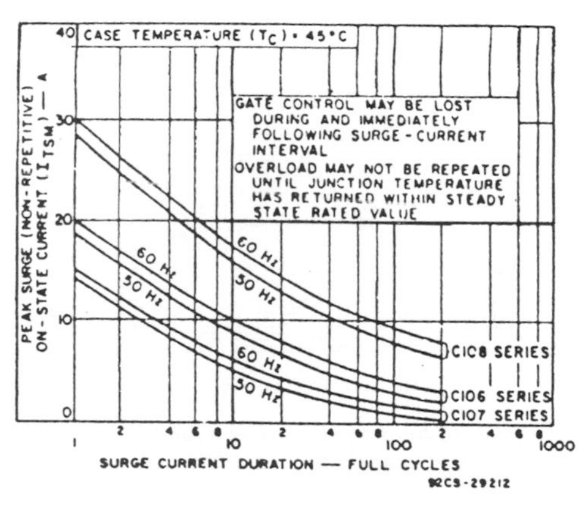

Fig. 10 — Peak surge on-state current as a function of surge current duration.

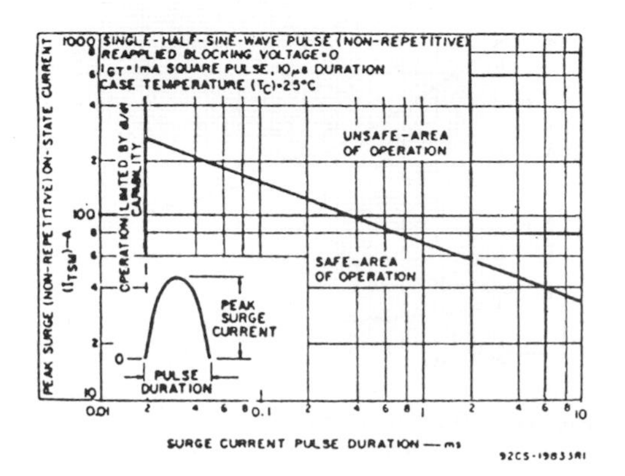

Fig. 11 — Surge capability without reapplied blocking voltage for all series.

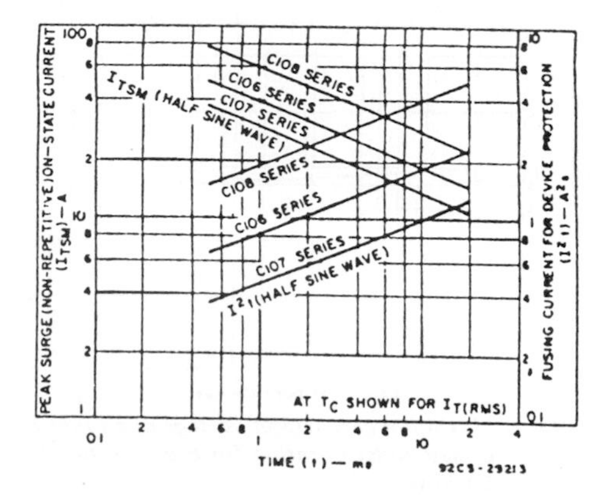

Fig. 12 — Peak surge on-state current and fusing current as a function of time.

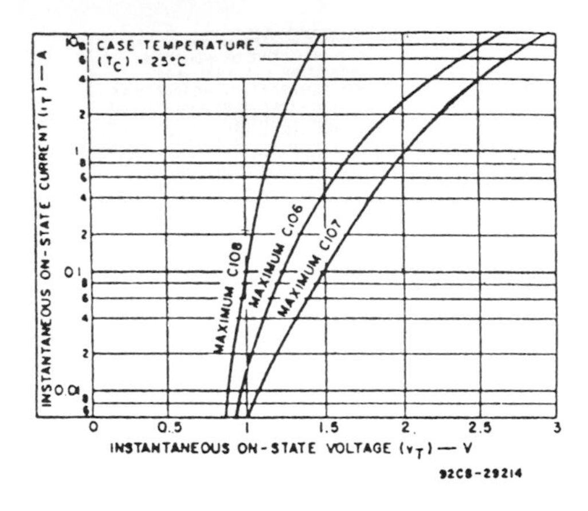

Fig. 13 — Maximum instantaneous on-state current as a function of on-state voltage.

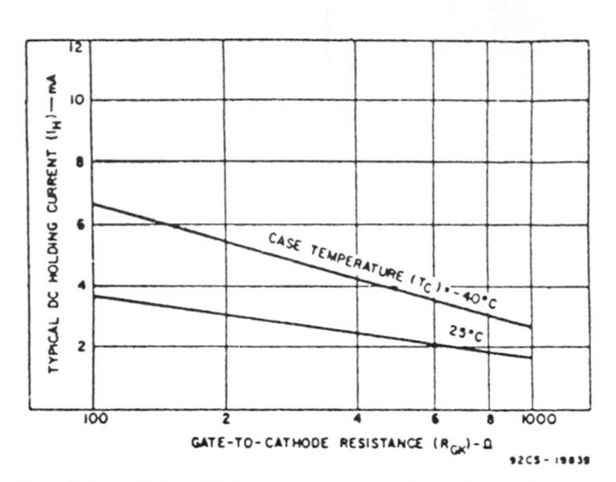

Fig. 14 — DC holding current as a function of gate-cathode resistance for the C106 series.

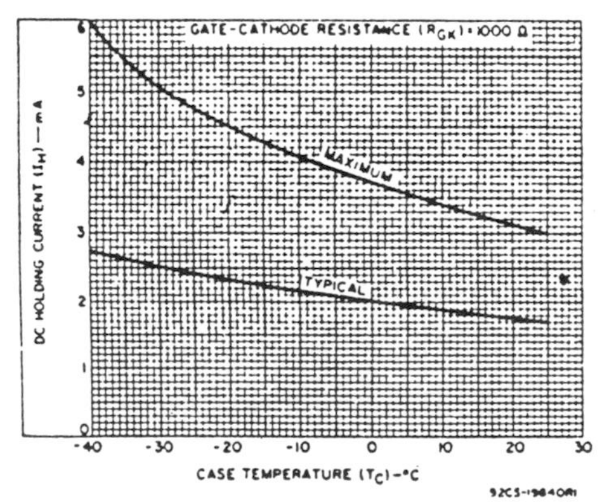

Fig. 15 — DC holding current as a function of case temperature for the C106 series.

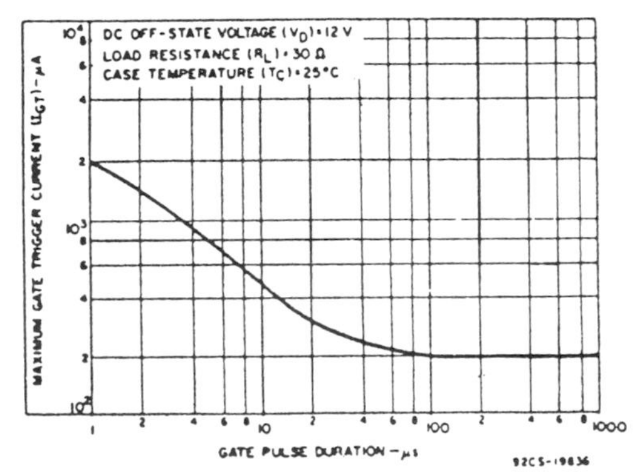

Fig. 16 — Maximum gate trigger current as a function of pulse duration for types in the C106 series.

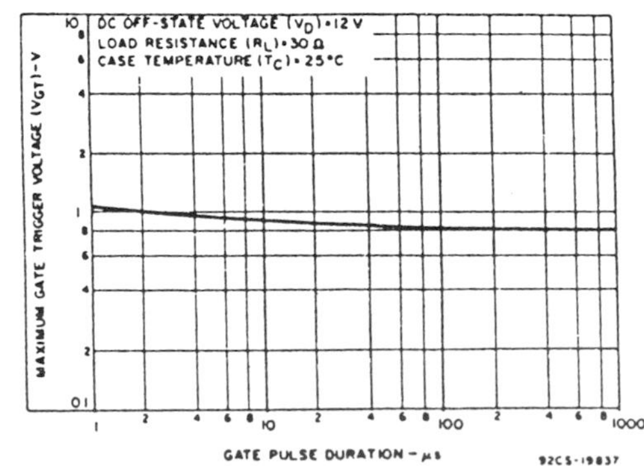

Fig. 17 — Maximum gate trigger voltage as a function of gate pulse duration for types in the C106 series.

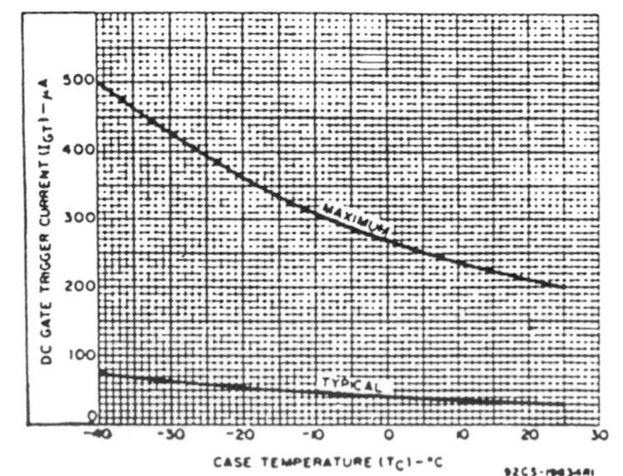

Fig. 18 — DC gate trigger current as a function of case temperature for C106 and C108 series.

附錄四　DIAC之特性

一、　DIAC 45411和45412的特性

Solid State
Division

Thyristors

45411
45412

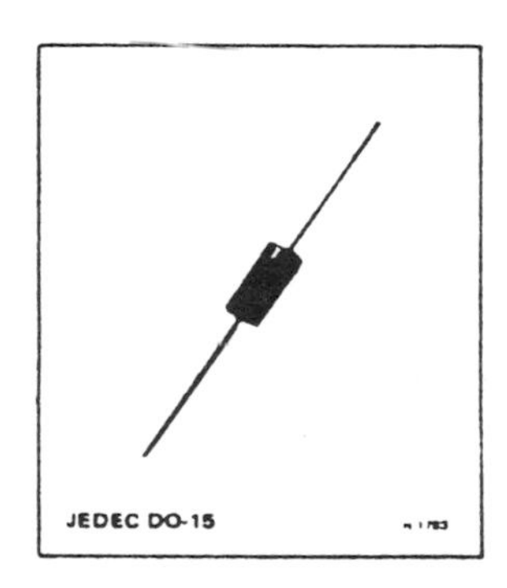

Silicon Bidirectional Diacs

Plastic-Packaged Two-Terminal Trigger Devices for Applications in Military, Industrial, and Commercial Equipment

Features:

- For critical triggering applications requiring narrow breakover voltage range (29-35V)—45411
- Typical breakover voltage: $V_{(BO)}$ = 32 V
- Low breakover current (at breakover voltage): $I_{(BO)}$ = 25 μA max.
- High peak pulse current capability
- Breakover voltage symmetry: $|+V_{(BO)}|-|-V_{(BO)}|$ = ±3 V max.

RCA-45411 and 45412 are all-diffused, three-layer, two-terminal devices in an axial-lead plastic package designed specifically for, triggering thyristors. Both units exhibit bidirectional negative-resistance characteristics.

These diacs are intended for use in thyristor phase-control circuits for lamp-dimming, universal-motor speed control, and heat controls. Their small size and plastic package of high insulation resistance make these diacs especially suitable for applications in which high packing densities are employed.

MAXIMUM RATINGS, *Absolute-Maximum Values:*

DEVICE DISSIPATION:
At case temperature up to 40°C . . . . 1 W
At case temperatures above 40°C . . . Derate 0.016 W/°C

TEMPERATURE RANGE:
Storage . . . . −40 to +150 °C
Operating (Junction) . . . . −40 to +100 °C

LEAD TEMPERATURE (During Soldering)
At distance ≥ 1/16 in. (1.59 mm) from case
for 10 s max. . . . . 240 °C

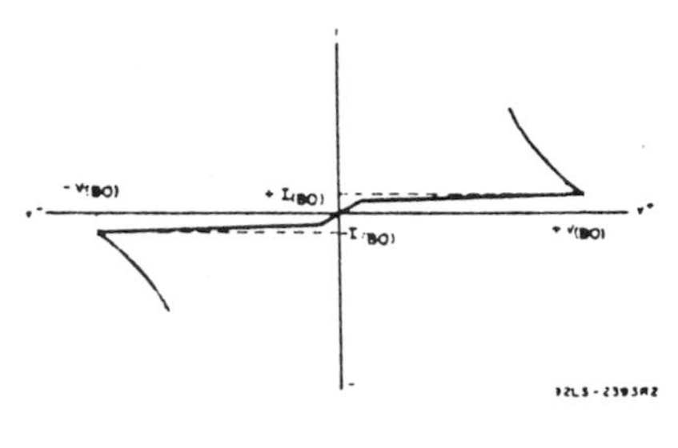

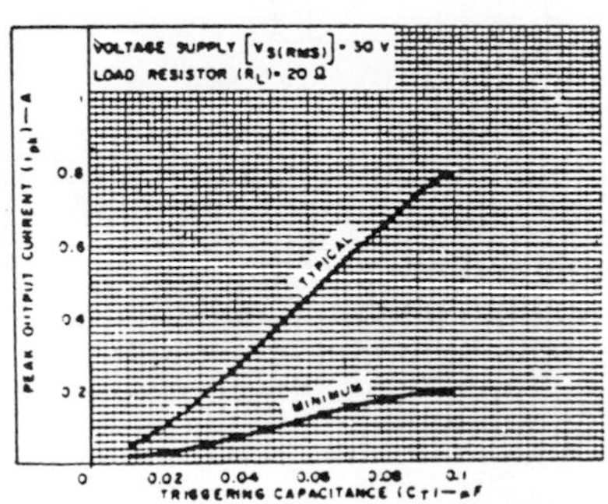

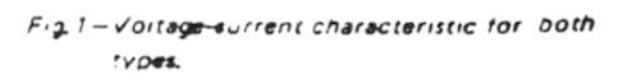

Fig.1 — Voltage-current characteristic for both types.

Fig.2 — Peak output current vs. triggering capacitance.

ELECTRICAL CHARACTERISTICS: At Case Temperature (T_C) = 25°C

CHARACTERISTIC	SYMBOL	TEST CONDITIONS	LIMITS				UNITS
			45411		45412		
			MIN.	MAX.	MIN.	MAX.	
Breakover Voltage (Forward or Reverse)	$V_{(BO)}$		29	35	25	40	V
Breakover Voltage Symmetry	$\lvert +V_{(BO)}\rvert - \lvert -V_{(BO)}\rvert$		–	±3	–	±3	V
Peak Output Current (See Figs. 2, 3, & 5.)	i_{pk}	V_{SUPPLY} = 30 V_{RMS}, C_T = 0.1 μF, R_L = 20 Ω	190	–	190	–	mA
Peak Breakover Current	$I_{(BO)}$	At breakover voltage	–	25	–	25	μA
Dynamic Breakback Voltage	$\lvert \Delta V\pm \rvert$	V_{SUPPLY} = 30 V_{RMS}, C_T = 0.1 μF, R_L = 20 Ω	9	–	9	–	V
Thermal Impedance Junction-to-ambient	$I_{\theta JA}$		–	60	–	60	°C/W

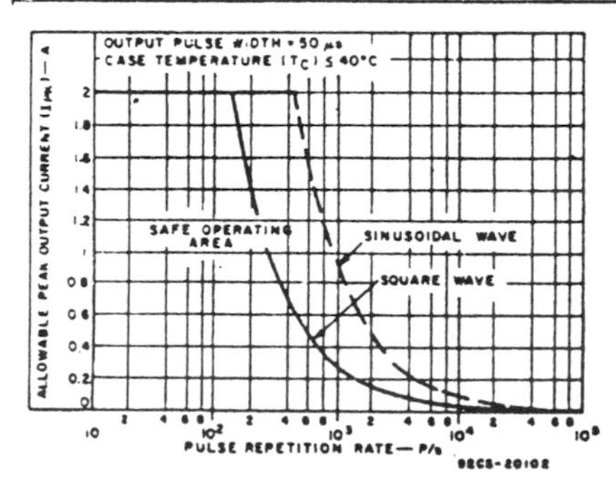

Fig.3—Peak output-current derating curves.

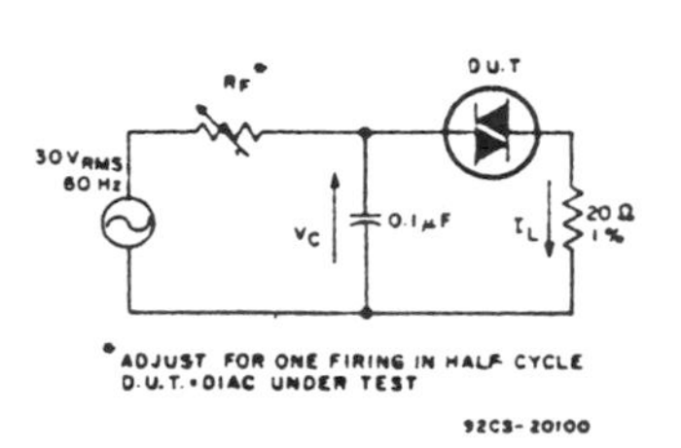

Fig.4—Circuit used to measure diac characteristics.

Fig.5—Test circuit waveforms (see Fig.4).

DIMENSIONAL OUTLINE FOR TYPES
45411 & 45412
JEDEC DO-15

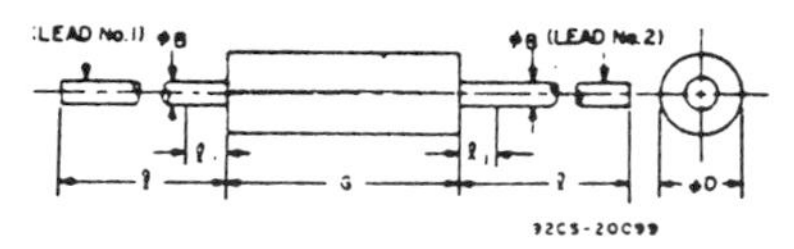

92CS-20C99

Lead 1 or 2 – Positive or Negative Terminal

SYMBOL	INCHES		MILLIMETERS	
	MIN	MAX	MIN	MAX
φb	0.027	0.035	0.686	0.889
φD	0.104	0.140	2.64	3.56
G	0.230	0.300	5.84	7.62
ℓ	1.000		25.40	-
ℓ₁*		0.050		1.27

*Within this zone the diameter may vary to allow for lead finishes and irregularities.

二、 TRIAC 4084的特性

BTA20 (T2800) Series

6-A Silicon Triacs

Three-Lead Plastic Types for
Power-Control and Power-Switching Applications

Features
- *80-A peak surge full-cycle current ratings*
- *Shorted-emitter center-gate design*
- *Low switching losses*
- *Low thermal resistance*
- *Package design facilitates mounting on a printed-circuit board*

The RCA BTA20-series triacs are gate-controlled full-wave silicon switches utilizing a plastic case with three leads to facilitate mounting on printed-circuit boards. They are intended for the control of ac loads in such applications as motor controls, light dimmers, heating controls, and power-switching systems.

These devices are designed to switch from an off-state to an on-state for either polarity of applied voltage with positive or negative gate-triggering voltages. They have an on-state current rating of 6 amperes at a T_C of 80° C and repetitive off-state voltage ratings of 300, 400, and 500 volts.

These devices are characterized for I+, III− gate-triggering modes only and should suit a wide range of applications that employ diac or anode on/off triggering.

All these types are supplied in the JEDEC TO-220AB VERSAWATT plastic package. The plastic package design provides not only ease of mounting but also low thermal impedance, which allows operation at high case temperatures and permits reduced heat-sink size.

TERMINAL DESIGNATIONS

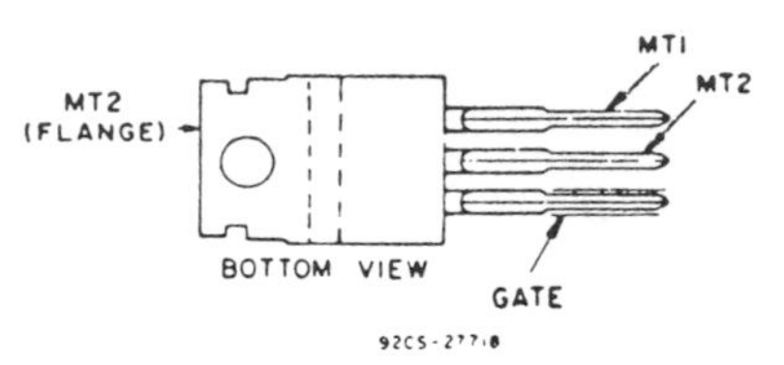

JEDEC TO-220AB

(See dimensional outline "S".)

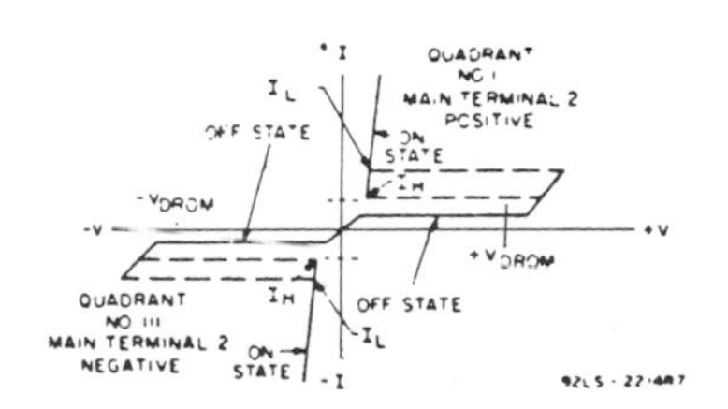

Fig. 1 - Principal voltage-current characteristic.

MAXIMUM RATINGS, *Absolute-Maximum Values:*
For Operation with Sinusoidal Supply Voltage at Frequencies up to 50/60 Hz and with Resistive or Inductive Load.

	BTA20C	BTA20D	BTA20E	
V_{DROM}•, Gate open, T_J=−65 to 100°C	300	400	500	V
$I_{T(RMS)}$, T_C=80°C, θ=360°		6		A
For other conditions		See Fig. 3		
I_{TSM}				
For one cycle of applied principal voltage				
60 Hz (sinusoidal), T_C=80°C		80		A
50 Hz (sinusoidal), T_C=80°C		75		A
For more than one cycle of applied principal voltage		See Fig. 4		
di/dt				
V_D=V_{DROM}, I_{GT}=200 mA, t_r=0.1 μs		70		A/μs
I^2t (See Fig. 10)				
t=20 ms		40		A^2s
t=16.67 ms		38		A^2s
t=2.5 ms		20		A^2s
t=0.5 ms		11		A^2s
I_{GTM}■				
For 1 μs max., See Fig. 5		4		A
P_{GM} (For 1 μs max., I_{GTM} ≤ 4 A, See Fig. 5		16		W
$P_{G(AV)}$		0.35		W
T_{stg}‡		−65 to 150		°C
T_C‡		−65 to 100		°C
T_T (During Soldering):				
For 10 s max. (terminals and case)		225		°C

•For either polarity of main terminal 2 voltage (V_{MT2}) with reference to main terminal 1.
■For either polarity of gate voltage (V_G) with reference to main terminal 1.
‡For temperature measurement reference point, see Dimensional Outline.

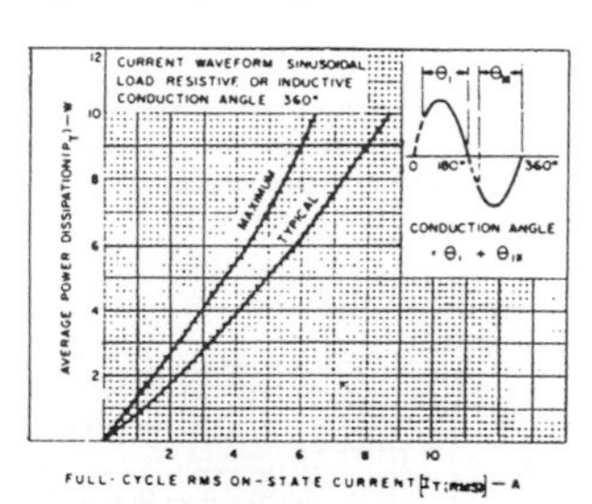

Fig. 2 - Power dissipation vs. on-state current.

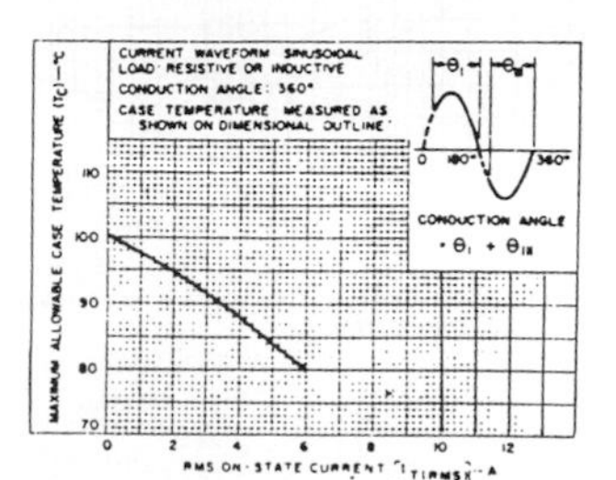

Fig. 3 - Allowable case temperature vs. on-state current.

BTA20 (T2800) Series

CHARACTERISTIC	LIMITS For All Types Except as Specified			UNITS
	MIN.	TYP.	MAX.	
I_{DROM}• Gate open, T_J=100°C, V_{DROM}=Max rated value..	—	0.1	2	mA
V_{TM}• i_T=30 A (peak), T_C=25°C (See Fig 6)	—	2	3	V
I_{HO}• Gate open, Initial principal current=150 mA (dc) v_D=12 V, T_C=25°C	—	100	—	mA
For other case temperatures		See Fig. 7		
dv/dt (Commutating)• v_D=V_{DROM}, $I_{T(RMS)}$=6 A, commutating di/dt=3.2 A/ms, gate unenergized, T_C=80°C	2	10	—	V/μs
dv/dt• v_D=V_{DROM}, exponential voltage rise, gate open, T_C=100°C: BTA20C	40	275	—	V/μs
BTA20D	30	250	—	V/μs
BTA20E	20	225	—	V/μs
I_{GT}•■ Mode V_{MT2} V_G; v_D=12 V (dc), R_L=12 Ω, T_C=25°C: I^+ positive positive...	—	25	80	mA
III^- negative negative...	—	25	80	mA
For other case temperatures		See Fig. 9		
V_{GT}•■ v_D=12 V (dc), R_L=12 Ω, T_C=25°C	—	1.5	4	V
For other case temperatures		See Fig. 11		
v_D=V_{DROM}, R_L=125 Ω, T_C=100°C..............	0.2	—	—	V
t_{gt} For v_D=V_{DROM}, I_{GT}=80 mA, t_r=0.1 μs, i_T=10 A (peak), T_C=25°C	—	2.2	—	μs
$R_{\theta JC}$	—	—	2.2	°C/W
$R_{\theta JA}$	—	—	60	°C/W

•For either polarity of main terminal 2 voltage (V_{MT2}) with reference to main terminal 1.
■For either polarity of gate voltage (V_G) with reference to main terminal 1.

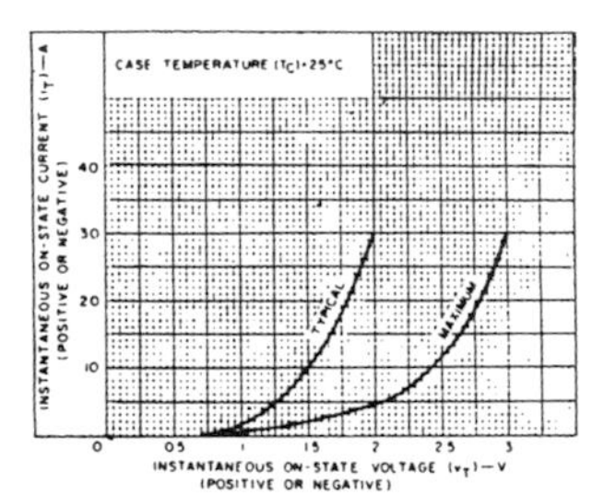

Fig. 6 - On-state current vs. on-state voltage.

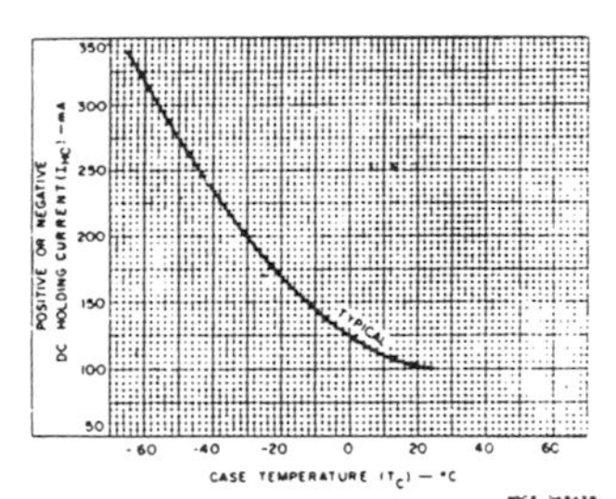

Fig. 7 - DC holding current vs. case temperature.

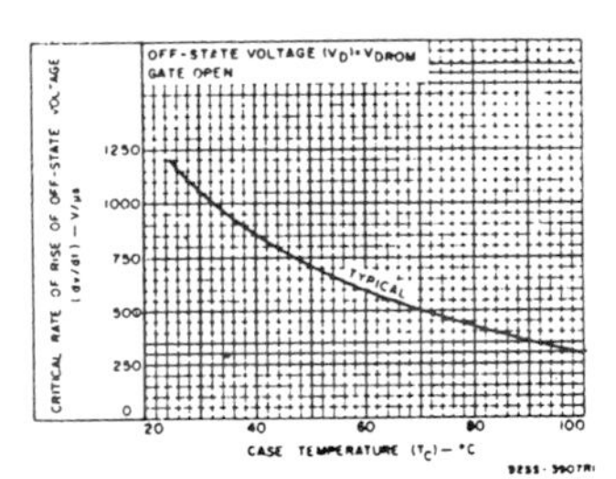

Fig. 8 Critical rate-of-rise of off-state voltage vs. case temperature.

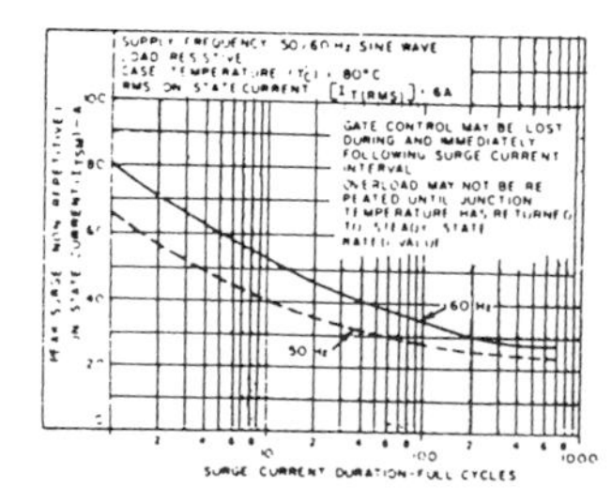

Fig. 4 - Peak surge on-state current vs. surge current duration.

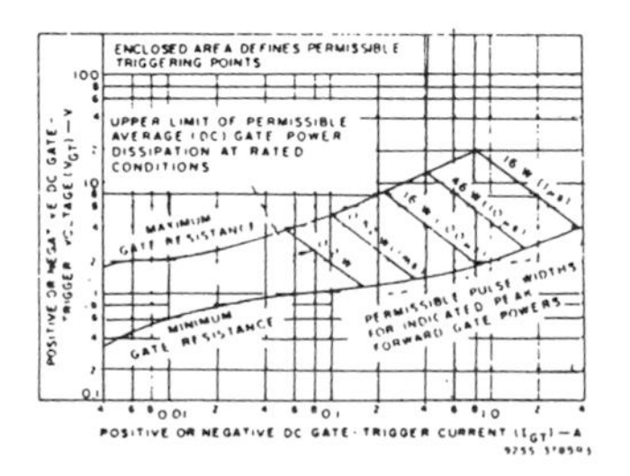

Fig. 5 - Gate pulse characteristics for all triggering modes.

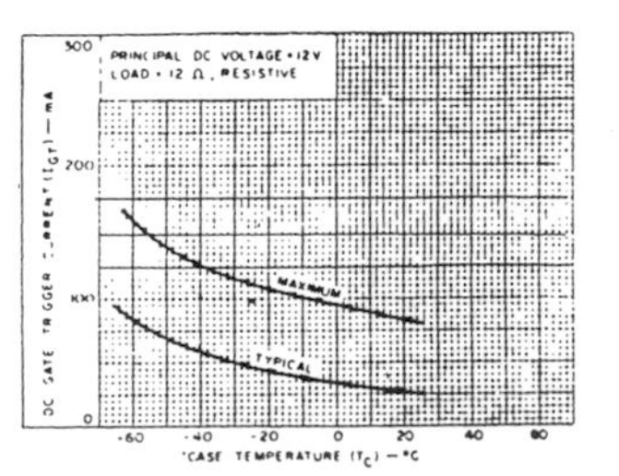

Fig. 9 - DC gate-trigger current (for I^+ and III^- triggering modes) vs. case temperature.

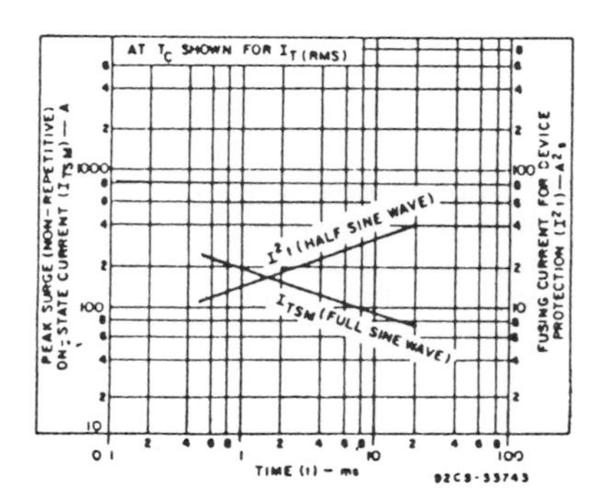

Fig. 10 - Peak surge on-state current and fusing current vs. time.

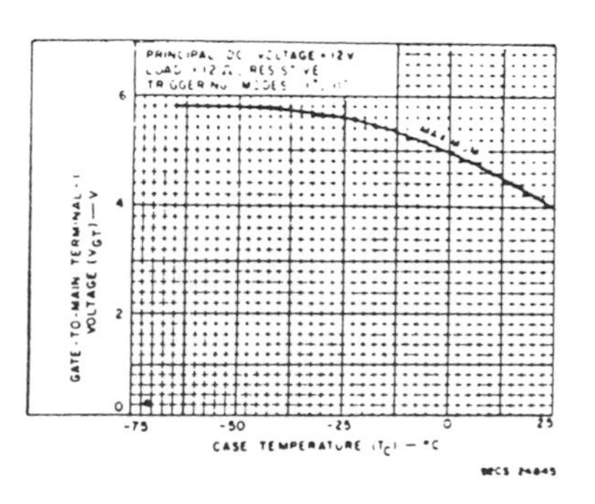

Fig. 11 - DC gate-trigger voltage vs. case temperature.

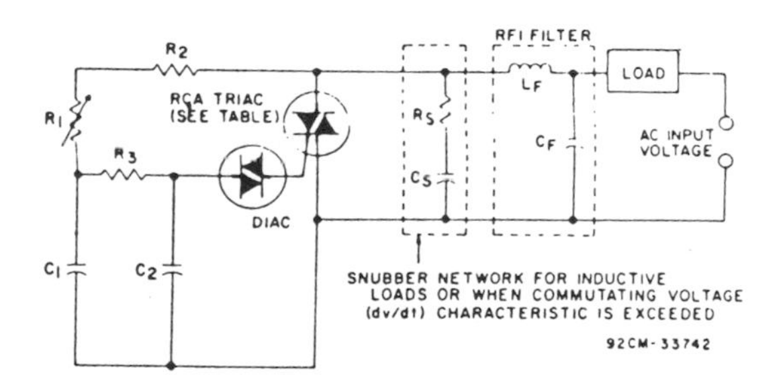

AC INPUT VOLTAGE		120 V 60 Hz	240 V 60 Hz	240 V 50 Hz
C_1		0.1 μF 200 V	0.1 μF 400 V	0.1 μF 400 V
C_2		0.1 μF 100 V	0.1 μF 100 V	0.1 μF 100 V
R_1		100 kΩ ½ W	200 kΩ ½ W	250 kΩ ½ W
R_2		2.2 kΩ ½ W	3.3 kΩ ½ W	3.3 kΩ ½ W
R_3		15 kΩ ½ W	15 kΩ ½ W	15 kΩ ½ W
SNUBBER NETWORK FOR 6 A (RMS)* INDUCTIVE LOAD	C_S	0.068 μF 200 V	0.1 μF 400 V	0.1 μF 400 V
	R_S	1.2 kΩ ½ W	1 kΩ ½ W	1 kΩ ½ W
RFI FILTER	C_F*	0.1 μF 200 V	0.1 μF 400 V	0.1 μF 400 V
	L_F*	100 μH	200 μH	200 μH
RCA TRIACS		BTA20C	BTA20D BTA20E	BTA20D BTA20E

*For other RMS current values refer to RCA Application Note AN-4745.
*Typical values for lamp dimming circuits.

Fig. 12 - Typical phase-control circuit for lamp dimming, heat control, and universal-motor speed control.

附錄五 PUT 2N6027 2N6028之特性

The General Electric PUT is a three-terminal planar passivated PNPN device in the standard plastic low cost TO-98 package. The terminals are designated as anode, anode gate and cathode.

The 2N6027 and 2N6028 have been characterized as Programmable Unijunction Transistors (PUT), offering many advantages over conventional unijunction transistors. The designer can select R_1 and R_2 to program unijunction characteristics such as η, R_{BB}, I_P and I_V to meet his particular needs.

The 2N6028 is specifically characterized for long interval timers and other applications requiring low leakage and low peak point current. The 2N6027 has been characterized for general use where the low peak point current of the 2N6028 is not essential. Applications of the 2N6027 include timers, high gain phase control circuits and relaxation oscillators.

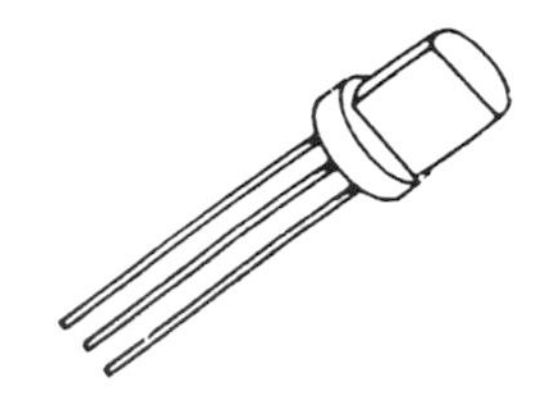

10 Outstanding Features of the PUT:

1. Planar Passivated Structure
2. Low Leakage Current
3. Low Peak Point Current
4. Low Forward Voltage
5. Fast, High Energy Trig.
6. Programmable η
7. Programmable R_{BB}
8. Programmable I_P
9. Programmable I_V
10. Low Cost

Applications:

- SCR Trigger
- Pulse and Timing Circuits
- Oscillators
- Sensing Circuits
- Sweep Circuits

SYMBOL	INCHES		MILLIMETERS	
	MIN	MAX.	MIN.	MAX.
A	.170	.265	4.32	6.73
ϕb_2	.016	.019	.406	.483
ϕD	.165	.205	4.19	5.21
E	.110	.155	2.79	3.94
e	.095	.105	2.41	2.67
e_1	.045	.055	1.14	1.40
L	.500		12.70	
Q_2		.075		1.90
s	.080	.115	2.03	2.92

NOTE 1: LEAD DIAMETER IS CONTROLLED IN THE ZONE BETWEEN .070 AND .250 FROM THE SEATING PLANE. BETWEEN .250 AND END OF LEAD A MAX OF .021 IS HELD.

Operation of the PUT as a unijunction is easily understood. Figure 1(a) shows a basic unijunction circuit. Figure 2(a) shows identically the same circuit except that the unijunction transistor is replaced by the PUT plus resistors R_1 and R_2. Comparing the equivalent circuits of Figure 1(b) and 2(b), it is seen that both circuits have a diode connected to a voltage divider. When this diode becomes forward biased in the unijunction transistor, R_1 becomes strongly modulated to a lower resistance value. This generates a negative resistance characteristic between the emitter E and base one (B_1). For the PUT, the resistors R_1 and R_2 control the voltage at which the diode (anode to gate) becomes forward biased. After the diode conducts, the regeneration inherent in a PNPN device causes the PUT to switch on. This generates a negative resistance characteristic from anode to cathode (Figure 2(b)) simulating the modulation of R_1 for a conventional unijunction.

Resistors R_{B2} and R_{B1} (Figure 1(a)) are generally unnecessary when the PUT replaces a conventional UJT. This is illustrated in Figure 2(c). Resistor R_{B1} is often used to bypass the interbase current of the unijunction which would otherwise trigger the SCR. Since R_1 in the case of the PUT, can be returned directly to ground there is not current to bypass at the SCR gate. Resistor R_{B2} is used for temperature compensation and for limiting the dissipation in the UJT during capacitor discharge. Since R_2 (Figure 2) is *not* modulated, R_{B2} can be absorbed into it.

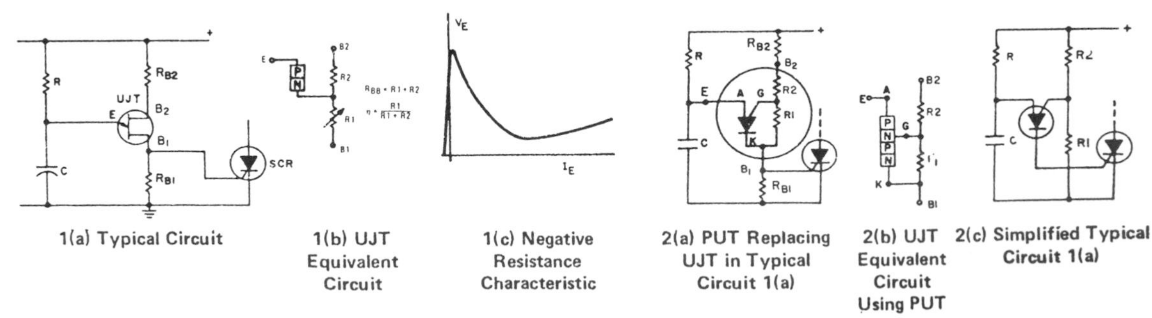

1(a) Typical Circuit　1(b) UJT Equivalent Circuit　1(c) Negative Resistance Characteristic

Figure 1 Unijunction Transistor

2(a) PUT Replacing UJT in Typical Circuit 1(a)　2(b) UJT Equivalent Circuit Using PUT　2(c) Simplified Typical Circuit 1(a)

Figure 2 PUT Equivalent of UJT

2N6027,8

absolute .... num ratings: (25°C)

Voltage	
*Gate-Cathode Forward Voltage	+40 V
*Gate-Cathode Reverse Voltage	−5 V
*Gate-Anode Reverse Voltage	+40 V
*Anode-Cathode Voltage	±40 V
Current	
*DC Anode Current†	150 mA
Peak Anode, Recurrent Forward	
(100 μsec pulse width, 1% duty cycle)	1 A
*(20 μsec pulse width, 1% duty cycle)	2 A
Peak Anode, Non-recurrent Forward	
(10 μsec)	5 A
*Gate Current	±20 mA
Capacitive Discharge Energy††	250 μJ
Power	
*Total Average Power†	300 mW
Temperature	
*Operating Ambient† Temperature Range	−50°C to +100°C

†Derate currents and powers 1%/°C above 25°C

††E = ½ CV² capacitor discharge energy with no current limiting

Figure 3

electrical characteristics: (25°C) (unless otherwise specified)

		Fig. No.	2N6027 (D13T1) Min.	2N6027 (D13T1) Max.	2N6028 (D13T2) Min.	2N6028 (D13T2) Max.
***Peak Current** (V_s = 10 Volts)	I_P	3				
(R_G = 1 Meg)				2		.15 μA
(R_G = 10 k)				5		1.0 μA
***Offset Voltage** (V_s = 10 Volts)	V_T	3				
(R_G = 1 Meg)			.2	1.6	.2	.6 Volts
(R_G = 10 k)			.2	.6	.2	.6 Volts
***Valley Current** (V_s = 10 Volts)	I_V	3				
(R_G = 1 Meg)				50		25 μA
(R_G = 10 k)			70		25	μA
(R_G = 200 Ω)			1.5		1.0	mA
Anode Gate-Anode Leakage Current						
*(V_s = 40 Volts, T = 25°C)	I_{GAO}	4		10		10 nA
(T = 75°C)				100		100 nA
Gate to Cathode Leakage Current						
(V_s = 40 Volts, Anode-cathode short)	I_{GKS}	5		100		100 nA
***Forward Voltage** (I_F = 50 mA)	V_F			1.5		1.5 Volts
***Pulse Output Voltage**	V_O	6	6		6	Volts
Pulse Voltage Rate of Rise	tr	6		80		80 nsecs.

Figure 4

Figure 5

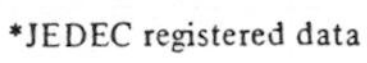

*JEDEC registered data

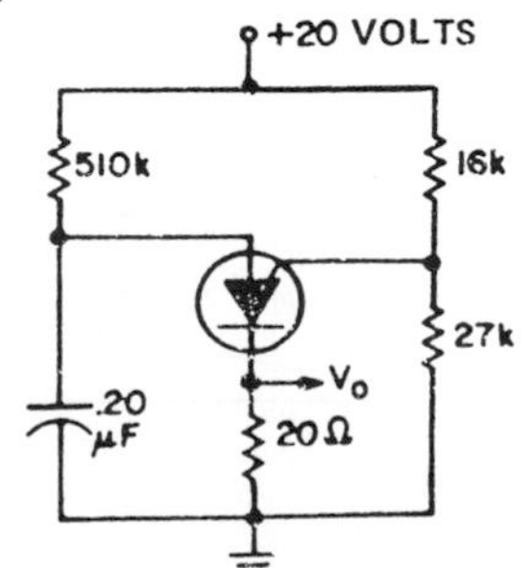

Figure 6

2N6027,8

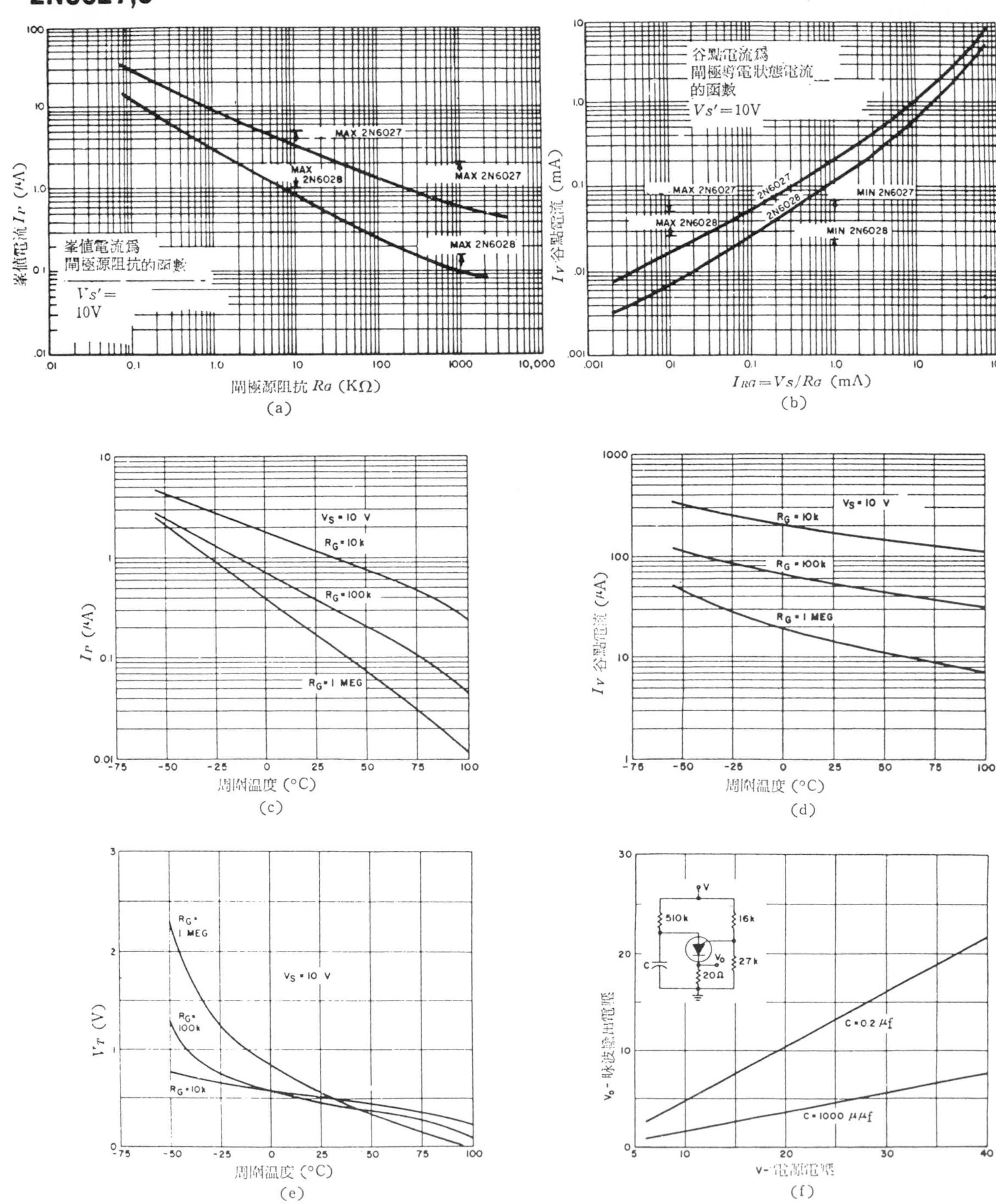
MAX 2N6027
MAX 2N6028
MAX 2N6027
MAX 2N6028
峯值電流 I_P (μA)
峯值電流爲閘極源阻抗的函數
V_S' = 10V
閘極源阻抗 R_G (KΩ)
(a)
谷點電流爲閘極導電狀態電流的函數
V_S' = 10V
MAX 2N6027
MAX 2N6028
MIN 2N6027
MIN 2N6028
I_V 谷點電流 (mA)
$I_{RG} = V_S/R_G$ (mA)
(b)
V_S = 10 V
R_G = 10k
R_G = 100k
R_G = 1 MEG
I_P (μA)
周圍溫度 (°C)
(c)
V_S = 10 V
R_G = 10k
R_G = 100k
R_G = 1 MEG
I_V 谷點電流 (μA)
周圍溫度 (°C)
(d)
R_G = 1 MEG
R_G = 100k
R_G = 10k
V_S = 10 V
V_T (V)
周圍溫度 (°C)
(e)
V
510k
16k
27k
20Ω
C
V_0
C = 0.2 μf
C = 1000 μμf
V_0 - 脈波輸出電壓
V - 電源電壓
(f)

APPLICATIONS

TYPICAL UNIJUNCTION CIRCUIT CONFIGURATIONS

Here are four ways to use the PUT as a unijunction. Note the flexibility due to "programmability." Applications from long time interval latching timers to wide range relaxation oscillators are possible.

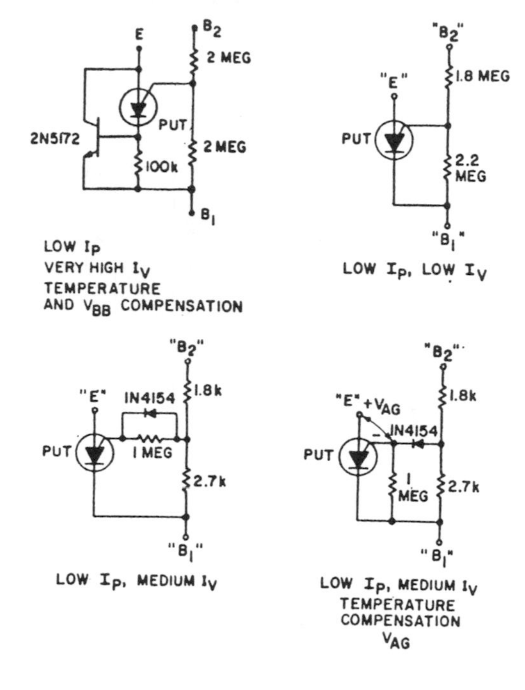

HOUR TIME DELAY SAMPLING CIRCUIT

This sampling circuit lowers the effective peak current of the output PUT, Q2. By allowing the capacitor to charge with high gate voltage and periodically lowering gate voltage, when Q1 fires, the timing resistor can be a value which supplies a much lower current than I_P. The triggering requirement here is that minimum charge to trigger flow through the timing resistor during the period of the Q1 oscillator. This is not capacitor size dependent, only capacitor leakage and stability dependent.

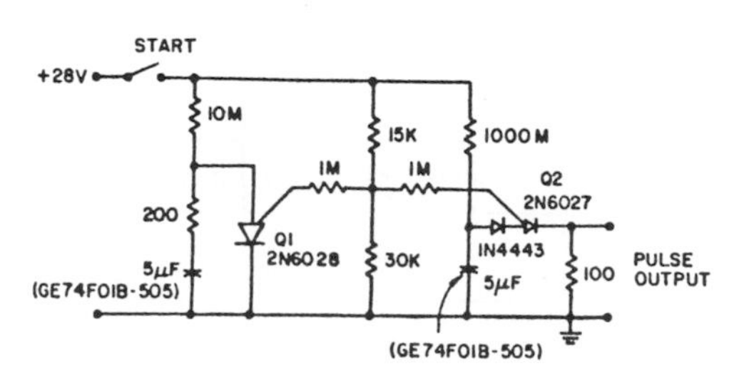

1 SECOND, 1kHz OSCILLATOR

Here is a handy circuit which operates as an oscillator *and* a timer. The 2N6028 is normally on due to excess holding current through the 100 kohm resistor. When the switch is momentarily closed, the 10 μF capacitor is charged to a full 15 volts and 2N6028 starts oscillating (1.8 Meg and 820 pF). The circuit latches when 2N2926 zener breaks down again.

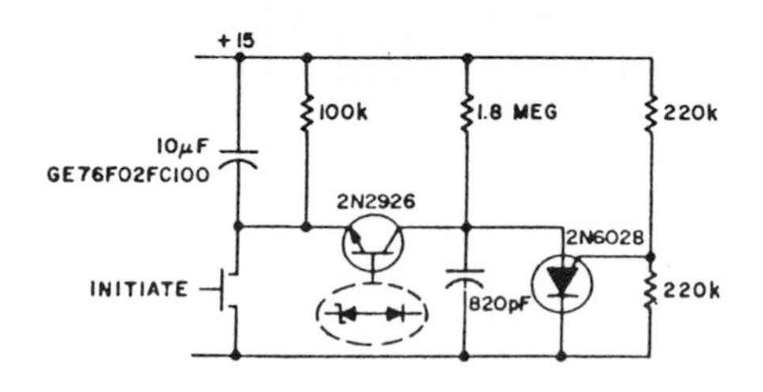

附錄六　SCS之特性

矽控開關（SCS）規格表(一)—生長擴散型

Type	Anode Blocking Voltage	Continuous DC Forward Current 100°C Ambient	Peak Recurrent Forward Current 100 μsec 100°C	Peak Gate Current	Dissipation(5)	MAX. ANODE RATINGS I_R ($V_{AC}=+40v$, $R_{GC}=10K$, 150°C)	I_R ($V_{AC}=-40v$, $R_{GC}=10K$, 150°C)	V_F ($I_A=50$ ma)	I_H ($V_{AC}=40v$, $R_{GC}=10K$)	MAX. GATE RATINGS I_{GO} ($V_{GC}=-2.5v$)	I_{GA} ($V_{GA}=40v$)	Max. I_{GFA} ($V_{AC}=40v$, $R_{GC}=0$, $R_L=800$ ohms)	GATE INPUT TO FIRE V_{GFA} ($V_{AC}=40v$, $R_{GC}=0$, $R_L=800$ ohms)	Max. I_{GFC} ($V_{AC}=40v$, $R_L=800$ ohms)	V_{GFC} ($V_{AC}=40v$, $R_L=800$ ohms)
	Volts	ma	amp	ma	mw	μa	μa	Volts	ma	μa	μa	ma	Volts	μa	Volts
3N58(1)	40	100	0.5	50	150	20	20	1.5	1.5	20				1.0	0.4 to 0.65
3N59(2)	40	100	0.5	50	150	20		1.5	1.5		20 (150°C)	1.5	0.6 to 1.2		
3N60(3)	40	100	0.5	50	150	20	20	1.5	1.5	20	0.2 (25°C)	1.5	−0.6 to −1.2	1.0	0.4 to 0.65

NOTES:
(1) For this characterization G_A is electrically open. This corresponds to the conventional SCR configuration.
(2) For this characterization, G_C is connected to C. This corresponds to the complementary SCR configuration.
(3) This characterization is for SCR, complementary SCR(4), and Binistor circuit configurations. The 3N60 meets all specifications for the 3N58 and 3N59.
(4) See Chapter 16, G-E 7th Edition *Transistor Manual*.
(5) Derate at 2.4 mw per °C.
(6) See General Electric *Silicon Controlled Rectifier Manual*.

矽控開關（SCS）規格表(二)—平面型

Type	Anode Blocking Voltage	Continuous DC Forward Current	Peak Recurrent Forward Current 100μsec	Peak Cathode Gate Current	Dissipation	CUTOFF CHARACTERISTICS I_B @V_{AC}	I_B $R_{GC}=10$ K, 150°C	CONDUCTING CHARACTERISTICS V_F @I_F	V_F Maximum	I_H $R_{GC}=10$ K	MAXIMUM GATE RATINGS V_{GC} $I_{GC}=20$μa	V_{GA} $I_{GA}=1$μa	GATE TRIGGERING CHARACTERISTICS I_{GTC} ($V_{AC}=40v$, $R_L=800Ω$, $R_{GA}=\infty$)	V_{GTC} ($V_{AC}=40v$, $R_L=800Ω$, $R_{GA}=\infty$)	I_{GTA} ($V_{AC}=40v$, $R_L=800Ω$, $R_{GC}=10K$)	V_{GTA} ($V_{AC}=40v$, $R_L=800Ω$, $R_{GC}=10K$)
	Volts	ma	amp	ma	mw	Volts	μa	ma	Volts	ma	Volts	Volts	μa	Volts	ma	Volts
3N81	65	200	1.0	500	400	65	20	200	2.0	1.5	5	65	1.0	.4 to .65	1.5	−.4 to −.8
3N82	100	200	1.0	500	400	100	20	200	2.0	1.5	5	100	1.0	.4 to .65	1.5	−.4 to −.8
3N83	70	50	0.1	50	200	70	20*	50	1.4	4.0†	5	70	150†	.4 to .80	—	—
3N84	40	175	0.5	100	320	40	20*	175	1.9	2.0	5	40	10	.4 to .65	—	—
3N85	100	175	0.5	100	320	100	20*	175	1.9	2.0	5	100	10	.4 to .65	—	—
3N86	65	200	1.0	500	400	65	20	200	2.0	0.2	5	65	1.0	.4 to .65	0.1	−.4 to −.8

NOTES: *Measured @125°C.
†Measured in special test circuit (See specification sheet).

附錄七　透納二極體與GTO

一、　透納二極體規格表

Type	Dwg. No.	Peak Point Current I_P ma	MAXIMUM Valley Point Current I_V ma	MAXIMUM Capacitance C pf	Peak Voltage V_P mv	Max. Series Resist. R_S Ohms	Negative Conductance −G mhos × 10^{-3}	Typical Resistive Cutoff Frequency f_{ro} KMC	Comments
1N2939	46	1.0 ± 10%	0.14	15	65 Typ.	4.0	6.6 Typ.	2.2	General purpose switching, oscillator, amplifier and converter circuits. Nominal series inductance, Ls, is 4 nh. TO-18 package.
1N2939A	46	1.0 ± 2.5%	0.14	10	60 ± 10	4.0	6.6 Typ.	2.6	
1N2940	46	1.0 ± 10%	0.22	10	65 Typ.	4.0	6.6 Typ.	2.2	
1N2940A	46	1.0 ± 2.5%	0.22	7	65 ± 10	4.0	6.6 Typ.	2.6	
1N2941	46	4.7 ± 10%	1.04	50	65 Typ	2.0	30 Typ.	2.6	
1N2941A	46	4.7 ± 2.5%	1.04	30	65 ± 10	2.0	30 Typ.	3.9	
1N2969	46	2.2 ± 10%	0.48	25	65 Typ.	3.0	16 Typ.	2.5	
1N2969A	46	2.2 ± 2.5%	0.48	15	65 ± 10	3.0	16 Typ.	3.3	
1N3149	46	10.0 ± 10%	2.2	90	65 Typ.	1.5	60 Typ.	2.6	
1N3149A	46	10.0 ± 2.5%	2.2	50	65 ± 10	1.5	60 Typ.	3.1	
1N3150	46	22.0 ± 10%	4.8	150	65 Typ.	1.0	100 Typ.	2.2	
1N3712 (TD-1)	47	1.0 ± 10%	0.18	10	65 Typ.	4.0	8 Typ.	2.3	General purpose switching, oscillator, amplifier and converter circuits. Miniature axial package with series inductance, Ls, of 0.5 nh. MIL qualified units available for "A" versions.
1N3713 (TD-1A)	47	1.0 ± 2.5%	0.14	5	65 ± 7	4.0	8.5 ± 1	3.2	
1N3714 (TD-2)	47	2.2 ± 10%	0.48	25	65 Typ.	3.0	18 Typ.	2.2	
1N3715 (TD-2A)	47	2.2 ± 2.5%	0.31	10	65 ± 7	3.0	19 ± 3	3.0	
1N3716 (TD-3)	47	4.7 ± 10%	1.04	50	65 Typ.	2.0	40 Typ.	1.8	
1N3717 (TD-3A)	47	4.7 ± 2.5%	0.60	25	65 ± 7	2.0	41 ± 5	3.4	
1N3718 (TD-4)	47	10.0 ± 10%	2.20	90	65 Typ.	1.5	80 Typ.	1.6	
1N3719 (TD-4A)	47	10.0 ± 2.5%	1.40	50	65 ± 7	1.5	85 ± 10	2.8	
1N3720 (TD-5)	47	22.0 ± 10%	4.80	150	65 Typ.	1.0	180 Typ.	1.6	
1N3721 (TD-5A)	47	22.0 ± 2.5%	3.10	100	65 ± 7	1.0	190 ± 30	2.6	
TD-9	47	0.5 ± 10%	0.10	5	60 Typ.	6.0	4.0 Typ	1.3	

二、　閘斷開關之規格與特性

GTO Product Matrix

RCA GTO's*		TO-3		
I_T(DC)		8.5A	8.5A	8.5A
I_{TSM} (60 Hz)		50A	50A	50A
V_{DRXM}(V)	100	G5001A	G5002A	G5003A
	200	G5001B	G5002B	G5003B
	400	G5001D	G5002D	G5003D
	600	G5001M	G5002M	G5003M
Turn-on Time	t_d	1μs	1.5μs	1.5μs
tgt	t_r	1μs	1.5μs	1.5μs
Turn-off Time	t_s	1μs	3μs	10μs
t_q	t_f	1μs	3μs	10μs
	Page No.	491	491	491

*Gate-turn-off SCR's

G5001,G5002,G5003 Series
8.5-A Gate-Turn-Off (GTO) Silicon Controlled Rectifiers

For High-, Medium-, and Low-Frequency Power-Switching

The RCA-G5001, G5002, and G5003 series devices are gate-turn-off silicon controlled rectifiers (GTO's). GTO devices employ the same basic four-layer, three-junction regenerative semiconductor structure and exhibit a pulse turn-on capability similar to that of conventional silicon controlled rectifiers (SCR's). GTO devices, however, differ from conventional SCR's in that they can be turned off by application of a negative voltage to the gate terminal.

The G5001, G5002, and G5003 series gate-turn-off SCR's employ the popular JEDEC TO-3 hermetic package. The three series of devices differ in their gate-controlled turn-on and turn-off capabilities and peak reverse gate-voltage ratings. The types in each series differ in their off-state voltage ratings. The suffix letter indicates the voltage (V_{DRXM}) rating for each type.

MAXIMUM RATINGS, *Absolute-Maximum Values:*	G5001A G5002A G5003A	G5001B G5002B G5003B	G5001C G5002C G5003C	G5001D G5002D G5003D	G5001E G5002E G5003E	G5001M G5002M G5003M	
V_{RROM}	50	50	50	50	50	50	V
V_{DRXM}:							
R_{GK} = 1000 Ω	100	200	300	400	500	600	V
V_{GRRM}:							
G5001 series	70						V
G5002 series	70						V
G5003 series	50						V
I_{TGQM}	15						A
I_T (T_C = 75°C)	8.5						A
I_{TSM}: For one full cycle of applied principal voltage							
60 Hz (sinusoidal), T_C = 75°C	50						A
50 Hz (sinusoidal), T_C = 75°C	40						A
I^2t:							
T_J = −40 to 125°C, t = 1 to 8.3 ms	10						A^2s
P_D (T_C = 25°C)	50						W
I_{GM}	3						A
P_{GRM}	25						W
T_{stg}▲	−40 to 150						°C
T_C▲	−40 to 125						°C
T_L: At distances ≥ 1/32 in. (0.8 mm) from seating plane for 10 s max.	250						°C

▲ For temperature measurement reference point, see Dimensional Outline.

TERMINAL DESIGNATIONS

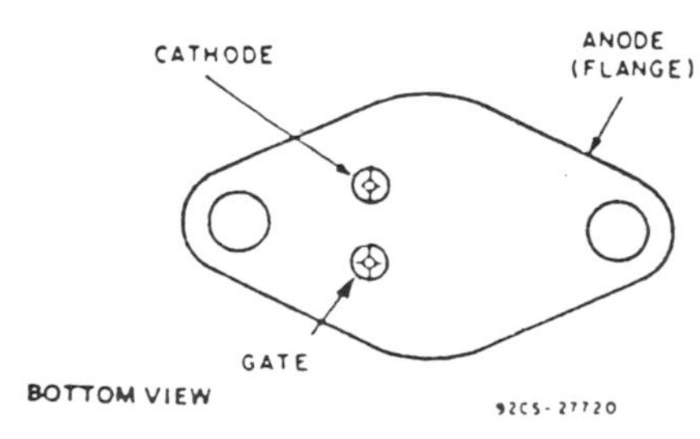

JEDEC TO-3

Features:

- Turn-off capability at gate terminal
- Operating temperature range to 125°C

ELECTRICAL CHARACTERISTICS
At Maximum Ratings and T_C = 25°C Unless Otherwise Specified

CHARACTERISTIC	LIMITS FOR ALL TYPES UNLESS OTHERWISE SPECIFIED			UNITS
	MIN.	TYP.	MAX.	
I_{DRXM}: $V_D = V_{DRXM}$, R_{GK} = 1000 Ω, T_C = 125°C	–	–	2	mA
I_{RROM}: $V_R = V_{RROM}$, T_C = 125°C	–	–	2	mA
I_{GRRM}: $V_{GR} = V_{GRRM}$	–	–	300	μA
V_T: For I_T = 5 A, T_J = 100°C	–	1.5	2	V
For other conditions	See Fig. 3			V
I_{GT}: V_D = 12 V (dc), R_L = 6.5 Ω, T_C = 25°C	–	–	160	mA
V_{GT}: V_D = 12 V (dc), R_L = 6.5 Ω, T_C = 25°C	–	–	2.5	V
I_L: V_D = 40 V, I_G = 200 mA, tp = 50 μs	–	500	800	mA
dv/dt: $V_D = V_{DRXM}$ value, V_G = –5 V, Exponential rise, T_C = 125°C	500	–	–	V/μs
t_{gt} (t_{ON}): $t_{gt} = t_d + t_r$; V_D = 100 V, I_T = 5 A, I_g = 1 A; G5001 series	–	–	t_d = 1, t_r = 1	μs
G5002 series	–	–	t_d = 1, t_r = 2	μs
G5003 series	–	–	t_d = 1, t_r = 2	μs
t_{gq} (t_{OFF}): $t_{gq} = t_s + t_f$; V_D = 100 V for all "A" types, 200 V for all "B","C","D","E", and "M" types, I_T = 5 A, Z_{GS} = 1 Ω, resistive load, T_C = 125°C: G5001 series (V_{gq} = –70 V)			t_s = 1, t_f = 1	μs
G5002 series (V_{gq} = –70 V)			t_s = 1.5, t_f = 2	μs
G5003 series (V_{gq} = –50 V)			t_s = 5, t_f = 5	μs
$R_{\theta JC}$▲	–	–	2	°C/W

▲ For temperature measurement reference point, see Dimensional Outline.

附錄八　光二極體、光電晶體、發光二極體之規格

一、矽光二極體TIL 77的特性

TYPE TIL77
P-N SILICON PHOTODIODE

DESIGNED TO DETECT LIGHT IN THE VISIBLE SPECTRUM

- Output Is Linear with Illumination
- High Light-to-Dark Current Ratio
- Capable of Operation in Photoconductive or Photovoltaic Mode

mechanical data

The device is in a hermetically sealed welded case similar to JEDEC TO-18 with window. All TO-18 registration notes also apply to this outline except that lead 2 is omitted. Approximate weight is 0.35 gram.

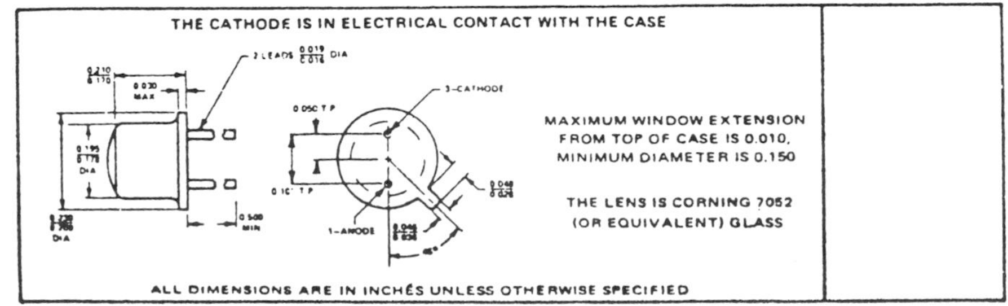
THE CATHODE IS IN ELECTRICAL CONTACT WITH THE CASE
2 LEADS
3–CATHODE
1–ANODE
MAXIMUM WINDOW EXTENSION FROM TOP OF CASE IS 0.010, MINIMUM DIAMETER IS 0.150
THE LENS IS CORNING 7052 (OR EQUIVALENT) GLASS
ALL DIMENSIONS ARE IN INCHES UNLESS OTHERWISE SPECIFIED

absolute maximum ratings at 25°C free-air temperature (unless otherwise noted)

Forward Voltage	0.4 V
Reverse Voltage	10 V
Operating Free-Air Temperature Range	−20°C to 80°C
Storage Temperature Range	−20°C to 80°C
Lead Temperature 1/16 Inch from Case for 10 Seconds	240°C

electrical characteristics at 25°C free-air temperature (unless otherwise noted)

PARAMETER			TEST CONDITIONS	MIN	TYP	MAX	UNIT
$V_{(BR)}$	Breakdown Voltage		$I_R = 10\ \mu A$, $E_v = 0$	10			V
I_D	Dark Current		$V_R = 3\ V$, $E_v = 0$		0.25	5	nA
I_L	Light Current	Photoconductive Operation	$V_R = 3\ V$, $E_v = 50\ lm/ft^2$†	1.5	2		μA
		Photovoltaic Operation	$V_R = 0$, $E_v = 50\ lm/ft^2$†		2		μA
V_F	Forward Voltage		$I_F = 10\ \mu A$, $E_v = 0$	0.4			V
λ_p	Wavelength at Peak Response				0.57		μm
B	Spectral Bandwidth between 20-Percent Response Points		$V_R = 3\ V$		0.3		μm
C_T	Total Capacitance		$V_R = 3\ V$, $E_v = 0$, $f = 1\ MHz$		750		pF

†The common British-American unit of illumination is the lumen per square foot. The name footcandle has been used for this unit in the USA. To convert to units of the International System (SI), use the equivalency.

1 lumen per square foot = 10.764 lux (lumens per square meter).

TYPICAL CHARACTERISTICS

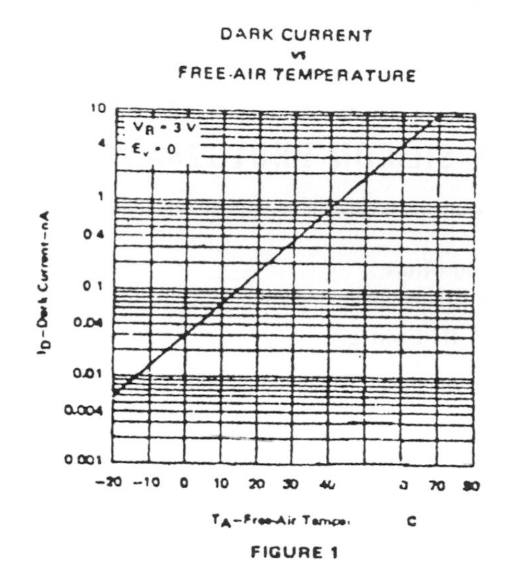

FIGURE 1

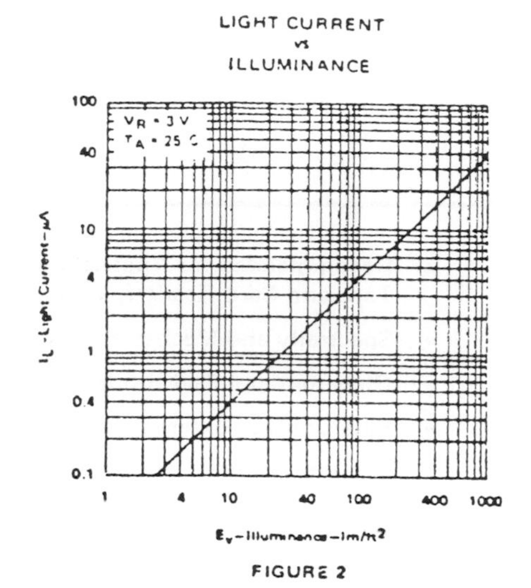

FIGURE 2

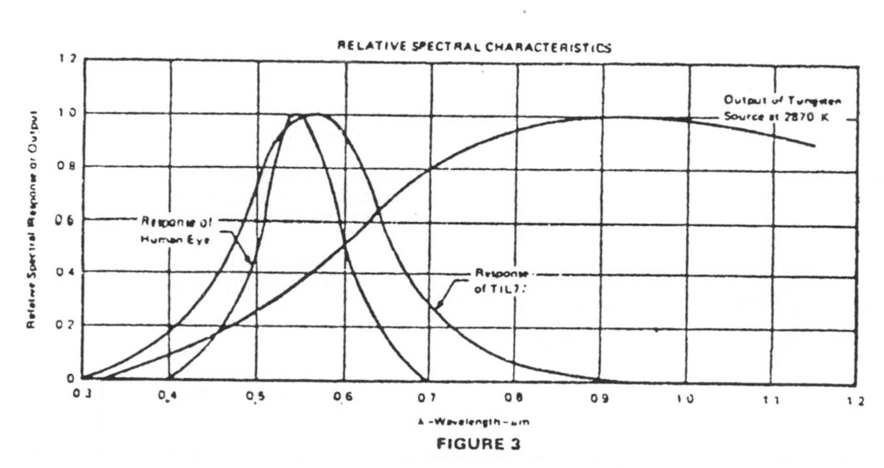

FIGURE 3

TYPICAL APPLICATION DATA

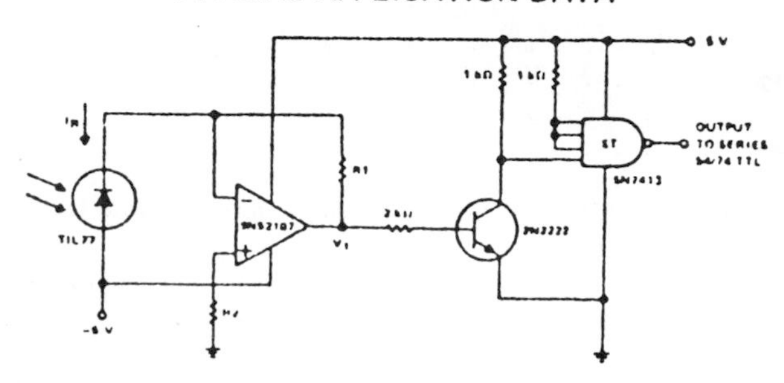

二、 光電晶體 TIL 81的特性

TYPE TIL81
N-P-N PLANAR SILICON PHOTOTRANSISTOR

- Recommended for Application in Character Recognition, Tape and Card Readers, Velocity Indicators, and Encoders
- Spectrally and Mechanically Matched with TIL31 IR Emitter
- Glass-to-Metal-Seal Header
- Base Contact Externally Available
- Saturation Level Directly Compatible with Most TTL/DTL

mechanical data

The device is in a hermetically sealed package with glass window. The outline of the TIL81 is similar to TO-18 except for the window. All TO-18 registration notes also apply to this outline

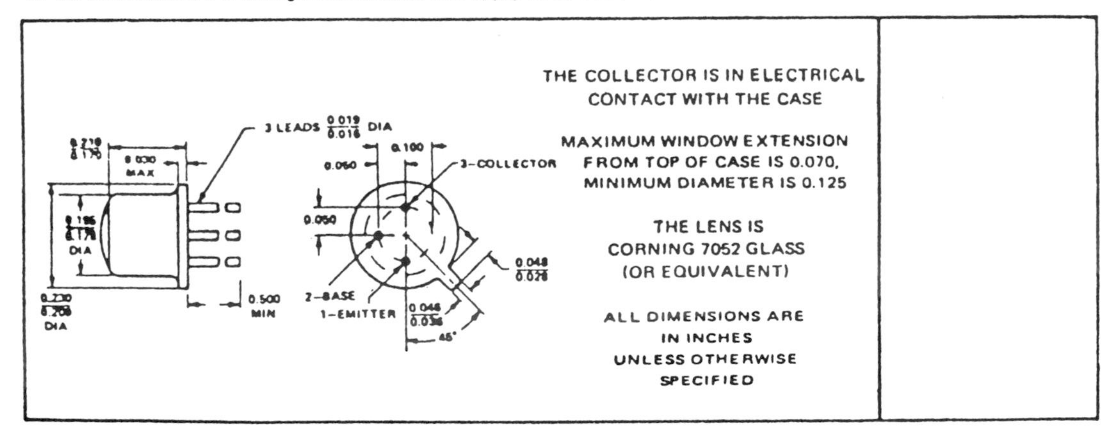

absolute maximum ratings at 25°C free-air temperature (unless otherwise noted)

Collector-Base Voltage	50 V
Collector-Emitter Voltage	30 V
Emitter-Base Voltage	7 V
Emitter-Collector Voltage	7 V
Continuous Collector Current	50 mA
Continuous Device Dissipation at (or below) 25°C Free-Air Temperature (See Note 1)	250 mW
Operating Free-Air Temperature Range	−65°C to 125°C
Storage Temperature Range	−65°C to 150°C
Lead Temperature 1/16 Inch from Case for 10 Seconds	240°C

electrical characteristics at 25°C free-air temperature (unless otherwise noted)

PARAMETER			TEST CONDITIONS			MIN	TYP	MAX	UNIT
$V_{(BR)CBO}$	Collector-Base Breakdown Voltage		I_C = 100 μA,	I_E = 0,	H = 0	50			V
$V_{(BR)CEO}$	Collector-Emitter Breakdown Voltage		I_C = 100 μA,	I_E = 0,	H = 0	30			V
$V_{(BR)EBO}$	Emitter-Base Breakdown Voltage		I_E = 100 μA,	I_C = 0,	H = 0	7			V
$V_{(BR)ECO}$	Emitter-Collector Breakdown Voltage		I_E = 100 μA,	I_B = 0,	H = 0	7			V
I_D	Dark Current	Phototransistor Operation	V_{CE} = 10 V,	I_B = 0,	H = 0			0.1	μA
			V_{CE} = 10 V, T_A = 100°C	I_B = 0,	H = 0,		20		μA
		Photodiode Operation	V_{CB} = 10 V,	I_E = 0,	H = 0			0.01	μA
I_L	Light Current	Phototransistor Operation	V_{CE} = 5 V, See Note 2	I_B = 0,	H = 5 mW/cm²,	5	22		mA
		Photodiode Operation	V_{CB} = 0 to 50 V, See Note 2	I_E = 0,	H = 20 mW/cm²,		170		μA
h_{FE}	Static Forward Current Transfer Ratio		V_{CE} = 5 V,	I_C = 1 mA,	H = 0		200		
$V_{CE(sat)}$	Collector-Emitter Saturation Voltage		I_C = 2 mA, See Note 2	I_B = 0,	H = 20 mW/cm²,		0.2		V

NOTE 2. Irradiance (H) is the radiant power per unit area incident upon a surface. For these measurements the source is an unfiltered tungsten linear-filament lamp operating at a color temperature of 2870 K.

switching characteristics at 25°C free-air temperature

PARAMETER			TEST CONDITIONS	TYPICAL	UNIT
t_r	Rise Time	Phototransistor Operation	V_{CC} = 5 V, I_L = 800 μA, R_L = 100 Ω, See Test Circuit A of Figure 1	8	μs
t_f	Fall Time			6	
t_r	Rise Time	Photodiode Operation	V_{CC} = 0 to 50 V, I_L = 60 μA, R_L = 100 Ω, See Test Circuit B of Figure 1	350	ns
t_f	Fall Time			500	

PARAMETER MEASUREMENT INFORMATION

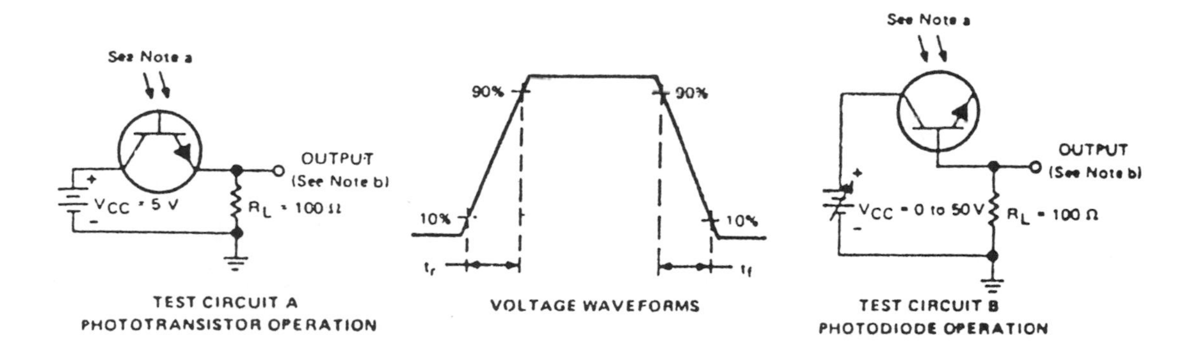

TEST CIRCUIT A
PHOTOTRANSISTOR OPERATION

VOLTAGE WAVEFORMS

TEST CIRCUIT B
PHOTODIODE OPERATION

TYPICAL CHARACTERISTICS

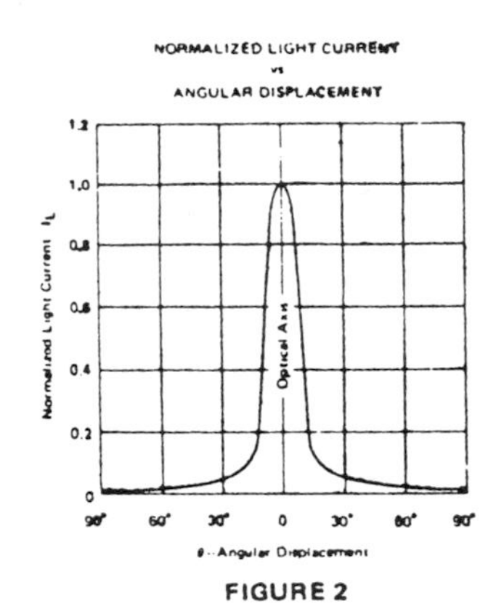

FIGURE 2

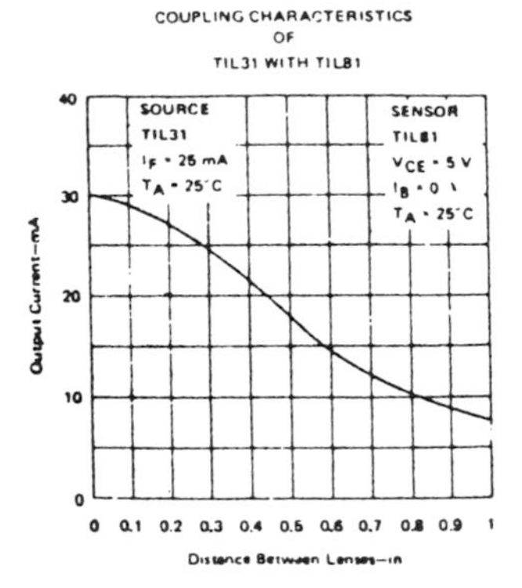

FIGURE 3

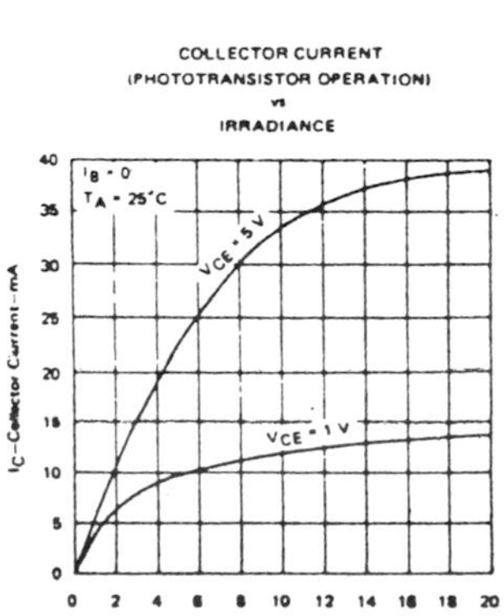

FIGURE 4

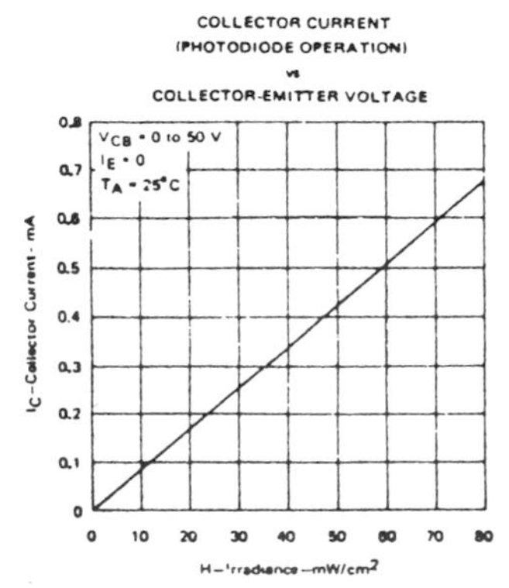

FIGURE 5

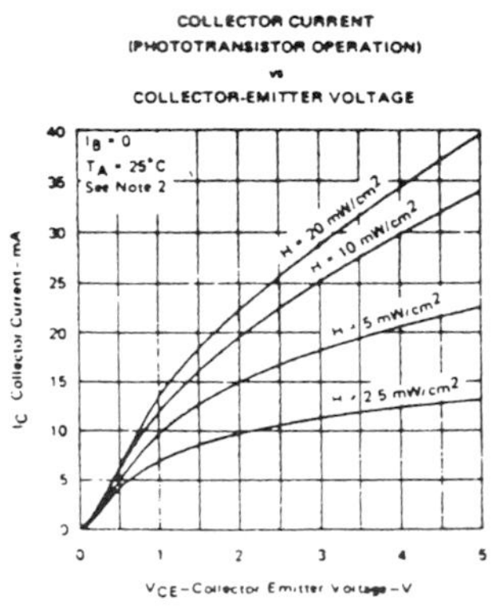

FIGURE 6

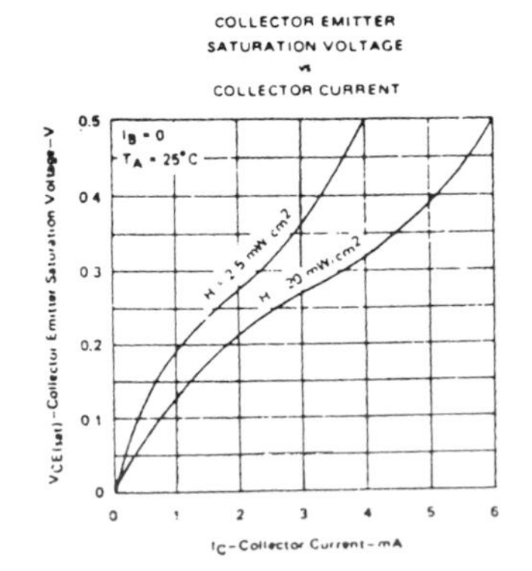

FIGURE 7

NOTE 2: Irradiance (H) is the radiant power per unit area incident upon a surface. For these measurements the source is an unfiltered tungsten linear-filament lamp operating at a color temperature of 2870 K.

TYPICAL CHARACTERISTICS

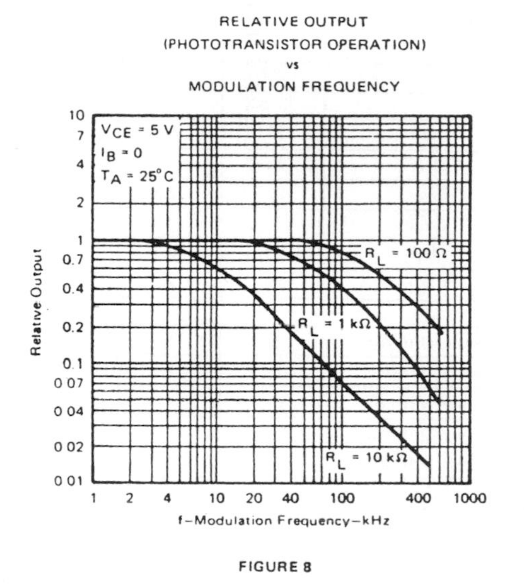

FIGURE 8

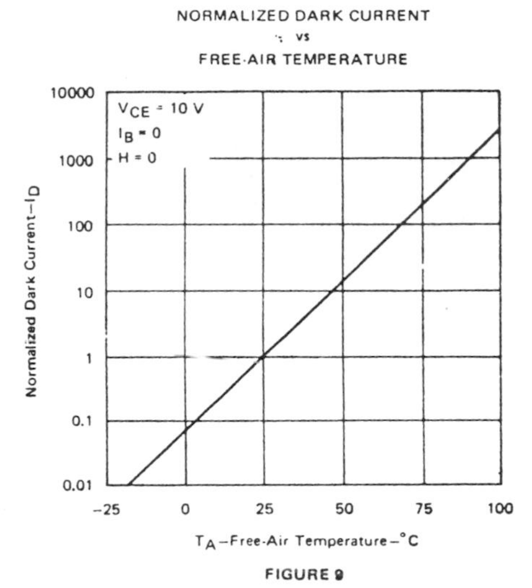

FIGURE 9

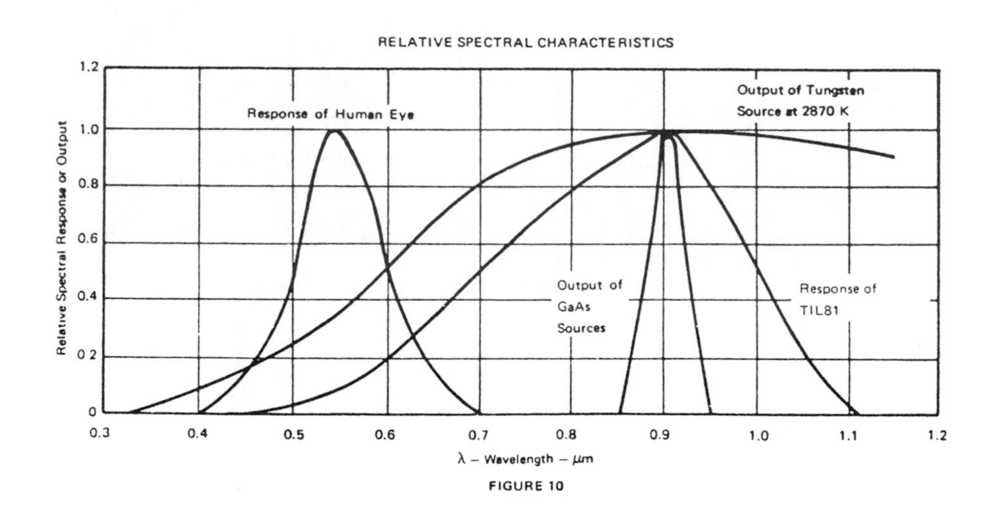

FIGURE 10

三、 發光二極體

（摘自ZOOMY）

TYPE NUMBER	DIAMETER	COLOR OF EMIT LIGHT	PACKAGE EPOXY	IF mA	$V_{F\,TYP}$ V
Z-101	3 mm	Red	Red Diffused	20	1.6
Z-102	5 mm	Red	Red Diffused	20	1.6
Z-102B	4.8 mm	Red	Red Diffused	20	2.3
Z-103	3 mm	Green	Green Diffused	25	2.3
Z-104	5 mm	Green	Green Diffused	25	2.3
Z-105	3 mm	Yellow	Yellow Diffused	25	2.3
Z-106	5 mm	Yellow	Yellow Diffused	25	2.3
Z-201	3 mm	Red	Clear	20	1.6
Z-202	5 mm	Red	Clear	20	1.6
Z-203	3 mm	Green	Clear	25	2.3
Z-204	5 mm	Green	Clear	25	2.3
Z-205	3 mm	Yellow	Clear	25	2.3
Z-206	5 mm	Yellow	Clear	25	2.3
Z-301	3 mm	Red	White Diffused	20	1.6
Z-302	5 mm	Red	White Diffused	20	1.6
Z-303	3 mm	Green	White Diffused	25	2.3
Z-304	5 mm	Green	White Diffused	25	2.3
Z-305	3 mm	Yellow	White Diffused	25	2.3
Z-306	5 mm	Yellow	White Diffused	25	2.3

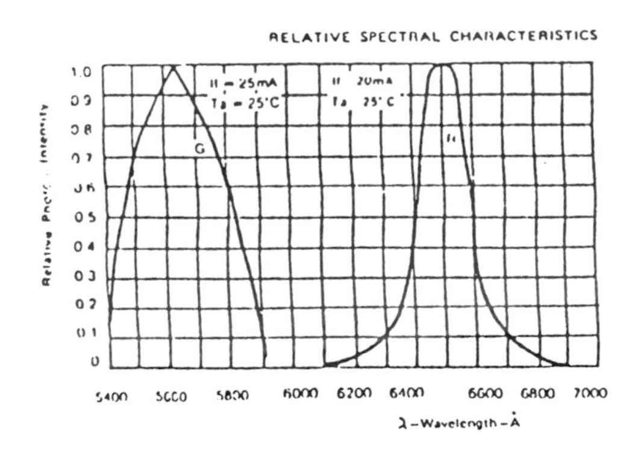

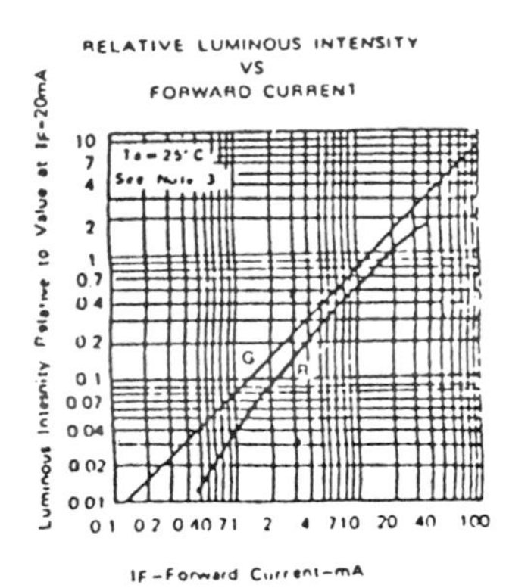

附錄九　熱敏電阻器之特性

一、　熱敏電阻

（摘自NATIONAL）

1 正溫度係數（ A特性 ）

特性	型名	電阻值 (Ω) (at 25℃)	電阻溫度係數 (%/℃)	功率 (W)	散熱係數
A_2	ERP－F3A2M471	470	2.5±0.5	0.5 W	10
	ERP－F3A2M681	680			
	ERP－F3A2M102	1.0 K			
	ERP－F3A2M122	1.2 K			
	ERP－F3A2M152	1.5 K			
	ERP－F3A2M222	2.2 K			
A_3	ERP－F3A3M861	860	3.5±0.5	0.5 W	10
	ERP－F3A3M102	1.0 K			
	ERP－F3A3M152	1.5 K			
	ERP－F3A3M222	2.2 K			
	ERP－F3A3M272	2.7 K			
	ERP－F3A3M332	3.3 K			
A_4	ERP F3A4M102	1.0 κ	4.5±0.5	0.5 W	10
	ERP－F3A4M152	1.5 K			
	ERP－F3A4M222	2.2 K			
	ERP－F3A4M272	2.7 K			
	ERP-F3A4M332	3.3 K			
	ERP－F3A4M402	4.0 K			

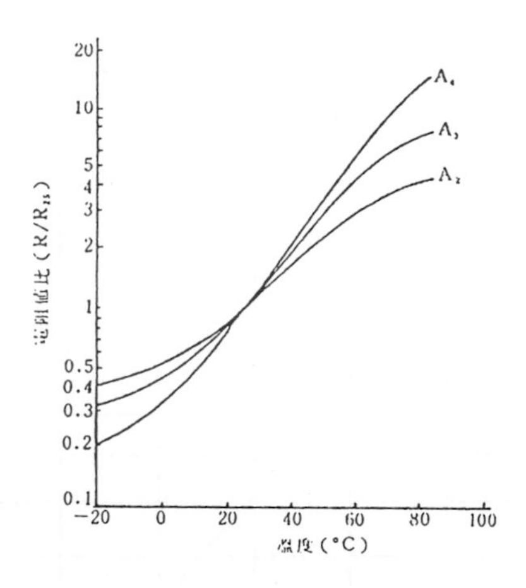

2 正溫度係數（ B特性 ）　　　　（摘自NATIONAL）

特性	型名	電阻(Ω) (at 25℃)	始動溫度 (°C)	最大額定電壓(V)	耐電壓 (V)	最大額定電力(W)	散熱係數 (mw/℃)	熱時常數 (sec)
B 0	ERP-F3B0M330	33	50℃ ±5℃	40	60	1.0	10	20
	ERP-F3B0M800	80		80	120	1.0	10	20
	ERP-F4B0M150	15		120	180	1.5	14	30
	ERP-F4B0M270	27		120	180	1.5	14	30
	ERP-F5B0M080	8		120	180	2.0	18	50
	ERP-F5B0M220	22		120	180	2.0	18	50
	ERP-F6B0M100	10		120	180	3.0	25	70
	ERP-F6B0M600	60		240	360	3.0	25	70

B 1	ERP-F3B1M150	15	75℃ ±5℃	40	60	1.0	10	20
	ERP-F3B1M470	47		40	60	1.0	10	20
	ERP-F3B1M101	100		80	120	1.0	10	20
	ERP-F4B1M150	15		80	120	1.0-	14	30
	ERP-F4B1M270	27		80	120	2.0	14	30
	ERP-F5B1M100	100		120	180	2.0	18	50
	ERP-F5B1M150	15		120	180	2.0	18	50
	ERP-F6B1M100	10		120	180	3.0	25	70
	ERP-F6B1M150	15		120	180	3.0	25	70
	ERP-F6B1M220	22		120	180	3.0	25	70

3. 負溫度係數

（摘自OHIZUMI）

■SUMMARY

The resistance-temperature characteristic of OS-thermistors may be expressed approximately as follows.

$$R_1 = R_2 \exp\{B(1/T_1 - 1/T_2)\}$$

Where R_1 and R_2 show the values of resistance at the absolute temperature T_1 and T_2 (K).

B(K) is material constant.

From above equation, resistance-temperature coefficient of thermistor is given by $\alpha = -B/T^2$

Advanced applications of OS-thermistors will be represented by temperature sensors for electronic whitegoods, automobilecoolers and etc.

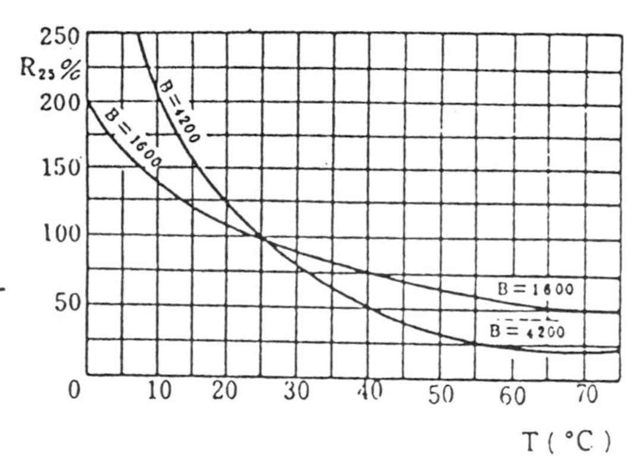

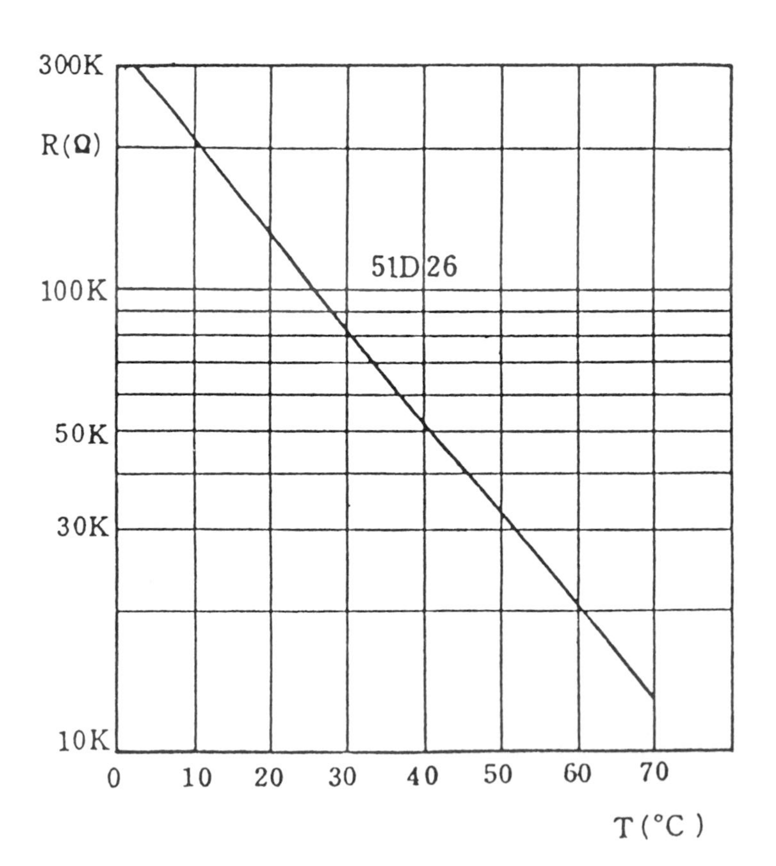

型名 parts No.	電阻值 Resistance at 25°C (Ω)	B常數 B-Constant (K)	電阻溫度係數 T.C.R at 25°C (%/°C)	散熱係數 Thermal dissipation constant (mW/°C)	最大額定電流 Max permissible current at 25°C (mA)	尺寸 Dimensions d (mm)	t (mm)
01D 3	1.3 ± 20 %	2,500 ± 10 %	− 2.9	11	2,200	11	4.5
03D 4	2.7 〃	3,000 〃	− 3.4	9	1,500	10	4.5
04D 5	3.8 〃	3,000 〃	− 3.4	11	1,400	10	4.5
05D 5	5.0 〃	3,000 〃	− 3.4	11	1,300	10	4.5
08D 5	8.0 〃	3,100 〃	− 3.5	10	1,000	8	4.5
11D 5	12.0 〃	3,100 〃	− 3.5	10	800	8	4.5
11D27	12.5 ± 15 %	3,100 ± 7 %	− 3.5	8	500	8	4.5
12D46	20 〃	3,100 〃	− 3.5	8	380	8	4.5
13D27	25 〃	3,000 〃	− 3.4	5	270	5	4.5
13D28	30 〃	3,000 〃	− 3.4	5	270	5	4.5
13D49	25 〃	3,100 〃	− 3.5	8	350	8	4.5
14D46	40 〃	3,300 〃	− 3.7	8	300	8	4.5
15D26	50 〃	3,300 〃	− 3.7	8	260	8	4.5
16D47	60 〃	3,300 〃	− 3.7	8	240	8	4.5
18D28	80 〃	3,100 〃	− 3.5	5	130	5	4.5
19D27	90 〃	2,700 〃	− 3.0	5	140	5	4.5
19D46	90 〃	3,300 〃	− 3.7	6	190	5	4.5
21D27	100 〃	2,700 〃	− 3.0	5	130	5	4.5
21D28	150 〃	2,700 〃	− 3.0	5	110	5	4.5
22D47	200 〃	3,000 〃	− 3.4	5	100	5	4.5
23D27	250 〃	3,100 〃	− 3.5	5	85	5	4.5
23D25	270 ± 15 %	3,100 ± 7 %	− 3.5	5	80	5	4.5
23D28	270 〃	3,500 〃	− 3.9	6	110	5	4.5
23D29	300 〃	3,100 〃	− 3.5	5	80	5	4.5
25D45	500 〃	3,800 〃	− 4.3	5	80	5	4.5
31D26	1K 〃	4,000 〃	− 4.5	5	60	5	4.5
31D27	1.3K 〃	4,000 〃	− 4.5	5	54	5	4.5
32D26	1.7K 〃	4,000 〃	− 4.5	5	45	5	4.5
32D27	2.2K 〃	4,000 〃	− 4.5	5	40	5	4.5
33D28	2.5K 〃	4,000 〃	− 4.5	5	38	5	4.5
33D26	3.0K 〃	4,000 〃	− 4.5	5	35	5	4.5
34D26	4.0K 〃	4,000 〃	− 4.5	5	31	5	4.5
35D46	5.0K 〃	4,000 〃	− 4.5	5	26	5	4.5
41D26	10K 〃	4,100 〃	− 4.6	5	20	5	4.5
42D26	20K 〃	4,100 〃	− 4.6	5	14	5	4.5
45D26	50K 〃	4,200 〃	− 4.7	5	9	5	4.5
51D26	100K 〃	4,200 〃	− 4.7	5	6	5	4.5
52D27	150K 〃	4,200 〃	− 4.7	5	4	5	4.5
12D4L	20 〃	1,600 ± 10 %	− 1.7	8	240	8	4.5
15D4L	50 〃	1,600 〃	− 1.7	8	150	8	4.5

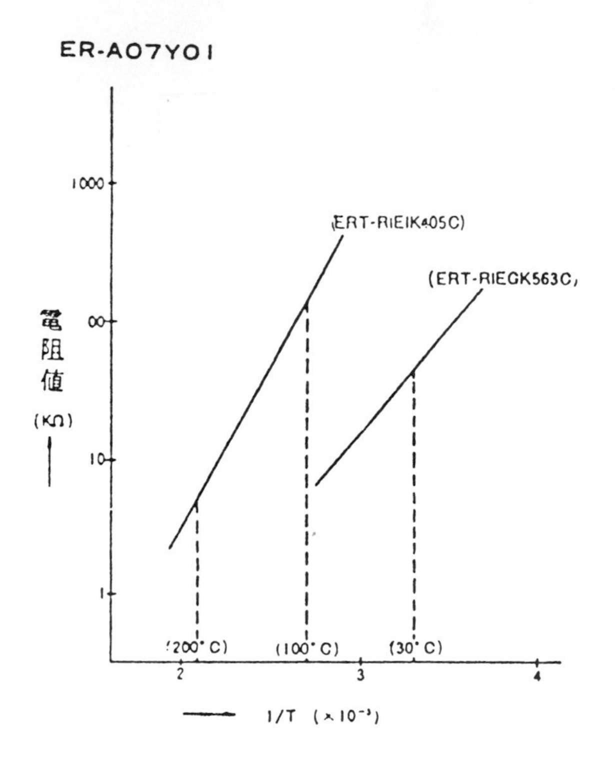
ER-A07Y01
1000
00
10
1
(ERT-RIEIK405C)
(ERT-RIEGK563C)
電阻值
(KΩ)
(200°C)
(100°C)
(30°C)
2
3
4
1/T (×10⁻³)

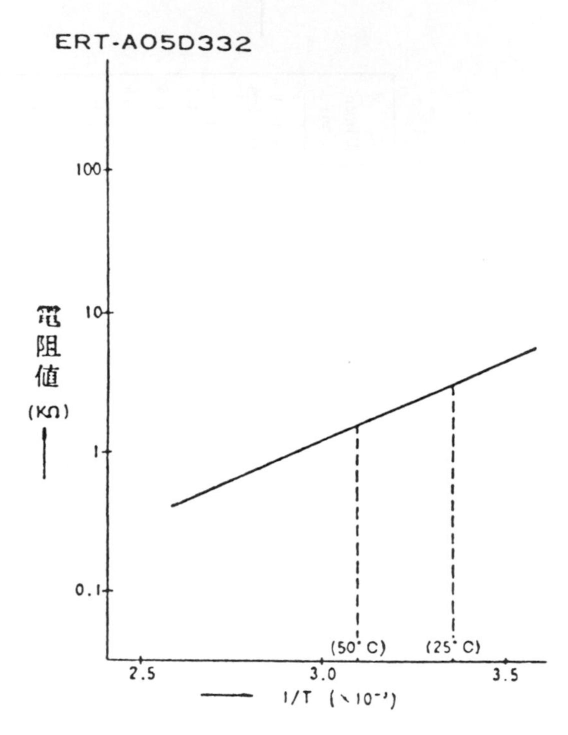
ERT-A05D332
100
10
1
0.1
電阻值
(KΩ)
(50°C)
(25°C)
2.5
3.0
3.5
1/T (×10⁻³)

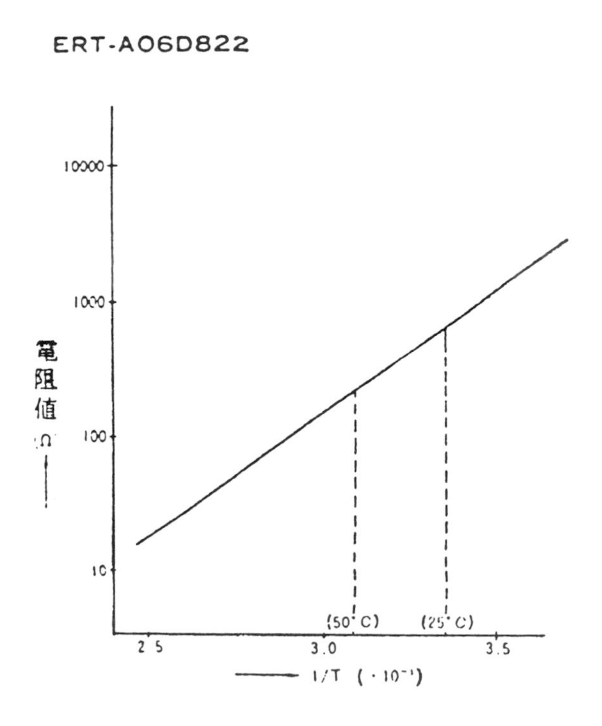
ERT-A06D822
10000
1000
100
10
電阻值
(50°C)
(25°C)
2.5
3.0
3.5
1/T (×10⁻³)

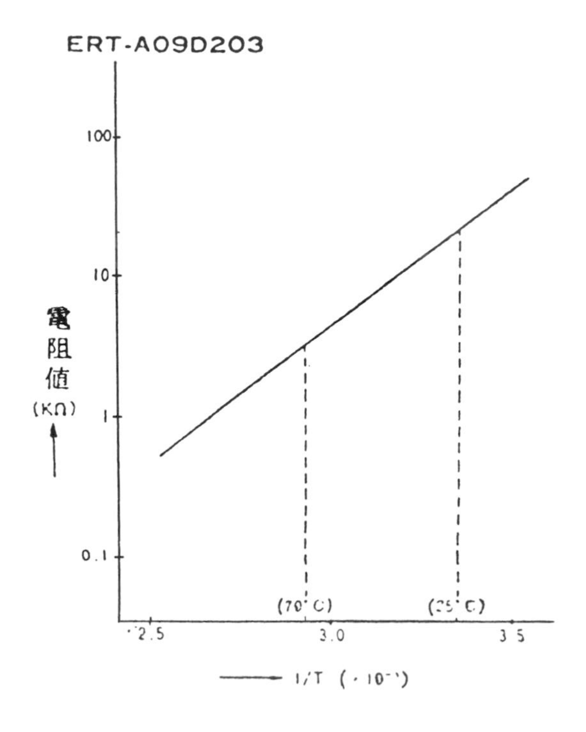
ERT-A09D203
100
10
1
0.1
電阻值
(KΩ)
(70°C)
(25°C)
2.5
3.0
3.5
1/T (×10⁻³)

附錄十　穩壓二極體與隱壓IC規格表

1. ZENER DIODES (400 mw ± 5 %)　　　　Unit : Voltage

型　名	V_z	型　名	V_z	型　名	V_z	型　名	V_z
1N 746	3.3	1N 753	6.2	1N 960	9.0	1N 967	18
1N 747	3.6	1N 754	6.8	1N 961	10	1N 968	20
1N 748	3.9	1N 755	7.5	1N 962	11	1N 969	22
1N 749	4.3	1N 756	8.2	1N 963	12	1N 970	24
1N 750	4.7	1N 757	9.1	1N 964	13	1N 971	27
1N 751	5.1	1N 758	10	1N 965	15	1N 972	30
1N 752	5.6	1N 759	12	1N 966	16	1N 973	33

2. V'TG REGULATOR IC

型　名	Vin	Vout	型　名	Vin	Vout
μA 7805	7 − 35	5	μA 78M05	7 − 30	5
06	8 − 35	6	06	8 − 30	6
08	10 − 35	8	08	10 − 30	8
12	14 − 35	12	12	14 − 35	12
15	17 − 35	15	15	17 − 35	15
18	20 − 35	18	20	22 − 40	20
24	26 − 40	24	24	26 − 40	24

Iout = 1A for μA 7800　　　　Iout = 0.5A for μA 78M00

附錄十一　自然對數表與三角函數表

表一　自然對數表

n	$\log_e n$	n	$\log_e n$	n	$\log_e n$
0.0	*	4.5	1.5041	9.0	2.1972
0.1	7.6974	4.6	1.5261	9.1	2.2083
0.2	8.3906	4.7	1.5476	9.2	2.2192
0.3	8.7960	4.8	1.5686	9.3	2.2300
0.4	9.0837	4.9	1.5892	9.4	2.2407
0.5	9.3069	5.0	1.6094	9.5	2.2513
0.6	9.4892	5.1	1.6292	9.6	2.2618
0.7	9.6433	5.2	1.6487	9.7	2.2721
0.8	9.7769	5.3	1.6677	9.8	2.2824
0.9	9.8946	5.4	1.6864	9.9	2.2925
1.0	0.0000	5.5	1.7047	10	2.3026
1.1	0.0953	5.6	1.7228	11	2.3979
1.2	0.1823	5.7	1.7405	12	2.4849
1.3	0.2624	5.8	1.7579	13	2.5649
1.4	0.3365	5.9	1.7750	14	2.6391
1.5	0.4055	6.0	1.7918	15	2.7081
1.6	0.4700	6.1	1.8083	16	2.7726
1.7	0.5306	6.2	1.8245	17	2.8332
1.8	0.5878	6.3	1.8405	18	2.8904
1.9	0.6419	6.4	1.8563	19	2.9444
2.0	0.6931	6.5	1.8718	20	2.9957
2.1	0.7419	6.6	1.8871	25	3.2189
2.2	0.7885	6.7	1.9021	30	3.4012
2.3	0.8329	6.8	1.9169	35	3.5553
2.4	0.8755	6.9	1.9315	40	3.6889
2.5	0.9163	7.0	1.9459	45	3.8067
2.6	0.9555	7.1	1.9601	50	3.9120
2.7	0.9933	7.2	1.9741	55	4.0073
2.8	1.0296	7.3	1.9879	60	4.0943
2.9	1.0647	7.4	2.0015	65	4.1744
3.0	1.0986	7.5	2.0149	70	4.2485
3.1	1.1314	7.6	2.0281	75	4.3175
3.2	1.1632	7.7	2.0412	80	4.3820
3.3	1.1939	7.8	2.0541	85	4.4427
3.4	1.2238	7.9	2.0669	90	4.4998
3.5	1.2528	8.0	2.0794	95	4.5539
3.6	1.2809	8.1	2.0919	100	4.6052
3.7	1.3083	8.2	2.1041		
3.8	1.3350	8.3	2.1163		
3.9	1.3610	8.4	2.1282		
4.0	1.3863	8.5	2.1401		
4.1	1.4110	8.6	2.1518		
4.2	1.4351	8.7	2.1633		
4.3	1.4586	8.8	2.1748		
4.4	1.4816	8.9	2.1861		

表二　三角函數表

Angle		Sine	Co-sine	Tan-gent	Angle		Sine	Co-sine	Tan-gent
De-gree	Ra-dian				De-gree	Ra-dian			
0°	0.000	0.000	1.000	0.000					
1°	0.017	0.017	1.000	0.017	46°	0.803	0.719	0.695	1.035
2°	0.035	0.035	0.999	0.035	47°	0.820	0.731	0.682	1.072
3°	0.052	0.052	0.999	0.052	48°	0.838	0.743	0.669	1.111
4°	0.070	0.070	0.998	0.070	49°	0.855	0.755	0.656	1.150
5°	0.087	0.087	0.996	0.087	50°	0.873	0.766	0.643	1.192
6°	0.105	0.105	0.995	0.105	51°	0.890	0.777	0.629	1.235
7°	0.122	0.122	0.993	0.123	52°	0.908	0.788	0.616	1.280
8°	0.140	0.139	0.990	0.141	53°	0.925	0.799	0.602	1.327
9°	0.157	0.156	0.988	0.158	54°	0.942	0.809	0.588	1.376
10°	0.175	0.174	0.985	0.176	55°	0.960	0.819	0.574	1.428
11°	0.192	0.191	0.982	0.194	56°	0.977	0.829	0.559	1.483
12°	0.209	0.208	0.978	0.213	57°	0.995	0.839	0.545	1.540
13°	0.227	0.225	0.974	0.231	58°	1.012	0.848	0.530	1.600
14°	0.244	0.242	0.970	0.249	59°	1.030	0.857	0.515	1.664
15°	0.262	0.259	0.966	0.268	60°	1.047	0.866	0.500	1.732
16°	0.279	0.276	0.961	0.287	61°	1.065	0.875	0.485	1.804
17°	0.297	0.292	0.956	0.306	62°	1.082	0.883	0.469	1.881
18°	0.314	0.309	0.951	0.325	63°	1.100	0.891	0.454	1.963
19°	0.332	0.326	0.946	0.344	64°	1.117	0.899	0.438	2.050
20°	0.349	0.342	0.940	0.364	65°	1.134	0.906	0.423	2.145
21°	0.367	0.358	0.934	0.384	66°	1.152	0.914	0.407	2.246
22°	0.384	0.375	0.927	0.404	67°	1.169	0.921	0.391	2.356
23°	0.401	0.391	0.921	0.424	68°	1.187	0.927	0.375	2.475
24°	0.419	0.407	0.914	0.445	69°	1.204	0.934	0.358	2.605
25°	0.436	0.423	0.906	0.466	70°	1.222	0.940	0.342	2.748
26°	0.454	0.438	0.899	0.488	71°	1.239	0.946	0.326	2.904
27°	0.471	0.454	0.891	0.510	72°	1.257	0.951	0.309	3.078
28°	0.489	0.469	0.883	0.532	73°	1.274	0.956	0.292	3.271
29°	0.506	0.485	0.875	0.554	74°	1.292	0.961	0.276	3.487
30°	0.524	0.500	0.866	0.577	75°	1.309	0.966	0.259	3.732
31°	0.541	0.515	0.857	0.601	76°	1.326	0.970	0.242	4.011
32°	0.559	0.530	0.848	0.625	77°	1.344	0.974	0.225	4.332
33°	0.576	0.545	0.839	0.649	78°	1.361	0.978	0.208	4.705
34°	0.593	0.559	0.829	0.675	79°	1.379	0.982	0.191	5.145
35°	0.611	0.574	0.819	0.700	80°	1.396	0.985	0.174	5.671
36°	0.628	0.588	0.809	0.727	81°	1.414	0.988	0.156	6.314
37°	0.646	0.602	0.799	0.754	82°	1.431	0.990	0.139	7.115
38°	0.663	0.616	0.788	0.781	83°	1.449	0.993	0.122	8.144
39°	0.681	0.629	0.777	0.810	84°	1.466	0.995	0.105	9.514
40°	0.698	0.643	0.766	0.839	85°	1.484	0.996	0.087	11.43
41°	0.716	0.656	0.755	0.869	86°	1.501	0.998	0.070	14.30
42°	0.733	0.669	0.743	0.900	87°	1.518	0.999	0.052	19.08
43°	0.750	0.682	0.731	0.933	88°	1.536	0.999	0.035	28.64
44°	0.768	0.695	0.719	0.966	89°	1.553	1.000	0.017	57.29
45°	0.785	0.707	0.707	1.000	90°	1.571	1.000	0.000	

心得筆記

國家圖書館出版品預行編目(CIP)資料

工業電子實習 / 陳本源, 陳新一編著. -- 四版.--
臺北縣土城市 : 全華圖書, 2008.05
面 ； 公分
ISBN 978-957-21-6558-4(平裝)

1.電子工程 2.電路 3.實驗

446.6034 97009686

工業電子實習(第四版)

作者 / 陳本源、陳新一
發行人 / 陳本源
執行編輯 / 張曉紜
出版者 / 全華圖書股份有限公司
郵政帳號 / 0100836-1 號
印刷者 / 宏懋打字印刷股份有限公司
圖書編號 / 0073303
四版六刷 / 2021 年 04 月
定價 / 新台幣 300 元
ISBN / 978-957-21-6558-4(平裝)
全華圖書 / www.chwa.com.tw
全華網路書店 Open Tech / www.opentech.com.tw
若您對書籍內容、排版印刷有任何問題，歡迎來信指導 book@chwa.com.tw

臺北總公司(北區營業處)
地址：23671 新北市土城區忠義路 21 號
電話：(02) 2262-5666
傳真：(02) 6637-3695、6637-3696

南區營業處
地址：80769 高雄市三民區應安街 12 號
電話：(07) 381-1377
傳真：(07) 862-5562

中區營業處
地址：40256 臺中市南區樹義一巷 26 號
電話：(04) 2261-8485
傳真：(04) 3600-9806(高中職)
(04) 3601-8600(大專)

讀者回函卡

填寫日期：　/　/

姓名：＿＿＿＿ 生日：西元＿＿年＿＿月＿＿日 性別：□男 □女

電話：（　）＿＿＿＿ 傳真：（　）＿＿＿＿ 手機：＿＿＿＿

e-mail：（必填）

註：數字零，請用 Φ 表示，數字 1 與英文 L 請另註明並書寫端正，謝謝。

通訊處：□□□□□

學歷：□博士 □碩士 □大學 □專科 □高中・職

職業：□工程師 □教師 □學生 □軍・公 □其他

學校／公司：＿＿＿＿ 科系／部門：＿＿＿＿

・需求書類：

□A. 電子 □B. 電機 □C. 計算機工程 □D. 資訊 □E. 機械 □F. 汽車 □I. 工管 □J. 土木

□K. 化工 □L. 設計 □M. 商管 □N. 日文 □O. 美容 □P. 休閒 □Q. 餐飲 □B. 其他

・本次購買圖書為：＿＿＿＿ 書號：＿＿＿＿

・您對本書的評價：

封面設計：□非常滿意 □滿意 □尚可 □需改善，請說明

內容表達：□非常滿意 □滿意 □尚可 □需改善，請說明

版面編排：□非常滿意 □滿意 □尚可 □需改善，請說明

印刷品質：□非常滿意 □滿意 □尚可 □需改善，請說明

書籍定價：□非常滿意 □滿意 □尚可 □需改善，請說明

整體評價：請說明

・您在何處購買本書？

□書局 □網路書店 □書展 □團購 □其他

・您購買本書的原因？（可複選）

□個人需要 □幫公司採購 □親友推薦 □老師指定之課本 □其他

・您希望全華以何種方式提供出版訊息及特惠活動？

□電子報 □DM □廣告（媒體名稱＿＿＿＿）

・您是否上過全華網路書店？（www.opentech.com.tw）

□是 □否 您的建議

・您希望全華出版那方面書籍？

・您希望全華加強那些服務？

～感謝您提供寶貴意見，全華將秉持服務的熱忱，出版更多好書，以饗讀者。

全華網路書店 http://www.opentech.com.tw　客服信箱 service@chwa.com.tw

2011.03 修訂

親愛的讀者：

感謝您對全華圖書的支持與愛護，雖然我們很慎重的處理每一本書，但恐仍有疏漏之處，若您發現本書有任何錯誤，請填寫於勘誤表內寄回，我們將於再版時修正，您的批評與指教是我們進步的原動力，謝謝！

全華圖書　敬上

勘誤表

書號		書名		作者	
頁數	行數	錯誤或不當之詞句		建議修改之詞句	

我有話要說：（其它之批評與建議，如封面、編排、內容、印刷品質等・・・）